新型工业化教育
New Industrialization

新型工业化·新计算·人工智能系列

ARTIFICIAL
INTELLIGENCE

计算机视觉

刘绍辉　姜峰/编著

電子工業出版社
Publishing House of Electronics Industry
北京·BEIJING

内 容 简 介

计算机视觉是目前研究最为活跃的领域之一，很多新的技术和方法在计算机视觉中得到了成功的应用。本书以计算机视觉相关技术和模型为主线，讨论当前这个领域的传统技术和方法。全书共分 8 章。第 1 章介绍了人类视觉系统及其计算模型、JND 模型和显著性模型。第 2 章介绍了图像的基本表示，以及底层特征，包括边缘、角点、几何形状的检测。第 3 章介绍了基本的色度学及颜色模型，并对图像形成过程进行了详细介绍。随后介绍了齐次坐标及坐标变换相关的知识，最后介绍了相机位置、方向和姿态估计。第 4 章介绍了从图像序列中估计 2D 和 3D 运动。第 5 章介绍了差分运动分析及基于核函数的视觉跟踪。第 6 章介绍了蒙特卡罗（Monte Carlo）运动分析。第 7 章介绍了铰链运动分析及人体姿态估计。第 8 章介绍了多目标跟踪算法。

计算机视觉相关技术在实际生活中有着广泛的应用，并在最近几年取得巨大进展，尤其是深度学习技术的发展使更多人对计算机视觉领域产生了兴趣。本书可供计算机科学与技术、软件工程、多媒体处理和信号处理等领域中关注计算机视觉、图像处理、模式识别及其应用的工程技术人员和科研教学人员阅读，也可以作为研究生和大学高年级学生学习的教材和参考书。

图书在版编目（CIP）数据

计算机视觉 / 刘绍辉，姜峰编著. —北京：电子工业出版社，2019.3
ISBN 978-7-121-35548-6

Ⅰ. ①计…　Ⅱ. ①刘…　②姜…　Ⅲ. ①计算机视觉　Ⅳ. ①TP302.7

中国版本图书馆 CIP 数据核字（2018）第 259596 号

策划编辑：章海涛
责任编辑：章海涛　　文字编辑：孟　宇　　特约编辑：张　帆
印　　刷：北京捷迅佳彩印刷有限公司
装　　订：北京捷迅佳彩印刷有限公司
出版发行：电子工业出版社
　　　　　北京市海淀区万寿路 173 信箱　　邮编：100036
开　　本：787×1092　1/16　　印张：14.75　　字数：378 千字
版　　次：2019 年 3 月第 1 版
印　　次：2025 年 1 月第 7 次印刷
定　　价：52.00 元

凡所购买电子工业出版社图书有缺损问题，请向购买书店调换。若书店售缺，请与本社发行部联系，联系及邮购电话：（010）88254888，88258888。

质量投诉请发邮件至 zlts@phei.com.cn，盗版侵权举报请发邮件至 dbqq@phei.com.cn。

本书咨询联系方式：192910558（QQ 群）。

前　言

自马尔提出计算机视觉理论以来，计算机视觉技术作为与现实生活紧密联系的重要研究内容，引起了国内外学术界的普遍关注。随着计算能力和技术的发展，其实际应用越发促进了计算机视觉技术的进一步发展。从最开始的实时人脸识别到目标检测与跟踪，从传统的手工提取特征到基于深度学习方式的提取特征，计算机视觉技术正从理论研究及在可控环境中的应用逐步向更广泛的普及应用扩展。

本书叙述了计算机视觉相关的一些基本理论和技术，主要包括人类视觉系统的建模、JND模型和显著性模型、图像的形成过程及相关的坐标变换、图像的底层特征提取与检测、图像中物体运动与关联分析等。由于篇幅有限，本书对深度学习内容介绍较少，后续版本会增加深度学习的内容。本书内容及材料主要来自已公开发表的文献、书籍、网上博客，以及作者所在单位的硕士生、博士生的相关工作。本书对相关的基本原理有较详细的介绍，具有较好的实用性，对本领域研究人员和科技工程人员均有较好的参考价值。

本书第 1、2、3 章由刘绍辉撰写，其余各章由姜峰撰写。全书由刘绍辉、姜峰统稿。在本书的撰写和校稿过程中，哈尔滨工业大学计算机科学与技术学院智能接口与人机交互技术研究中心的博士生和硕士生做了大量工作，在此一并表示感谢。特别感谢电子工业出版社的章海涛主任，正是在他的鼓励和帮助下才得以完成全书的撰写。

限于作者水平，书中不足之处在所难免，敬请广大读者批评指正。

作　者

2018 年 9 月

于哈尔滨工业大学

目　　录

第 1 章

人类视觉系统及其建模

1.1 人类视觉系统概述

计算机视觉的研究对象之一是如何利用二维投影图像恢复三维景物世界，其基本目的可以归结为从单幅或多幅二维投影图像（或视频序列）计算出观察点和目标对象之间的空间位置关系及目标对象的物理属性。例如，包括目标对象与观察点的距离（即深度信息）、目标对象的运动特性和表面物理特性等。计算机视觉最终的目标就是实现计算机对于客观世界的理解，从而使得计算机可实现人类视觉系统的某些功能。

人类视觉系统（Human Visual System，HVS）是一个非常复杂的系统，至今还没有被完全地理解，而且大多数的人类视觉系统视觉特性不是凭直觉获知的。人类视觉系统是人们理解和认知自然世界的关键工具，是揭示大脑秘密的一个突破点。所以，了解人类视觉系统的生理结构，分析信息在大脑中的传递过程和形成处理过程是研究计算机视觉的必要前提。深入研究人类视觉系统对视觉刺激的处理机制，合理地利用这种人眼视觉特性，才有可能在更高层次上研究真正意义的计算机视觉算法和系统。

正因为如此，才使得脑科学成为目前研究界的热点。在大脑接收来自外部世界的大量信息中，绝大部分是通过视觉系统进行加工处理的。视觉信息加工机制是心理学、神经科学、计算机科学等学科研究的重大课题之一。人类的视觉系统是目前已知的功能最完备、机制最复杂的信息加工系统之一，对它的研究无疑对了解人类自身信息加工的能力和机理，对理解大脑中所表达的信息和外部物质世界的关系等问题具有重大的意义。此外，计算机科学的发展突飞猛进，创造具有人类大脑那样的智能计算机是研究者最大的期望之一。为使这一期望成为现实，首先就要使计算机具有大脑那样处理大量复杂信息（特别是视觉信息）的能力。这个重大课题虽然经过计算机科学家们几十年的努力但仍未得到解决，其中最重要的原因之一就是迄今为止我们仍然没有透彻了解人类视觉系统的工作机制。

不过，随着脑科学的蓬勃发展，人类对自身视觉系统的研究逐步深入，从初级视觉皮层到高级视觉区域，从视觉感知到高级视知觉机理等，都取得了许多重要的研究成果。

现代脑科学和神经科学的发展使得我们得以更进一步地了解人类视觉系统的构造以及功能。视网膜引出的视觉神经的传递路径及外侧膝状体、视觉皮层的很多工作机理已经逐渐为人们所了解。初级视觉皮层中神经细胞的感受及相应的神经编码机理也已经被揭示出来。视觉系统提供给我们的信号是经过多级处理的，在处理的过程中，丢失了相当多的信息，剩下的信息在尺度和强度上与视网膜神经细胞感受到的信息有着显著的不同。

视觉生理学研究已经表明，视觉信息处理过程包括 4 个方面：光学处理、视网膜处理、外侧膝状体（LGN）处理和视觉皮层处理，其原理图如图 1.1 所示。

光学处理是通过眼睛完成的，眼睛的感光系统如图 1.2 所示。它的主要功能相当于“相机”。相应地，巩膜类似于球形相机的保护壳和暗箱，把眼球整个包围起来。同时角膜在集中照明上扮演着重要的角色。虹膜被认为是一个孔径，控制着瞳孔的大小，瞳孔负责调节视网膜上的亮度，同时也影响着系统的焦距。镜头就像晶状体，视网膜相当于胶卷。最后，光线集中在视网膜上，形成一个清晰的物体图像。现代相机的各个功能部件都可以在人眼中找到相对应的部分，但人眼远比相机科学、灵活。例如，人眼可以靠直接调整透镜的曲率来调整焦距，也可以通过眼球外侧的 6 块肌肉的运动来控制眼球的视线指向，产生双目视差以形成深度知觉。

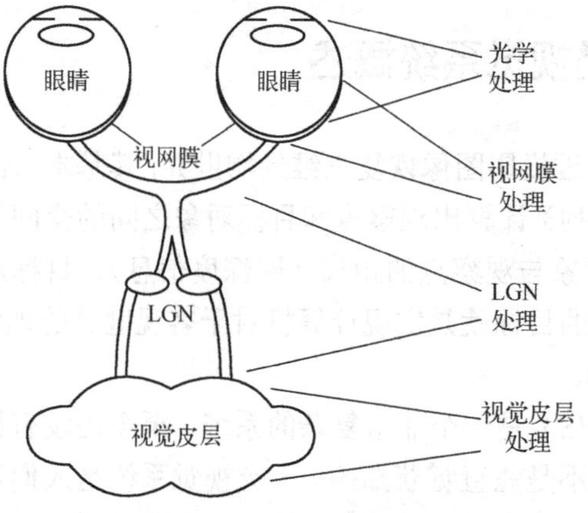

图 1.1　视觉信息处理原理图

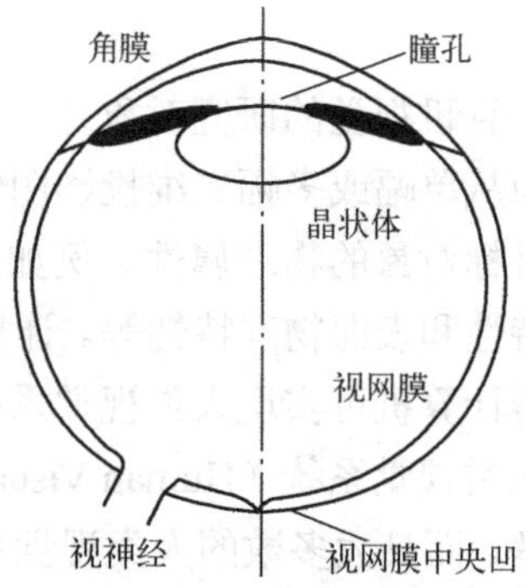

图 1.2　眼睛的感光系统

研究显示，视网膜主要由三种神经细胞构成，即感光细胞、双极细胞和神经节细胞，它们负责光、电转换和信息传输。感光细胞主要包括视锥细胞和视杆细胞，视锥细胞主要在强光下辨别强光信息，称为明视觉；而视杆细胞主要对低照度的景物较敏感，称为暗视觉。人类的明视觉和暗视觉的特性不同，表现在人眼对明、暗视觉下最敏感的可见光波长不同。双极细胞的作用是负责联络视细胞，即可以使多个视细胞相互联系。神经节细胞位于最内层，专门负责传导。这种细胞与细胞之间的联系，以及视觉信号通过眼睛最后在大脑中形成影像并理解影像内容的处理流程就成为计算机视觉的一个重要参考标准。神经网络，包括现在流行的深度学习技术，都是对这种流程进行模拟的尝试，并在近几年中，取得了很好的效果，如深度学习在图像分类、目标检测与跟踪、行为分析与理解等方面都获得了空前的成功。

通过视网膜，光信号被编码为电压脉冲，再以调频形式传递给 LGN。LGN 作为信号从视网膜到视觉皮层的传输站，同时对控制信息数量起着重要作用。最后，视觉皮层实现了对物体的识别、感知与理解的过程。

总体来说，外界物体在视网膜成像时，实际过程是：光线这个刺激因素被视网膜的感光细胞（视杆细胞和视锥细胞）转变为电信号，后者经视网膜内双极细胞传到神经节细胞形成神经冲动，即视觉信息，视觉信息再经视神经传向大脑。双极细胞可以看成视觉传导通路的第 1 级神经元，神经节细胞是第 2 级神经元，很多神经节细胞发出的神经纤维可以组成较粗大的视神经。LGN 是视觉信息的中转站，视辐射可由 LGN 中含有的第 3 级神经元组成，最后将这些神经纤维投射到视觉皮层中。视觉传导神经通路如图 1.3 所示。

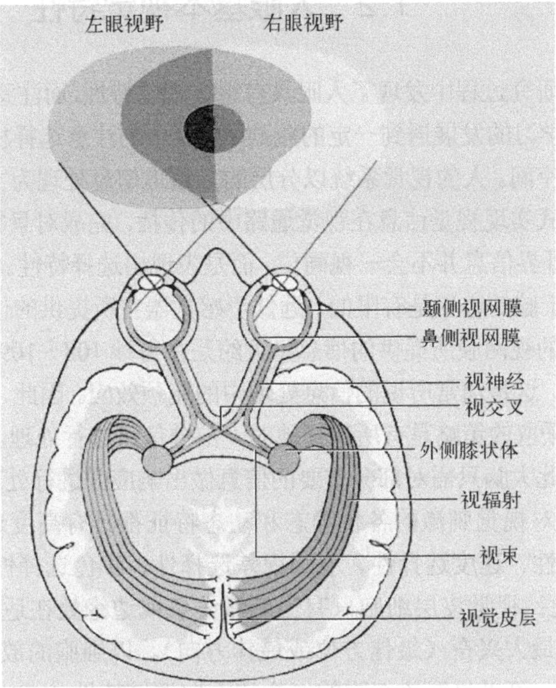

图 1.3　视觉传导神经通路

视觉皮层中 17 区被称为第一视区（V1）或纹状皮层。它接受外侧膝状体的直接输入，因此也被称为初级视觉皮层。对视觉皮层的功能研究大多数是在这一级皮层进行的。这是大脑皮层处理视觉信息的起点，从初级视觉皮层开始，视觉信息通过多个通道把视觉信息传入更高级的皮层进行处理。V1 区主要包括两类神经细胞：具有朝向选择性的简单细胞和对位置不敏感的复杂细胞。作为整个视觉皮层的底层部分，V1 区的神经细胞的功能是，将底层视路的信息转换成初级视觉信息表示，并且直接向高级视觉皮层输送视觉信息。现代计算机视觉和视觉信息的表示都是基于人类这种视觉特性而进行构建的，两者都是对人类视觉系统的模拟。如在计算机视觉中，采用 RGB 三基色来表示自然界的各种颜色，实际上，其基本原理就来于感光细胞中的三类细胞：红敏细胞、绿敏细胞和蓝敏细胞。并且绿敏细胞的数量是最多的，因此在任何颜色空间的转换中，亮度信号中绿色分量也就是 G 分量对应的系数是最大的。

基于对人类视觉系统生理上的不断理解和深入研究，所获得的新的认知原理都可能应用在计算机视觉的各个方面，从而使得新型计算机视觉技术更加适应人类的认知习惯，更加符合人类的感知特性。例如，在 3D 视觉中，3D 电影和电视近年来不断刷新人类的认知，但大家普遍感觉戴 3D 眼镜来观看 3D 电影并不是一种很好的体验，尤其是长时间观看 3D 电影，可能会对人类的视觉造成损伤。这表明目前的 3D 电影虽然也是通过模拟人类视觉系统来进行研究并设计的产品，但可能对于人类与此有关的一些视觉特性并没有研究透彻。因此促使研究者更加深入地研究这个问题，目的是能设计出更符合人类视觉特性的 3D 电影和电视。可以预见，随着技术的进步，计算机视觉系统的设计将会越来越更真实地模拟人类的视觉功能，并在实际应用中更加体现出超越人类的性能。

1.2 人眼基本视觉特性

在人类对人脑的研究过程中发现了人眼具有很多视觉特性，而注意选择机制是其中尤为重要的特性，近年来深度学习的发展遇到一定的瓶颈，而其中的注意选择机制则异军突起，为深度学习打开了一个广阔的空间。人的视觉系统以分层的多通道信息处理为主要特征，它以在时间域和空间域逐级整合的方式实现视觉信息在视觉通路中的传播，完成对景物的概念化抽象。然而，在处理过程中，人脑对外界信息并不会一视同仁，而是表现出选择特性。这有两方面的原因：第一，可用资源的限制，由于脑的容积是有限的，远低于感觉器官所提供的信息总量，这在视觉系统尤为重要（据估计，人的视网膜所提供的信息量大约是在每秒 108～109 位，而大脑皮层细胞的总数仅为 108～109 个），这是通常所说的信息处理中的瓶颈效应。因此，要实时地处理全部信息是不可能的，视觉系统采取的策略是有所选择地对一部分信息进行处理。第二，由于外界环境信息并不全部都重要，因此大脑只需对部分重要的信息做出响应并进行处理即可。

视觉皮层神经元对视觉刺激的各种静态和动态特征都具有高度选择性，包括方位/方向选择性、空间频率选择性、速度选择性、双眼视差选择性、颜色选择性。

方位/方向选择性：视觉皮层细胞只有当刺激线条或边缘处在适宜的方位角并按一定的方向移动时，才表现出最大兴奋（最佳方位或最佳方向）。以细胞的放电频率相对于刺激方位和运动方向做成直方图，可以显示该细胞的方位和方向调谐特性。

空间频率选择性：正弦波调制的光栅是视觉实验中经常使用的刺激图形。用这种刺激图形的主要优点是便于对视觉反应的时空特性进行定量的数学分析。每个视觉皮层细胞都有一定的空间频率调谐。在同一皮层区内，不同细胞也有不同的空间频率选择性。

速度选择性：视觉皮层细胞对移动图形的反应比对静止的闪烁图形要强得多。每个皮层细胞不仅对运动的方向有选择性，而且要求一定的运动速度。只有当刺激图形在适宜的方向上以一定速度移动时，细胞反应才达到最大，这个速度称为该细胞的最佳速度。当移动速度高于或低于最佳速度时，反应都会减小。

双眼视差选择性：与外侧膝状体细胞不同，大部分视觉皮层细胞接受双眼输入。因此，每个细胞在左、右视网膜上都有一个感受野，这一对感受野在视网膜上的位置差（相对于注视点）称为“视差”。若左、右感受野与注视点的距离差为零，则表示该点正好在注视平面上；若两个感受野都向额侧偏离，则表示该细胞的调谐距离（最佳距离）比注视点远；若两个感受野向鼻侧偏离，则意味着该细胞的调谐距离比注视点近。

颜色选择性：同视网膜和外侧膝状体神经元一样，皮层细胞也具有颜色选择性。与皮层下的单颉颃式感受野不同，视觉皮层细胞的颜色感受野具有双颉颃式结构。例如，对于 R-G（红—绿）型感受野来说，其颜色结构可能有两种形式。感受野中心可能被绿敏视锥细胞的输入兴奋，同时被红敏视锥细胞输入抑制，或者相反。外周对颜色的反应性质正好与中心相反。因此，双颉颃式感受野通过中心的颜色颉颃能分辨红色和绿色，通过中心与外周之间的相互作用能使红—绿对比的边缘得到增强。对于 B-Y（蓝—黄）型感受野，情况也一样。

1.2.1 色彩空间

色彩是指人眼能根据光的不同频率而产生的不同感受。人眼能够识别色彩的原因是因为有能够吸收光的不同波长范围的三种视锥细胞，而这三种视锥细胞能辨别红色、绿色和蓝色这三种颜色。我们知道把红色、绿色和蓝色搭配在一起可以生成不同色彩的颜色，这就是一个色彩空间，如 RGB。另外，色彩空间可以有多种，例如，使用色相、饱和度与明度来呈现一个色彩空间，这种方法被命名为 HSI 色彩空间。不同的色彩空间对应不同的应用，因此我们可以根据需要选择使用不同的色彩空间，它们之间也可以相互转化。一般情况下，色彩空间覆盖了自然界中绝大部分的颜色空间，这种空间一般称为色域。而根据人类视觉特性设计出来的色彩空间（如 RGB 空间）是，假定自然界中的颜色都可以被 RGB 三种颜色表达出来。而实际情况并不是这样，因为色域不是正规的三角形区域，所以由 RGB 所形成的三角形的色彩空间只是包括了自然界色域空间中的绝大部分区域。不同的 RGB 颜色空间对应了自然界色域空间中的不同区域。这样，采用不同颜色空间表示的图像，在不同的显示器上可能会呈现出不一样的效果，例如，苹果手机上的图像放到小米手机上观察，会发现其效果与在苹果手机上的效果不一样。具体可参见 3.1 节的内容。

1.2.2 多通道特性

视觉生理学和心理学实验显示，视觉皮层中的神经元被认为类似一个有方向的带通滤波器，能够在不同频率和方向上进行分解。视觉系统中包含了能够处理空间频率的单元，也称通道。例如，人的黑白视觉的几个倍频的通道存在于 30°～60°之间；相似的关于人眼的彩色视觉通道存在于 60°～130°之间。这些通道相当于把原始信号划分成子带后再进行处理。因此，在常见的计算机视觉处理中，采用数学变换来处理图像，形成不同频率成分的系数或子带，并进行后续的处理。典型的变换如傅里叶变换，离散余弦变换和离散小波变换，都可以对输入的图像进行频谱的划分处理，从而模拟视觉系统中的这种多通道特性，对不同通道的信号进行不同的处理，如数据压缩就是对高频分量进行粗糙的量化处理。

1.2.3 亮度自适应

人的视觉系统对光的适应范围是很宽的，大致范围约为 10^{-2}～10^{6}cd/m^{2}。在背景照明不变的情况下，人的视觉的感光范围很窄，它可以根据光的强度来适当调节。当人眼适应某个环境亮度后，人的视觉会产生一个变动，随之调节到一个较小的范围，这就是亮度适应现象。

当人的视觉在适应背景照明不变的情况下，人眼能感知到对黑白色彩的范围缩小了。因此当图像重现时，即使图像重现的亮度与原本的实际景物的亮度不同，也能够保持重现图像和原本的实际图像之间亮度的相对比值，人们就能感觉到同样的真实感觉。

在连续背景下对噪声监测阈值的衡量表明，人类视觉和听觉都具有一定的掩蔽效应，也就是其察觉的亮度或响度对其周围的亮度或响度有掩蔽的效果。在人类视觉模型中，这种阈值衡量是一个非线性函数并依赖于局部的图像特征。一般而言，背景越亮或者越暗，人眼对该区域的敏感程度就越低，这就是亮度掩蔽特性。

1.2.4 对比度敏感度函数

对比度是一种度量亮度相对变化的量，大致可认为，对比度正比于激励信号的相对量度幅度。通常激励信号的颜色、时间频率、空间频率都与人眼对比度的敏感度有关，而对比度敏感函数（CSF）是定量描述这种关系的。当时域频率为零时，人类视觉系统的空间对比度敏感度函数被定义为调制转移函数。调制转移函数的研究指出，人类视觉系统对静止图像的空间频率响应表现为带通特性。因此，空间对比度敏感度可以使用带通滤波器来模拟。归一化后的对比度敏感度函数如图 1.4 所示。人眼的对比度敏感度不仅存在空间中，而且存在时域上，因此也可以通过简单的时域滤波来实现。

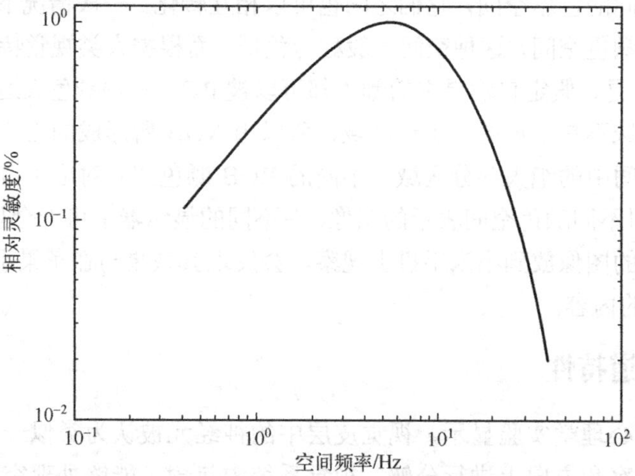

图 1.4 归一化后的对比度敏感度函数

Kelly 通过实验测量了不同频率下的对比度敏感度的数据。公式为

$$\mathrm{CSF}(f_\mathrm{s}, f_\mathrm{t}) = 4\pi^2 f_\mathrm{s} f_\mathrm{t} \mathrm{e}^{-4\pi(f_\mathrm{t}+2f_\mathrm{s})/45} \times \left(6 + 7\left|\log\frac{f_\mathrm{t}}{3f_\mathrm{s}}\right|^3\right) \tag{1.1}$$

其中，f_s和f_t 分别为激励的空间频率和时间频率。Kelly 又发现，CSF 可以用两个时空分离的部分线性组合近似逼近，这样可以降低模型的计算复杂度。很多真实模型都是用非线性方式表达的，但绝大部分算法都采用这种线性近似的方式对其进行逼近，或者采用二次逼近。其本质原理就是将原来的非线性函数进行泰勒展开，根据需要取其一阶、二阶直到给定阶数来进行近似。由于这种近似具有很好的收敛性质，因此该方法是解决实际工程问题的通用方法。

1.2.5 视觉掩蔽效应

在对 CSF 的研究过程中，为了使问题简化，假设视觉激励信号是一个常量或单一的频率信号。在观看图像时，很多激励信号会对人眼产生作用，此时人眼对一个激励的响应不仅受激励信号本身影响，而且同一时刻也会与其他激励信号的影响有关。在一个视觉激励存在的情况下，人类视觉系统会在其他激励影响下改变当前激励的可见阈值，这种现象称为视觉掩蔽效应。

常见的视觉掩蔽效应是 19 世纪的实验心理学家 Ernst Weber 在实验过程中发现的，人们能觉察到的背景强度的增量阈值（又称为刚好可区分的差异）与背景强度的比值是一个常量，这个关系就是韦伯定律。公式为

$$\frac{\Delta I}{I} = k \tag{1.2}$$

其中，ΔI 表示增量阈值；I 表示刺激的原始强度；k 表示等式左侧的比例关系为常量，不会因为 I 的大小而变化。比值 $\Delta I/I$ 就是韦伯比（Weber Fraction），又称为费克纳比（Fechner Fraction）。

韦伯定律指出刚好可区分的差异（ΔI）与原刺激值的大小的比例是常量。例如，如果你在一个嘈杂的环境中，那么你必须放大音量才能让别人听见你说话，但是在一个非常安静的环境中你只需要耳语就足够了。类似地，当你测量不断变化的背景刚好可区分的增量阈值 ΔI 时，该阈值 ΔI 会与原始强度 I 的大小成正比。

1.3 立体视觉的形成过程

随着技术的发展，立体图像和视频的应用也越来越广泛，例如，近年来的 3D 电影、电视技术逐渐普及，这些应用促进了立体视觉的研究。立体视觉的产生大致分为三个过程。首先，给定构成立体图像的图像对（具有标准视差）：左图像和右图像，在此阶段，双眼要同时观察这两幅图像；其次，视觉系统会通过观察到的这两幅图像，经过一系列的复杂处理融合成一幅图像；最后，视觉系统会结合心理因素将平面图像的信息转化成立体信息，最终产生立体视觉。到目前为止，经过研究者不断探索，视觉生理学和视觉心理学已经获得了很多的研究发现。这也是今年 3D 电影和电视技术逐渐得到推广的原因。当然，由于对生理学和人类视觉心理学的研究仍然在进行中，因此，目前的 3D 电影和电视技术可能还无法与真正的人类视觉系统相媲美，仍有很大的改进空间。

1.3.1 立体视觉系统的生理特性

生理立体视觉是由人眼的晶状体调节、运动视差、双眼会聚、双眼视差和融合图像等因素构成的立体视觉。人眼的晶状体调节是指外界图像在视网膜上成像的过程，它是根据睫状体的收缩和放松完成这个过程的。晶状体有自适应调节焦距的功能，根据不同的远近景，晶状体会通过改变形状来使进出的光线聚焦在视网膜上。当观看近景时，晶状体的弧度变弯曲，此时睫状肌的状态是收缩的；当观看远景时，晶状体的弯曲程度降低，此时睫状肌处于扩张状态，且屈光度数随之减小，以便使来自远处的光线恰好聚焦在视网膜上。

在深度认识的过程中，一方面是来自日常生活观察和经验的累积。例如，人们平时对看到的物体的大小和形状的认知，对纹理和结构的认知，对光线产生的阴影和遮挡的认知，对物体运动情况的认知，等等。通过了解人们日常观察的认知和经验，这些视觉线索被人们认为是距离信息或者深度信息，从而营造了一种深度感。另一方面，人的双眼是分开的，双眼瞳孔间的水平距离约为 6.5cm，如图 1.5 所示。

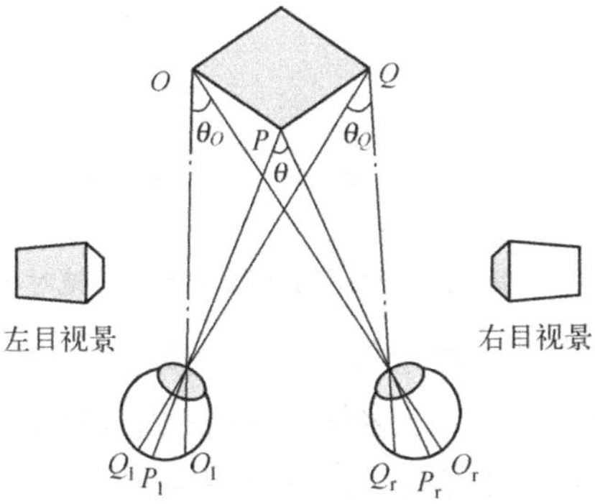

图 1.5 双目视差

当我们集中注意一个物体时，双眼就会将视线同时聚于该物体，此时物体就会在两眼中视网膜上的相应位置成像。但由于双眼间的差异，两个眼睛中接收的图像会有略微的差异，这种差异就称为视差。同样一个物体，当我们只用左眼观看和只用右眼观看时，会发现物体转动一定角度并向旁边移动了一些。我们从双眼中观察到图像的差异称为双目视差，根据这种差异就会产生立体的深度感。

当观察目标物体时，眼球内转使双眼视轴交汇于注视目标，这个过程称为会聚，如图 1.6 所示。外界信号会通过大脑传递给眼肌，而眼肌会通过控制眼球会聚到目标点。适应性调节和双眼会聚的共同作用才能完成一个注视的动作，大脑会通过认知来融合稍有差异的左右眼中的图像使之具有立体感。融合则是指把两个视网膜的对应点上的物像整合成完整的符合人的印象的功能。

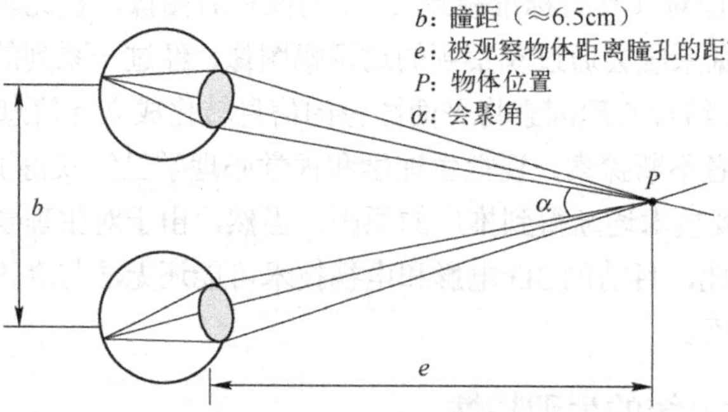

图 1.6　会聚过程

双目视差是使人眼产生立体视觉的因素，它分为相对视差和绝对视差。当在不同位置观看物体时，参考左右两眼的视网膜中央凹，绝对视差是指左右两眼上的两个投影点形成的角度。而它们的绝对视差之差就是两点之间的相对视差。如图 1.7 所示，相对视差是 $\alpha-\beta$，绝对视差是 α 、β 。

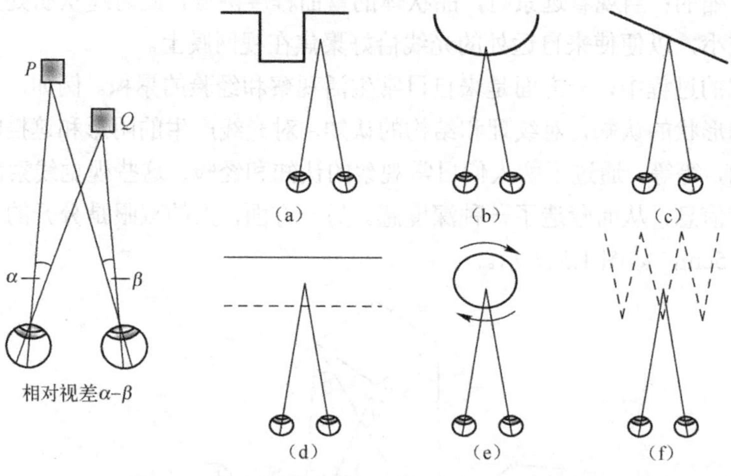

图 1.7　相对视差和不同观察目标下的绝对视差

由于当分别用左右眼去观察左右两张图时能融合成一个完整的三维图像，因此这说明视差携带了深度信息。在利用立体图对的方法来研究深度视觉问题时，Bela Julesz 在美国贝尔电话实验室进行了实验。他开始时利用计算机产生两张相同的随机点的图，并将其中一张中的一点图像的随机点水平位移一个距离，这就构造了一对具有视差的图对。然后用双眼去观看，就会产生立体的感觉，这说明了双眼视差是立体信息。

在计算上，既可以从多幅图像中通过计算来获取深度信息，又可以通过单幅图像采用深度学习的方式来学习深度信息。现在市场上已经存在很多具有获取深度信息的采集设备。其基本原理既有采用双目视觉原理的，又有采用飞行时间（TOF）的，即通过发射信息到被测物体表面再反射回来的时间来估计其距离，典型的发射信号包括红外信号、超声波和激光等。如微软的 Kinect 设备通过红外信号来获取深度信息。

但绝大部分设备获取的深度信息都比较粗糙，一般其分辨率远小于可见光成像的分辨率。有时获取的深度图存在很多空洞，如深度图由于吸收了发射信号，因此没有反射信号，这时这个位置的深度信息就为空。这时候就需要采用计算技术来对深度图进行修复和增强其分辨率，传统用于可见光图像的修复和增强技术均可用于深度图的修复。

1.3.2 立体视觉系统的心理特性

视觉经验和视觉记忆是心理立体视觉的体现。当人们观察一张彩色照片时，可以根据照片的内容来判断物体及人物间的距离关系。这种在人类长期面对自然景物观看时产生的记忆和经验，使得观察者能够从一幅图像中提取出物体间的相对深度，这个判别通常是十分准确的。心理立体视觉可以由阴影、遮挡、几何透视、知识与经验等产生。

阴影是光的直线传播导致的，物体离光源越近的地方就越亮，反之则越暗，这种亮度的分布是一种心理深度的暗示。当物体投射出阴影且在运动时，实际效果看起来好像是物体离开了页面，并在页面上显示出该对象的阴影。阴影部分的工作原理是建立一个偏移量，该偏移量是物体和它投射到的表面的相对距离的线索，从而使人产生深度暗示。

遮挡是一个遮挡物掩蔽了本来物体的一部分，使人们看起来比本来物体更远些。这说明遮挡可以提供深度暗示。

几何透视是数学原理、科学和艺术的结合。几何透视运用到绘画中，能使人产生更清晰、更透彻的立体感。这主要利用物体具有近小远大的透视现象，这也是最常见的心理立体暗示。

当我们观察物体时，会利用我们对世界的认知和经验来判定物体间的相对深度。例如，当我们看到图片上的大楼和人一样大时，我们会认为人正在远离大楼且越走越远，因为我们知道大楼的高度比人要高得多。又如当人站在砖块路面上朝着远处眺望时，由于视网膜上的远处部分的砖块影像的数量很多，因此远处的砖块会显得越来越小，这便产生了深度知觉。

这种人类视觉的特性使得采用机器学习的方式来学习这种经验成为可能。在标记了大量数据的情况下，机器学习算法可能具有学习这种先验的能力。

1.3.3 立体视觉生理特性与心理特性的关系

图像在人眼中呈现的立体形态，看似很简单，其实蕴藏着复杂的原理，景物在视网膜上的成像是二维的，但是人脑能整合出原来不存在的三维信息。这就充分说明二维信息中隐含的深度信息被解读出来了，通常人们可以通过生理和心理的深度线索来感知深度感或立体感。

当人们观看物体时，都是通过观看者的眼睛来成像到视网膜上的。在两眼的视网膜上形成的像是有差异的，这就构成了立体的感觉，这就是立体视觉的生理特性。但是当不考虑两眼间产生的差异时，人们会根据观看到的物体深度关系产生立体的感觉，这就是立体视觉的心理特性。因此立体视觉的生理特性和心理特性产生的效果是一样的。

综合利用人类的这种生理特性和心理特性，可以在计算模型中进行模拟，从而使机器具有一定的人类能力，这是计算机视觉研究中的重要研究内容。现代深度学习正在这方面进行尝试，并取得了较好的效果。目前深度学习既可以从单幅图像又可以从视频中获取深度图信息。

1.4 JND 模型与显著性模型

1.4.1 JND 模型

为了能在实际的计算机视觉系统中利用人类视觉系统的特性，就要求有定量的模型来模拟人类视觉系统。JND（Just Noticeable Distortion）模型就是一个用来衡量人类视觉系统对定量变化的敏感程度的度量。它表示在一定条件下，人类视觉对观察对象出现变化所能容忍的最大程度的变化量，若对象（如图像）或者视频的变化超过这个值，则人类视觉系统能察觉到其变化。JND 模型的基础来自人类视觉模型，它通常与频率掩蔽因子（Frequency Masking）、亮度调节因子（Luminance Adaption）、差异掩蔽因子（Contrast Masking）和时域掩蔽因子（Temporal Masking）4 个因素相关。

（1）频率掩蔽因子：指人眼对不同频率进行光栅分解后得到正弦波的敏感程度。对于人类视觉模型，假定最小的可视距离是固定的，那么就可以对每个频率段确定一个静态的 JND 阈值。频率掩蔽因子是一个最基本的视觉模型，独立于视频图像的内容，仅依赖于视角条件。

（2）亮度调节因子：指在连续背景下对噪声监测阈值的衡量。在人类视觉模型中，它是一个非线性函数并依赖于局部的图像特征。一般而言，背景越亮或者越暗，人眼对该区域的敏感程度就越低，这就是亮度掩蔽特性。

（3）差异掩蔽因子：指在一种信号集中区域中对另一种信号进行检测的能力。简单地说，背景纹理越复杂，人眼的敏感程度就越低，这就是纹理掩蔽特性。本质上讲，它允许对 JND 阈值的等级进行更为动态地控制。

（4）时域掩蔽因子：指衡量人眼对处于某个运动状态的物体的噪声的察觉阈值，这是专门针对视频而引入的因子。一般而言，人眼对运动越快的物体的变化越不敏感。同时，对于不同运动方向的物体上的变化的敏感程度也不一样。一般而言，对于水平和垂直方向上运动的物体的变化更为敏感。

1.4.1.1 DCT 域的 JND 模型

最开始，JND 模型的应用在 DCT 域上。起源可以追溯到 1991 年，当时 Peterson 等人为了使图像压缩率变大，提出了一种将 DCT 系数量化的方案。他们认为 DCT 是由一组基函数构成的，在每个位置上的 DCT 系数代表了相应的基函数的权值，而人类视觉系统对每个基函数的敏感程度是不一样的，因此在保证人类视觉系统对压缩后的图像察觉不到有任何质量下降的前提下，每个

DCT 系数在压缩过程中所需的量化步长也是不一样的。他们设计了一种生理实验，并最终确定了DCT 的每个系数最大允许改变多少使人眼察觉不出这种变化，进而确定出每个系数能够达到的量化步长。其主要贡献在于确定了人眼对不同空间频率的敏感程度是不一样的。这从图 2.8 中的 8×8 DCT 变换的基矩阵就可以表现出该特性，越往图的右下角，基函数的变化频率越高。

1992 年，Ahumada 为 DCT 变换的空间频率建立数学模型，并指出亮度对人类视觉系统也是有影响的，故着手开始建立 DCT 域的 JND 模型。随后，Watson 建立了一个一般化的 JND 模型，他引入了亮度调节因子和差异敏感系数，他彻底将 JND 模型化，为 JND 的发展铺平了道路。Tong 又在 1998 年改进了 Watson 的差异敏感模型，他通过统计 DCT 变换块的直流、低频、中频及高频系数将块分成平面（Plain）、边缘（Edge）和纹理（Texture）三类，然后以这三类来计算人类视觉系统的差异敏感系数。Zhang 等人又在 2005 年通过大量生理实验，改进了 Watson 模型中的亮度调节因子。他指出人类视觉系统不是对越亮的地方越不敏感，而是对较暗和较亮的地方都不是很敏感，亮度调节因子呈现的是一个"U"形曲线，这是一个更符合实际情况的模型，如图 1.8 所示。图中实线代表 Watson 模型中亮度调节因子曲线，虚线代表 Zhang 提出的亮度调节因子曲线。

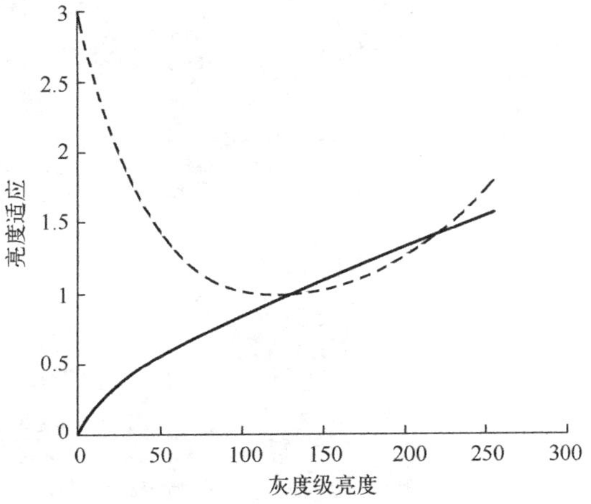

图 1.8　亮度调节因子曲线对比图

Jia 在 2006 年将 JND 模型引入了视频领域，并结合了播放帧率、运动物体在视网膜上的速率及实际运动的速率等因素，建立了时域掩蔽效应模型，开辟了 JND 模型在视频领域发展的道路。Wei 在 2009 年重新更新了 Jia 的模型，他将 JND 模型清晰地分为 4 个部分：频率掩蔽因子、亮度调节因子、差异掩蔽因子和时域掩蔽因子。在频率掩蔽模型上，他认为并不是频带越低，人眼就越对这个频带敏感，而是一个倒"U"形的曲线，如图 1.9 所示。在计算亮度调节因子时，他考虑了显示器显示时造成的色差的因素，引入了 Gamma 校正，重新改进了原有的亮度调节模型。而在计算差异掩蔽效应时，他又改进了原有的模型，因为原来的模型只给出了 8×8 块的高、中、低频系数的划分，若换成其他大小的块，则又需要靠实验数据来重新划分这些系数，不具有扩展性。改进的模型依靠 Canny 算子来计算边界，并依靠每块中含有的平均边界信息来对块进行分类，这样就使得该模型具有了较好的扩展性，如图 1.10 所示，图中黑色代表平坦区域，灰色代表边缘区域，白色代表纹理区域。而在建立时域掩蔽模型时，他又在 Jia 模型的基础上，考虑运动物体的运动方向，他指出即使物体运动幅度相同，但是不同的运动方向也会给人类视觉带来不同的影响。

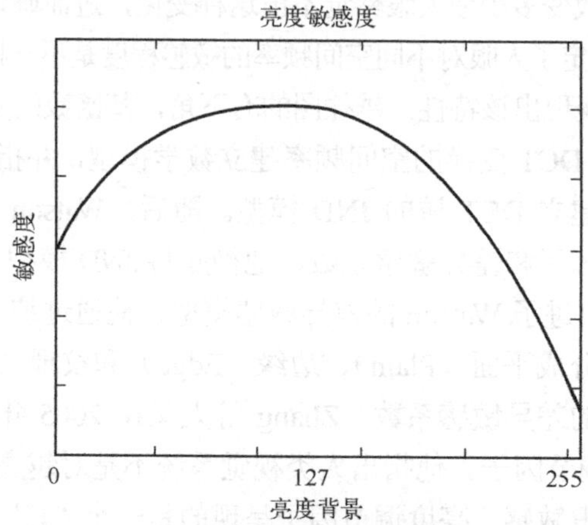

图 1.9　频率掩蔽系数曲线图

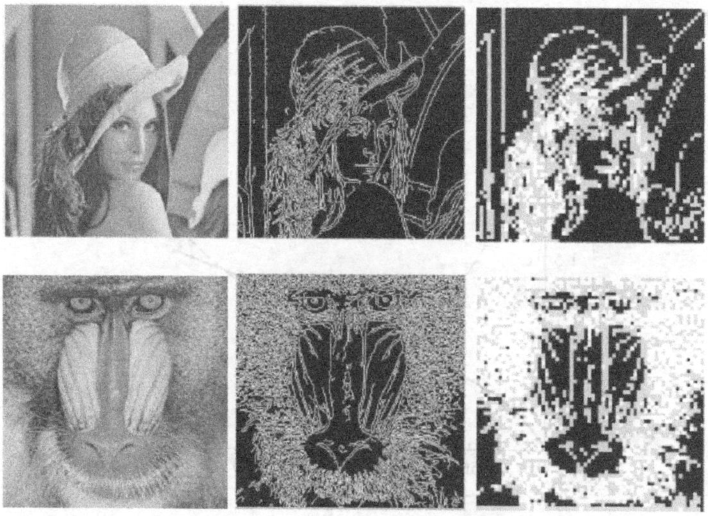

图 1.10　利用 Canny 算子进行块分类

1.4.1.2　DCT 域的 JND 模型计算

模型结合了空间 CSF、亮度调节效应和差异掩蔽效应。根据该模型，视频序列中一帧图像的第 n 个大小为 $N\times N$ 块中位置为(i, j)所对应的 JND 值 T_{JND} 可表示为

$$T_{\text{JND}}(n,i,j)=T_{\text{Basic}}(n,i,j)\times F_{\text{M}}(n,i,j) \tag{1.3}$$

$$F_{\text{M}}(n,i,j)=F_{\text{lum}}(n)\times F_{\text{contrast}}(n,i,j) \tag{1.4}$$

其中，$i,j\in[0,N-1]$，T_{Basic} 表示为空间 CSF，也称为频域敏感度。F_{M} 代表调节因子，是 F_{lum} 与 F_{contrast} 的乘积。F_{lum}、F_{contrast} 分别表示为亮度调节因子和差异掩蔽因子。其基本原理如前面介绍，下面分别介绍这几个因子的具体计算方法。

关于空间 CSF 的 T_{Basic} 计算。经实验测定，人眼对比阈限是随空间频率改变而改变的，即它是空间频率的函数，称之为 CSF。人眼在空间频率域具有带通性，研究者提出了各种各样的 CSF 模型。Ngan 和 Nill 等提出的由人类视觉系统模型产生的空间 CSF 曲线如图 1.11 所示。频

率敏感函数 $H(\omega)$ 可表示为

$$H(\omega)=(a+b\omega)\exp(-c\omega) \tag{1.5}$$

其中，ω 表示频率（单位：周/度），a、b、c 为常数。

由式（1.5）定义的敏感度模型与 Yao Wang 等定义的基于对比敏感的失真门限成反比关系可知，对于一个特定的空间频率 ω，基本的 JND 阈值 $T(\omega)$是频率敏感度函数 $H(\omega)$的倒数，即

$$T(\omega)=\exp(c\omega)/(a+b\omega) \tag{1.6}$$

Zhen Wei 对于 T_{Basic} 的计算在式（1.6）基础之上进行了改进。在 8×8 块中位置(i,j)对应的频率 ω_{ij} 为

$$\omega_{ij}=\frac{1}{2N}\sqrt{(i/\theta_x)^2+(j/\theta_y)^2} \tag{1.7}$$

其中，θ_x，θ_y 分别表示水平和垂直视觉角度，即

$$\theta_x=\theta_y=2\cdot\arctan\left(\frac{1}{2\times R_{\text{vd}}\times P_{\text{ich}}}\right) \tag{1.8}$$

其中，P_{ich} 表示图像的高，R_{vd} 表示观察距离和图像的高的比值，取值范围为 3～6。

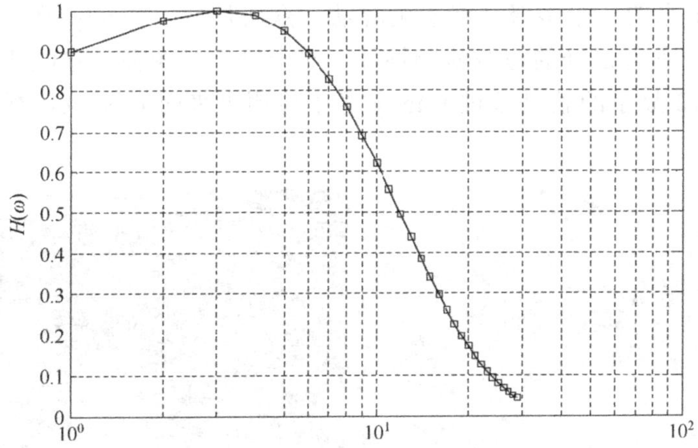

图 1.11　空间 CSF 曲线

在块中(i,j)位置的 DCT 分量的方向角 φ_{ij} 是频率 ω_{ij} 的函数，即

$$\varphi_{ij}=\arcsin\left(\frac{2\omega_{i,0}\omega_{0,j}}{\omega_{ij}^{\ 2}}\right) \tag{1.9}$$

所以 T_{Basic} 的计算公式为

$$T_{\text{Basic}}(n,i,j)=s\times\frac{1}{\phi_i\phi_j}\cdot\frac{\exp(c\omega_{ij})/(a+b\omega_{ij})}{r+(1-r)\cdot\cos^2(\varphi_{ij})} \tag{1.10}$$

其中，s，r，a，b，c 是常数，取值分别为 0.25，0.6，1.33，0.11，0.18。ϕ_i, ϕ_j 是 DCT 归一化因子，根据式（1.10）计算，则有

$$\phi_m = \begin{cases} \sqrt{\dfrac{1}{N}}, & m=0 \\ \sqrt{\dfrac{2}{N}}, & m>0 \end{cases} \tag{1.11}$$

关于亮度调节因子 F_{lum} 的计算。根据 Weber-Fechner 定律，最小感知亮度差随着背景亮度增大而增大，这称为亮度自适应效应。Weber-Fechner 定律说明亮度越大，JND 也应该越大，人眼对亮度对比度的敏感度远高于对绝对亮度的敏感度。但是一般 JND 阈值的计算，我们默认亮度调节值为 128 的情况下亮度调节因子 F_{lum} 为 1，所以 F_{lum} 应该是亮度值的一个 U 型曲线（见图 1.8）。即亮度调节因子 F_{lum} 在亮度值越小或越大的区域，值应该越大，在中间区域其值越小。F_{lum} 的计算公式为

$$F_{\text{lum}} = \begin{cases} (60-\bar{I})/150+1, & \bar{I} \leqslant 60 \\ 1, & 60<\bar{I}<170 \\ (\bar{I}-170)/425+1, & \bar{I} \geqslant 170 \end{cases} \tag{1.12}$$

其中，$\bar{I}$ 表示块的平均亮度值。

关于差异掩蔽因子 F_{contrast} 的计算。基于块分类的差异掩蔽效应，在这里我们在视频图像的亮度成分上利用 Canny 算子对块进行分类。Canny 边缘检测算子是 John F.Canny 于 1986 年开发出来的一个多级边缘检测算法。众所周知，Canny 算子是一个非常典型的边缘检测算子，具有很好的边缘检测性能。对于给定的图像，它能够精确地检测到边缘像素点。图 1.12 显示的就是通过 Canny 算子检测出来的 city_4cif 视频序列中第一个视频帧的边缘。

图 1.12　通过 Canny 算子检测出来的 city_4cif 视频序列中第一个视频帧的边缘

若检测出来的边缘点是稀疏的，则我们认为这个区域是平坦的区域；若检测出来的边缘点数目比较多，则认为这个块纹理细节比较多，有很多的高频能量，我们认为该块是纹理区域。所以根据边缘点的密度，我们可以把块划分为三类：平面块（Plane）、边缘块（Edge）、纹理块（Texture）。用 ρ 表示该块边缘点的密度，计算公式为

$$\rho = \#\text{ep}/N^2 \tag{1.13}$$

其中，#ep 是该块中边缘点的数目。块的类别由公式（1.14）决定，即

$$
\text{块的类别}=\begin{cases}\text{平面块}, & \rho\leqslant\alpha\\ \text{边缘块}, & \alpha<\rho\leqslant\beta\\ \text{纹理块}, & \rho>\beta\end{cases} \tag{1.14}
$$

其中，α、β 取值分别为 0.1、0.2。

图像的边缘信息对视觉很重要，特别是边缘的位置信息。人眼容易感觉到边缘的位置变化，而对于边缘的灰度误差，人眼并不敏感。人们通常对平面区和边缘区的失真比较敏感，所以应该保护在平面块和边缘块中的信息。而对于纹理块，人眼对低频失真的敏感度不如高频失真敏感，如纹理块的块效应，所以纹理块的高频信息需得到更多保护。基于以上考虑，各类型的块的修正因子 $\varPsi$ 可表示为式（1.15），其中(i,j)为块中的位置$(i,j$=0～7)。结果参见图 1.10。

$$
\varPsi=\begin{cases}1, & \text{在平面块和边缘块中}\\ 2.25, & \text{当在纹理块中且}(i^2+j^2)\leqslant16\text{时}\\ 1.25, & \text{当在纹理块中且}(i^2+j^2)>16\text{时}\end{cases} \tag{1.15}
$$

最终的差异掩蔽因子 F_{contrast} 为

$$
F_{\text{contrast}}=\begin{cases}\varPsi, & \text{当在平面块和边缘块中且}(i^2+j^2)\leqslant16\text{时}\\ \varPsi\cdot\min\left(4,\max\left(1,\left(\dfrac{C(n,i,j)}{T_{\text{Basic}}(n,i,j)\times F_{\text{lum}}(n)}\right)^{0.36}\right)\right), & \text{其他区域}\end{cases} \tag{1.16}
$$

$C(n,i,j)$为第 n 个块中位置为(i,j)的 DCT 系数。调节因子 F_{M} 由 F_{lum} 和 F_{contrast} 得到，见公式（1.3）。

1.4.1.2 DWT 域的 JND 模型

与 DCT 变换比较，DWT 具有更好的频率划分和能量集中特性，其良好的时频分解特性更符合人类视觉系统的特点。在 DWT 域内，不仅要考虑频带、亮度及纹理对 JND 的影响，而且即使是在相同频带上，人眼对不同方向的噪声的敏感程度也不一样（人眼对斜对角方向的敏感程度比水平和垂直方向上的敏感程度低），故在计算频率敏感程度时，还必须综合考虑频带、方向等因素对人类视觉系统的影响。

小波域 JND 模型的引入是为了在保证水印不可见性的基础上，尽可能地提高水印的鲁棒性。前文已经说明，影响 JND 的因素有 4 个，我们使用这 4 个因素来计算小波域的 JND，即

$$
\text{JND}=F(\text{FM}\cdot\text{CM}\cdot\text{LA}\cdot F_t) \tag{1.17}
$$

其中，FM（Frequency Masking）是频率掩蔽因子，表明人眼对高频部分中的边界变化不是很敏感，但是对低频中比较平缓的区域发生的变化却相当敏感。

可以使用一些经验值来表示各个频带的掩蔽因子，即

$$
\text{FM}(l,\theta)=\begin{cases}\sqrt{2}, & \text{当}\theta=1\text{时}\\ 1, & \text{其他}\end{cases}\cdot\begin{cases}1.00, & \text{当}l=0\text{时}\\ 0.4, & \text{当}l=1\text{时}\end{cases} \tag{1.18}
$$

其中，l 是小波变换的层次，θ 表示角度，如图 1.13 所示。

CM（Contrast Masking）表示差异掩蔽因子，它表明人眼对纹理比较丰富和边界区域的变化比较不敏感，而对平缓区域的变化却很敏感。这个因素可以从两个方面来考虑：①小波变换

的高频区域包含了比较多的纹理信息，这表明纹理比较丰富或者边界区域的数值会比周围的数值大或者小很多，为了消除负数的影响，采用求平方和的方法来表示相应位置的纹理信息；②为了表示某个位置差异掩蔽因子，需要在小波变换后的低频部分中，以方差的形式表示某点与其周围区域的差异程度，为了消除小波低频系数过大的影响，要将其映射到 0～255 之间。由于小波变换的多分辨率特性，因此每层的邻域大小是不一样的，随着级数的增加，邻域的范围也会变小，如图 1.14 所示。CM 计算公式为

$$\mathrm{CM}(l,i,j)=\sum_{k=0}^{L-l-1}\frac{1}{16^k}\sum_{\theta=0}^{2}\sum_{x=-2^{L-k-l}}^{2^{L-k-l}}\sum_{y=-2^{L-k-l}}^{2^{L-k-l}}\left[I_{k+l}^{\theta}\left(y+\frac{i}{2^k},x+\frac{j}{2^k}\right)\right]^2 \cdot \mathrm{Var}\left[I_{L-1}^{3}\left(y+\frac{i}{2^{L-l-1}},\ x+\frac{j}{2^{L-l-1}}\right)\right]_{x,y=-1,0,1} \tag{1.19}$$

其中，L 是小波变换的层数，也可以理解为图像空域分层的层数，Var 表示求方差。图 1.15 是利用这种规律嵌入水印（可以理解为修改这部分的小波系数）后的比较图，左图是原图，右边的上面一行是在第一层的某个子带中通过修改系数后的结果，第一幅是嵌入水印后的图像，第二幅是差分图，第三幅则是将差分信号放大 20 倍后的图像，可以发现改变的区域都是在图像纹理比较丰富的区域，因此并不影响图像的视觉质量；右边的下面一行则是在第 0 层的某个子带中进行了小波系数的修改，由于第 0 层包含了更多的边缘信息，因此变化的幅度相对更大一些，但是也并不影响视觉质量。

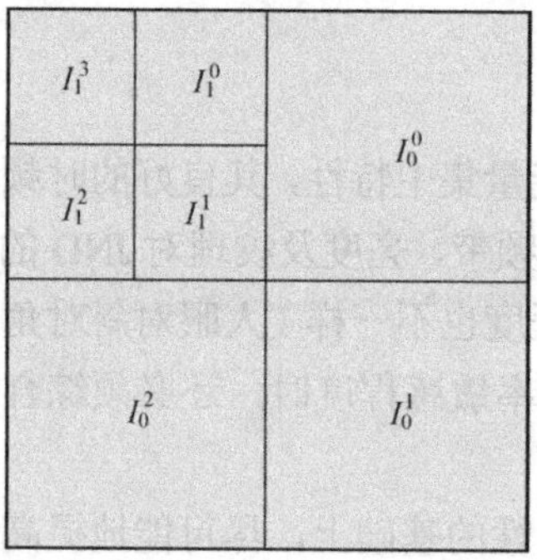

图 1.13 小波变换中各频带示意图

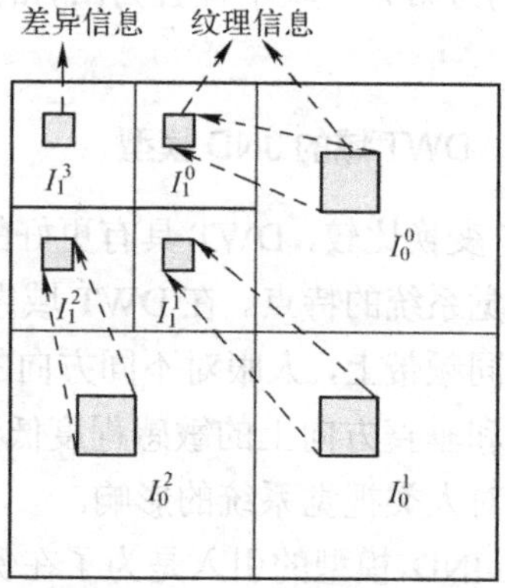

图 1.14 邻域大小的变化规律示意图

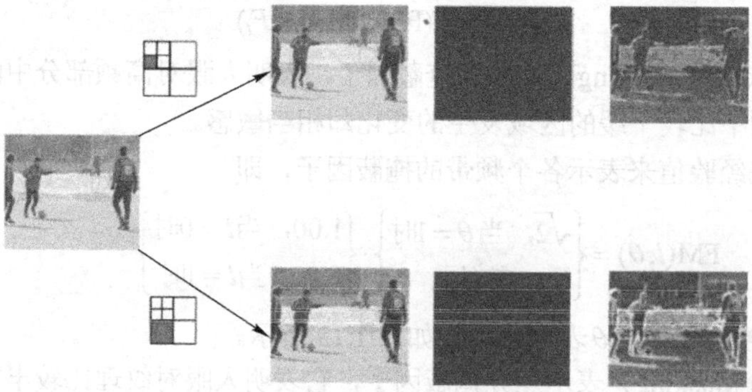
图 1.15 修改 JND 因子后的示意图

LA（Luminance Adaption）是亮度调节因子，表明人眼对比较亮或者比较暗的区域的噪声不敏感。为了表示亮度信息，首先需要将低频部分的系数映射到 0～255 之间，然后求 3×3 邻域内的平均亮度值，该值用来表示该点的亮度值。平均亮度值的表达式为

$$L(l,i,j)=\frac{1}{9}\sum_{x=-1}^{1}\sum_{y=-1}^{1}I_{L-1}^{3}\left(y+\frac{i}{2^{L-l-1}},x+\frac{j}{2^{L-l-1}}\right) \tag{1.20}$$

然后利用该平均亮度值和式（1.12）求得该点的亮度调节因子，即

$$\mathrm{LA}(l,i,j)=\begin{cases}(60-L(l,i,j))/150+1, & 当L(l,i,j)\leqslant 60时\\ 1, & 当60<L(l,i,j)<170时\\ (L(l,i,j)-170)/425+1, & 当170\leqslant L(l,i,j)时\end{cases} \tag{1.21}$$

式（1.17）中的 F_t 是时域掩蔽因子，它表明人眼对运动快的物体上的噪声不敏感。Wei 实验数据表明，在空间频率较高时，时域频率与空间频率的常用对数（log10）成一种线性关系，如图 1.16 所示。经过拟合后，这些直线的斜率约为−0.03。

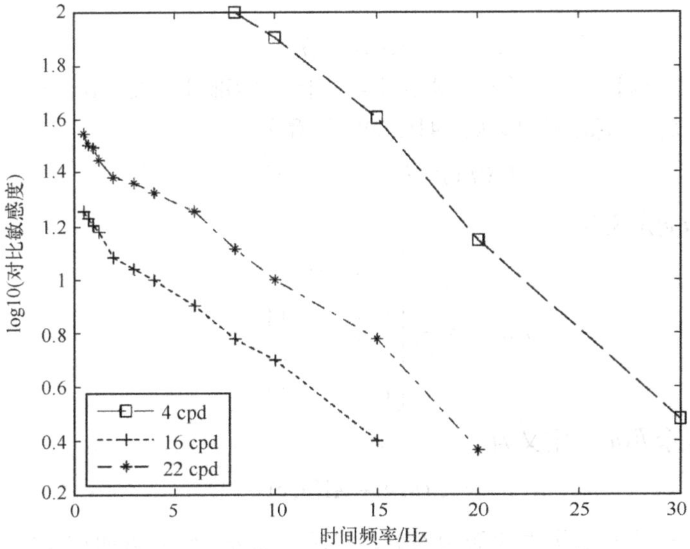

图 1.16　空间频率的常用对数与时域频率的关系

时域掩蔽因子可以表示为

$$F_{\mathrm{t}}=\frac{1}{10^{-0.03}f_{\mathrm{t}}}=1.07f_{\mathrm{t}} \tag{1.22}$$

其中，f_t 表示时域频率，这里主要考虑图像在视网膜上的移动速度，它由三部分构成：观看角度、帧率和物体的运动速度，表达式为

$$f_{\mathrm{t}}=\beta\cdot f_{\mathrm{r}}\cdot \mathrm{MV} \tag{1.23}$$

其中，MV 是运动速度，它可以使用映射后的小波低频系数在 3×3 的邻域内求得。f_r 是帧率，β 是观看角度，β 的表达式为

$$\beta=2\cdot\arctan\left(\frac{1}{2\times R_{\mathrm{vd}}\times P_{\mathrm{ich}}}\right) \tag{1.24}$$

其中，R_{vd}取经验值为 4，P_{ich}是帧的高度。

经过上述一系列参数的调节，确定了 JND 最后的计算公式为

$$\text{JND}=\alpha\cdot\text{FM}\cdot\text{CM}^{0.2}\cdot\text{LA}\cdot F_t \tag{1.25}$$

其中，α为调制因子。

1.4.2 显著性模型

显著区域是指在图像中能提取出图像的重要内容的区域，可以理解为人眼在观察图像时，最先注意图像的区域。实际测试用一般采用眼动仪来进行测试，而实际测试算法一般根据人眼的视觉特性和图像的特性来进行仿真。因此一般根据图像在频域中的特性来提取。根据信息论的观点，图像信息能被分解为两部分：新颖部分和先验部分。不同的图像在频谱对数曲线中有共同的曲线趋势，频谱上的冗余部分为图像的新颖部分，由此来构造图像的显著区域。

$I(x,y)$为一个输入图像，$A(u,v)$和 $P(u,v)$分别是经过傅里叶变换后的频谱和相谱。对数频谱$L(u,v)$的公式为

$$L(u,v)=\log(A(u,v)) \tag{1.26}$$

$A(u,v)$指示对数频谱的一般形式，相当于给定的先验部分。而 $A(u,v)$的平均频谱 $A1(u,v)$可以用局部滤波器来近似 $A(u,v)$的形状，$A1(u,v)$的计算公式为

$$A1(u,v)= h_n(u,v)*L(u,v) \tag{1.27}$$

而这个滤波器 $h_n(u,v)$定义为

$$h_n(u,v)=\frac{1}{n^2}\begin{bmatrix}1 & 1 & \cdots & 1\\ 1 & 1 & \cdots & 1\\ \vdots & \vdots & \ddots & \vdots\\ 1 & 1 & \cdots & 1\end{bmatrix} \tag{1.28}$$

综上，频谱冗余 $R(u,v)$ 定义为

$$R(u,v)=L(u,v)-A1(u,v) \tag{1.29}$$

此时频谱冗余意味着图像中的新颖部分，即显著部分。然后再通过反傅里叶变换得到显著图 $S(x,y)$，其公式为

$$S(x,y)=g(x,y)*\Im^{-1}[\exp(R(u,v)+P(u,v))]^2 \tag{1.30}$$

其中，$g(x,y)$ 是一个高斯滤波器，目的是通过平滑变换来产生较好的视觉效果。

显著图突出了吸引人眼注意的物体，为了检测显著图中的前景物体，我们采用简单的阈值方法，则前景物体图 $O(x,y)$ 被定义为

$$O(x,y)=\begin{cases}1, & \text{当}S(x,y)\text{大于阈值时}\\ 0, & \text{其他}\end{cases} \tag{1.31}$$

其中，阈值$=E(S(x,y))\cdot 3$，从而得到图像的显著映射图。

目前，基于注意力机制的模块已经成为计算机视觉及相关学科中在深度学习网络的一个核心模块，能够为很多视觉和自然语言处理模块带来性能的提升。

1.5 本章小结

计算机视觉研究内容广泛，但其最后的评价标准一般均呈现给用户来评判，因此所有计算机视觉系统均与人类视觉系统密切相关。人类视觉系统的理解和建模对计算机视觉系统的设计和评判至关重要。

本章首先介绍了人类视觉系统（HVS）及人眼视觉特性，然后详细介绍了立体视觉的形成过程，分析了立体视觉的生理特性和心理特性，最后介绍了计算机视觉中采用的 JND 模型和显著性模型，并对其计算模型进行了分析。

参考文献

[1] A. B. Watson. DCTune: a Technique for Visual Optimization of DCT Quantization Matrices for Individual Images. Soc. Inf. Display Digest Tech. Papers XXIV. 1993:946～949.

[2] X. Zhang, W. S. Lin, P. Xue. Improved Estimation for Just-noticeable Visual Distortion[J]. Signal Processing. 2005,85(4):795～808.

[3] I. Hontsch, L. J. Karam. Adaprive Image Coding with Perceptual Distortion Controle[J]. IEEE Transactions on Image Processing. 2002,11(3):213～222.

[4] Y. Jia, W. Lin, A. A. Kassim. Estimation Just-noticeable Distortion for Video[J]. IEEE Transactions on Circuits and Systems for Video Technology. 2006,16(7):820～829.

[5] Zhen Wei, King N. Ngan. Spatio-temporal Just Noticeable Distortion Profile for Grey Scale Image/Video in DCT Domain[J]. IEEE. 2009,19(3):337～346.

第 2 章 图像边缘、角点检测

2.1 图　　像

底层计算机视觉的主要研究对象为图像处理，实际上可以简而言之为从单幅或多幅二维投影图像（或视频序列）中计算出视觉所需要的客观参数。因此图像处理可以认为是计算机视觉的基础。

图像往往伴随图形的概念。一般认为，图像指采用像素点来表示客观世界的数据形式，如大家常见的数码相机拍摄的照片。而图形一般是指采用具有方向、长度、形状等来表示的矢量图，例如，在标准 C 语言中调用其图形库而画出来的椭圆或者动画等。尽管现代计算机视觉与图形学密切相关，但本书中不对此进行专门论述，感兴趣的读者可参考最新的国际期刊和会议文献，了解图形学与计算机视觉的联系。

考虑到在实际使用中，位图的概念应用比较广泛，这里以位图为例，对图像进行简单的介绍。

图 2.1 中显示的是一幅故宫的图像及其局部放大后的图像。其中，放大后的图像手工标记了网格，每个小格表示一个像素（Pixel）。若不采用手工标记网格的方式，直接采用局部放大，则有类似如图 2.2 所示的效果。其中，最右边的局部放大图像有明显的小块效应，这个小块为原始图像的单个像素在显示器上显示的效果。从图 2.2 可以明显看出，图像具有局部平滑的特性。

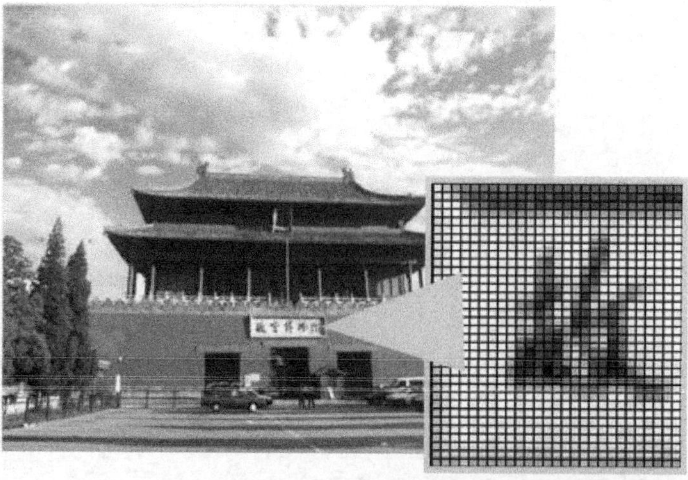

图 2.1　数字图像及其局部放大后的效果

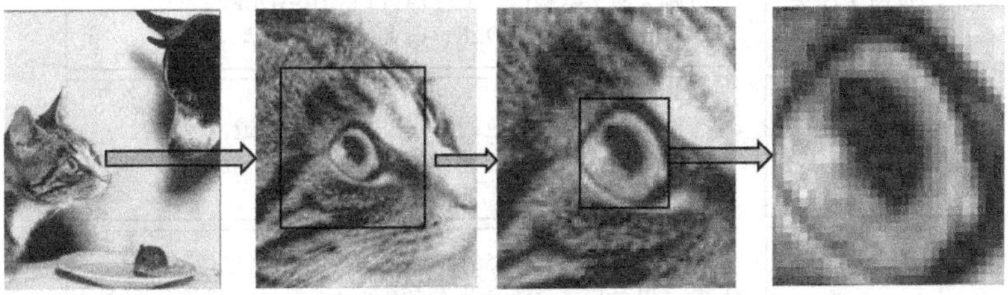

图 2.2 一幅灰度图像及其局部放大后的效果

图像在计算机中采用矩阵的形式来表示。一般在 Windows 系统中，采用位图（Bitmap）来表示图像。从图 2.2 的图像中可以看出，图像由像素构成，每个像素实际上采用二进制位（bit）来表示。以灰度图像为例，若灰度图像的每个像素值用 8 bit 表示，则表明该图像的每个像素有 2^8 种可能的值，习惯用 0～255 这 256 个数值表示，每个数值表示一种灰度的级别。0 表示黑色，255 表示白色。这样的 8 bit 的灰度图像称为 8 位图像，若每个像素用 *n*bit 表示，则称其为 *n* 位图像。常见的 *n* 包括 1、2、4、8、10、16 和 24 等。

实际上，位数一般也可以用来表示图像的颜色数目，如图 2.3 所示。

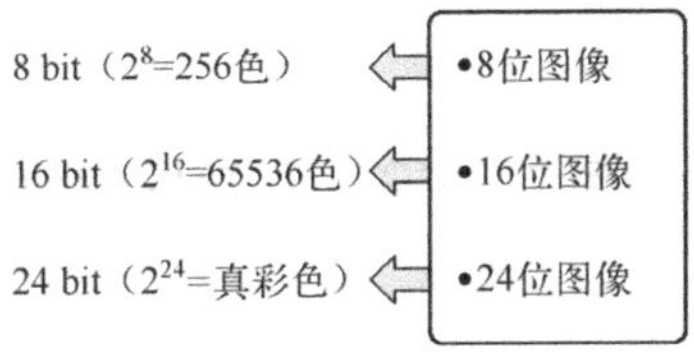

图 2.3 比特数表示图像的颜色数目

通常所说的 8 位灰度图像，即为 256 色的灰度图像。根据色度学中三基色原理，自然界中的颜色千变万化，若直接对这些颜色进行编码，则无法采用数字化的方法来有效表达。因此，实际表示的时候一般采用红绿蓝（RGB）三基色来进行表示。通过第 1 章中的色度图可知，采用三基色的线性组合可以有效地表示色度图中的绝大部分颜色。实际上，在色度图中确定三基色和白点（White Point）的坐标后，三基色所形成的三角形色度区域内的所有颜色都可以采用三基色的线性组合表示出来。

上述的 24 位图像一般是指采用 RGB 三基色，每种基色采用 8 bit 来表示的 RGB 彩色图像，也是通常所称的真彩色图像。

2.2 灰度位图图像和彩色位图图像

2.1 节简单介绍了位图的基本情况，如 8 位图像和 24 位图像等。本节介绍灰度和彩色位图图像。

一般出版物为了降低成本，都采用灰度图像，也就是没有彩色的图像。那么，这种灰度图像属于 8 位图像，还是 24 位图像呢？具体在计算机中是如何表示的呢？这些问题参考位图的结构，如图 2.4 所示。

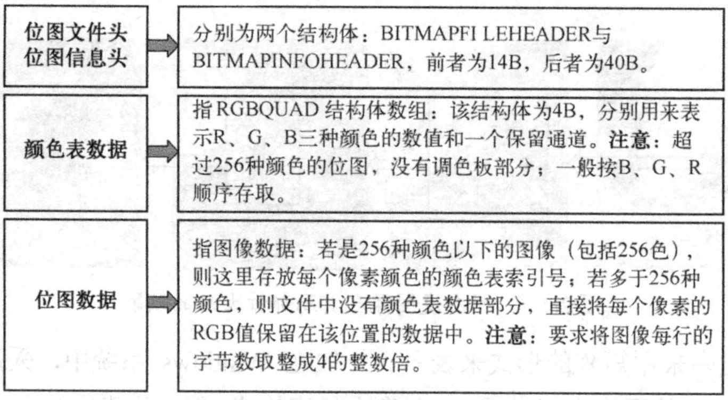
位图文件头
位图信息头
分别为两个结构体：BITMAPFI LEHEADER与BITMAPINFOHEADER，前者为14B，后者为40B。
颜色表数据
指RGBQUAD结构体数组：该结构体为4B，分别用来表示R、G、B三种颜色的数值和一个保留通道。注意：超过256种颜色的位图，没有调色板部分；一般按B、G、R顺序存取。
位图数据
指图像数据：若是256种颜色以下的图像（包括256色），则这里存放每个像素颜色的颜色表索引号；若多于256种颜色，则文件中没有颜色表数据部分，直接将每个像素的RGB值保留在该位置的数据中。注意：要求将图像每行的字节数取整成4的整数倍。

图 2.4　位图的结构

在上述结构定义中，三个结构体分别定义如下。其中，BITMAPFILEHEADER 为

```
typedef structtag BITMAPFILEHEADER
{
    WORD bfType;
    DWORD bfSize;
    WORD bfReserved1;
    WORD bfReserved2;
    DWORD bfOffBits;
} BITMAPFILEHEADER, FAR *LPBITMAPFILEHEADER,
*PBITMAPFILEHEADER;
```

其各个参数含义如下：

（1）bfType：位图文件类型，必须是 0x424D，即字符串"BM"，也就是说，所有的“*.bmp”文件的头 2 字节都是"BM"。若磁盘损坏，则可以根据这个标志位恢复部分位图数据。

（2）bfSize：位图文件大小，包括 14 字节。

（3）bfReserved1, bfReserved2：Windows 的保留字，暂不使用。

（4）bfOffBits：从文件头到实际的位图数据的偏移字节数。

BITMAPINFOHEADER 定义为：

```
typedef structtag BITMAPINFOHEADER
{
    DWORD biSize;
    LONG biWidth;
    LONG biHeight;
    WORD biPlanes;
    WORD biBitCount
    DWORD biCompression;
    DWORD biSizeImage;
    LONG biXPelsPerMeter;
    LONG biYPelsPerMeter;
    DWORD biClrUsed;
    DWORD biClrImportant;
} BITMAPINFOHEADER, FAR *LPBITMAPINFOHEADER,
*PBITMAPINFOHEADER;
```

BITMAPINFOHEADER 结构体的各个参数的详细说明如下：

（1）biSize：本结构体的长度，为 40 B。

（2）biWidth：位图的宽度，以像素为单位。

（3）biHeight：位图的高度，以像素为单位。

（4）biPlanes：目标设备的级别，必须是 1。

（5）biBitCount：每个像素所占的位数（bit），其值必须为 1（黑白图像）、4（16 色图）、8（256 色）、24（真彩色图），新的 BMP 格式支持 32 位色。

（6）biCompression：位图压缩类型，有效值为 BI_RGB（未经压缩）、BI_RLE8、BI_RLE4、BI_BITFILEDS（均为 Windows 定义常量）。这里只讨论未经压缩的情况，即 biCompression=BI_RGB。

（7）biSizeImage：实际的位图数据占用的字节数，该值的大小在第 4 部分位图数据中有具体解释。

（8）biXPelsPerMeter：指定目标设备的水平分辨率，单位是像素/米。

（9）biYPelsPerMeter：指定目标设备的垂直分辨率，单位是像素/米。

（10）biClrUsed：位图实际用到的颜色数，若该值为零，则用到的颜色数为 2 的 biBitCount 次幂。

（11）biClrImportant：位图显示过程中重要的颜色数，若该值为零，则认为所有的颜色都是重要的。

而颜色表部分实际上由占 4 字节的 RGBQUAD 结构体数组组成，该结构体数组的长度由 biClrUsed 指定（若该值为零，则由 biBitCount 指定，即 2 的 biBitCount 次幂个元素）。RGBQUAD 结构体定义为：

```
typedef structtag RGBQUAD
{
    BYTE rgbBlue;
    BYTE rgbGreen;
    BYTE rgbRed;
    BYTE rgbReserved;
}RGBQUAD;
```

其各个参数定义如下：

（1）rgbBlue：该种颜色的蓝色分量值；

（2）rgbGreen：该种颜色的绿色分量值；

（3）rgbRed：该种颜色的红色分量值；

（4）rgbReserved：保留值，有时可用来表示α通道值。

有些位图需要颜色表，而有些位图（如真彩色图）不需要颜色表，颜色表的长度由 BITMAPINFOHEADER 结构中的 biBitCount 分量决定。对于 biBitCount 值为 1 的二值图像，每像素占 1bit，图像中只有两种（如黑白）颜色，颜色表也就有 $2^1=2$ 个表项，整个颜色表的大小为 2×sizeof(RGBQUAD)=2×4=8 B；对于 biBitCount 值为 8 的灰度图像，每像素占 8bit，图像中有 $2^8=256$ 种颜色，颜色表也就有 256 个表项，且每个表项的 R、G、B 分量都相等，整个颜色表的大小为 256×4=2014 B；而对于大于 256 种颜色的彩色图像，如 biBitCount=24，由于每像素 3 B 中分别代表了 R、G、B 三个分量的值，此时不需要颜色表，因此真彩色图的 BITMAPINFOHEADER 结构体后面直接就是位图数据。

注意，有的工程师在编写自己的位图类时，RGBQUAD 中元素的顺序可能会翻转为 R、G、

B，而不是默认的 B、G、R 顺序，此时会导致显示器显示的图像颜色不正确。一旦出现该情况，可以根据实际情况，调试解决该问题。

第三部分是位图数据，即图像数据，其紧跟在文件头、颜色表（若有颜色表）之后，记录了图像的每个像素值。对于有颜色表的位图，位图数据就是该像素颜色在颜色表中的索引值；对于真彩色图，位图数据就是实际的 R、G、B 值（三个分量的存储顺序是 B、G、R）。

下面分别就 2 色、16 色、256 色和真彩色位图的位图数据进行说明。

对于 2 色位图，用 1 位就可以表示该像素的颜色，所以 1 B 能存储 8 个像素的颜色值。对于 16 色位图，用 4 bit 可以表示 1 个像素的颜色，所以 1B 可以存储 2 个像素的颜色值。对于 256 色位图，1 B 刚好存储 1 个像素的颜色值。对于真彩色位图，3 B 才能表示 1 个像素的颜色值。但实际应用中需要注意以下特殊情况：

（1）Windows 规定一个扫描行所占的字节数必须是 4 的倍数，若不足 4 的倍数则要对其进行扩充。假设图像的宽为 biWidth 个像素，每个像素 biBitCount 位，其一个扫描行所占的真实字节数的计算公式为

$$\text{DataSizePerLine} = (\text{biWidth} \times \text{biBitCount} / 8 + 3) / 4 \times 4$$

那么，在不压缩的情况下，位图数据的大小（BITMAPINFOHEADER 结构中的 biSizeImage 成员）计算公式为

$$\text{biSizeImage} = \text{DataSizePerLine} \times \text{biHeight}$$

但在实际编程实现时，往往会出现显示的图像是斜的，这一般是由于没有按照 4 的整数倍对齐图像数据造成的。显然，若图像每行字节数不是 4 的整数倍，则这时图像每行最后都用多余的字节补成 4 的整数倍这个方法是没用的，这些字节实际上可以用于边信息通信，如信息隐藏等。

（2）一般程序中，BMP 文件的数据是从图像的左下角开始逐行扫描图像的，即从下到上、从左到右来安排图像的像素值，因此图像坐标零点在图像左下角。但有些工程师在编写程序时并没有按照这种规范，而只是简单从上到下、从左到右排列像素值，这时会造成图像倒立。例如，OpenCV 中有专门的标志位来确认这种现象。

2.3 GIF 图像格式和 JPEG 压缩

在 Windows 平台上，位图是使用最广泛的图像格式。其他各种文件格式，如 GIF、JPEG、TIFF 和 PNG 等，在显示时都转换为 BMP 后再进行显示。对于视频也遵循这种流程，视频每帧图像解码后称为 YUV 亮度/色度分量形式，然后转换为 BMP 格式的数据进行显示。

对于计算机视觉来说，不管是压缩的还是没有压缩的图像和视频，面对的处理对象都会在 BMP 域中进行处理。其中有一种例外，就是在压缩域进行行为、动作的识别时利用压缩码流中保留的压缩格式语法元素来进行分类、跟踪和识别，语法元素包括运动适量、量化系数和运动模式等信息，但其精度不如空域处理，其速度由于不需要解压缩而比空域处理的速度快，这里不再详细论述。

除 BMP 这种常用的图像格式外，目前较有特色的其他格式包括 GIF 和 JPEG 两种，分别在网页和日常生活中广泛使用。后面简单介绍相关内容。

此外，2015 年 6 月 JPEG 委员会发起了一个新的标准活动 JPEG PLENO，其目标是试图定义

一个标准框架，它可以表示和交换如光场、点云和全息成像等更新的成像模式下的图像。其另一个目标就是定义更新的工具来提高压缩效率，同时提供一些用于图像操作、元数据、图像存取和交互及隐私与安全等高级功能。

2.3.1 GIF 图像

GIF（Graphics Interchange Format）图像的扩展名采用“.gif”，由 CompuServe 公司开发，用于屏显和网络。它包括 87a 和 89a 两种格式，其中 87a 描述单一（静止）图像，89a 描述多帧图像，通常在 GIF 动画中使用。它最具特色的特点为其色彩模式，支持 2^8（256 色）种颜色。因此，在处理 GIF 图像时，颜色的数目往往都是 256 种，有时在计算机视觉处理中，若没有注意则会造成意外结果。而将其他图像保存为 GIF 图像时，需要对颜色进行量化处理，近些年提出了很多相关的颜色量化算法，比较典型而直观的量化算法就是聚类的算法，通过将类别数目定义为 256 即可采用通用的聚类算法进行计算。

2.3.2 JPEG 图像

JPEG 图像格式由 JPEG 标准化委员会制定，至今仍是最广泛应用的图像压缩标准之一。其采用预测、变换、量化和熵编码的基本思想来进行图像像素数据的压缩。JPEG 压缩流程如图 2.5 所示。

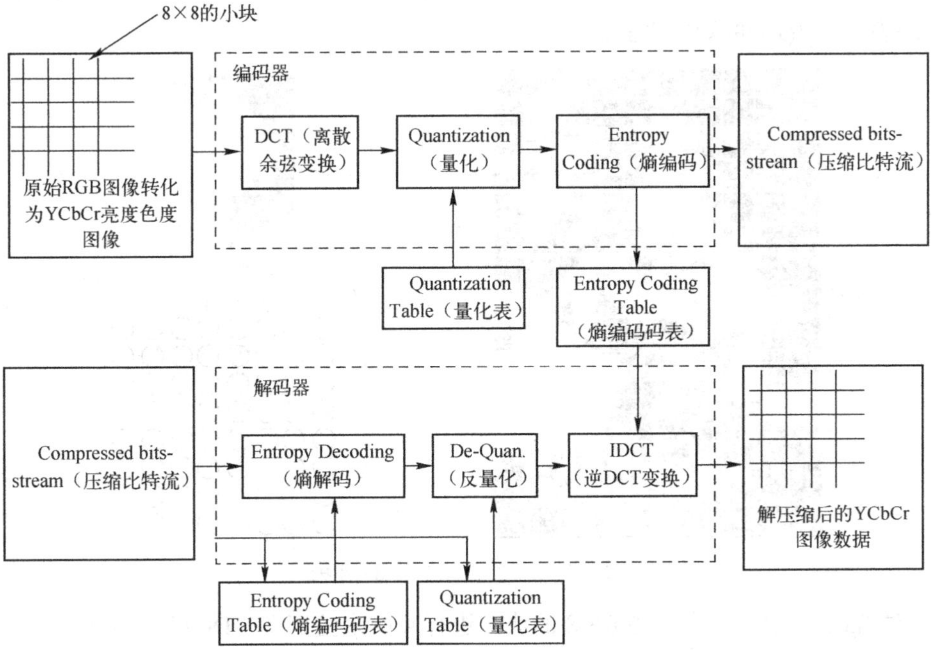

图 2.5　JPEG 压缩流程

根据人类视觉的特性和信息论的观点，其中将 RGB 图像转换为 YCbCr 图像利用了人类视觉对亮度信息敏感，而针对色度信息不敏感的特点，可以进一步对色度分量进行下采样以降低数据量。DCT 变换和量化则利用信息论中信源编码理论，即当离散信源符号相互独立且均匀分布时，根据信源熵最大原理对信源进行改造使得信源能尽量满足该原理。DCT 变换和量化尽量去除信源内部符号之间的相关性，熵编码则使得信源符号的分布尽可能均匀，从而最终达到信息论中要求的离散信源熵最大的条件。实际上，无论如何改造信源，都达不到理想状态。因此，图像压缩领域一直致力于如何更加有效地改造信源来达到更高的压缩效率。

下面我们看一下 JPEG 压缩的具体流程。首先若原始图像是 RGB 图像，则转换为 YCbCr 图像，对 YCbCr 两个色度分量进行下采样，然后进行 8×8 的块划分，如图 2.6 所示。

图 2.6 对图像进行 JPEG 编码的分块处理

然后按照从上到下、从左到右的顺序分别对每个块做处理，如图 2.7 所示，将从图中取出的 8×8 块表示成 $f(x,y)$ 的矩阵形式。

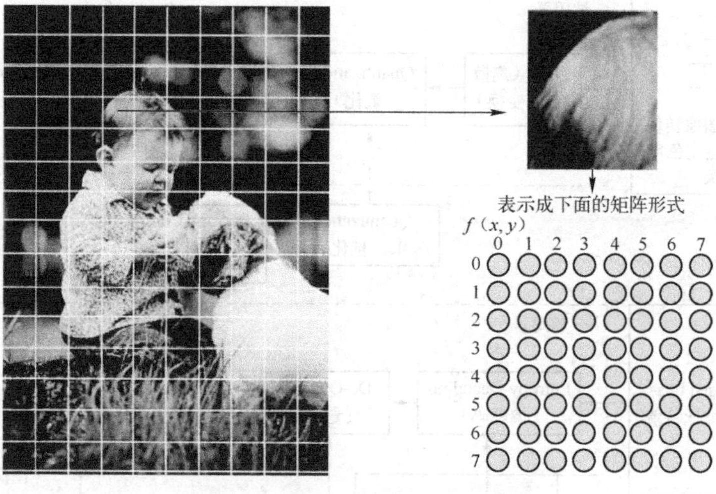

图 2.7 JPEG 压缩中的 8×8 块

然后对 $f(x,y)$（也就是上面的 8×8 的块）进行离散余弦变换（DCT），则有

$$F(u,v)=\frac{1}{4}E(u)E(v)\sum_{x=0}^{7}\sum_{y=0}^{7}f(x,y)\left[\cos\left(\frac{2x+1}{16}u\pi\right)\right]\left[\cos\left(\frac{2y+1}{16}v\pi\right)\right] \tag{2.1}$$

相应地，有离散余弦反变换（IDCT）为

$$f(x,y)=\frac{1}{4}\left[\sum_{u=0}^{7}\sum_{v=0}^{7}E(u)E(v)F(u,v)\left[\cos\left(\frac{2x+1}{16}u\pi\right)\right]\left[\cos\left(\frac{2y+1}{16}v\pi\right)\right]\right] \tag{2.2}$$

其中，$F(u,v)$ 表示 $f(x,y)$ 的二维离散余弦变换系数，实际上也是一个 8×8 的矩阵，$E(u)$ 可以表

示为

$$E(u)=\begin{cases}\dfrac{\sqrt{2}}{2}, & u=0\\ 1, & u\neq 0\end{cases} \tag{2.3}$$

进一步，若用矩阵表示，则二维 DCT 变换可以表示为 $\boldsymbol{F}=\mathbf{DCT}_{\text{matrix}}\times f\times\mathbf{DCT}_{\text{matrix}}^{\mathrm{T}}$。其中 **DCT** 矩阵元素可以统一表示为：当 i=0 时，$\mathrm{DCT}_{\text{matrix}}(i,j)=1/\sqrt{N}$；当 $i\in(0,N-1]$ 时，$\mathrm{DCT}_{\text{matrix}}(i,j)=\sqrt{\dfrac{2}{N}}\cos\left(\dfrac{(i)(2j+1)}{2N}\pi\right)$，$N$ 表示变换的大小。当 N=8 时，其 **DCT** 矩阵为

$$\mathbf{DCT}_{\text{matrix}}=\frac{1}{2}\begin{bmatrix}\sqrt{2}/2 & \sqrt{2}/2 & \sqrt{2}/2 & \cdots & \sqrt{2}/2\\ \cos\left(\dfrac{\pi}{16}\right) & \cos\left(\dfrac{3\pi}{16}\right) & \cos\left(\dfrac{5\pi}{16}\right) & \cdots & \cos\left(\dfrac{15\pi}{16}\right)\\ \vdots & \vdots & \vdots & \vdots & \vdots\\ \cos\left(\dfrac{7\pi}{16}\right) & \cos\left(\dfrac{21\pi}{16}\right) & \cos\left(\dfrac{35\pi}{16}\right) & \cdots & \cos\left(\dfrac{91\pi}{16}\right)\end{bmatrix} \tag{2.4}$$

关于矩阵表示的方式大家可以从上面 DCT 变换的公式去推导，或者从傅里叶变换的矩阵表达式去推导。需要注意，为了从傅里叶变换中包含正弦项与余弦项到余弦变换中只包含余弦项，需要将数据处理成对称的形式，而如何将数据处理成对称的形式，有很多种方法，不同的方法对应不同类型的 DCT 变换。

再回到 8×8 DCT 变换的矩阵表达式 $\boldsymbol{F}=\mathbf{DCT}_{\text{matrix}}\times f\times\mathbf{DCT}_{\text{matrix}}^{\mathrm{T}}$。容易验证，这时上述定义的 $\mathbf{DCT}_{\text{matrix}}$ 为正交矩阵，因此 $\mathbf{DCT}_{\text{matrix}}^{\mathrm{T}}=\mathbf{DCT}_{\text{matrix}}^{-1}$。若变换的输入除单个位置为 1 外，其余全部为 0，则正好体现 DCT 变换基矩阵的属性。8×8 DCT 变换的 64 个基矩阵如图 2.8 所示。

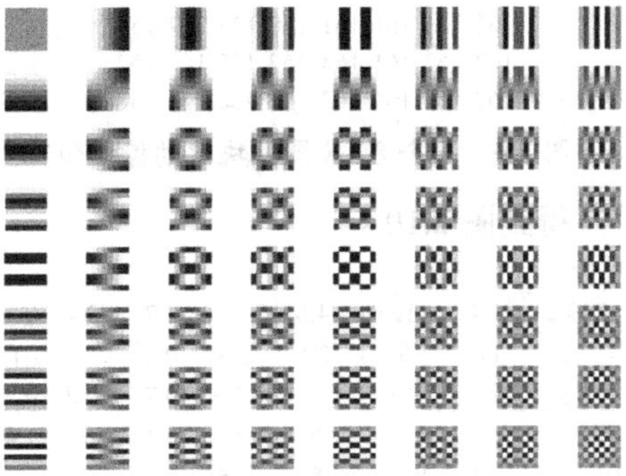

图 2.8　8×8 DCT 变换的 64 个基矩阵

根据图 2.8，可以更好地了解 DCT 变换的特性。

（1）8×8 DCT 变换实际上相当于将输入的块在上述的 64 个基图像上展开所得的系数，这就是我们所说的 DCT 变换的系数。

（2）从上述基函数明显可以看出，左上角的基图像为平坦区域，意味着表示原始图像的平滑分量，称为直流系数，其余的 DCT 系数称为交流系数。

（3）从上述基函数可以看出，越往右下角移动，基函数的变化越快。实际上最右下角的基函数的每个像素点与周围的像素点差别都比较大，因此体现了最快速的变化。从频谱（即

对应高频部分）的角度来考虑，常常将 DCT 变换的系数分为直流部分、低频部分、中频部分和高频部分，分别对应 DCT 变换系数的最左上角部分、左上角部分、斜对角部分和右下角部分。

（4）从该基图像也可以看出，右上角部分的竖直方向变化缓慢，左下角部分的水平方向变化缓慢，而右下角部分的水平和竖直方向变化都很快，因此 DCT 变换实际上也在一定程度上对输入图像进行了频谱分析，而根据第 1 章中的介绍，人眼对不同空间频率变化的敏感程度是不一样的，尤其对高频不敏感，因此高频分量可以多去除一些，这种性质在图像压缩中也获得了实际应用。

（5）通常说 DCT 变换具有能量聚集特性，即通过 DCT 变换后，其能量主要集中在左上角部分的 DCT 系数上。这从上述的基图像中可以得到较好的解释，因为左上角的基图像局部变化比较缓慢，所以与自然图像中局部平滑的特性相对应。可见，具有局部平滑特性的图像在 DCT 变换后，其低频部分的系数占绝大多数。由此可知，若原始图像是随机图像，则其 DCT 变换不会具有很好的能量聚集特性。

（6）DCT 变换作为从傅里叶变换推导出来的变换，可以利用快速傅里叶变换（FFT）来进行快速计算。

（7）DCT 变换为浮点数运算，会造成精度的损失，因此在一些新的图像视频编码标准中，采用整数 DCT 变换，这样避免了精度的损失，如 H.264、H.265 等视频编码标准。

下面我们以一个具体的例子来说明 JPEG 中的 DCT 变换流程。假设有一个 8×8 块中的像素值如图 2.9 所示。

139	144	149	153	155	155	155	155
144	151	153	156	159	156	156	156
150	155	156	163	158	156	156	156
159	161	162	160	160	159	159	159
159	160	161	162	162	155	155	155
161	161	161	161	160	157	157	157
162	162	161	163	162	157	157	157
162	162	161	162	163	158	158	158

图 2.9　一个 8×8 图像块中的像素值

则对其进行二维 DCT 变换后，得到图 2.10。

1259.2	−1.4	−12.0	−4.6	2.7	−1.7	−3.4	0.6
−23.2	−17.8	5.8	−2.5	−2.6	−0.4	0	−1.4
−10.5	−9	−1.9	1	0.1	−0.7	−0.3	0
−6.5	−1.4	0	0.6	0.1	−0.1	0.9	1.4
0	−0.4	1	0.8	−0.5	−0.4	1.2	1.7
1.5	−0.3	1.8	−0.1	−0.7	1.3	0.9	−1
−1.9	−0.9	−0.1	−0.6	0.2	1.6	0.2	−1.6
−3.2	1.1	−3.4	−1	2.4	1	−1.3	−1.1

图 2.10　对应图 2.9 中的图像块进行二维 DCT 变换后的 DCT 系数示意图

从图 2.10 中明显可以看出，DCT 变换具有能量聚集特性，只有左上角的 3×3 的系数值比较大，剩余部分的系数均接近于 0。

在 JPEG 压缩中，需要对上述 DCT 变换系数进一步去相关。由此采用标准的亮度和色度量化表来分别对亮度和色度 DCT 变换系数进行量化处理。JPEG 标准推荐的默认亮度（左图）和色度量化表（右图）如图 2.11 所示。

显然，从量化表的设计可以看出，右下角的量化因子特别大，从而对应的 DCT 变换后的系数经量化后，高频部分对应的索引值会很小；而左上角的量化因子比较小，则对应量化后的索引值比较大。

$$
\begin{pmatrix}
16 & 11 & 10 & 16 & 24 & 40 & 51 & 61 \\
12 & 12 & 14 & 19 & 26 & 58 & 60 & 55 \\
14 & 13 & 16 & 24 & 40 & 57 & 69 & 56 \\
14 & 17 & 22 & 29 & 51 & 87 & 80 & 62 \\
18 & 22 & 37 & 56 & 68 & 109 & 103 & 77 \\
24 & 35 & 55 & 64 & 81 & 104 & 113 & 92 \\
49 & 64 & 78 & 87 & 103 & 121 & 120 & 101 \\
72 & 92 & 95 & 98 & 112 & 100 & 103 & 99
\end{pmatrix}
\qquad
\begin{pmatrix}
17 & 18 & 24 & 47 & 99 & 99 & 99 & 99 \\
18 & 21 & 26 & 66 & 99 & 99 & 99 & 99 \\
24 & 26 & 56 & 99 & 99 & 99 & 99 & 99 \\
47 & 66 & 99 & 29 & 99 & 99 & 99 & 99 \\
99 & 99 & 99 & 99 & 99 & 99 & 99 & 99 \\
99 & 99 & 99 & 99 & 99 & 99 & 99 & 99 \\
99 & 99 & 99 & 99 & 99 & 99 & 99 & 99 \\
99 & 99 & 99 & 99 & 99 & 99 & 99 & 99
\end{pmatrix}
$$

图 2.11　JPEG 标准中默认的亮度块和色度块对应的量化表

注意，若这两个量化表对应 JPEG 压缩因子为 50，则采用默认量化表；若 JPEG 压缩因子不是 50，则需要采用以下公式进行量化表的计算。

$$
\text{QuanTable} = \begin{cases} \text{round}(\text{StdQuanTable} \times (2 - 0.02 \times \text{QualityFactor})), & \text{QualityFactor} \geqslant 50 \\ \text{round}(\text{StdQuanTable} \times (50/\text{QualityFactor})), & \text{QualityFactor} < 50 \end{cases}
$$

JPEG 主要采用调整量化因子的方法来调整图像的质量，其中 QualityFactor 为量化因子，注意量化表 QuanTable 总是为 8×8 的矩阵，其元素值若小于 1，则统一用 1 表示，即量化表中的任意一个元素的最小值为 1。若采用量化因子为 50 的标准亮度量化表对上述的 8×8 块进行量化，则量化后的结果如图 2.12 所示。

79	0	−1	0	0	0	0	0
−2	−2	0	0	0	0	0	0
−1	−1	0	0	0	0	0	0
0	0	0	0	0	0	0	0
0	0	0	0	0	0	0	0
0	0	0	0	0	0	0	0
0	0	0	0	0	0	0	0
0	0	0	0	0	0	0	0

图 2.12　采用量化因子为 50 的亮度量化表对图 2.10 中对应 DCT 系数进行量化后的结果

然后通过如图 2.13 所示的 Zig-Zag 扫描成 79、0、−2、−1、−2、−1、0、0、−1、0…这样的符号串。这时去除信源符号间的相关性至此结束，后面为无损熵编码。

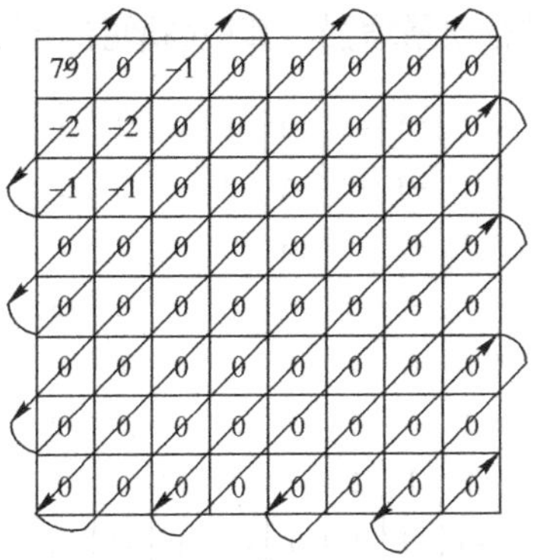

图 2.13　JPEG 压缩中对量化后系数的“之”字形（Zig-Zag）扫描顺序

最后，再对符号串按 DC 和 AC 系数分别编成游程对，接着采用 Huffman 码表对其进行编码，形成最后的 JPEG 码流。

在解码时，首先进行熵解码，解码出上述的符号，然后逆 Zig-Zag 扫描成 8×8 量化索引符号，再进行逆量化。这里反量化后的结果如图 2.14 所示。

1264	0	−10	0	0	0	0	0
−24	−24	0	0	0	0	0	0
−14	−14	0	0	0	0	0	0
0	0	0	0	0	0	0	0
0	0	0	0	0	0	0	0
0	0	0	0	0	0	0	0
0	0	0	0	0	0	0	0
0	0	0	0	0	0	0	0

图 2.14　对解码出的 8×8 块量化系数进行逆量化后的结果（注意与图 2.10 中的数据进行对比）

然后对其进行逆二维 DCT 变换，再取整，结果如图 2.15 所示。

141	143	147	151	155	157	158	159
146	148	151	154	156	158	158	158
153	154	156	158	159	158	158	157
160	160	161	161	161	159	157	156
164	164	164	164	162	159	157	155
164	165	165	164	162	159	157	155
163	163	163	163	162	159	157	155
161	161	162	162	161	159	157	156

注意，与图 2.9 中的原始图像块的像素值进行对比

图 2.15　对图 2.14 中的数据进行逆二维 DCT 变换并取整后的结果

为了方便与原始输入块进行对比，我们将重构值减去原始输入值，结果如图 2.16 所示。可以看出，最大差别为 5。根据图像处理的基础知识，这个差别一般不会显著影响压缩图像的质量。但是，若图像块的高频细节成分较多，则这时的图像质量损失会较大。根据 JPEG 压缩的流程和特性，可以采用稀疏表示、深度学习等最新的理论和算法来提高过渡压缩的 JPEG 图像质量。基于深度学习的图像复原技术可以对 JPEG 进行质量增强，其最高增益可约达 2dB。

2	−1	−2	−2	0	2	3	4
2	−3	−2	−2	−3	2	2	2
3	−1	0	−5	1	2	2	1
1	−1	−1	1	1	0	−2	−3
5	4	3	2	0	4	2	0
3	4	4	3	2	2	0	−2
1	1	2	0	0	2	0	−2
−1	−1	1	0	−2	1	−1	−2

图 2.16　JPEG 压缩后再解压缩与原始图像进行差值计算后的结果

从压缩与解压缩的过程中可以看出，压缩后的码流实际上包含量化表和熵编码表的信息。量化表若不是自己设计的，则可以根据量化因子生成；否则需要提供量化表才能正常解码。

此外，经过 JPEG 压缩后的图像会留下很强的 DCT 变换量化的痕迹，因此凡是经过 JPEG 压缩的图像，无论是否保存为其他的图像文件格式，其 JPEG 压缩过程均有办法恢复，这称为 JPEG 的压缩历史估计。压缩历史估计在法庭取证（Forensic）中是一种常见的技术。

在计算机视觉中，目前获取的底层图像绝大部分都是 JPEG 图像，因此需要对相关图像知识有较好的理解和掌握，尤其是 DCT 变换，常用于视觉任务中的各种特征提取。关于 JPEG 的更详细的介绍（如熵编码算法），请参考 JPEG 压缩标准。

2.4　图像边缘及其检测

边缘检测是底层计算机视觉中最重要的问题之一，但到目前为止，如何有效地从真实场景中进行边缘检测仍然非常具有挑战性。底层好的边缘检测结果对后续高层的计算机视觉任务的成功具有非常重要的作用。在大量的原始图像数据中，如何有效地获取计算机视觉任务所需要的特征（如边缘、角点等）并去除无关的背景和各种干扰，成为底层计算机视觉图像处理技术的核心问题。

例如，在立体视觉技术中，一种常见的操作就是需要获取图像的深度信息（Depth Information），如图 2.17 所示。该操作一般采用双目视觉的基本原理来进行，如图 2.18 所示，采用来自不同位置的图像来获取相关的深度信息。而这正好与人类双眼获取图像后，可以感知一定的深度信息相对应。在视觉技术中，这种信息的获取都需要做左右图像之间的匹配对应，即如图 2.17 的原始图像所示，求出两幅图像中的匹配点，然后通过视差来确定该点的深度信息。而做这种匹配对应（配准），图像的一些特征信息起着决定性作用。此外，在视觉跟踪中，运动目标的检测和关联实际上也是采用目标的表观特征并结合时序信息来进行处理的。来自运动的结构恢复技术、来自形状的结构恢复技术和遮挡的对象识别与推理等，都利用了对象的边缘、角点等具有区分能力的特征来进行处理。因此，底层图像处理结果对视觉任务至关重要。

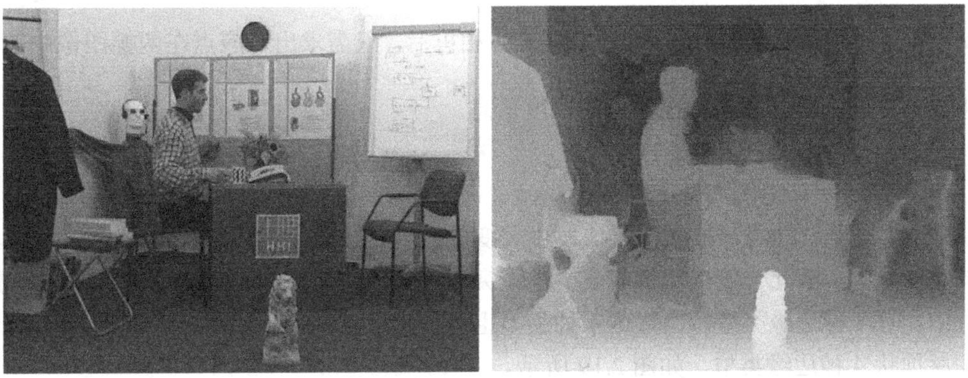

图 2.17　BookArrival 序列的纹理图（左）和其对应的深度图（右）

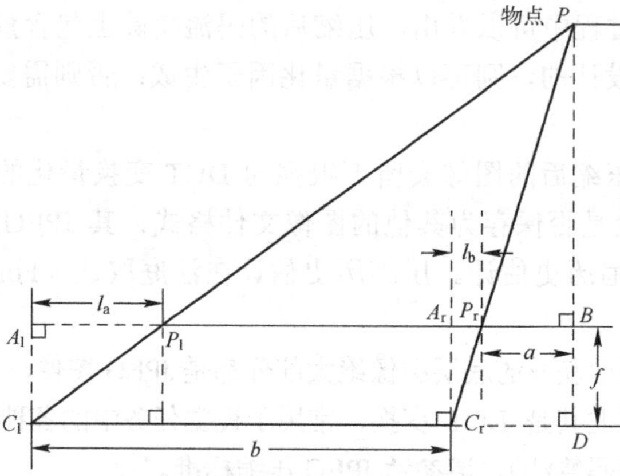

图 2.18　基于双目视觉的深度测量原理

ITU 与 MPEG 成立的联合视频专家组在 3DAV 编码标准的研究与制定中，将立体视频数据定义为纹理加深度的表示格式。其中，纹理图是采集的一个视点图像；深度图是对纹理图中每个区域相对深度的描述。在多视点视频编码标准中，多视点视频由少数几个纹理视频联合深度视频表示，深度视频图像中的像素值表示与其对应纹理图像中像素点位置的目标与相机的相对距离，像素值按照深度的范围(Zmin,Zmax)映射，在多视点视频编码标准中，深度取值按照 8bit 采样，即将深度范围分为 256 个均匀间隔，距离摄像机最远的 Zmax 取值为 0，最近的 Zmin 取值为 255。这里的图像由摄像机（视点为 12）采集的 BookArrival 序列的纹理图和其对应的深度图来表示。

图 2.18 中 P 为物体上的一个点，其在左右两个相机成像平面上的像点分别为 P_l、P_r、C_l、C_r，它们分别为左右两个相机的光学中心位置。注意，图中左右两个光学相机像平面在同一个平面上，这里希望求出深度 d 与相机位置及焦距之间的关系，f 为焦距，l_a-l_b 为点 P 在左右两个相机的像平面上的视差。由三角形的相似关系 $\triangle PP_rB \approx \triangle PC_rD$ 可知 $\frac{PB}{PD}=\frac{P_rB}{PD}$，得 $\frac{d-f}{d}=\frac{a}{a+l_b}$，并且可得 $(d-f)(a+l_b)=ad$，即 $d=\frac{f}{l_b}(a+l_b)$；由 $\triangle PP_lB \approx \triangle PC_lD$ 可知 $\frac{PB}{PD}=\frac{P_lB}{C_lD}$，得 $\frac{d-f}{d}=\frac{b-l_a+l_b+a}{b+l_b+a}$，从而有 $\frac{a}{a+l_b}=\frac{b-l_a+l_b+a}{b+l_b+a}=1-\frac{l_a}{b+l_b+a}$，计算出 $a+l_b=\frac{bl_a}{l_a-l_b}$，从而可得 $d=\frac{f}{l_b}\cdot\frac{bl_a}{l_a-l_b}=f\cdot\frac{b}{l_a-l_b}$。因此，一旦对齐相机后，只需求出对应点在两幅图像中的位置，然后求出其视差，就可以估计出物点的深度信息。

2.4.1　边缘类型

从概念上来看，边缘一般指像素值发生突变的区域，但由于数字图像成像过程中无法形成理想的突变状态，因此一般在图像中很少出现突变的边缘，而是有一个渐变的过程。一般在图像处理中，有 4 种边缘类型，当然这 4 种类型也可以上下翻转，分别对应阶梯状、斜坡状、脉冲状和屋顶状 4 种边缘类型，如图 2.19 所示。

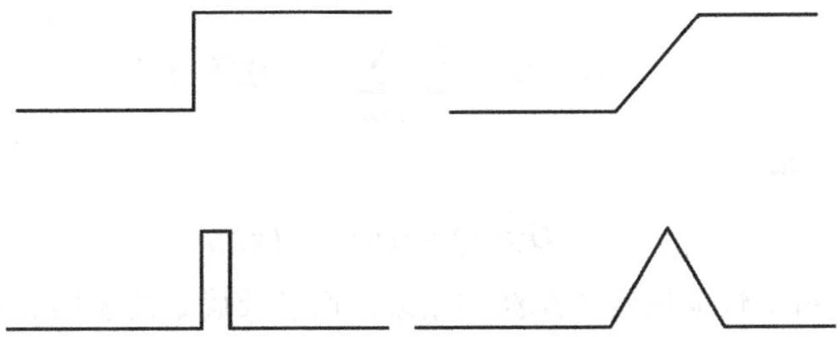

图 2.19　常见的 4 种边缘类型

从这 4 种边缘类型可以看出一些明显特性，若采用曲线的形式对这些边缘进行拟合，然后对相应的曲线进行一阶导数和二阶导数的计算，则可以计算出不同类型的边缘应该满足的条件。在实际的边缘检测中，可以采用这些条件来进行边缘的判定。在实际处理数字图像时，采用差分近似导数进行处理。

2.4.2　边缘检测的三个阶段

边缘检测可以分为滤波处理、差分处理和最终检测三个阶段。

在滤波处理阶段，实际上是对图像进行滤波处理。例如，通过滤波来去除图像的噪声，这些噪声可能来自成像过程中的采样、量化、模糊、散焦及对象表面结构的不规则性。通过逆滤波来去除各种模糊，通过双边滤波来强化边缘等。

在差分处理阶段，通过利用边缘的特性采取一阶和二阶差分来获取边缘区域。一般情况下，通过计算图像像素值的梯度峰值来确定边缘。显然，梯度值有大有小，必须对其进行阈值处理，从而抑制伪边缘，而阈值的选取又依赖于图像的特性。如何有效地获取恰当的阈值，仍然是一个非常困难的问题。目前常见的阈值方法包括根据前景背景分布来获取最优阈值法，OTSU 大津阈值法，以及基于熵的阈值法等。

Haralick 边缘检测方法的差分处理看起来与此稍有不同，该方法首先通过分段连续多项式来拟合邻域像素值，然后通过对多项式求偏导数来进行差分处理。但实际上，该方法也包括滤波处理，只不过这里的滤波通过拟合方式来达到。

而常见的 Canny 边缘检测在滤波阶段使用高斯滤波器，在差分阶段沿梯度方向计算其一阶方向导数，然后在检测阶段，通过检测上一步导数输出的峰值来定位边缘点。

Marr 和 Hildreth 也使用高斯滤波器，通过 Laplacian 来进行差分阶段的操作。实际上，Laplacian 操作相当于沿横轴和纵轴方向二阶偏导数的和。

下面我们分别介绍滤波和相关的差分处理，以及几种常见的边缘检测算法。

2.4.3　滤波操作及双边滤波器

在信号处理中，滤波与预测是紧密相关的概念，实质上就是对输入的数据进行处理，然后产生输出。若输入的数据为以前的数据，而产生的数据为未来的数据，则称为预测；若产生的数据只是对当前数据的校正，则称为滤波。在数字图像处理中，假设原始空域图像用 $f(x,y)$ 表示，其频域（傅里叶变换）用 $F(u,v)$ 表示，滤波器用 $h(x,y)$ 表示，滤波器的频域用 $H(u,v)$ 表示，图像 $f(x,y)$ 的滤波输出用 $g(x,y)$ 表示，频域用 $G(u,v)$ 表示，则滤波过程可以写为

$$g(x,y)=\sum_{i=x-m}^{x+m}\sum_{j=y-n}^{y+n}h(i,j)f(i,j) \tag{2.5}$$

两边同时进行傅里叶变换

$$G(u,v)=H(u,v)F(u,v) \tag{2.6}$$

显然，滤波 $H(u,v)$ 的性质决定了滤波的结果。而若要确定滤波器的效果，则只需要对滤波器 $h(x,y)$ 进行频谱分析即可。通常所说的低通、高通和带通滤波器，实际上就是通过对 $H(u,v)$ 进行分析得出明确的结论。

注意，这里一般滤波器中系数的值只与处理像素的距离有关。后面还会谈到，滤波器中的系数不仅与当前处理像素的位置有关，而且与处理位置的像素值大小有关，双边滤波器在滤波的同时还能保持边缘不被平滑。

这里以一维滤波器为例，多维滤波器分析与此类似。假设 $h(n)=\{1,1,1\}$，即只有 3 个值为 1，其余值均为 0。输入信号和输出信号的关系为 $g(x)=1/3[f(x-1)+f(x)+f(x+1)]$。根据傅里叶变换的性质则有

$$G(u)=1/3[\mathrm{e}^{-\mathrm{j}2\pi u/N}+1+\mathrm{e}^{\mathrm{j}2\pi u/N}]F(u)=H(u)F(u)$$

其频率响应函数为

$$H(u)=\frac{1}{3}[1+2\cos(2\pi u/N)] \tag{2.7}$$

当 u 从 0 到 N-1 变化时，对应从低频到高频变化，其频谱图如图 2.20 所示，从中可以看出，低频部分得以保留，而高频部分被削弱，因此该滤波器可以认为是低通滤波器，实际上就是将连续 3 个输入值的平均值作为输出。

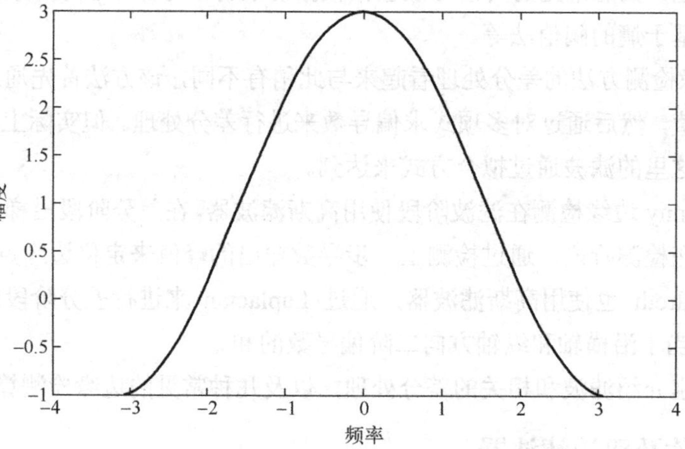

图 2.20　滤波器 $h(n)$={1,1,1}对应的频谱图

从图 2.20 中可以明显看出，低频时其幅度大，高频时其幅度小，产生低通滤波的效果。

最简单的滤波器为均值滤波器，此时滤波器系数均相同，且系数为 $\frac{1}{\#滤波器系数}$。此外，另一种常用的低通滤波器为高斯滤波器，其响应函数为 $h(x,y)=\mathrm{e}^{\frac{-x^2+y^2}{2\sigma^2}}$。若设定 $\sigma=2$，则滤波器大小为 13×13，并将滤波器系数进行调整，使得最大值为 255，则可以得到如图 2.21 所示

的滤波器。

0	0	0	1	2	2	3	2	2	1	0	0	0
0	0	2	4	7	10	11	10	7	4	2	0	0
0	2	5	11	21	30	35	30	21	11	5	2	0
1	4	11	27	50	73	83	73	50	27	11	4	1
2	7	21	50	94	136	155	136	94	50	21	7	2
2	10	30	73	136	199	225	199	136	73	30	10	2
3	11	35	83	155	225	255	225	155	83	35	11	3
2	10	30	73	136	199	225	199	136	73	30	10	2
2	7	21	50	94	136	155	136	94	50	21	7	2
1	4	11	27	50	73	83	73	50	27	11	4	1
0	2	5	11	21	30	35	30	21	11	5	2	0
0	0	2	4	7	10	11	10	7	4	2	0	0
0	0	0	1	2	2	3	2	2	1	0	0	0

图 2.21　一个 13×13 的高斯低通滤波器

其频谱响应可用 Matlab 中的 freqz2 函数画出如图 2.22 所示的频谱响应。注意，一般，生成的高斯滤波器会对其滤波器系数进行归一化，即保证所有滤波器系数之和为 1。思考：如何设计图 2.21 中的滤波器？

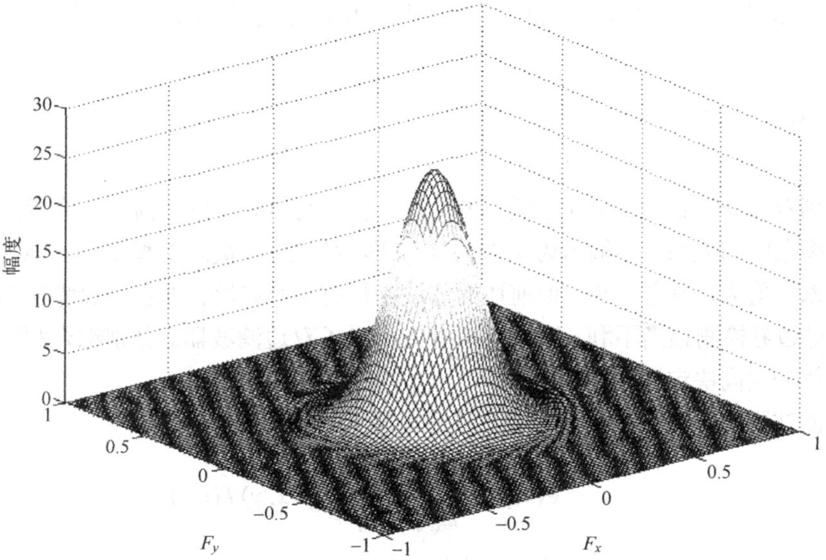

图 2.22　图 2.21 中的高斯低通滤波器的频谱响应

在实际处理中，若形成滤波器模板，则只需要对原始图像用滤波器模板做滑动卷积处理，即可生成滤波后的图像。

从上述的介绍中可知，在滤波器形成滤波器模板后，直接与原始图像做卷积即可达到对图像进行滤波的目的。并且可以知道，滤波器具有局部响应特性，因此通过采用滤波器来获取图像的局部特征，如 Gabor 特征。此外，基于滤波器的卷积操作在 CNN（卷积神经网络，Convolutional Neural Networks）中有着广泛的应用。其中卷积的操作和形式也存在许多变化，包括变形的卷积横板、1×1 的卷积横板等。

在图像处理中，假设输入图像用 $I(i, j)(0 \leqslant i < \text{width}, 0 \leqslant j < \text{height})$ 表示，输出图像用

$O(i,j)(0 \leqslant i < \text{width}, 0 \leqslant j < \text{height})$表示，卷积核用$K(i,j)(0 \leqslant i < \text{width}, 0 \leqslant j < \text{height})$表示，一般，核的大小为方阵，此时 $\text{width} = \text{height}$ 。此时卷积操作可以写为

$$O(i,j) = (I * K)(i,j) = \sum_m \sum_n I(m,n)K(i-m, j-n) \tag{2.8}$$

注意，卷积操作具有可交换性，该式可等价写为

$$O(i,j) = (K * I)(i,j) = \sum_m \sum_n K(m,n)I(i-m, j-n) \tag{2.9}$$

显然，随着(i,j)的移动，可以生成输入图像局部过滤的结果图像。随着卷积核的不同，对应不同的图像。很多常见的图像处理操作都可以表示为这种卷积核的操作。

而常见的用于边缘检测的模板算子包括以下 4 种。

（1）Prewitt 算子：水平算子为 $\begin{matrix} 1 & 1 & 1 \\ 0 & 0 & 0 \\ -1 & -1 & -1 \end{matrix}$，竖直算子为$\begin{matrix} 1 & 0 & -1 \\ 1 & 0 & -1 \\ 1 & 0 & -1 \end{matrix}$；

（2）Sobel 算子：水平算子为 $\begin{matrix} 1 & 2 & 1 \\ 0 & 0 & 0 \\ -1 & -2 & -1 \end{matrix}$，竖直算子为$\begin{matrix} 1 & 0 & -1 \\ 2 & 0 & -2 \\ 1 & 0 & -1 \end{matrix}$；

（3）Roberts 算子：分为 45°和 135°两种方向，为 2×2 模板，45°为$\begin{matrix} 1 & 0 \\ 0 & -1 \end{matrix}$，135°为$\begin{matrix} 0 & 1 \\ -1 & 0 \end{matrix}$；

（4）Laplacian 算子：$\begin{matrix} 0 & -1 & 0 \\ -1 & 4 & -1 \\ 0 & -1 & 0 \end{matrix}$。

前面提到双边滤波器，这里简单进行介绍。一般滤波器只考虑当前处理像素的位置与邻域像素位置距离之间的关系，一般考虑图像的局部平滑特性，距离近的像素所贡献的权值大，也就是滤波器系数值大，反之则小。但前述的滤波操作有一个缺陷，即在去除噪声的同时也会弱化边界。这对边界检测相当不利，因此后来有人提出了双边滤波器。分别综合利用几何空间距离和像素差值来共同决定滤波器系数。

与前述滤波类似，双边滤波器中输出像素与输入像素关系为

$$g(x,y) = \sum_{i=x-m}^{x+m} \sum_{j=y-n}^{y+n} h(i,j,x,y) f(i,j) \tag{2.10}$$

可以明显看出，式（2.10）与前述公式的差别就在于滤波器系数的确定形式上。一般，权值 $h(i,j,x,y) = d(i,j,x,y) \cdot r(i,j,x,y)$ 。其中，$d(i,j,x,y) = \mathrm{e}^{-\frac{(i-x)^2+(j-y)^2}{2\sigma_d^2}}$ 称为定义域核，而 $r(i,j,x,y) = \mathrm{e}^{\frac{-\|f(i-j)-f(x,y)\|^2}{2\sigma_r^2}}$ 称为值域核。注意，一般要求$h(i,j,x,y)$的所有滤波器系数之和为 1。可以看出$h(i,j,x,y)$中的 d 考虑了像素空间距离的差别，而 r 则考虑了像素邻域内像素值之间的差别。注意，双边滤波器在滤波的同时考虑了边缘的保持能力。

2.4.4 差分操作

众所周知，连续函数的导数在离散情况下采用差分来近似。这从连续函数的导数定义：

$f' = \frac{\mathrm{d}f}{\mathrm{d}x} = \lim_{\Delta x \to 0} \frac{f(x) - f(x - \Delta x)}{\Delta x}$ 可知，若令 $\Delta x = 1$，则成为差分形式。实际上在图像处理中，该形式是相邻像素值的差值，近似为一阶导数。而根据前面介绍的边缘类型可以知道，利用这种相邻像素值的差可以检测边缘。

将其推广到二维的情况，这时图像 $f(x,y)$ 在点 (x,y) 处的梯度定义为向量 (f_x, f_y)。其梯度幅度 M 和方向 θ 分别定义为

$$M = \sqrt{f_x^2 + f_y^2},\quad \theta = \arctan\left(\frac{f_y}{f_x}\right) \tag{2.11}$$

而在方向 θ 上的方向导数定义为

$$f'_\theta = \frac{\partial f}{\partial x}\cos\theta + \frac{\partial f}{\partial x}\sin\theta \tag{2.12}$$

为了完成对差分的计算，有多种方法来进行运算，如 2.4.3 节谈及的 4 种类型的边缘检测算法，实际上就是利用差分进行计算的。

此外，上述梯度幅度值的计算在实际处理过程中也有很多的简化算法。显然，上述求水平、竖直方向梯度的平方和再开方是最准确的，但其涉及平方和开方的操作，因此计算复杂度较高。在实际计算中，若对其要求精度不高，则水平和竖直方向的梯度可以直接采用 $|\Delta x|$ 和 $|\Delta y|$ 进行简化，进一步可将 M 简化为 $M = \max\{f_x, f_y\}$ 或者 $M = |\Delta x| + |\Delta y|$ 也可达到类似效果。

2.4.5 边缘检测操作

令 $M(x,y) = \sqrt{f_x^2(x,y) + f_y^2(x,y)}$ 为图像 $f(x,y)$ 在像素点 (x,y) 处的梯度幅度，则 M 称为图像 f 的梯度图像。若对梯度图像 M 进行局部峰值阈值化操作，则可以确定边缘像素的位置为

$$E(x,y) = \begin{cases} 1, & M(x,y) > T_h \\ 0, & M(x,y) \leqslant T_h \end{cases} \tag{2.13}$$

其中，$E(x,y)$ 为边缘图像，T_h 为阈值，该阈值既可以全局决定，又可以根据局部特性来确定，在应用时可以自适应选择。

2.4.6 非极大值抑制操作

2.4.5 节直接利用梯度幅度进行阈值化操作来检测边缘，但并未用到梯度的方向信息。梯度方向表示函数值增加的方向，因此若函数值在某个方向上没有任何变化，则其梯度值为 0，如图 2.23 所示。图中若存在一条竖直边缘线，则边缘线上的任意一点的梯度值都只有水平方向的分量，且方向水平向右，正好与垂直的边缘线垂直。因此，若图像中的点的梯度值变化不显著，则该点很可能不是边缘点。在进行边缘检测时，我们需要抑制这样的非极大值点。该过程可表示为

$$M(x,y) = \begin{cases} M(x,y), & 若M(x,y) > M_N(x_n, y_n)则N表示(x,y)点的局部邻域 \\ 0, & 其他 \end{cases} \tag{2.14}$$

注意，局部邻域可以有很多的选取方法，如常见的四邻域、八邻域等。选取方法可以根据实际情况进行选择。

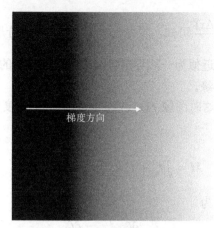

图 2.23　均匀灰度图像的梯度值

图 2.23 的每列像素值都一样，每行像素值分别从 0～255 均匀变化。显然，图像中每个像素点都可以根据前面的梯度公式计算梯度向量，但其竖直方向上像素值没有变化，因此其梯度的竖直方向分量为 0，只剩下水平梯度，其方向为水平向右，指向灰度值增加的方向。显然，梯度的方向与边缘方向垂直，而梯度方向表示灰度值变化最剧烈的方向。

若当前点 (x,y) 处的梯度方向两边的点的梯度幅度表示为 $M'(x,y)$ 和 $M''(x,y)$，则可以只对这两个点进行比较来实现非极大值抑制，可以用图 2.24 表示，只需要比较当前点与边缘两点的幅度大小就可以确定当前点是否是候选边缘点。当然，我们也可以在 2.4.5 节之前做这个操作，从而获取更好的边缘检测结果。

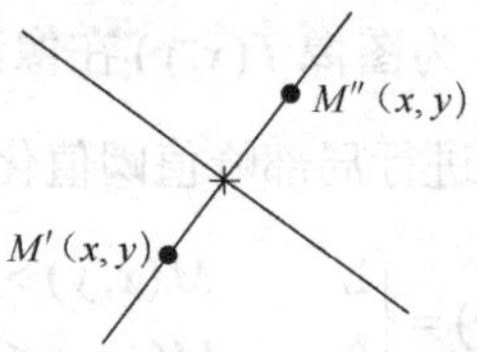

图 2.24　局部非极大值抑制

2.4.7　几种典型的边缘检测算子

在真实边缘检测算子中，为了避免噪声的干扰，一般先对图像进行平滑等预处理，然后再采用上述的检测过程进行检测。应用最为广泛的边缘检测算子之一就是 John Canny 在 1986 年提出的 Canny 算子，它与 Marr（LoG）边缘检测方法类似，也属于先平滑后求导数的方法。其次采用连续的函数来逼近图像的局部区域，然后利用连续函数的偏导数来获取其不连续点（即边缘点），典型的方式为 Haralick 算子。第三类就是 LoG 算子，实际上相当于对图像进行不同尺度下的平滑操作，然后在对其求差，从而凸显边缘操作。

1．Canny 边缘检测算子

在 Canny 边缘检测中，最显著的特征在于其采用两个阈值来进行判断，高阈值可以按照 2.4.5 节中的方式来检测那些更具有可能性的真实边缘点，然后根据低阈值来检测高阈值后剩余的点的梯度值，判断其是否可能将高阈值点连接成闭合边缘。这样可以减少噪声对边缘检测的影响。

2. Haralick 边缘检测算子

另外一类常见的边缘检测算子是基于图像曲面模型，如 Haralick 用双三次的多项式来拟合像素的邻域关系。在图像的梯度方向上，根据多项式的系数来计算二阶和三阶导数。在给定像素位置后，可以通过最小二乘法来拟合当前像素邻域内的像素值。当该点处的二阶导数为 0 且三阶导数为负时，判定该点为边缘点。

例如，若令 x, y 表示图像中的行列坐标，其像素值 $f(x,y)$ 采用坐标的双三次多项式来进行表示，则有

$$f(x,y)=\sum_{i=0,j=0}^{i+j\leqslant 3} k_{ij}x^i y^i \tag{2.15}$$

此时在点(x,y)处的梯度 f_x与f_y 可以求出，若将点$(0,0)$代入，则可得在点$(0,0)$处的梯度方向 θ 的正弦与余弦值分别为

$$\sin\theta=\frac{k_{10}}{\sqrt{k_{10}^2+k_{01}^2}},\quad \cos\theta=\frac{k_{01}}{\sqrt{k_{10}^2+k_{01}^2}} \tag{2.16}$$

在给定方向向量$(\sin\theta,\cos\theta)$后，可求出其一阶和二阶方向导数，分别为

$$\begin{aligned} f_\theta'(x,y)&=\frac{\partial f}{\partial x}\sin\theta+\frac{\partial f}{\partial y}\cos\theta \\ f_\theta''(x,y)&=\frac{\partial^2 f}{\partial x^2}\sin^2\theta+\frac{\partial^2 f}{\partial y^2}\cos^2\theta+\frac{2\partial^2 f}{\partial x\partial y}\cos\theta\sin\theta \end{aligned} \tag{2.17}$$

若令 $x=\rho\sin\theta$，$y=\rho\cos\theta$ 代入图像的双三次插值公式，则原公式变换为

$$f_\theta(\rho)=C_0+C_1\rho+C_2\rho^2+C_3\rho^3 \tag{2.18}$$

可知 $C_0=k_{00}$，$C_1=k_{10}\sin\theta+k_{01}\cos\theta$，$C_2=k_{20}\sin^2\theta+k_{11}\sin\theta\cos\theta+k_{02}\cos^2\theta$，$C_3=k_{30}\sin^3\theta+k_{21}\sin^2\theta\cos\theta+k_{12}\sin\theta\cos^2\theta+k_{03}\cos^3\theta$。此时若对幅度 ρ 求导数，则有

$$f_\theta'(\rho)=C_2+2C_2\rho+3C_3\rho^2,\quad f_\theta''(\rho)=2C_2+6C_3\rho,\quad f_\theta'''(\rho)=6C_3 \tag{2.19}$$

由其判断边缘点的两个条件：$f_\theta''(\rho)=0$和$f_\theta'''(\rho)<0$，可得 $C_3<0$，$2C_2+6C_3\rho=0$，从而有 $\left|\frac{C_2}{3C_3}\right|<\rho_0$，注意这里 ρ_0 为阈值。

总结 Haralick 边缘检测算子如下：

（1）根据局部区域的像素值，采用最小二乘法来拟合双三次多项式的系数 k_{ij}，$0\leqslant i+j\leqslant 3$；

（2）计算 θ、$\sin\theta$、$\cos\theta$；

（3）计算 C_2、C_3；

（4）判断是否为边缘点：若 $C_3<0$，则 $\left|\frac{C_2}{3C_3}\right|<\rho_0$ 是边缘点，否则不是。

其中第一步拟合多项式的系数中以当前待处理点为点$(0,0)$，周围像素点坐标为

$$\begin{matrix} (-1,1) & (0,1) & (1,1) \\ (-1,1) & (0,0) & (1,0) \\ (-1,-1) & (0,-1) & (1,-1) \end{matrix}$$

若采用一次多项式来拟合像素位置与像素值的关系，则有

$$f(x,y)=\sum_{i=0,j=0}^{i+j\leqslant 1}k_{ij}x^iy^i=k_{00}+k_{10}x+k_{01}y \tag{2.20}$$

这里只需要确定三个系数，将当前像素邻域坐标代入可得一个超定的线性方程组。若将上述 9 个像素点的坐标分别用 $(x_1,y_1),(x_2,y_2),\cdots,(x_9,y_9)$ 表示，其像素点的值分别用 $(f_1,f_2,\cdots,f_9)$ 表示，则该方程组可表示为

$$\begin{pmatrix} f_1 \\ f_2 \\ \vdots \\ f_9 \end{pmatrix}=\begin{pmatrix} 1 & x_1 & y_1 \\ 1 & x_2 & y_2 \\ \vdots & \vdots & \vdots \\ 1 & x_9 & y_9 \end{pmatrix}\begin{pmatrix} k_{00} \\ k_{10} \\ k_{01} \end{pmatrix} \tag{2.21}$$

将其表示为 $\boldsymbol{f}=\boldsymbol{Ak}$，采用最小二乘法，可求得 $\boldsymbol{k}$

$$\boldsymbol{k}=(\boldsymbol{A}^{\mathrm{T}}\boldsymbol{A})^{-1}\boldsymbol{A}^{\mathrm{T}}\boldsymbol{f} \tag{2.22}$$

令 $\boldsymbol{B}=(\boldsymbol{A}^{\mathrm{T}}\boldsymbol{A})^{-1}\boldsymbol{A}^{\mathrm{T}}=(b_{ij})$，则其为 3×9 的矩阵，$\boldsymbol{k}$ 的每个分量都可以通过卷积的形式来进行计算，如图 2.25 所示，其中 k_{00}、k_{10}、k_{01} 正好表示为卷积核与像素值的卷积操作。

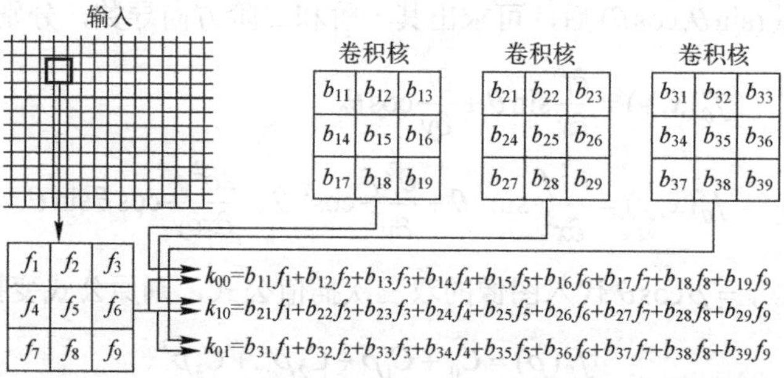

图 2.25　Haralick 边缘检测算子中通过卷积操作来求拟合系数

应用这样的方式，对 5×5 的局部邻域进行类似的操作，可以求得双三次拟合中的所有系数 $k_{ij}(0\leqslant i+j\leqslant 3)$，这里实际上可以形成 10 个卷积核，分别对应这 10 个系数。实际上，使用这种检测边缘的方式在于其采用连续的曲面模型对图像的局部区域进行建模，从而形成连续的逼近，然后再采用连续函数的偏导数来检测灰度级别的不连续性，从而获取图像的边缘。

3. LoG 边缘检测算子

LoG（Laplacian of Gaussian）算子也称 Marr 算子，在计算机视觉相关领域有着广泛的应用。拉普拉斯（Laplacian）算子是最简单的各向同性微分算子，具有一定的旋转不变性。在一维情况下，类似于二阶导数操作，在二维时其定义为

$$\mathrm{Lapl}(f)=\frac{\partial^2 f}{\partial x^2}+\frac{\partial^2 f}{\partial y^2} \tag{2.23}$$

可以通过前面边缘检测的基本原理来理解，当出现边缘时，灰度值会发生突变，因此对其一阶导数出现较大幅值的概率较大，但需要阈值来进行取舍。而再对一阶梯度再次求导数，则这时往往会出现 0 交叉的情况，然后就可以用 0 交叉来判断是否为边缘点，但该过程容易受噪声的影响。为了保证检测免受噪声影响，首先进行高斯低通滤波去除噪声。在不同的尺度上获得不同的表示，然后再应用 Laplacian 算子进行处理，这就是 LoG 算子。

假设输入图像为 $f(x,y)$，尺度为 σ 的高斯核定义为

$$G_\sigma(x,y)=\frac{1}{\sqrt{2\pi\sigma^2}}\mathrm{e}-\frac{x^2+y^2}{2\sigma^2} \tag{2.24}$$

LoG 算子可表示为

$$\mathrm{LoG}(f)=\nabla^2(G_\sigma(x,y)*f(x,y)) \tag{2.25}$$

注意：对卷积的导数等于对其中之一的导数求导后再做卷积，并且高斯函数的导数仍然是高斯函数，因此可以定义 LoG 算子的核函数为

$$\mathrm{LoG}_k\overset{\Delta}{=}\frac{\partial^2}{\partial x^2}G_\sigma(x,y)+\frac{\partial^2}{\partial y^2}G_\sigma(x,y)=\frac{x^2+y^2-2\sigma^2}{\sigma^4}\mathrm{e}^{-\frac{x^2+y^2}{2\sigma^2}} \tag{2.26}$$

且有

$$\sigma\nabla^2G_\sigma(x,y)=\frac{\partial G}{\partial\sigma}\approx\frac{G_{\alpha\sigma}(x,y)-G_\sigma(x,y)}{\alpha\sigma-\sigma} \tag{2.27}$$

由此可知，两个不同尺度的高斯函数的差值可以用来近似 LoG 算子，进而用来检测边缘。

4．Difference of Gaussian 算子

从 2.4.7 节介绍可知，采用两个相邻尺度的高斯低通滤波对图像做处理后，然后做差，可以用来近似 LoG 算子。可以形式化表示为

$$\begin{aligned}g_1(x,y)&=G_{\sigma1}(x,y)*f(x,y)\\ g_2(x,y)&=G_{\sigma2}(x,y)*f(x,y)\\ \mathrm{Diff}\overset{\Delta}{=}g_1(x,y)-g_2(x,y)&=(G_{\sigma1}-G_{\sigma2})*f(x,y)=\mathrm{DoG}_k*f(x,y)\end{aligned} \tag{2.28}$$

其中，$\mathrm{DoG}_k=(G_{\sigma1}-G_{\sigma2})$ 称为 DoG 算子的核函数，然后通过前述的卷积操作可以获得图像的边缘图。这相当于在需要进行连续尺度操作时极大地简化了计算过程，该算子在图像处理中有着广泛的应用，如角点检测。

2.5 图像角点检测

底层视觉的重要任务之一就是提取图像中的各种特征，为后续视觉处理任务提供支撑。而除边缘外，角点为另外一个常用的重要特征，并且角点对几何变换具有较好的鲁棒性，因此在计算机视觉任务中扮演着重要的角色。

2.5.1 图像角点检测基本原理及 Harris 角点检测

以下面比较极端的图像为例，从中取出三个小区域进行角点检测，如图 2.26 所示。图中的白色框作为一个滑动窗口，若对该窗口内的像素值做求和操作，则右边最上面的滑动窗口无论往哪个方向做小量滑动，其值都不会发生任何变化。而右边中间的窗口则不一样，若该窗口水平方向滑动，则其值不会发生变化；而若该窗口上下滑动，则其值会发生变化。右边最下面的窗口无论如何滑动窗口都会造成值发生变化。从图中也可以看出，只有当图像处于角点区域时，若任意滑动窗口，则滑动窗口覆盖下的区域像素值之和都会发生变化。因此一般以此为特征来检测图像中的角点，或称感兴趣点。当然，也可以采用一些简单的算法，如两条曲线的交点等。

通常情况下，图像的噪声会对角点的检测产生较大的影响，为了消除噪声的影响，常采用低通滤波器对图像进行预处理，如采用高斯低通滤波器进行处理，然后再采用滑动窗口进行处理。下面假设这种低通去噪的处理采用权值窗口 w 来表示。

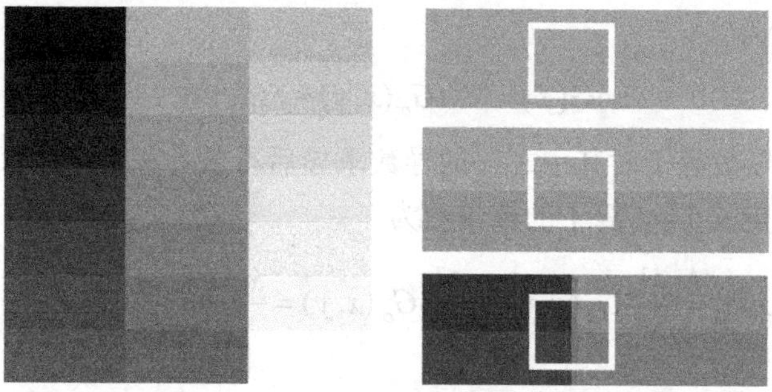

图 2.26　角点检测

在图 2.26 中，左图为原始图像，每个小区域的像素值都没有变化；右图中白色框为滑动窗口，在右边第一行的图像中，无论滑动窗口如何滑动，滑动窗口内的像素值之和都不会发生变化；在右边第二行的图像中，滑动窗口左右滑动窗口内像素值之和都不会发生变化，但在上下滑动时，窗口内像素值之和会发生变化，这种情况对应水平方向的边缘；而在右边第三行的图像中滑动窗口正好位于角点上，这时候无论往哪个方向移动都会造成窗口内的像素值之和发生变化。

假设滑动窗口在水平和竖直方向上移动的距离分别用 u 和 v 来表示，图像像素值用 $I(u,v)$ 表示，则在窗口内移动(u,v)后，窗口内像素值之差可以表示为

$$V(u,v)=\sum_{x,y}w(x,y)[I(x+u,y+v)-I(x,y)]^2 \tag{2.29}$$

对 $I(x+u,y+v)$ 在 (x,y) 处做一阶泰勒展开：

$$I(x+u,y+v)=I(x,y)+I_x u+I_y v+O(u^2,v^2) \tag{2.30}$$

其中，$O(u^2,v^2)$ 表示二阶无穷小，将其代入式（2.29）可得

$$V(u,v)\approx\sum_{x,y}w(x,y)(uv)\begin{pmatrix} I_x^2 & I_xI_y \\ I_xI_y & I_y^2 \end{pmatrix}\begin{pmatrix} u \\ v \end{pmatrix} \tag{2.31}$$

进一步，若将窗口在原图像上做滑动处理，以点(x,y)为中心点，分别进行计算，则可以得到一幅差值图像 V，采用一般的表示形式，可以将其表示为

$$V_{u,v}(x,y)=Au^2+2Cuv+Bv^2=(uv)M\begin{pmatrix} u \\ v \end{pmatrix},\ M=\begin{pmatrix} A & C \\ C & B \end{pmatrix} \tag{2.32}$$

其中，$A=I_x^2*w$，$B=I_y^2*w$，$C=(I_xI_y)*w$，易知 $\det(M)=AB-C^2$。此时根据行列式 M 的两个特征值 λ_1、λ_2 的情况来判断当前点(x,y)是否为角点。实际上，其两个特征值对应这个矩阵的两个主轴方向，哪个方向上的方差越大，其对应的特征值越大，说明这个方向上在滑动窗口滑动时变化大。同时，由前面的介绍可知，角点处的值在两个方向都应该比较大，说明滑动窗口的差值变化大，对应行列式表明两个特征值的乘积大，并且任意一个特征值也不小。而若对应边缘，则表明窗口移动只在水平或者竖直方向上变化比较大，此时对应两个特征值中的一个值

比另一个值大，但其乘积较小。若对应平坦区域，则表明行列式的值会很小，此时对应两个特征值都比较小，近似为 0，如图 2.27 所示。注意，角点对应的行列式的值会比较大，因此一般在判断角点时就可以在差值图 V 中通过计算其局部极大值点来体现。

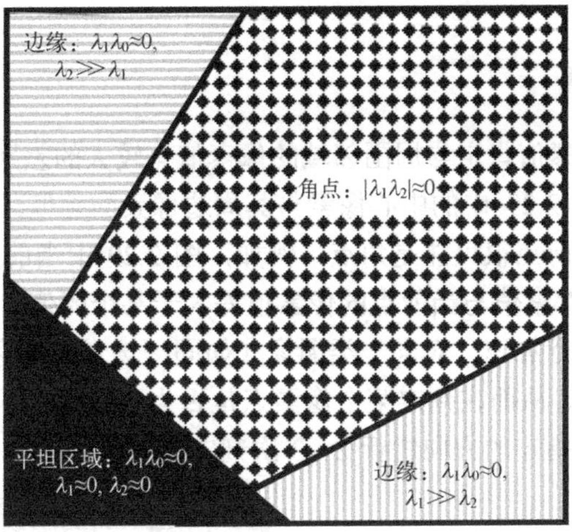

图 2.27　根据滑动窗口像素值变化来对点进行分类

例如，一种简单的 Harris 角点检测算法，首先可以分别对原始图像计算其水平 I_x 和竖直梯度图 I_y；其次分别计算其各自的平方 I_x^2、I_y^2 与两者的乘积 $I_x \cdot I_y$，分别进行高斯低通平滑；然后再计算 $I_x^2 I_y^2 - I_{xy}^2$，设定窗口大小，对其中的非局部极大值进行抑制；最后根据与阈值来比较确定是否为角点。

注意，在原始的 Harris 算法中，采用如下的角点响应函数

$$R = \det(M) - k \cdot \text{trace}^2(M) \tag{2.33}$$

来进行判断，根据线性代数的知识，上述的响应函数等价于 $R = \lambda_1\lambda_2 - k(\lambda_1 + \lambda_2)^2$。实际上根据上面的分析，$R$ 的值越大，说明这两个特征值必定也越大。在实际使用中，一般 k 取一个较小的值，如 0.04～0.06，在原始文献中 Harris 建议取 0.04，可以获得较好的结果。

如图 2.28 是采用 Harris 角点检测后的结果，其中高斯低通窗口大小为 5×5，尺度参数 $\sigma = 0.8$，非极大值抑制邻域为 5×5。设定阈值越大，获得的角点越少，其鲁棒性也就越好。但原始的 Harris 角点检测算法不具有尺度不变性，即当图像缩小或放大后，Harris 点不一定还存在，此时可以对图像进行高斯低通滤波来处理不同尺度下的检测问题。

图 2.28　采用 Harris 角点检测后的结果

根据特征值的关系，尤其是两个特征值都必须比较大，可以进一步改进 Harris 角点检测算法。Shi-Tomasi 角点检测即对最小特征值设定阈值来强化角点的检测，这样可以在满足大于给定阈值的最小特征点上进一步选取满足要求数量的最大特征值作为鲁棒性较高的角点。

2.5.2 FAST 角点检测

直观上，角点处的像素值肯定与周围邻域的像素值有较大的差别，这种差别的模式是可以确定的，因此需要考虑图 2.29 中的中心像素与其周边像素的差值，若其周边与当前点像素值差值大的点足够多，则当前点很可能是角点。例如，图 2.29 中当前点的半径为 3 的圆周上的点，若有连续 12 个点的像素值与当前点的像素值差大于某个阈值，则可认为是角点。进一步使用机器学习的方法来进行加速，对同一类图像（如同一场景的图像）可以在 16 个方向上进行训练，得到一棵决策树，从而在判定某个像素点是否为角点时，不再需要对所有方向进行检测，而只需要按照决策树指定的方向进行 2、3 次判定即可确定该点是否为角点。

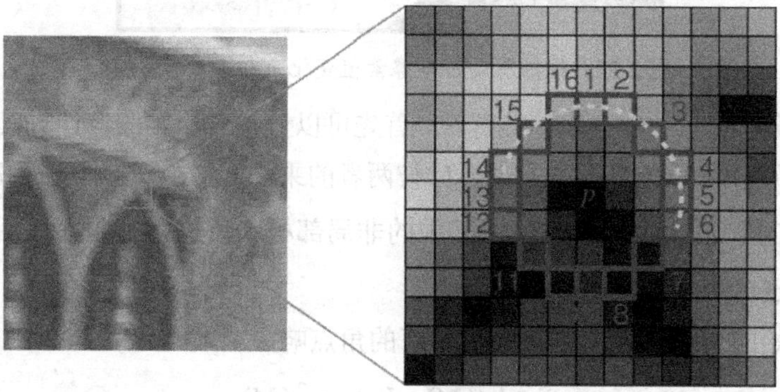

图 2.29 Fast 角点检测

2.6 形状检测

除边缘、角点外，基本的几何形状在计算机视觉中也是重要的监测对象。常见的包括直线、直线段、圆和椭圆等具有解析表达式的形状的检测。

2.6.1 标准 Hough 变换及圆形 Hough 变换

实际上，这些几何形状的检测往往在先前获得的边缘图像上进行，而由于在边缘检测中，噪声往往会使检测出来的边缘不连续，因此出现了几何形状，但是形状不连续。如何将这些具有标准几何形状的边缘点连接成标准的形状呢？如果通过对边缘点进行投票来确定哪些点是几何形状上的点，那么实现起来并不简单，故目前标准的做法是通过 Hough 变换来解决这个问题。

Hough 变换最简单的情况就是检测直线。一般直线可以用下面的解析表达式表示

$$y = ax + b \tag{2.34}$$

其中，参数 a 和 b 分别表示斜率和截距，两个参数共同确定一条直线，所有参数的集合(a, b)

形成一个参数空间。注意，原方程既表示(x, y)平面的一条直线，又表示(a, b)平面内的一个点，形成了对偶关系，若(x, y)平面内有共线 l 的两点(x_1, y_1)和(x_2, y_2)，则在参数空间中有两条相交的直线 l_1 和 l_1，且其交点表示原直线的参数(a_l, b_l)。但对于垂直线的表示则存在问题，即垂直线的表达式为 $x=c$，这条直线无法用上面的方程表达。因此将参数空间采用极坐标来表示

$$\rho = x\cos\theta + y\sin\theta \tag{2.35}$$

其中，ρ 表示原点到直线的距离，实际上就是原点到直线上最近点的距离，角度 θ 表示这条过原点与直线垂直的线与横轴的夹角。注意，一对(ρ, θ)就与一条直线相关联，这时(ρ, θ)形成参数空间，此时(a, b)平面内的一条直线就变换成(ρ, θ)平面内的一条曲线。

从图 2.30 可以看出，若任意给定图像平面直线上的一个点(x, y)则可以计算出相应的(ρ, θ)，同一条直线上的所有点(x, y)所对应的(ρ, θ)都一样，因此我们可以根据这种性质来设计和检测直线的算法。

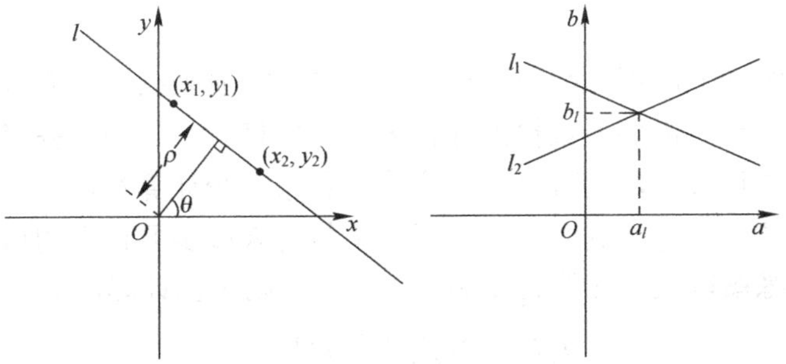

图 2.30　Hough 变换的直线表示形式

首先对原始图像进行边缘检测，然后设计一个称为累计器的二维阵列，分别表示(ρ, θ)的离散空间，一般可以设置 ρ 为图像的宽度与高度的最大值，角度 θ 的取值范围为$(0, 360°)$。对图像的每个边缘像素点(x_i, y_i)和变化 θ 的值，求出对应的 ρ 值，然后在(ρ, θ)对应的二维矩阵中的对应位置加 1。显然，即使边缘不连续，但只要在同一条直线上，对应的(ρ, θ)也会增加，从而通过对累计器求其局部极值来检测对应的直线。累计器中有多少个极值，就存在多少条直线。

同样，Hough 变换也可以用来检测其他更复杂的形状对象，尤其是具有解析表达式的形状，此时称为广义 Hough 变换。例如，圆有对应的圆形 Hough 变换，此时包含圆心坐标和半径三个参数，可以表示为以点(a, b)为圆心，以 r 为半径，表达式为

$$(x-a)^2 + (y-b)^2 = r^2 \tag{2.36}$$

其基本思想为：若以该圆上的任意一点为圆心，以 r 为半径画圆，则该圆必定经过圆心(a, b)。因此，图像中存在半径为 r 的圆，但经过边缘检测后，若其边界不连续，则这时以每个边缘像素为圆心画半径为 r 的圆，这些圆的交点必定是原圆的圆心，从而确定了原圆的圆心。

图 2.31 表示了圆心为 O、半径为 r 的圆，边界上出现三个像素点(x_1, y_1)、(x_2, y_2)、(x_3, y_3)，若以这些点为圆心，画半径为 r 的圆，则这些圆必在圆心 O 相交。在图像经过边缘检测后，在已知圆半径 r 的情况下，对每个像素做半径为 r 的圆，这与直线检测中的二维累计阵列类似，即对该圆通过的位置的值加 1，故二维阵列中的局部极大值点就对应半径为 r 的圆的圆心。

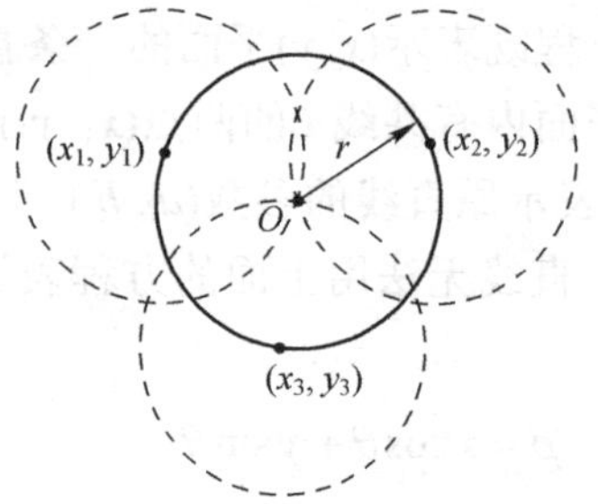

图 2.31　广义 Hough 变换检测圆心

而若在半径未知的情况下，则需要进一步假定半径的范围。在限定范围内，对所有可能的半径值进行遍历，然后设定阈值，对所有这些累计阵列取其局部极大值点，这样可检测出图像中的所有圆。

显然，半径的范围对算法性能的影响巨大，这时需要存储所有的累计矩阵的值，还可以通过选定网格的大小来减少计算量，但由于圆形物体的尺寸未知，因此可能会省略比网格尺寸还小的圆形。

在计算机视觉领域中，可以利用圆形的一些先验性质来减少计算量。例如，在航天器上利用标靶来对接，这时需要通过检测标靶来计算偏移量，进而对齐接口，若标靶上的目标是圆形，且预先知道尺寸，则可以利用这些信息来减少计算量。其次，处于圆上的边缘像素点具有类似的曲率信息，这时可以利用曲率信息来减少要计算的边缘像素点。例如，假设已经计算出边缘图以及相应的 $I_x, I_y, I_{xx}, I_{yy}, I_{xy}$，则可以计算出局部方向和曲率 k

$$k = -\frac{I_x^2 I_{xx} - 2I_x I_{xy} I_y + I_y^2 I_{yy}}{(I_x^2 + I_y^2)^{\frac{3}{2}}} \tag{2.37}$$

然后统计曲率直方图，找出峰值对应的边缘点而舍弃其余的边缘点，这样就减少了计算量，从而加快了检测过程。

2.6.2 广义 Hough 变换

1981 年，Ballard 首先引入了广义 Hough 变换。通过模板匹配的方式使 Hough 不仅可以处理有解析式的形状，而且可以检测用模型描述的任意形状的对象。

首先对任意需要检测的形状通过建立 R 表来表示，选定待检测对象内部的一个点作为参考点 (x_r, y_r)。然后对于任意边界点 (x_i, y_i)，连接参考点与边界点的距离用 r_i 表示。在边界点处连接线与水平轴的夹角为 α_i，切线方向与水平轴夹角为 ϕ_i。此时模板形状由边界点到参考点的距离，以及边界点的梯度方向完全确定。R 表如表 2.1 所示，注意，表格第二列为参数的离散化形式，第三列中的每项对应一个边缘像素点。广义 Hough 变换原理如图 2.32 所示。

表2.1　*R*表

i	ϕ_i	r_{ϕ_i}
1	0	$(r_{11},\sigma_{11})(r_{12},\sigma_{12})\cdots(r_{1n},\sigma_{1n})$
2	$\Delta\phi$	$(r_{21},\sigma_{21})(r_{22},\sigma_{22})\cdots(r_{2m},\sigma_{2m})$
3	$2\Delta\phi$	$(r_{31},\sigma_{31})(r_{32},\sigma_{32})\cdots(r_{3k},\sigma_{3k})$
⋮	⋮	⋮

在进行对象检测时，同样使用称为二维累计阵列的Hough计数空间或者参数空间，边缘点根据其梯度方向和R表值在这个空间中对假设的参考点进行投票。图像中的对象等同于模板对象，则累计阵列中对应这个参考点的位置的元素值会获得最高投票数。理想上，其峰值就表示这个对象边界点的数目。

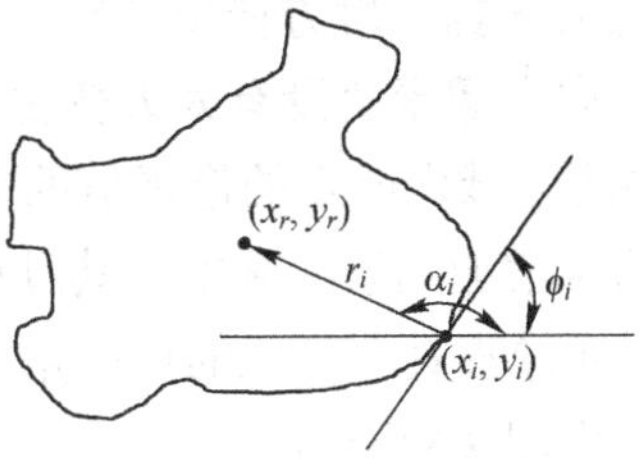

图 2.32　广义 Hough 变换原理

一旦要求形状检测具有旋转和尺度的不变性，这时就需要增加旋转和尺度两个参数，并相应地进行离散化，这里不再详细描述。请参考相关文献。

2.6.3　三种常见 Hough 变换的区别

目前，常见的 Hough 变换分为三种，分别是标准的 Hough 变换（SHT）、广义的 Hough 变换（GHT）和随机的 Hough 变换（RHT）。SHT 和 GHT 显然都是一对多的映射，即每个边缘像素点对参数空间矩阵的很多位置都有贡献。但 RHT 变换从边缘像素的子集来进行处理，每次随机选取都对应同一个形状，这时是多对一的映射，如两个随机选取的像素可以定义一条直线。对于有 n 个参数的曲线形状，随机选取 n 个点来计算该曲线的 n 个参数。同时维持包括一个实值向量和整数投票值的动态累计矩阵。对于计算得到的参数集合，若在一定误差情况下匹配一个已有集合，则其投票值加一；否则新的参数集合计数值加一。最终从累计矩阵中根据阈值选取候选的曲线形状，由于在参数空间不进行离散化，因此可以获得高分辨率的效果。

从可处理的图像类型来看，三种变换都可以处理二值图像，但只有 GHT 可以处理灰度图像。

从检测的目标来看，三种变换都可以检测圆和参数型形状，但 SHT 和 RHT 不能检测任意形状的目标而 GHT 可以。并且 SHT 和 RHT 可以检测直线，而 GHT 不能检测直线。

从检测速度来看，RHT 最快速，SHT 和 GHT 都比较慢；从存储要求来看，RHT 要求少量存储，而 SHT 和 GHT 对存储量的要求比较大；从检测精度来看，RHT 的精度比较高，而 SHT 和 GHT 的精度适中，精度与参数空间的量化的要求有关；从参数的分辨能力来看，SHT 和 GHT 都需要对参数进行离散化，因此其参数分辨能力与参数离散化的精度有关，而 RHT 不需要离散参数空间，因此其精度高。

2.7　直线段检测

一般直线段检测首先采用 Canny 边缘检测算子来获得边缘图，然后应用 Hough 变换可以用来检测所有直线，这些线段可以通过边缘像素数目、长度和隔离情况来分成线段。但是其效率较低，并且容易受纹理和噪声的影响，具有以下两个缺陷：第一，这样的处理忽略了边缘点的方向性，前面圆形 Hough 变换中就利用曲率信息来提高效率；第二，阈值的选取非常困难。

因此，在 2008 年，Rafael Grompone von Gioi 等人提出了一种线性时间的直线段检测算法，称为 LSD（Linear-Time Segment Detector）。其基本原理是利用图像的梯度信息，若存在直线，则直线附近像素的梯度方向应该类似，进而对梯度图像采用区域增长算法获得直线段区域，并且可以检测直线段的宽度和长度等信息。

首先计算图像梯度方向值，然后根据梯度方向值计算像素值的方向场（Level-Line，与梯度方向场垂直，实际上表示这个方向上像素值没有太大变化，相当于边缘方向），通过迭代的方法将区域扩大，每次迭代过程中将区域内的点的像素值的方向进行平均，然后对其周围位置的方向进行比较，将限定阈值内的点增加到该区域中，其过程如图 2.33 所示。这样将图像划分成线支撑区域，每个区域中的联通像素具有类似的梯度角度。然后，按照直线段的特征来拟合每个线支撑区域，直线图特征可用图 2.34 表示。

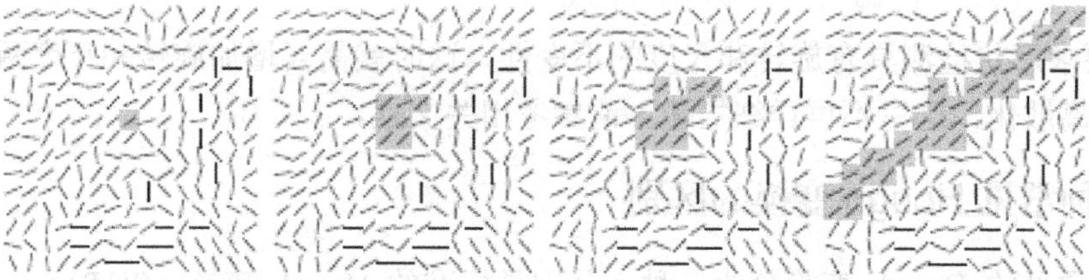

图 2.33　LSD 直线段检测对齐点的增长过程

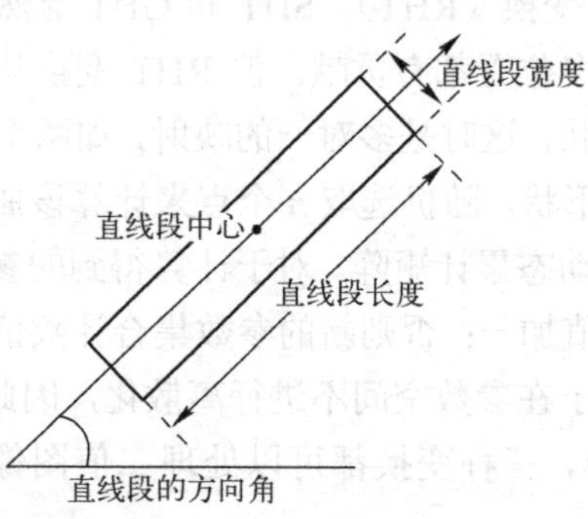

图 2.34　采用矩形区域来刻画直线段

在 LSD 中，以梯度幅度作为像素质量，计算矩形区域的中心，第一个主轴作为矩形的长，长度和宽度覆盖直线的支撑区域。图 2.35 显示的是一个用矩形区域模拟直线段的实际例子。图 2.35 的左图为实际图像，中间图为支撑区域，右图为近似结果。

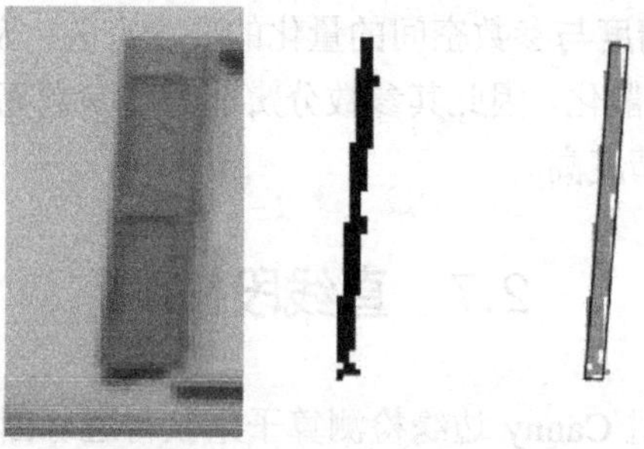

图 2.35　用矩形区域模拟直线段

最后一步，验证满足上述要求的线是否为直线段。通过在输入图像梯度图的基础上，保持处于水平线方向场中，如图 2.36 所示。统计与拟合直线段矩形方向角度的误差在$\left(-\frac{\tau}{2},\frac{\tau}{2}\right)$内的点数 k，图中 k=4，并对矩形的长度 l 进行统计，若数目 k 和长度 l 都大于给定的阈值，则说明这样的矩形区域确实是直线段；否则剔除。

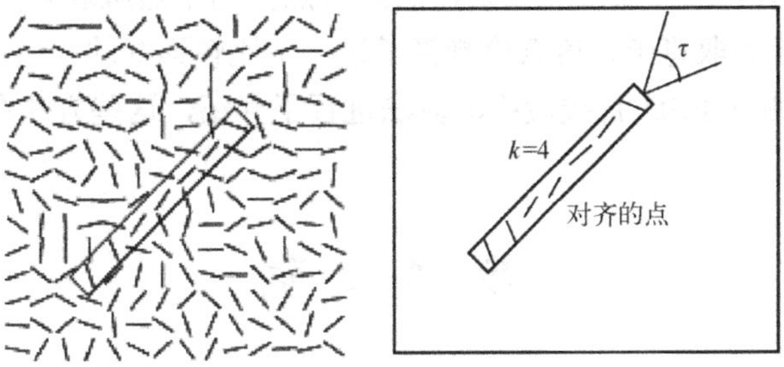

图 2.36　直线段检测示例

最终的直线段检测算法可以表示为如图 2.37 所示。该算法在计算机视觉领域中有着广泛的应用，例如，可以生成类似素描的图像，从而进行草图检索等。此外，也有其余基于改进的标准 Hough 变换的直线段检测方法，如 D. Shi 等提出的基于多层分数傅里叶变换的高级 Hough 变换。

算法 2-1. LSD 直线段检测算法

输入：图像 I，参数 ρ、τ、ε，这里 ρ 为梯度幅度阈值，只考虑梯度幅度值大于等于 ρ 的像素点。

输出：矩形列表 RecList。

---

1. 计算图像I的梯度，并获得三个输出LLAngles、GradMag和OrderedListPixels，分别表示根据梯度计算得出的水平线（Level-Line）角度、梯度幅度及根据梯度降序排序的像素列表。
2. 将所有像素的初始状态设置为未使用。
3. For 列表OrderedListPixels中的每个像素P

   IF 像素 P 的状态为未使用

   根据角度阈值 τ 和像素状态 Status，将像素 P 作为种子点进行区域增长；

     获得线支撑区域 Region；

     然后用矩形 Rect 来近似该区域 Region；

     对该矩形区域 Rect 检测其误报像素点 nfa；

     并尝试对该线支撑区域及小的扰动进行更好的矩形近似并获得其 nfa；

     从中找到具有最小 nfa 及其对应的矩形 Rect；

     IF nfa< ε

   将该矩形 Rect 增加到输出列表 RecList 中；

   将该区域内所有像素的状态设置为已使用；

     ELSE

   将该区域内所有像素的状态设置为未初始化；

     END

   END

 END

4. 输出RecList。

图 2.37　LSD 直线段检测算法

2.8 本章小结

计算机视觉的研究内容广泛，其分类标准颇多。但无论如何，底层计算机视觉主要是图像处理及其相关技术。从中获取各种底层的特征，后续的计算机任务基于提取的特征来进一步进行对象表达和理解，也就是高层的计算机视觉任务，如在图像匹配、图像检索、目标识别、目标跟踪和场景识别等处理中有着广泛的应用。

本章首先介绍了基本的图像处理知识，然后重点介绍了边缘和角点检测这两种常见的特征，就其中典型的边缘提取算子、角点检测算子进行了比较详细的介绍。此外，对典型的基于Hough 变换的形状检测及 LSD 直线段检测算法进行了介绍，这些方法在计算机视觉领域有着广泛的应用。

参考文献

[1] Shi and C. Tomasi. *Good Features to Track*[J]. Proceedings of the IEEE Conference on Computer Vision and Pattern Recognition, pages 1994, 6: 593-600.

[2] Edward Rosten, Reid Porter, Tom Drummond. Faster and Better: A Machine Learning Approach to Corner Detection[J]. IEEE Transactions on Pattern Analysis and Machine Intelligence, 2010, 32(1): 105-119.

[3] D. Shi, L. Zheng, J. Liu, Advanced Hough transform using a fractional Fourier method[J]. IEEE Transactions on Image Processing, 2010, 19(6):1558-1566.

[4] http://www.edwardrosten.com/work/fast.html.

[5] https://en.wikipedia.org/wiki/Blob_detection#The_Laplacian_of_Gaussian.

[6] http://blog.csdn.net/abcjennifer/article/details/7448513.

[7] https://en.wikipedia.org/wiki/Hough_transform#Theory.

[8] Rafael Grompone von Gioi, J´er´emieJakubowicz, Jean-Michel Morel, and Gregory Randall. LSD: A Fast Line Segment Detector with a False Detection Control[J]. IEEE Transactions on Pattern Analysis and Machine Intelligence, 2010, 32(4): 722-732.

[9] J. Illingworth and J. Kittler. The Adaptive Hough Transform[J]. IEEE Transactions on Pattern Analysis and Machine Intelligence, 1987, 9(5): 690-698.

[10] TommasoDe Marco, Dario Cazzato, Marco Leo, Cosimo Distante. Randomized circle detection with isophotes curvature analysis[J]. Pattern Recognition. 2015, 48(2): 411-421.

[11] D.H. Ballard. Generalizing the Hough Transform to Detect Arbitrary Shapes[J]. Pattern Recognition, 1981, 13(2): 111-122.

[12] Priyanka Mukhopadhyaya, Bidyut B. Chaudhuri.A survey of Hough Transform[J]. Pattern Recognition, 2015, 48(3): 993-101.

第 3 章

图像形成与相机几何

3.1 引　言

在电磁波谱中，人类视觉可见的光称为可见光，其波长范围为 380～780 nm，电磁波谱如图 3.1 所示。白光源入射棱镜后可分解为七彩可见光，其中白光称为复合光，单一波长和波谱宽度小于 5 nm 的光称为单色光。在计算机视觉中，成像的主要方式为可见光成像，目前对于其余各种电磁波谱成像的研究也逐渐深入，如红外成像等。本书主要关注可见光成像。

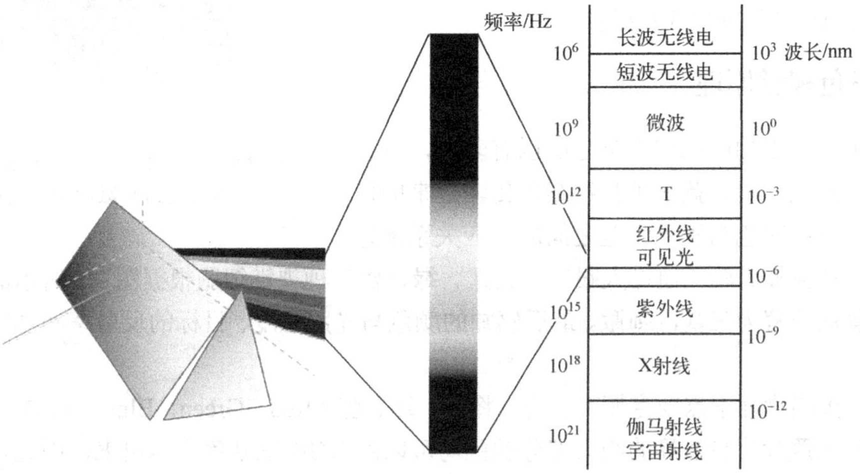

图 3.1　电磁波谱

3.1.1　色度学

在第 1 章中已经提到，人眼视网膜上主要存在视杆和视锥两类细胞，并分别负责暗视觉与明视觉情况下的视觉感知。其中视杆细胞约有 1.3 亿个，它的光敏感程度比视锥细胞敏感 1000 倍，并且对绿色波谱部分最敏感，会产生相对模糊的图像，纯粹的视杆视觉称为暗视觉。而视锥细胞约有 700 万个，主要包含红敏（长波视锥细胞，占 65%）、绿敏（中波视锥细胞，占 33%）和蓝敏（短波视锥细胞，占 2%）三类细胞，这三类细胞对红、绿、蓝这三种颜色特别敏感，视锥细胞产生清晰的彩色图像，纯粹的视锥细胞视觉称为彩色视觉或明视觉。视杆细胞对不同波谱的响应与三种视锥细胞对波谱的吸收特性如图 3.2 所示。

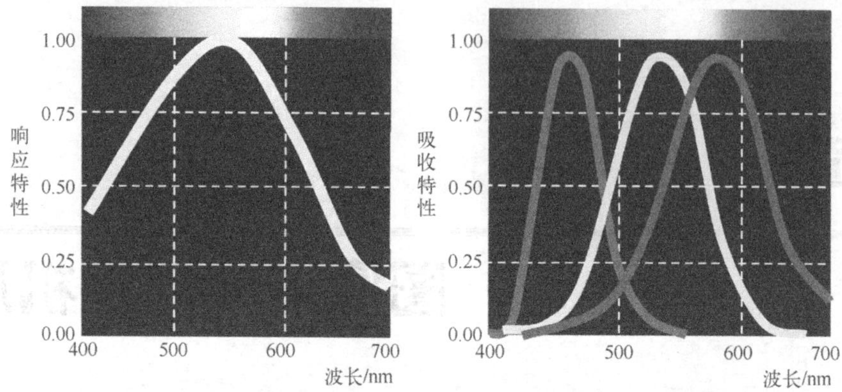

图 3.2 视杆细胞对不同波谱的响应特性（左）、三种视锥细胞对波谱的吸收特性（右）

人眼中视杆细胞数目远大于视锥细胞数目，但对视敏感度而言，视杆细胞远不如视锥细胞敏感。这是因为视杆细胞主要分布于视网膜上，而视锥细胞则聚集在中央凹处。红、绿、蓝三种视锥细胞对于不同波谱的响应比较类似，但数目变化较大，因此造成对波谱的相对敏感度不一致。并且，对于任意给定的刺激，红敏细胞和绿敏细胞的响应有很大部分是重叠的，且人眼对绿光最敏感。红、绿、蓝三种视锥细胞对不同波谱刺激的响应特性如图 3.3 所示。

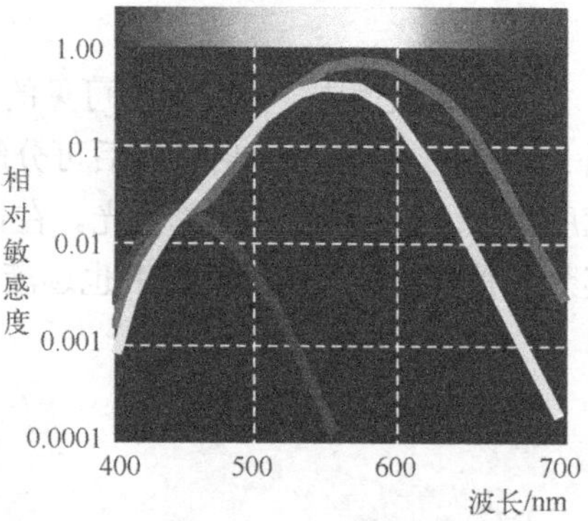

图 3.3 红、绿、蓝三种视锥细胞对不同波谱刺激的响应特性

3.1.2 三色视觉原理

计算机视觉中的图像和视频之所以有颜色，主要是因为人眼的红、绿、蓝三种视锥细胞传输过来的信号。根据这三种颜色与视锥细胞之间的对应关系来建立三基色。任何外界颜色通过人眼后，其红、绿、蓝三种视锥细胞根据图 3.3 所示的响应特性将外界的刺激分解为三基色刺激。最后感知的颜色与光照强度、目标的反射率和观察者的响应有关。

总之，英国物理学家麦克斯韦认为，将红、绿、蓝（Red，Green，Blue，RGB）作为基色，可以拍出彩色照片，自然界的绝大部分颜色均可以由 RGB 三基色表示出来，因此可以将自然界中海量的颜色信息通过采用 RGB 编码的方式有效地表达出来。

目前，在已有标准的颜色编码表示方法中，常见的表示方式为色域图（Gamut），如图 3.4 所示。色域表示设备能表示所有颜色的范围，不同的设备有不同的色域。当不同的图像在不同的设备上显示时，由于设备的色域不同，因此人眼看到的效果会有轻微的差异。

图 3.4 中的人类视觉色域最宽，覆盖所有的其他色域。显然，不同的设备色域实际上只是人类视觉色域的一个子集（或称子空间），不同的色域覆盖人类视觉色域的不同部分。从颜色感知来看，色域越宽表示的颜色数目越多，意味着颜色越丰富。在色域图中，色域均采用三角形来表示，三角形的三个顶点分别对应该色域下的 RGB 三基色，该三角形区域中的任意颜色均可以采用 RGB 三基色线性表示出来。注意，在图 3.4 中的二维 x-y 坐标系中，色域中的任意一点都可以用坐标表示出来。从图中可以看出，坐标绝对值实际上在不同的色域中表示不同的

意义，其对应的颜色也各不相同，它只是确定了其在色域中的相对位置而已。

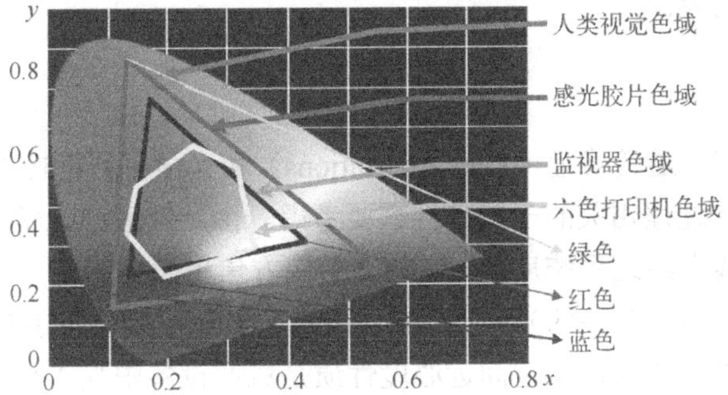

图 3.4　色域图

3.2　图像的形成

光线通过透镜折射到图像传感器上，图像传感器可以将照射到其上的光转换成电荷（该过程称为光电效应），光越强则生成的电荷越多。然后电荷转换为电压，A/D 转换器将电压信号转换为数字信号，进一步在系统中将其处理，包括量化、编码、压缩等，最后形成我们常见的数字图像，整个过程如图 3.5 所示。场景光通过取景透镜后经反混叠（Antialiasing，AA）和红外截止滤波器（Infrared，IR）滤除不需要的频谱成分后，然后通过保护玻璃，再通过传感器最终成像。其中，保护玻璃可以避免传感器受灰尘污染。注意，光电效应可以将光子的数目（表示亮度）转换为电子的数目，然后转换为电压信号，最终转换为数字信号。但整个过程中并没有记录光的波长信息，若直接采用传感器，则只能产生灰度数字图像，也就是说，传感器芯片本身并没有颜色区分的能力。

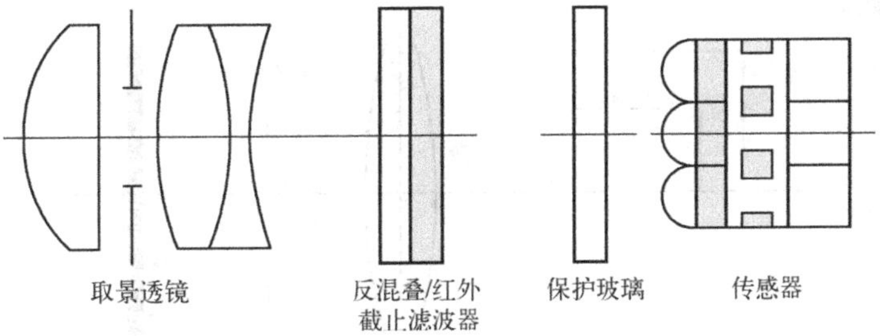

图 3.5　图像形成的过程

因此，为了能产生彩色数字图像，一种最简单的方式是获得红、绿、蓝三种颜色，然后将其分别入射到图像传感器上，形成彩色的数字图像，中间通过三棱镜将入射光分离为 RGB 三基色。显然，这种方式非常简单，但由于其引入多个传感器装置而导致成本昂贵，那么是否有更简单、更有效的方法来形成彩色数字图像呢？

这就是后来的单传感器彩色成像方法，其关键步骤是在传感器前放置拜耳滤光片（1974 年，Bryce Bayer 在柯达任工程师时提出该方案），进而用一个图像传感器解决颜色的识别问题，即将入射光在传感器前安装颜色过滤装置（称为颜色滤波器）。由于主要考虑 RGB 三基色，因此颜色过滤器可以选择 RGB 三基色其中之一通过，阻断其他两种颜色，这样每个像素点都可以表示该点对应的 R、G、B 三个值中的其中一个值，然后通过颜色差值来形成最终的彩色图像。具体过程见后续内容。

3.2.1 取景透镜

在设计成像装置时，透镜像差（Lens Aberrations）和光学材料特性都在考虑范围内，而相机有更多的与整个成像过程相关的一些特性需要考虑。由共轴理想光学系统的成像性质可知，任意束相互平行的光线在经过系统后，一定相交于像方焦平面上的某一点，该点也称为无限远轴外物点的共轭像点。传统镜头的光路如图 3.6 所示，显然，物体与镜头的距离影响其成像的大小。基于传感器的光学特性，像空间远心度性质是成像设备中受人喜爱的特性之一。

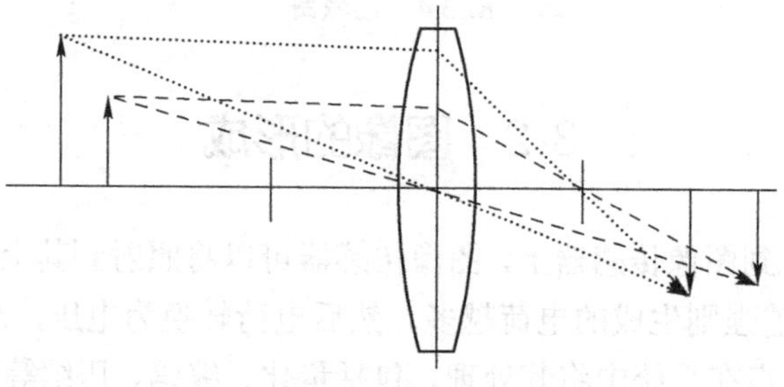

图 3.6 传统镜头的光路

1. 像空间远心度（Image Space Telecentricity）

像空间远心度是高质量相机的关键参数之一。在图 3.6 的取景镜头与成像平面之间的像方焦点处放置一个孔径光阑（Aperture Stop），如图 3.7 所示。这时成像没有比例关系，相当于物体在无穷远处。实际上这也是物方远心镜头的基本原理，物方远心镜头的缺点是放大倍数与像距有关。在实际使用时，相机安装的远近会影响放大倍数，因此每个相机镜头都需要单独标定放大倍数。

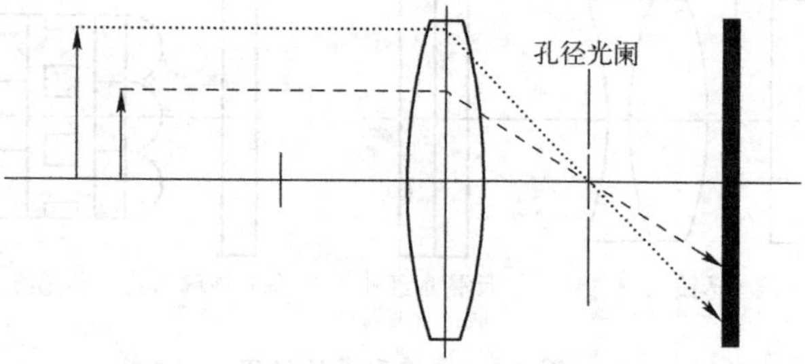

图 3.7 物空间远心光路示意图

进一步，若在取景透镜前的像方焦平面上添加孔径光阑，则任何通过孔径光阑中点的光线都将平行于主光轴射出，这在光学上称为在无穷远处的出瞳（Exit Pupil），这是像空间远心度性质的必要条件，如图 3.8 所示。显然，这种镜头的特点是放大倍数与像距无关，无论相机距离远近都不影响放大倍数，但物空间显然并不具备像空间远心度的性质。

若将物方远心与像方远心相结合，则形成了双侧远心镜头，其光路示意图如图 3.9 所示。

这实际上就是在孔径光阑前再添加某些附加的光学设备，图 3.9 中添加的是透镜。这种双侧远心镜头的特点是物体远近或者相机远近都不影响放大倍数。所以该种镜头广泛应用在机器视觉测量与检测领域中。

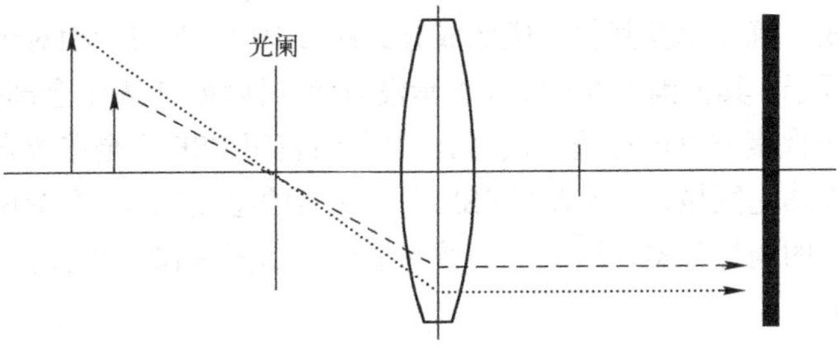

图 3.8　像空间远心光路示意图

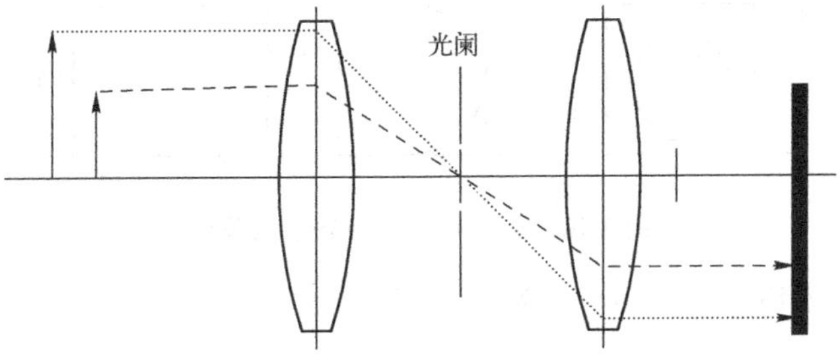

图 3.9　双侧远心镜头光路示意图

上述都是在理想情况下，实际的远心镜头中的孔径光阑不可能无限小，若孔径光阑无限小则进来的光不足。所以，实际的远心镜头肯定会有近大远小的关系（这个指标称为远心度，远心镜头的远心度通常小于 0.1°）。物距也不是任意的，但是比普通镜头的景深要大得多。

具有像空间远心度性质的取景镜头的优点是像上任意点的入射光线所形成的锥体具有同样的大小，并且与位置无关，这样避免了一般镜头在边缘处显暗的效果。理想的远心取景镜头在实际中很难做到，但为了保证整个像平面上均匀的入射亮度，必须增加远心镜头后面的处理单元。由于增加了无穷远处出瞳的条件，因此限制了镜头的其他自由度的调整，如像差。在一般情况下，与传统镜头相比，远心镜头会增加光学组件数量来达到这个目的，因此其价格也比较昂贵。

此外，孔径光阑的放置在实际的光学系统中也存在一定限制，如受设备大小和位置的限制。尤其在一些价格较低的消费类设备中，如目前手机等移动设备上的摄像头往往不考虑或很少考虑像空间的远心性，因此成像的质量远达不到理想的情况。大约 3/4 的数字单反相机（DLSR）都是近似远心的，成像质量较高。

鉴于此，我们可以根据图像的性质来判断相机性能的好坏，甚至可以分析成像的条件。这方面的研究一般称为法庭取证（Forensic），也是目前研究的热点之一。后续的章节中还会涉及这方面的内容。

2. 点扩散函数（Point Spread Function，PSF）

相机传感器的基本成像单元为像素，可以将其想象为能够吸收光子的容器。像素感光区域的大小对取景镜头的设计目标有直接影响。如图 3.10 所示为三个具有不同 PSF 的像素。

PSF 是指物空间中的一个点光源通过取景透镜成像后该点光源的像。一般而言，取景透镜质量越好，PSF 越小，表明点光源不会扩散到周围的像素中去。影响 PSF 的因素有很多，包括透镜畸变、失焦、光阑位置、光阑大小、光阑形状、透镜焦距长度及光的波长等。

图 3.10 中的像素分为感光（灰色正方形）和非感光区域（大正方形中的白色区域），非感

光区域包括如金属线、遮光罩及其他非成像成分。图 3.10 中 b 表示相对于像素宽度的比值，可以用来定义填充因子，其范围为 0～1，0 表示没有感光区域，1 表示全部都是感光区域。PSF 的宽度 d 定义为与全像素宽度的比值。图 3.10 中左图表明 PSF 完全在像素的感光区域内部，中间图表明完全充满感光区域，右图表明 PSF 大于像素的感光区域。右图说明外界的一个点光源会扩散到对应像素的周边像素，造成光学效率损失。而图 3.10 中的左图和中间图没有损失，其成像效果是等价的。

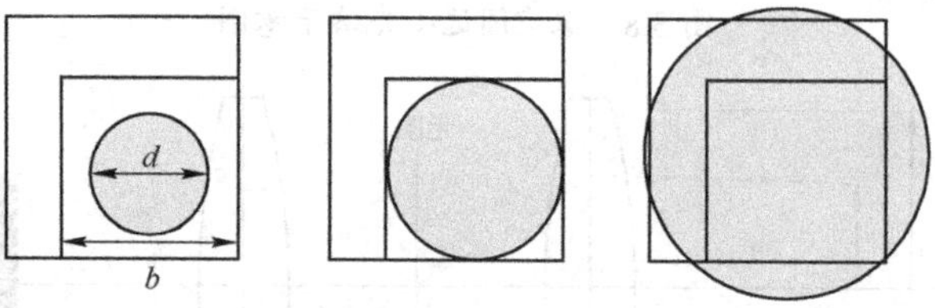

图 3.10　三个具有不同 PSF 的像素

对于高质量的取景镜头，其归一化为

$$p_{\text{somb}}(x,y)=\frac{\pi}{4d^2}\text{somb}^2\left(\frac{r}{d}\right),\quad \text{somb}\left(\frac{r}{d}\right)=\frac{2J_1\left(\dfrac{\pi r}{d}\right)}{\dfrac{\pi r}{d}} \tag{3.1}$$

其中，$r=\sqrt{x^2+y^2}$，$J_1(\cdot)$ 表示一阶 Bessel 函数。

由像素捕获的 PSF 区域可以表达为捕获光效率函数，即

$$E_{\text{somb}}=\frac{\pi}{rd^2}\int_{-\frac{b}{2}}^{\frac{b}{2}}\int_{-\frac{b}{2}}^{\frac{b}{2}}\text{somb}^2\left(\frac{r}{d}\right)\text{d}x\text{d}y \tag{3.2}$$

这是理论上的表示方法，但计算不方便，因此一般会采取一些简化的函数，如圆柱体模型为

$$p_{\text{cyl}}(x,y)=\frac{4}{\pi d^2}\text{cyl}\left(\frac{r}{d}\right) \tag{3.3}$$

其中

$$\text{cyl}\left(\frac{r}{d}\right)=\begin{cases}1, & 0\leqslant r<\dfrac{d}{2}\\ \dfrac{1}{2}, & r=\dfrac{d}{2}\\ 0, & r>\dfrac{d}{2}\end{cases} \tag{3.4}$$

此时捕获光效率函数为

$$E=\begin{cases}1, & d\leqslant b\\ 1+\dfrac{4}{\pi}\left[\dfrac{b}{d}\sqrt{1-\left(\dfrac{b}{d}\right)^2}-\cos^{-1}\left(\dfrac{b}{d}\right)\right], & b<d\leqslant\sqrt{2}b\\ \dfrac{4}{\pi}\left(\dfrac{b}{d}\right)^2, & \sqrt{2}b>d\end{cases} \tag{3.5}$$

这种计算方法比计算 E_{somb} 方便许多。而若用高斯函数来近似，则有

$$p_{\text{Gauss}}(x,y)=\frac{1}{d^2}\text{Gauss}\left(\frac{r}{d}\right),\quad \text{Gauss}\left(\frac{r}{d}\right)=\exp\left(\left[-\pi\left(\frac{r}{d}\right)^2\right]\right) \tag{3.6}$$

其对应的捕获光效率函数为

$$E_{\text{Gauss}}=\text{erf}^2\left(\frac{b\sqrt{\pi}}{2d}\right) \tag{3.7}$$

其中，erf(·)表示标准的误差函数。

PSF 除影响系统的光捕获效率外，还影响成像系统的空间成像特性。在分析中通常采用卷积模型

$$g(x,y)=f(x,y)*p(x,y) \tag{3.8}$$

其中，*表示卷积操作，$f(x, y)$表示在像素点(x, y)理想情况下的成像，$p(x, y)$表示 PSF，$g(x, y)$为最终的像。上述模型的傅里叶域可表示为

$$G(u,v)=F(u,v)P(u,v) \tag{3.9}$$

将其代入上述的 PSF 模型，则有

$$\begin{gathered}P_{\text{somb}}(u,v)=\frac{2}{\pi}[\cos^{-1}(\mathrm{d}\rho)-\mathrm{d}\rho\sqrt{1-(\mathrm{d}\rho)^2}]\text{cyl}\left(\frac{\mathrm{d}\rho}{2}\right)\\ P_{\text{cyl}}(u,v)=\text{somb}(\mathrm{d}\rho)\\ P_{\text{Gauss}}(u,v)=\text{Gauss}(\mathrm{d}\rho)\end{gathered} \tag{3.10}$$

注意，透镜的畸变会减小这些函数值。

3.2.2 抗混叠滤波器

数字图像最终用像素表示，那么这些像素是怎么得出来的呢？实际上，通过对取景透镜形成的像进行采样来获得最终的图像。因此在矩形成像传感器上，会对传感器进行行和列的均匀划分。实际上对 $g(x, y)=f(x, y)*p(x, y)$进行采样的结果为

$$g_s(x,y)=[g(x,y)*s(x,y)]\frac{1}{x_s y_s}\text{comb}\left(\frac{x}{x_s},\frac{y}{y_s}\right) \tag{3.11}$$

其中，$\frac{1}{x_s y_s}\text{comb}\left(\frac{x}{x_s},\frac{y}{y_s}\right)$表示 δ 函数阵列，只在这些像素点上取值，其余为 0。可理解为

$$\frac{1}{x_s y_s}\text{comb}\left(\frac{x}{x_s},\frac{y}{y_s}\right)=\sum_{m=-\infty}^{\infty}\sum_{n=-\infty}^{\infty}\delta(x-mx_s)\delta(y-ny_s) \tag{3.12}$$

其中，$s(x, y)$表示像素感光区域的大小和形状。前面介绍的 b 作为像素的填充因子，假设传感器的矩形感光区域维数为 $p_x\times p_y$，则有

$$s(x,y)=\text{rect}\left(\frac{b}{b_x p_x},\frac{y}{b_y p_y}\right) \tag{3.13}$$

其中，

$$\mathrm{rect}\left(\frac{x}{x_s}\right)=\begin{cases}1, & \left|\frac{x}{x_s}\right|<\frac{1}{2}\\ \frac{1}{2}, & \left|\frac{x}{x_s}\right|=\frac{1}{2}\\ 0, & \left|\frac{x}{x_s}\right|>\frac{1}{2}\end{cases},\quad \mathrm{rect}\left(\frac{x}{x_s},\frac{y}{y_s}\right)=\mathrm{rect}\left(\frac{x}{x_s}\right)\mathrm{rect}\left(\frac{y}{y_s}\right) \tag{3.14}$$

对采样图像 $g_s(x, y)$进行傅里叶变换，获得其频谱为

$$G_s(u,v)=\sum_{m=-\infty}^{\infty}\sum_{n=-\infty}^{\infty}\sin c\left[b_x p_x\left(u-\frac{m}{x_s}\right),b_y p_y\left(v-\frac{n}{y_s}\right)\right]G\left(u-\frac{m}{x_s},v-\frac{n}{y_s}\right) \tag{3.15}$$

其中，$\sin c(x)=\dfrac{\sin(\pi x)}{\pi x}$ 和 $\sin c(x,y)=\sin c(x)\sin c(y)$ 称为采样函数。从式（3.15）可以看出，获得的最终图像的频谱实际上是在规则区间上很多频谱 G 的重叠，每个频谱均乘以采样函数（显现出低通滤波器的效果）进行处理。实际上，根据信号处理理论，若采样周期太大，即采样数目太少，则这些频谱之间会出现混叠，这时不同的像素值之间无法完全分离，从而产生模糊效应。为了减少混叠，一般有两种方式，第一方式是提高采样率，在这里就是减小 x_s 和 y_s 的值，但这样会增加设计加工的难度。例如，这样会减小 PSF 的大小，同时也会减小像素的大小，从而要求更多的小像素来填满物理传感器，增加了工艺的难度，并且增加了抗混叠的代价。因此一般采用第二种方式，即采用带限滤波器，光学上利用低通滤波器来消除产生混叠的高频信号。常用的一种抗混叠滤波器是四点双折射抗混叠滤波器。图 3.11 所示的是一种典型的四点双折射抗混叠滤波器的拆解图。

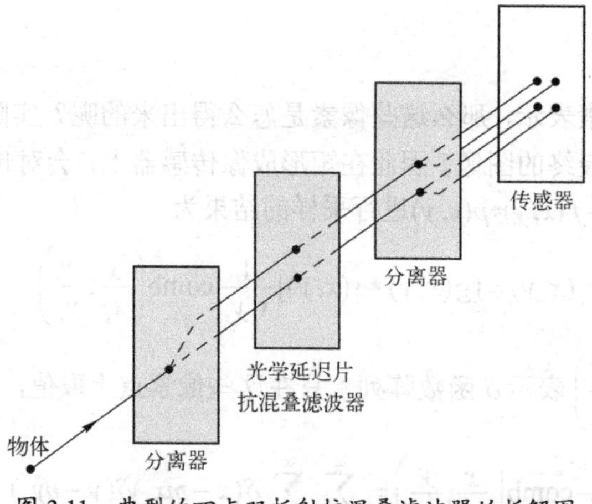

图 3.11　典型的四点双折射抗混叠滤波器的拆解图

输入光线经双折射晶体形成的薄板（如石英），分裂成 2 束光线。该过程依赖于双折射晶体对入射光的极性和关于晶体材料的光轴方向不同而具有不同折射率这个性质。这里描述的四点双折射抗混叠滤波器能将未极化的光线分离成 2 束极化光线。极化光线通过光学延迟片（另一种晶体薄板）去极化，最后去极化的 2 束光线再次经过双折射薄板形成 4 束光线。为了达到期望的抗混叠效果，可调整 3 种晶体薄板的厚度来使得最终的 4 束光线能够按照传感器上像素的水平和竖直宽度排列。该过程可以理解为如下的低通滤波器

$$h = \frac{1}{4}\begin{pmatrix} 1 & & 1 \\ & \odot & \\ 1 & & 1 \end{pmatrix} \tag{3.16}$$

其中，核的中心表示为⊙，看成像素点，表明通过平移抗混叠滤波器来最小化相位影响。该低通滤波器的频谱响应为

$$h(x,y) = \delta\delta(2x,2y) \tag{3.17}$$
$$h(u,v) = \cos(\pi u, \pi v)$$

其中，$\delta\delta(\cdot)$函数为

$$\delta\delta\left(\frac{x}{x_0}\right) = |x_0|[\delta(x-x_0)+\delta(x+x_0)] \tag{3.18}$$

通过画图可以看出，抗混叠滤波器确实减轻了混叠效果，但也造成了轻微的频谱失真。而对于低端的成像应用，这种抗混叠的引入可能增加成本而显得没有必要。另外，不同种类的抗混叠滤波器的基本原理相似。

3.2.3 红外截止滤波器和保护玻璃

在计算机视觉中，主要的成像都采用可见光成像。成像中采用硅传感器，但其对光的敏感度与人类视觉系统对光的敏感度并不一样，其最大的差别出现在近红外谱段。为了解决这个问题，在数字摄像设备光路中引入红外截止滤波器来减小红外谱段的影响。一般通过引入多层薄膜涂层来达到这个目的，这里不再详述。

保护玻璃是一片高质量、无缺陷的光学玻璃，覆盖在传感器上为其提供保护，避免传感器受氧化、空气浮尘等因素影响。物理上可以与抗混叠滤波器和红外截止滤波器组合成一个光学组件。一旦保护玻璃出现缺陷，则相当于镜头前出现了问题，可以通过一些后处理技术来消除其影响，在计算机视觉中有去除监控器雨点、雪花等技术，这里也可以利用类似的方法。

3.2.4 图像传感器

相机成像过程中的核心器件是传感器，同时它也是最复杂的器件。传感器将入射光转换为相应的光电荷，并最终转换为数字信号。

前面在介绍抗混叠滤波器时提到，像素的填充因子一般小于 1，从而允许非感光成分存在。这相当于减小感光区域的面积，可以采用微透镜来减小这种损失，如图 3.12 所示。

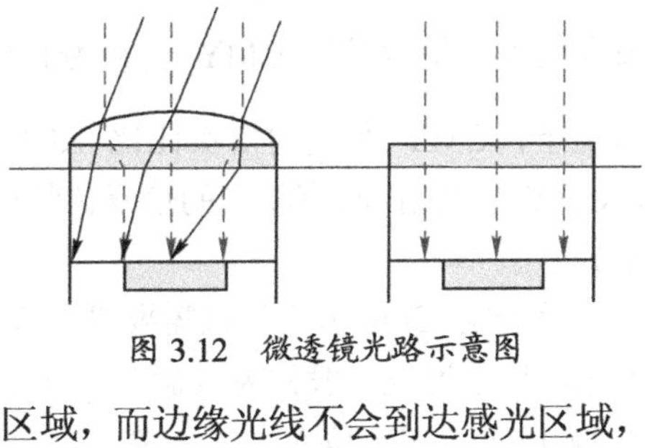

图 3.12 微透镜光路示意图

图 3.12 的左图安装了微透镜，右图没有安装微透镜，下方的深色块表示感光区域，其余为非感光区域。右图中只有像素中间入射的光线到达感光区域，而边缘光线不会到达感光区域，左图中虚线表示边缘入射光由于微透镜的作用也可以到达像素的感光区域，从而可以有效增大像素的填充因子。从左图中的实线入射光线可以看到，一旦入射光线角度与竖直方向偏差较大，则会造成大部分入射光线不能照到像素的感光区域。因此，为了避免种情况发生，需要使用远心取景镜头，使得各种角度的入射光线经远心镜头作用后，绝大部分光线都可以照到像素的感光区域，进而使得填充因子近似为 1。

在相机中，通常在传感器前安装与像素大小一样的微透镜阵列，使得每个像素都有自己的微透镜，从而增大像素的填充因子，以此提高像素的光捕获效率。制造微透镜阵列的技术有很多，如光刻胶热回流技术和激光直写技术等。感兴趣的读者可以参考相关文献。

1. 彩色滤波器阵列（Color Filter Array，CFA）

彩色滤波器阵列是相机中最有特色的器件之一。CFA 是一个与传感器分辨率同样大小的马赛克彩色滤波器，通过马赛克排列放置在单个 CCD 或 CMOS 传感器表面来形成所有的彩色信息，即使得每个像素都可以获得 RGB 三基色的信息。通常通过将染色剂或光刻胶集聚到传感器表面来制造。有时给定的 CFA 只包括单层着色剂，而有时也包括两层甚至更多层着色剂。由于着色剂特别薄，因此可以忽略其对入射光的方向和位置的影响。

通常 CFA 颜色的选择有两种模式：RGB 和 CMY（Cyan，Magenta，Yellow）。此外两者均包括除这三种颜色外的白色值。一般基于信噪比来选择 RGB 模式还是 CMY 模式。图 3.13 表示的是两种不同模式 CFA 理想的块状光谱敏感度。

图 3.13 中假设面积归一化的 CMY 信号为：$Y=\dfrac{R+G}{2}$，$C=\dfrac{G+B}{2}$，$M=\dfrac{(R+B)}{2}$，因此 CMY 系统的光敏感度是 RGB 系统的 2 倍。然后最终成像都要求是 RGB 图像，因此捕获的 CMY 图像必须转换为 RGB 图像，转换公式为

$$\begin{pmatrix} R' \\ G' \\ B' \end{pmatrix}=\begin{pmatrix} -1 & 1 & 1 \\ 1 & -1 & 1 \\ 1 & 1 & -1 \end{pmatrix}\begin{pmatrix} C \\ M \\ Y \end{pmatrix} \tag{3.19}$$

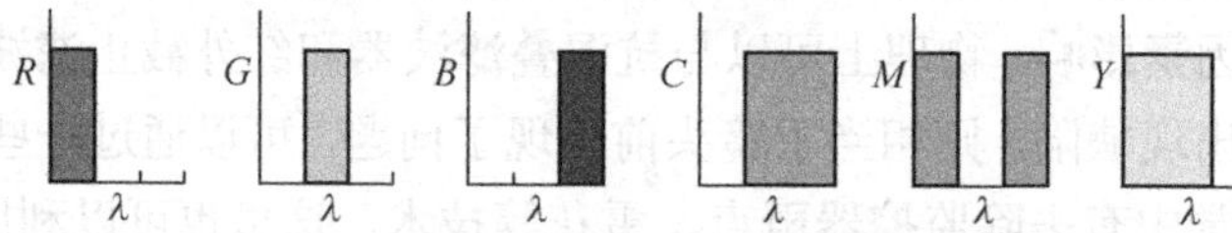

图 3.13　两种不同模式 CFA 理想的块状光谱敏感度

若假设 RGB 彩色信道每个信道的噪声都相互独立，并且其方差 σ_{RGB}^2 对所有颜色来说都一样，根据式(3.19)，CMY 彩色信道的噪声方差为 $\sigma_{\mathrm{CMY}}^2=\dfrac{\sigma_{\mathrm{RGB}}^2}{2}$，可以看出，噪声方差减小了。但成像过程中最后又从 CMY 转换为 R′G′B′，此时 $\sigma_{\mathrm{R'G'B'}}^2=3\sigma_{\mathrm{CMY}}^2=\dfrac{3}{2}\sigma_{\mathrm{RGB}}^2$。因此在这种理想的情况下，CMY 系统的信噪比比 RGB 的信噪比更小。但在实际的光谱敏感度和噪声特性下，CMY 与 RGB 具有相当的信噪比特性。因此在选择不同的 CFA 模式时，应该根据实际情况来确定。

一旦选定 CFA 模式，就需要进一步确定颜色的马赛克排列，使得可以有效地插值出所有的颜色，这个过程一般称为棋盘排列或最小重复模式（Minimum Repeating Pattern，MRP），如图 3.14 所示。左上角水平三个 RGB 的排列为最小重复模式，左下角 2×2 模式为著名的拜尔（Bayer）模式。图 3.14 中的绿色按棋盘方式采样，而红色、蓝色则采用两倍像素宽度和高度间隔采样，这是目前在相机及摄像机中最常用的模式。

根据之前抗混叠滤波器的介绍，图 3.14 中中间图的采样颜色信道的频谱为

$$G_s(u,v)=\sum_{m=-\infty}^{\infty}\sum_{n=-\infty}^{\infty}\operatorname{sin}c\left[u-\frac{m}{2},v-n\right]G\left(u-\frac{m}{3},v-n\right) \tag{3.20}$$

此时其沿 u 轴的空间频率响应如图 3.15 所示。

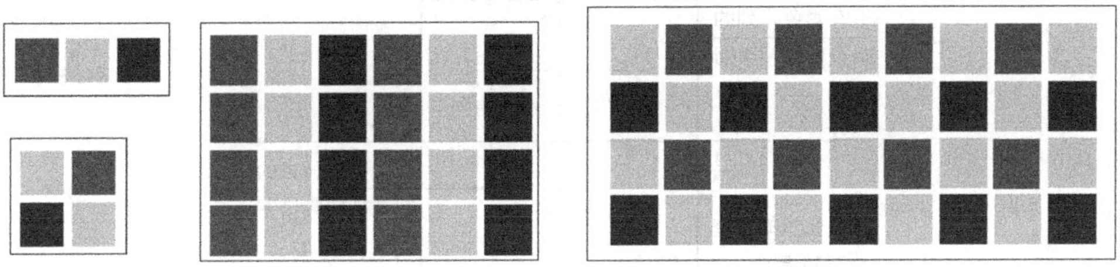

图 3.14　基本的 CFA 模式：棋盘排列或最小重复模式

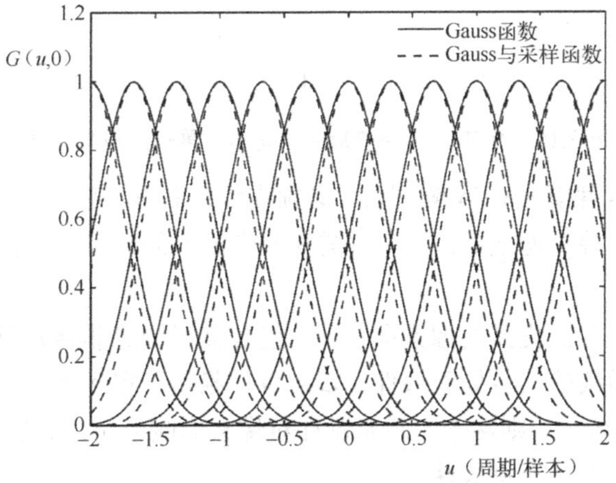

图 3.15　CFA 采样图像的空间频率响应

显然，出现了水平方向由于对每三个像素采样而造成的混叠。可以设计四点双折射抗混叠滤波器来产生水平为三个像素宽、竖直为一个像素高的四点双折射抗混叠滤波器来减轻这种混叠。这等价于如下的卷积核操作

$$h=\frac{1}{4}\begin{pmatrix}1 & 0 & & 0 & 1\\ & & \odot & & \\ 1 & 0 & & 0 & 1\end{pmatrix} \tag{3.21}$$

其空间频率响应为

$$h(x,y)=\frac{1}{3}\delta\delta\left(\frac{2x}{3},2y\right)$$

$$H(u,v)=\cos(3\pi u,\pi v)$$

而对于拜尔模式，其采样颜色信道的频谱分为绿色和红、蓝色两种情况

$$\begin{gathered}G_{\mathrm{gs}}(u,v)=\sum_{m=-\infty}^{\infty}\sum_{n=-\infty}^{\infty}\operatorname{sin}c\left[u-\frac{m+n}{2},v-\frac{-m+n}{2}\right]G_{\mathrm{g}}\left(u-\frac{m+n}{2},v-\frac{-m+n}{2}\right)\\ G_{\mathrm{rbs}}(u,v)=\sum_{m=-\infty}^{\infty}\sum_{n=-\infty}^{\infty}\operatorname{sin}c\left[u-\frac{m}{2},v-\frac{n}{2}\right]G_{\mathrm{rb}}\left(u-\frac{m}{2},v-\frac{n}{2}\right)\end{gathered} \tag{3.22}$$

可以画出拜尔 CFA 奈奎斯特频谱图如图 3.16 所示。

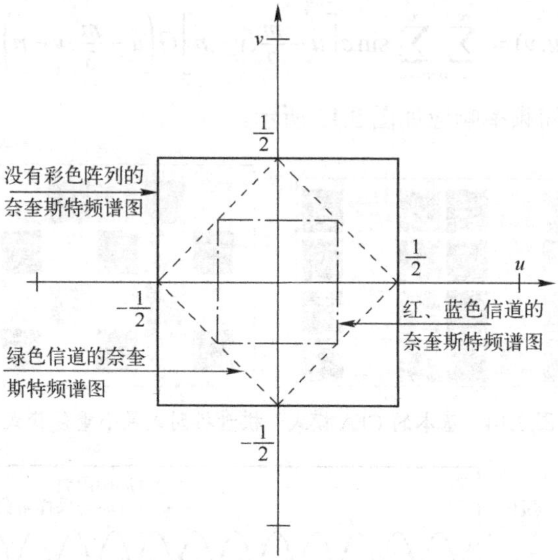

图 3.16 拜尔 CFA 奈奎斯特频谱图（单位：周期/样本）

因此在设计拜尔棋盘模式 CFA 阵列时，必须在绿色和红、蓝两色的抗混叠之间做出均衡。通常设计针对抗绿色混叠的滤波器，然后对捕获的带混叠的红、蓝两色分量采用图像处理技术来去除混叠。

最后需要提及的是前面提到的像素面积，还包含金属线等非感光部分，该部分主要是用来传输产生的光电荷到后续的信号处理部件，如 A/D 转换等。实际上，非感光部分减小了像素的填充因子，若像素尺寸较大，则这些非感光器件对像素影响较小；反之，若像素尺寸本身就小，则如何放置这些器件非常具有挑战性。

图 3.17 为一个 CMOS 像素的理想标准化设计。左图为前感光（FI）像素，右图为后感光（BI）像素，其中右图为最新设计。在 FI 中，光线首先会通过金属线区域和其他不透明结构，然后照到光敏硅基片上，而在 BI 中则相反。注意，这些不透明成分可能在像素腔体的任何位置出现，而不一定在图 3.17 中所示的像素边缘才出现。BI 则由于制造问题，最近才被实现，其主要困难在于层间的串扰问题，即如何确保像素的光电荷聚集在当前像素位置。目前的技术正向 BI 转变。

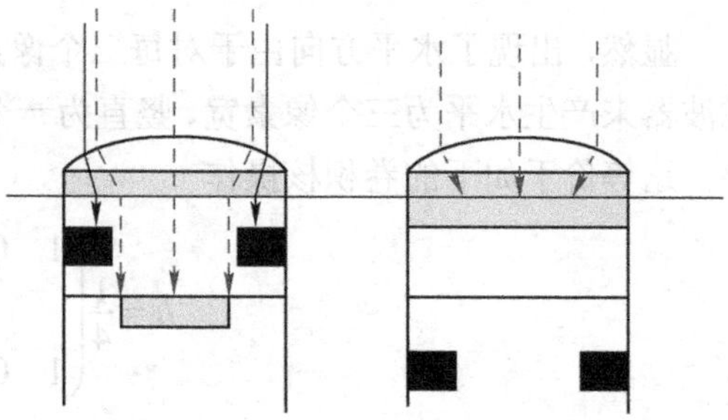

图 3.17 CMOS 像素的理想标准化设计

2. CCD 传感器与 CMOS 传感器

图像传感器通常可分为两类：CCD（Charge Coupled Device，电荷耦合元件）传感器和 CMOS（Complementary Metal Oxide Semiconductor，互补金属氧化物半导体）传感器。CCD 传感器传输每个激活像素的电荷到输出门，并将其转换为可测量信号。CMOS 传感器在每个像素内部都将电荷转换为电压，并将信号传输到传感器进而输出。因此，这两种传感器在成像过程中完成将光信号转换为电信号这个相同的任务，但完成该任务的方式不同，因为采用的方式不同，所以最终的结果也不同。为理解其差别，下面分别介绍这两种传感器。

CMOS 传感器与 CCD 传感器相比，更易于制造，因此使得相机的价格不断降低。从图像质量上看，这两种传感器的性能不相上下。当 CCD 传感器过载时，隔行传输的 CCD 更易受垂直拖尾（Vertical Smear）的影响，但高端帧传输和 CMOS 传感器则不受此影响。价格低的 CMOS 传感器易受滚动快门效应（Rolling Shutter）的影响，即一幅图像的像素值并不是在同一个时刻形成的，而是通过扫描方式形成的，即有前后的时间关系。一般，卷帘式快门效应可能带来如晃动（Wobble）、倾斜（Skew）、涂抹（Smear）和部分曝光（Partial Exposure）等问题的影响，但装有全局快门（Global Shutter）的 CMOS 传感器和 CCD 传感器则不受此影响。因此，用户需要根据实际情况选用相应的传感器。注意，目前市场上所有的便携式相机均采用卷帘式快门，卷帘式快门和全局快门的区别是前者的传感器一般从上到下逐渐打开来收集光信号，而后者的传感器则在同一时刻全部打开来收集光信号。

3．图像传感器操作

光线通过 CFA 后，最终打到光敏硅基片上，在有限的曝光时间内，每个感光像素都能累积光电效应产生的光电荷，该技术称为积分感光技术。大多数传感器可以将 20%～60%入射到硅基片上的光子转换为光电荷。最后将累积的光电荷进行线性处理得到最终的输出。注意，以前大多数的成像设备采用 FI 像素设计，而目前逐渐向 BI 像素设计方向发展。

4．CCD 传感器

CCD 传感器于 1969 年由美国贝尔实验室研发，同年日本索尼公司也开始研究 CCD 传感器。后续索尼公司在这方面取得领先地位，进而日本在生产 CCD 传感器方面取得很大的优势。大部分 CCD 传感器相机由于采用了全局快门（也称电子快门或帧快门），因此避免了卷帘式快门的一些缺陷。在成像过程中，CCD 传感器上所有像素点同时开始收集光信号，并同时停止收集光信号，拍摄场景呈现冻结的效果，因此若快门速度足够快，则拍摄的图像不会出现运动模糊（Motion Blur）。相对于 CMOS 传感器而言，CCD 传感器的感光度更好，即使在低照度的情况下，也能拍出清晰的照片，CMOS 传感器的感光敏感度远低于 CCD 传感器的感光敏感度。图 3.18 是利用 CMOS 传感器和 CCD 传感器拍摄转动的风扇效果示意图。

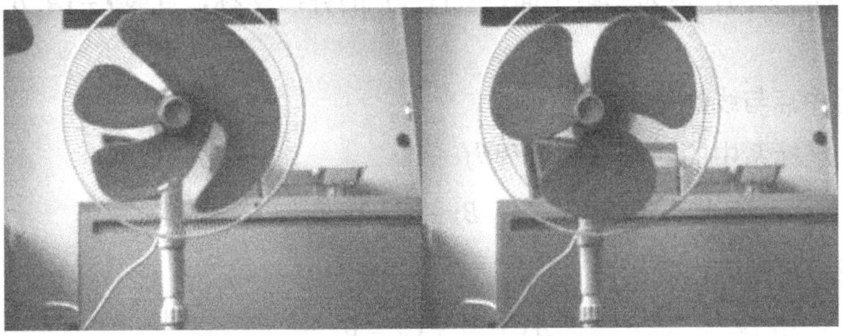

图 3.18　利用 CMOS 传感器和 CCD 传感器拍摄转动的风扇效果示意图

根据信号传输方式，可将 CCD 传感器分为全帧传输 CCD 传感器和隔行传输 CCD 传感器。由于 CCD 传感器的每个像素都可以捕获光子，因此输出信号的均匀性很好，这是形成高质量图像的关键之一。早期，凭借这个优势，使得 CCD 传感器得到广泛应用。并且对 CMOS 传感器而言，其制造价格相对较低，但其规模化生产不如 CMOS 传感器，因此在其规模化生产后，单个 CCD 传感器的成本高于 CMOS 传感器的生产成本。

CCD 传感器成像操作首先将生产入射光转换为光电荷并在曝光时间内累积电荷，然后传输光电荷到输出结构并将其转换为数字信号。

5. CMOS 传感器

CMOS 传感器技术比 CCD 传感器技术起步稍晚，且由于其工艺相对复杂，故其实际应用落后于 CCD 传感器，1989 年才首次被研制出来。CMOS 传感器的每个像素都有自己的电荷到电压的转换机制，并且其本身集成了放大器、噪声校正和数字化处理电路，其复杂性较高。由于 CMOS 传感器阵列中的像素按照行和列的方式寻址，因此它比 CCD 传感器中的输出信号有更强的灵活性，如图 3.19 所示。

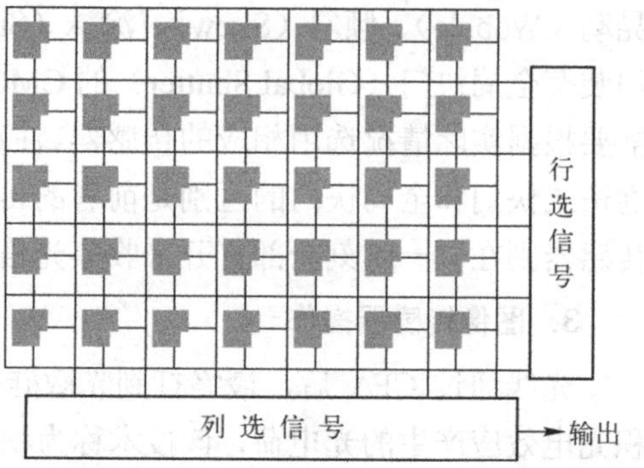

图 3.19　CMOS 传感器阵列的寻址方式

CMOS 传感器输出信号的均匀性较低，但其集成度高，且处理速度快，随着集成电路的发展，其规模化的成本更低，因此手机中使用的摄像头大都采用 CMOS 传感器。相对于 CCD 传感器，CMOS 传感器能更有效地利用能源，并且更省电、发热更少，从而更适用手机等移动设备的使用。近年，由于工艺的进步，背照式 CMOS 传感器得到普及，进一步推广了 CMOS 传感器的使用。

3.3 齐次坐标

假设现存欧氏坐标系在二维情况下，其坐标系中的点可用 $\boldsymbol{p}=(x, y)^{\mathrm{T}}$ 来表示，此时空间中的直线方程表示为 $Ax+By+C=0$。显然，该式两边同时乘以不为零的常数 k，仍然表示同一条直线。根据向量的内积形式，直线方程此时可以表示为两个向量（$\boldsymbol{p}=(xk, yk, k)^{\mathrm{T}}$，$\boldsymbol{l}=(A, B, C)^{\mathrm{T}}$）的点乘，即 $\boldsymbol{p}\cdot\boldsymbol{l}=0$，即 $\boldsymbol{l}^{\mathrm{T}}\boldsymbol{p}=0$。其中，$p$ 表示直线上的点，l 表示直线，l 由向量$(A, B, C)^{\mathrm{T}}$来确定。

一般地，$\boldsymbol{p}=(xk, yk, k)^{\mathrm{T}}$ 称为二维平面内点$(x, y)^{\mathrm{T}}$的齐次坐标，直线 $\boldsymbol{l}=(A, B, C)^{\mathrm{T}}$ 称为直线的齐次坐标。

1. 齐次坐标中点与线的对偶性

考虑笛卡儿坐标系中的二维直线方程为

$$Ax+By+C=0 \tag{3.23}$$

若用齐次坐标表示，则方程表示为

$$Ax+By+Cz=0 \tag{3.24}$$

这时，点$[x\ y\ z]^{\mathrm{T}}$与直线$[A\ B\ C]^{\mathrm{T}}$在齐次坐标中处于对称位置，这种性质称为射影空间的对偶性。

2. 齐次坐标中的无穷远点

考虑两条直线分别为

$$\begin{aligned} A_1x+B_1y+C_1z=0 \\ A_2x+B_2y+C_2z=0 \end{aligned} \tag{3.25}$$

若这两条直线平行，则必然有 $\frac{A_1}{B_1}=\frac{A_2}{B_2}$。则对上述两式分别除以 B_1, B_2，然后相减得

$$\left(\frac{C_1}{B_1}-\frac{C_2}{B_2}\right)z=0 \tag{3.26}$$

由于这是两条不同的直线，且由 C_1 和 C_2 的可变性可知式（3.26）对任意两条平行直线都成立的充要条件是 z=0。因此，两条平行直线的交点可以定义为

$$x_h=[x\ y\ 0]^{\mathrm{T}} \tag{3.27}$$

同理，在三维情形下，平行直线的交点可以定义为

$$x_h=[x\ y\ z\ 0]^{\mathrm{T}} \tag{3.28}$$

由于假设两条平行直线相交于无穷远处，因此两条平行直线的交点（即最后一维为 0 的齐次坐标所代表的点）称为无穷远点。

从这可以看出，n 维空间中点的笛卡儿坐标系中含有 n 个分量，而其齐次坐标含有 n+1 个分量，并且其分量之间存在对应关系。即齐次坐标的前 n 个分量除以齐次坐标的第 n+1 个分量，对应的值正好是笛卡儿坐标系中的坐标。由于存在第 n+1 个分量为 0 的情况，因此对齐次坐标的第 n+1 个分量为 0 的情况定义特殊的点与其对应，此时称为无穷远点，此点在笛卡儿坐标系中没有对应点。二维平面上所有无穷远点构成的集合称为无穷远直线。高维空间中所有无穷远点构成的集合称为无穷远平面。

在齐次坐标系中，欧几里得平面中的点成为射影空间中从原点出发的射线。射线上的每个点都对应不同的 z 值。欧几里得平面中直线的齐次坐标定义了射影空间中两条射线间的平面。当两条直线在欧几里得空间中相交时，定义两条通过欧几里得平面中交点的射线。若直线平行，则只定义了一个无穷远点，即平面 $z=0$ 上的一个点。

齐次坐标系中的原点$[0\ \ 0\ \ 0]^{\mathrm{T}}$可以定义齐次坐标系中的任意点或一个无穷远点，因此具有模糊性。为避免出现这种情况，射影空间中不包括该点。

3.4 小孔成像

小孔成像是最常见的线性成像模型，如图 3.20 所示。光线通过小孔投影到像平面上进行成像。目标上的点 $X_p(X, Y, Z)$成为像平面上的像素点 $X_i(x, y)$。在图 3.20 中，若以投影中心为原点，则世界坐标系中的点 X_p 在像平面上成像后，根据相似三角形原理有 $-\frac{y}{Y}=\frac{f}{Z}$，$-\frac{x}{X}=\frac{f}{Z}$，从而得到 $x=-\frac{fX}{Z}$，$y=-\frac{fY}{Z}$。若将像平面主点作为原点，则也有类似的关系。注意，上述公式可以在相机坐标系内得到。

当以投影中心为原点时，世界坐标系中的点与像平面上的点之间的上述关系可以表示为

$$Z\begin{pmatrix}x\\y\\1\end{pmatrix}=\begin{pmatrix}-f&0&0&0\\0&-f&0&0\\0&0&1&0\end{pmatrix}\begin{pmatrix}X\\Y\\Z\\1\end{pmatrix} \tag{3.29}$$

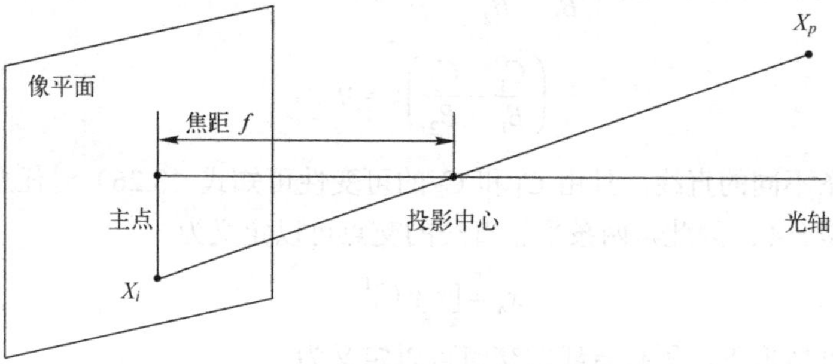

图 3.20　小孔成像模型

注意，图 3.20 中若以投影中心为坐标原点建立坐标系，则像素坐标会出现负值。为了方便使用，小孔成像模型可以等价转换为图 3.21 的形式。

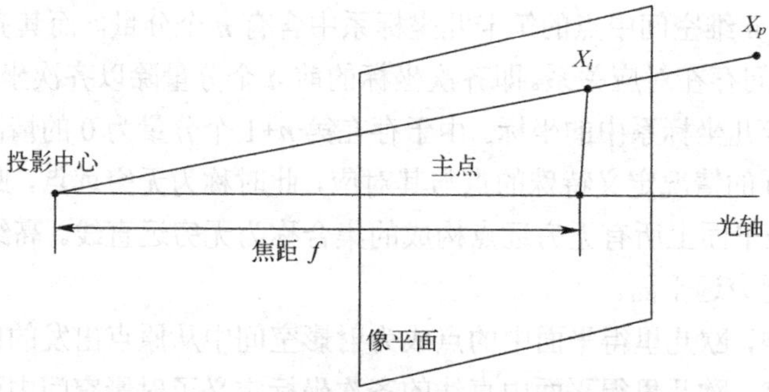

图 3.21　投影相机的小孔成像模型

在图 3.21 中，世界坐标系中的点映射为图像坐标系中的点。此时成像过程可以通过坐标平移、伸缩、旋转并结合齐次坐标来简化其描述。例如，若考虑将二维笛卡儿坐标系中的点 $X_c=[x\ y]^{\mathrm{T}}$ 映射到对应的齐次坐标空间中的点 $X_h=[wx\ wy\ x]^{\mathrm{T}}$，则通过图 3.21 可知，在投影中心与点 X_p 连线上的点，其映射到像平面上为同一点 X_i，这表明 X_h 中的 w 可以为任意值。由此，齐次坐标带来的便利性显而易见。三维点与其齐次坐标的关系类似。同理，从 X_h 也可以获得其笛卡儿坐标，只需要将齐次坐标的最后一维的分量除以最后一维的数值即可。

不同坐标系之间的转换一般以矩阵相乘的方式进行。仿射变换就是在变换坐标系中，保持共线性和相对距离的变换。这意味着在坐标系空间中，假如原来是在同一条线上的点，经过仿射变换，还将仍然在同一条线上。同时，在平行线上点的集合仍然是平行线，通过缩放这些平行线其空间和距离会一直保持在一个特定的比例。仿射变换允许重新定位、缩放、切变和旋转。不过，它们不能作为锥体，也不能对其进行扭曲和透视操作，因此并不保留线与线的夹角性质。一般仿射空间 X 到仿射空间 Y 的仿射变换 f 可以表示为

$$f: X\to Y, x\to Mx+b, b\in Y$$

其中，M 是空间 X 上的线性变换。

研究相似性的原理和定理属于欧几里得几何知识，而研究仿射变换下的原理和定理则属于仿射几何知识。而在射影空间中，变换称为单应性，它比相似性和仿射变换更具有一般性，而射影变换仅保存共线性和交比不变性，并且采用齐次坐标来表示。

3.5 图像坐标系、相机坐标系和世界坐标系

3.5.1 图像坐标系

图像坐标系如图 3.22 所示，以图像左下角为原点建立以像素为单位的直角坐标系 u-v。像素的横坐标 u 和纵坐标 v 分别对应图像所在的列和行。

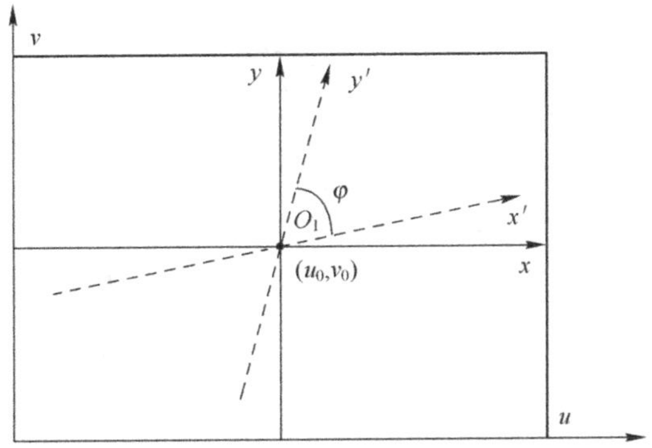

图 3.22 图像坐标系

其中，图像坐标系 u-v 中以像素为单位。实际上，世界坐标系中的物体都以物理单位为单位，如米、厘米、毫米等，再将世界坐标系映射到图像坐标系中，可以直接映射为以物理单位表示的图像坐标系 x-y，如图 3.22 所示。其中，u 轴和 v 轴分别与 x 轴和 y 轴平行，图像坐标系 x-y 的原点为相机光轴与图像平面（简称为像平面）的交点（像平面的主点，Principal Point）O_1，该点在图像坐标系 u-v 中的坐标为(u_0, v_0)。若假设在世界坐标系中每标准物理单位长度包括的像素数分别用 k_u 和 k_v 表示，则此时图像坐标系 u-v 中的坐标(u, v)与图像坐标系 x-y 中的坐标(x, y)的关系为

$$\begin{aligned} u &= k_u x + u_0 \\ v &= k_v y + v_0 \end{aligned} \tag{3.30}$$

上述关系可以用齐次坐标表达为

$$\begin{pmatrix} u \\ v \\ 1 \end{pmatrix} = \begin{pmatrix} k_u & 0 & u_0 \\ 0 & k_v & v_0 \\ 0 & 0 & 0 \end{pmatrix} \begin{pmatrix} x \\ y \\ 1 \end{pmatrix} \tag{3.31}$$

若图像坐标系的 x 轴和 y 轴不垂直，设角度为 φ，则进一步有

$$\begin{aligned} u &= k_u (x + y\cot(\varphi)) + u_0 \\ v &= k_v \left(\frac{y}{\sin(\varphi)} \right) + v_0 \end{aligned} \tag{3.32}$$

上述关系可以用齐次坐标表达为

$$\begin{pmatrix} u \\ v \\ 1 \end{pmatrix} = \begin{pmatrix} k_u x & k_u \cot(\varphi) & u_0 \\ 0 & k_v / \sin(\varphi) & v_0 \\ 0 & 0 & 0 \end{pmatrix} \begin{pmatrix} x \\ y \\ 1 \end{pmatrix} \tag{3.33}$$

3.5.2 相机坐标系

根据前面的小孔成像原理，将相机坐标系用世界坐标系的框架来进行设置，如图 3.23 所示，点 O 为相机光心，即投影中心。$OX_cY_cZ_c$ 所形成的直角坐标系为相机坐标系，Z_c 为相机主光轴，它与像平面 O_1XY 垂直，OO_1 为相机的焦距。在相机坐标系内的点 P_c 在像平面上成像，其像点为像平面内的点 P。

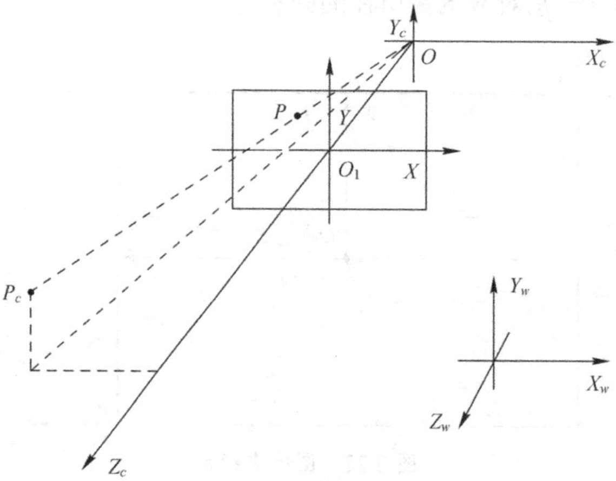

图 3.23 相机坐标系与世界坐标系

3.5.3 世界坐标系

图 3.23 中右下角的坐标系为世界坐标系，它主要用来描述相机的位置，通过旋转和平移关系（用平移和旋转矩阵表示）可以将世界坐标系中的点转换成相机坐标系中的点，然后通过小孔成像原理，获得相机坐标系到图像坐标系 OXY 的转换，最后通过图像坐标系 OXY 到图像坐标系 OUV 的转换来最终完成世界坐标系中点坐标到图像像素坐标的转换，从而完成成像过程。

3.6 坐标平移、伸缩和旋转

3.6.1 坐标平移

考虑目标上的一点 P，其坐标为(X_1, Y_1, Z_1)。假设该目标在 X 轴、Y 轴、Z 轴方向上分别平移 $\mathrm{d}x, \mathrm{d}y, \mathrm{d}z$，则新的坐标点 P' 的坐标(X_2, Y_2, Z_2)可以表示为

$$\begin{cases} X_2 = X_1 + \mathrm{d}x \\ Y_2 = Y_1 + \mathrm{d}y \\ Z_2 = Z_1 + \mathrm{d}z \end{cases} \tag{3.34}$$

为表示方便，采用齐次坐标，将其转换为矩阵形式

$$\begin{pmatrix} X_2 \\ Y_2 \\ Z_2 \\ 1 \end{pmatrix} = \begin{pmatrix} 1 & 0 & 0 & \mathrm{d}x \\ 0 & 1 & 0 & \mathrm{d}y \\ 0 & 0 & 1 & \mathrm{d}z \\ 0 & 0 & 0 & 1 \end{pmatrix} \begin{pmatrix} X_1 \\ Y_1 \\ Z_1 \\ 1 \end{pmatrix} = \boldsymbol{T} \begin{pmatrix} X_1 \\ Y_1 \\ Z_1 \\ 1 \end{pmatrix} \tag{3.35}$$

其中，矩阵 $\boldsymbol{T}$ 称为平移矩阵。根据平移的几何意义，平移矩阵 $\boldsymbol{T}$ 的逆矩阵对应向 X 轴、Y 轴、Z 轴的负方向分别平移 dx, dy, dz。因此其逆矩阵 $\boldsymbol{T}^{-1}$ 为

$$\boldsymbol{T}^{-1}=\begin{pmatrix}1 & 0 & 0 & -\mathrm{d}x \\ 0 & 1 & 0 & -\mathrm{d}y \\ 0 & 0 & 1 & -\mathrm{d}z \\ 0 & 0 & 0 & 1\end{pmatrix} \tag{3.36}$$

显然 $\boldsymbol{T}\boldsymbol{T}^{-1}=\boldsymbol{I}$，这里 $\boldsymbol{I}$ 表示单位矩阵。

3.6.2 坐标伸缩

若考虑目标上的一点 P，其坐标为(X_1, Y_1, Z_1)。假设该目标在 X 轴、Y 轴、Z 轴方向上分别伸缩 S_x, S_y, S_z，则新的坐标点 P' 的坐标(X_2, Y_2, Z_2)可以表示为

$$\begin{cases}X_2 = X_1 \times S_x \\ Y_2 = Y_1 \times S_y \\ Z_2 = Z_1 \times S_z\end{cases} \tag{3.37}$$

与前述类似，可采用齐次坐标并用矩阵表示为

$$\begin{pmatrix}X_2 \\ Y_2 \\ Z_2 \\ 1\end{pmatrix}=\begin{pmatrix}S_x & 0 & 0 & 0 \\ 0 & S_y & 0 & 0 \\ 0 & 0 & S_z & 0 \\ 0 & 0 & 0 & 1\end{pmatrix}\begin{pmatrix}X_1 \\ Y_1 \\ Z_1 \\ 1\end{pmatrix}=\boldsymbol{S}\begin{pmatrix}X_1 \\ Y_1 \\ Z_1 \\ 1\end{pmatrix} \tag{3.38}$$

其中，伸缩矩阵 $\boldsymbol{S}=\begin{pmatrix}S_x & 0 & 0 & 0 \\ 0 & S_y & 0 & 0 \\ 0 & 0 & S_z & 0 \\ 0 & 0 & 0 & 1\end{pmatrix}$，类似地，由矩阵的几何意义，可知其逆矩阵 $\boldsymbol{S}^{-1}=\begin{pmatrix}\frac{1}{S_x} & 0 & 0 & 0 \\ 0 & \frac{1}{S_y} & 0 & 0 \\ 0 & 0 & \frac{1}{S_z} & 0 \\ 0 & 0 & 0 & 1\end{pmatrix}$，表示点 P 的坐标沿各坐标轴方向分别伸缩 $\frac{1}{S_x},\frac{1}{S_y},\frac{1}{S_z}$ 倍。

3.6.3 坐标旋转

同样，若考虑点坐标为(X_1, Y_1, Z_1)，则其与坐标原点(0, 0, 0)的连线的向量为 $\overrightarrow{OP}$。假设点 P 在 Z 轴上的投影点为点 Z_1，平面 OPZ_1 与 X 轴所成的夹角为 ϕ，向量 $\overrightarrow{OP}$ 与 Z 轴所成的角为 α，向量 $\overrightarrow{OP}$ 的长度为 R，若将该向量所在平面 OPZ_1 绕 Z 轴逆时针方向旋转，则形成新的坐标点 P' 的坐标为(X_2, Y_2, Z_2)，此时 $Z_1=Z_2$，其几何关系如图 3.24 所示。点 P 与点 P'在 XOY 平面内的投影点分别为点 P_{xy} 与点 P'_{xy}，注意，这两个点在 XOY 平面内，且其夹角为 θ，则对点 P_{xy} 有

$$
\begin{aligned}
X_1 &= R\sin\alpha \times \cos\phi \\
Y_1 &= R\sin\alpha \times \sin\phi
\end{aligned}
\tag{3.39}
$$

对点 P'_{xy} 则有

$$
\begin{aligned}
X_2 &= R\sin\alpha \times \cos(\phi+\theta) = R\sin\alpha\cos\phi\cos\theta - R\sin\alpha\sin\phi\sin\theta \\
Y_2 &= R\sin\alpha \times \sin(\phi+\theta) = R\sin\alpha\sin\phi\cos\theta + R\sin\alpha\cos\phi\sin\theta
\end{aligned}
\tag{3.40}
$$

分别将点 P_{xy} 的坐标代入式（3.40），则有

$$
\begin{aligned}
X_2 &= X_1\cos\theta - Y_1\sin\theta \\
Y_2 &= Y_1\cos\theta + X_1\sin\theta
\end{aligned}
\tag{3.41}
$$

注意：点 P 与点 P' 的第三个坐标 $Z_1=Z_2$，因此采用矩阵和齐次坐标表示，则有

$$
\begin{pmatrix} X_2 \\ Y_2 \\ Z_2 \\ 1 \end{pmatrix} = \begin{pmatrix} \cos\theta & -\sin\theta & 0 & 0 \\ \sin\theta & \cos\theta & 0 & 0 \\ 0 & 0 & 1 & 0 \\ 0 & 0 & 0 & 1 \end{pmatrix} \begin{pmatrix} X_1 \\ Y_1 \\ Z_1 \\ 1 \end{pmatrix} = \boldsymbol{R}_\theta^Z \begin{pmatrix} X_1 \\ Y_1 \\ Z_1 \\ 1 \end{pmatrix}
\tag{3.42}
$$

其中，旋转矩阵 $\boldsymbol{R}_\theta^Z = \begin{pmatrix} \cos\theta & -\sin\theta & 0 & 0 \\ \sin\theta & \cos\theta & 0 & 0 \\ 0 & 0 & 1 & 0 \\ 0 & 0 & 0 & 1 \end{pmatrix}$ 表示将点沿 Z 轴逆时针旋转 θ。

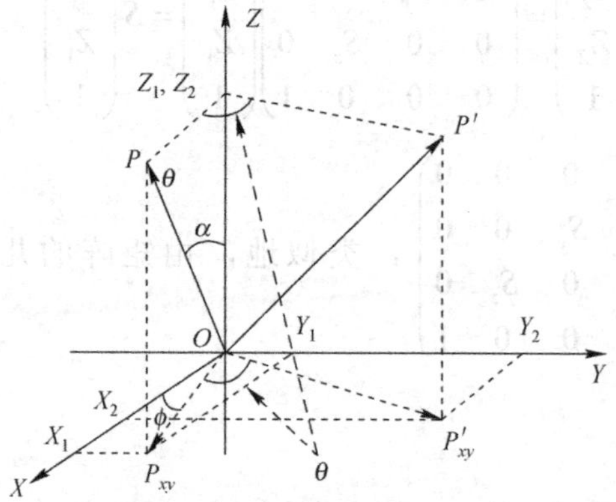

图 3.24　目标点在坐标空间中旋转的几何关系示意图

从旋转矩阵 $\boldsymbol{R}_\theta^Z$ 对应的几何关系可知，其逆矩阵表示点沿 Z 轴顺时针旋转 θ，因此可以直接写出其逆矩阵 $(\boldsymbol{R}_\theta^Z)^{-1} = \boldsymbol{R}_{-\theta}^Z$，并且可以验证 $(\boldsymbol{R}_\theta^Z)^{-1} \times \boldsymbol{R}_\theta^Z = \boldsymbol{I}$，并且

$$
\boldsymbol{R}_{-\theta}^Z = \begin{pmatrix} \cos(-\theta) & -\sin(-\theta) & 0 & 0 \\ \sin(-\theta) & \cos(-\theta) & 0 & 0 \\ 0 & 0 & 1 & 0 \\ 0 & 0 & 0 & 1 \end{pmatrix} = \begin{pmatrix} \cos\theta & \sin\theta & 0 & 0 \\ -\sin\theta & \cos\theta & 0 & 0 \\ 0 & 0 & 1 & 0 \\ 0 & 0 & 0 & 1 \end{pmatrix} = (\boldsymbol{R}_\theta^Z)^{\mathrm{T}}
\tag{3.43}
$$

因此 $(\boldsymbol{R}_\theta^Z)^{-1} \times \boldsymbol{R}_\theta^Z = \boldsymbol{R}_{-\theta}^Z \times \boldsymbol{R}_\theta^Z = (\boldsymbol{R}_\theta^Z)^{\mathrm{T}} \boldsymbol{R}_\theta^Z = \boldsymbol{I}$。这里上标 T 表示矩阵转置，它表明旋转矩阵的逆矩阵等于旋转矩阵的转置矩阵。显然，旋转矩阵的行列式的值为 1，且其转置矩阵与逆矩阵相等，因此该旋转矩阵是正交矩阵。

类似地，若点 P 沿 Y 轴逆时针旋转 β，则这时的旋转矩阵可以记为 $\boldsymbol{R}_{\beta}^{Y}$，根据上述推导，可知

$$\boldsymbol{R}_{\beta}^{Y}=\begin{pmatrix} \cos\beta & 0 & \sin\beta & 0 \\ 0 & 1 & 0 & 0 \\ -\sin\beta & 0 & \cos\beta & 0 \\ 0 & 0 & 0 & 1 \end{pmatrix} \tag{3.44}$$

同样，若点 P 沿 X 轴逆时针旋转 γ，则这时的旋转矩阵可以记为 $\boldsymbol{R}_{\gamma}^{X}$，根据上述推导，可知

$$\boldsymbol{R}_{\gamma}^{X}=\begin{pmatrix} 1 & 0 & 0 & 0 \\ 0 & \cos\gamma & -\sin\gamma & 0 \\ 0 & \sin\gamma & \cos\gamma & 0 \\ 0 & 0 & 0 & 1 \end{pmatrix} \tag{3.45}$$

这里需要指出的是，旋转矩阵 $\boldsymbol{R}_{\beta}^{Y}$ 的表达形式与另外两个旋转矩阵的表达式稍微有些不同，即它的 $-\sin\beta$ 与 $\sin\beta$ 的位置与另两个旋转矩阵不同，此外，这些旋转矩阵都是正交矩阵。实际上，若旋转矩阵 $\boldsymbol{A}$ 是行列式为 1 的 $n\times n$ 正交矩阵，则对任意 n 维列向量 $\boldsymbol{X}$ 与 $\boldsymbol{Y}$，表达式

$$\boldsymbol{Y}=\boldsymbol{AX} \tag{3.46}$$

均表示空间中的一个旋转变换。并且，任意一个旋转矩阵 $\boldsymbol{A}$ 都可以分解为上述 $\boldsymbol{R}_{\gamma}^{X},\boldsymbol{R}_{\beta}^{Y},\boldsymbol{R}_{\theta}^{Z}$ 三个旋转矩阵的乘积。

3.6.4 绕任意轴旋转的矩阵表示

实际上，任意一个非零的向量 $\boldsymbol{X}$ 绕某个向量旋转都可以分解为分别绕单一坐标轴旋转的形式，从而在三维情况下可以写成类似上述三个旋转矩阵乘积的形式。进一步推导，可以获得**空间中任意向量绕任意轴旋转的旋转矩阵表示方法。**

设空间中任意一个非零向量 $\overrightarrow{OP}$，其中 O 为坐标原点，点 P 坐标为(X_1, Y_1, Z_1)，以单位向量 $\overrightarrow{ON}=(a,b,c)^{\mathrm{T}}$ 为旋转轴方向向量并旋转 τ，因其为单位向量，即满足 $a^2+b^2+c^2=1$，所以点 N 与 Z 轴形成的平面与 X 轴的夹角表示为 ϕ_N，点 N 与 Y 轴形成的平面与 X 轴的夹角表示为 ψ_N，点 N 与 X 轴形成的平面与 Y 轴的夹角表示为 ω_N。根据图 3.26 所示的几何关系，将点 P 绕 $\overrightarrow{ON}$ 旋转 τ，等价于将 $\overrightarrow{ON}$ 旋转到某个主轴（X 轴或 Y 轴或 Z 轴）上，然后再将此时的点 P 绕主轴旋转 τ，最后将新的点 P 与 $\overrightarrow{ON}$ 按照相反方向进行旋转，使 $\overrightarrow{ON}$ 恢复到原始位置，此时得到的点 P 的坐标即为要求的点 P 绕 $\overrightarrow{ON}$ 旋转 τ 之后的坐标。

旋转 $\overrightarrow{ON}$ 至与主轴 X 的正方向对齐，一共有 4 种对齐方式：①先绕 X 轴旋转至 XOY 平面，然后绕 Z 轴旋转至与 X 轴对齐；②先绕 X 轴旋转至 XOZ 平面，然后绕 Y 轴旋转至与 X 轴对齐；③先绕 Y 轴旋转至 XOY 平面，然后绕 Z 轴旋转至与 X 轴对齐；④先绕 Z 轴旋转至 XOZ 平面，然后绕 Y 轴旋转至与 X 轴对齐。这 4 种方式的最后一步都是绕 X 轴旋转。不妨将这 4 种方式分别表示为 XZX, XYX, YZX, ZYX，其中前两种方式只涉及绕两个坐标轴旋转，后两种方式则涉

及绕三个坐标轴旋转。其他对齐方式与 Y 轴和 Z 轴的对齐方式类似，也各有 4 种方式。

因此，上述的旋转方式一共有 $4\times3=12$ 种。根据绕轴旋转的顺序，我们可以将其分为两类：第一类为只需要绕两个坐标轴旋转，包括 *XZX, YXY, ZYZ, XYX, YZY, ZXZ*；第二类为需要绕三个坐标轴旋转，包括 *XYZ, YZX, ZXY, XZY, ZYX, YXZ*。有时将第一类旋转中的各个角度称为正常欧拉角（Proper Euler Angle）；第二类旋转中的各个角度则称为特布莱恩角（Tait Bryan Angles），也称卡丹角（Cardan Angles）、航海角（Nautical Angles）或者偏航角、俯仰角、横滚角（Heading、Elevation、Bank 或者 Yaw、Pitch、Roll），如图 3.25 所示。注意，一般称绕 X 轴旋转的角为俯仰角，绕 Y 轴旋转的角为偏航角，绕 Z 轴旋转的角为横滚角，这种表示旋转的方法称为 Euler 角方法。据此可以确定飞行器的位置。

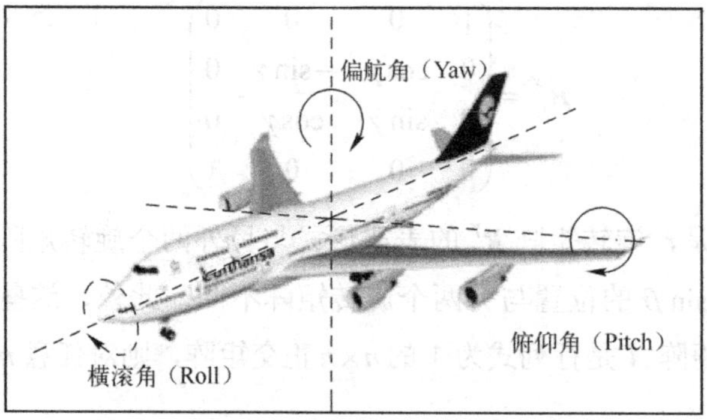

图 3.25　偏航角、俯仰角、横滚角示意图

下面假设点 P 与 $\overrightarrow{ON}$ 即使在不同位置也采用同一个符号表示，并且点 P 随 $\overrightarrow{ON}$ 做同样的旋转，即绕 $\overrightarrow{ON}$ 旋转 τ，可以分解为先旋转 $\overrightarrow{ON}$ 与 X 轴、Y 轴、Z 轴中的一个轴的正向对齐，然后再绕该轴旋转 τ，然后 $\overrightarrow{ON}$ 反向旋转至初始位置。以旋转至 Z 轴为例，其步骤如下。

第 1 步，将点 P 与向量 $\overrightarrow{ON}$ 绕 Z 轴顺时针旋转 ϕ_N，进而使向量 $\overrightarrow{ON}$ 旋转至 XOZ 平面内获得点 P' 和向量 $\overrightarrow{ON'}$，此时根据上述的旋转矩阵表示方法，其旋转矩阵可以表示为 $\boldsymbol{R}^Z_{-\phi_N}$，即

$$\boldsymbol{R}^Z_{-\phi_N}=\begin{pmatrix}\cos\phi_N & \sin\phi_N & 0 & 0\\ -\sin\phi_N & \cos\phi_N & 0 & 0\\ 0 & 0 & 1 & 0\\ 0 & 0 & 0 & 1\end{pmatrix} \tag{3.47}$$

利用其几何关系可得：$\cos\phi_N=\dfrac{a}{\sqrt{a^2+b^2}}$，$\sin\phi_N=\dfrac{b}{\sqrt{a^2+b^2}}$。

第 2 步，将点 P' 与向量 $\overrightarrow{ON'}$ 绕 Y 轴顺时针旋转 ψ_N，进而使向量 $\overrightarrow{ON'}$ 在 XOZ 平面内旋转至与 Z 轴重合，获得点 P'' 和向量 $\overrightarrow{ON''}$，此时根据上述的旋转矩阵表示方法，其旋转矩阵可以表示为 $\boldsymbol{R}^Y_{-\psi_N}$，即

$$\boldsymbol{R}^Y_{-\psi_N}=\begin{pmatrix}\cos\psi_N & 0 & -\sin\psi_N & 0\\ 0 & 1 & 0 & 0\\ \sin\psi_N & 0 & \cos\psi_N & 0\\ 0 & 0 & 0 & 1\end{pmatrix} \tag{3.48}$$

利用其几何关系可得：$\cos\psi_N=\dfrac{c}{\sqrt{a^2+b^2+c^2}}$，$\sin\psi_N=\dfrac{\sqrt{a^2+b^2}}{\sqrt{a^2+b^2+c^2}}$

第 3 步，将点 P'' 绕 Z 轴（即向量 $\overrightarrow{ON''}$）逆时针旋转 τ，进而获得点 P'''，此时根据上述的旋转矩阵表示方法，其旋转矩阵可以表示为 $\boldsymbol{R}_\tau^Z$，即

$$\boldsymbol{R}_\tau^Z=\begin{pmatrix}\cos\tau & -\sin\tau & 0 & 0\\ \sin\tau & \cos\tau & 0 & 0\\ 0 & 0 & 1 & 0\\ 0 & 0 & 0 & 1\end{pmatrix} \tag{3.49}$$

第 4 步，将点 P'''与向量 $\overrightarrow{ON''}$ 绕 Y 轴逆时针旋转 ψ_N，进而获得点 P''''与向量 $\overrightarrow{ON'''}$，此时根据上述的旋转矩阵表示方法，其旋转矩阵可以表示为 $\boldsymbol{R}_{\psi_N}^Y$，即

$$\boldsymbol{R}_{\psi_N}^Y=\begin{pmatrix}\cos\psi_N & 0 & \sin\psi_N & 0\\ 0 & 1 & 0 & 0\\ -\sin\psi_N & 0 & \cos\psi_N & 0\\ 0 & 0 & 0 & 1\end{pmatrix} \tag{3.50}$$

第 5 步，将点 P''''与向量 $\overrightarrow{ON'''}$ 绕 Z 轴逆时针旋转 ϕ_N，获得点 P'''''与向量 $\overrightarrow{ON''''}$，并且向量 $\overrightarrow{ON''''}$ 又恢复到原始位置（即向量 $\overrightarrow{ON}$），其旋转矩阵表示为 $\boldsymbol{R}_{\phi_N}^Z$，即

$$\boldsymbol{R}_{\phi_N}^Z=\begin{pmatrix}\cos\phi_N & -\sin\phi_N & 0 & 0\\ \sin\phi_N & \cos\phi_N & 0 & 0\\ 0 & 0 & 1 & 0\\ 0 & 0 & 0 & 1\end{pmatrix} \tag{3.51}$$

综合上述 5 步，相当于将原始点 P 绕向量 $\overrightarrow{ON}$ 逆时针旋转 τ，其旋转矩阵 $\boldsymbol{R}_\tau^{\overline{ON}}=\boldsymbol{R}_{\phi_N}^Z\boldsymbol{R}_{\psi_N}^Y\boldsymbol{R}_\tau^Z\boldsymbol{R}_{-\psi_N}^Y\boldsymbol{R}_{-\phi_N}^Z$。将式（3.47）～式（3.51）代入可得

$$\boldsymbol{R}_\tau^{\overline{ON}}=\begin{pmatrix}a^2+(1-a^2)\cos\tau & ab(1-\cos\tau)-c\sin\tau & ac(1-\cos\tau)+b\sin\tau & 0\\ ab(1-\cos\tau)+c\sin\tau & b^2+(1-b^2)\cos\tau & bc(1-\cos\tau)-a\sin\tau & 0\\ ac(1-\cos\tau)-b\sin\tau & bc(1-\cos\tau)+a\sin\tau & c^2+(1-c^2)\cos\tau & 0\\ 0 & 0 & 0 & 1\end{pmatrix} \tag{3.52}$$

即得任意坐标 $\begin{pmatrix}X_1\\ Y_1\\ Z_1\\ 1\end{pmatrix}$ 以单位向量 $\overline{ON}=(a,b,c)^{\mathrm{T}}$ 为旋转轴，逆时针旋转 τ 后获得新坐标 $\begin{pmatrix}X_2\\ Y_2\\ Z_2\\ 1\end{pmatrix}$，此时新坐标可由式（3.53）获得，即

$$\begin{pmatrix} X_2 \\ Y_2 \\ Z_2 \\ 1 \end{pmatrix} = \boldsymbol{R}_{\tau}^{\overline{ON}} \begin{pmatrix} X_1 \\ Y_1 \\ Z_1 \\ 1 \end{pmatrix} \tag{3.53}$$

上述推导过程如图 3.26 所示。

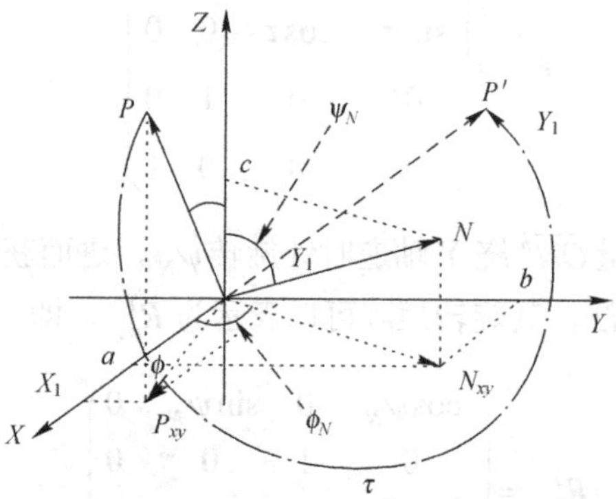

图 3.26　空间中任意向量沿任意轴旋转示意图

3.6.5　罗德里格斯公式

假设绕向量 $\boldsymbol{n}$ 旋转向量 $\boldsymbol{v}$，其旋转角为 θ（如图 3.27 所示），可以将向量 $\boldsymbol{v}$ 分解为与 $\boldsymbol{n}$ 共线和垂直的两部分，即

$$\boldsymbol{v} = (\boldsymbol{v}\cdot\boldsymbol{n})\boldsymbol{n} + (\boldsymbol{v} - (\boldsymbol{v}\cdot\boldsymbol{n})\boldsymbol{n}) \tag{3.54}$$

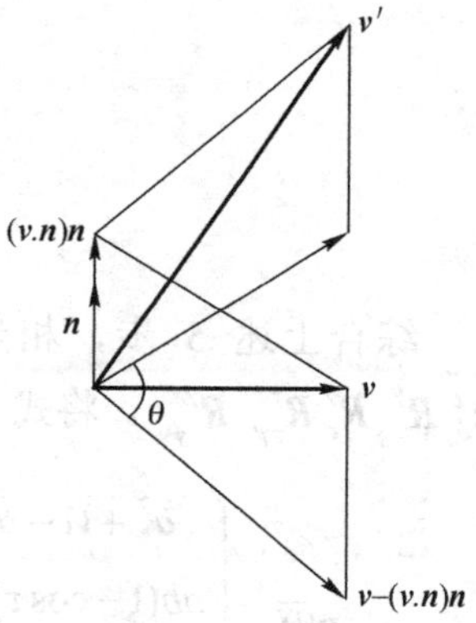

图 3.27　向量旋转

这里等式右边第一项旋转不变，第二项为在平面内旋转 θ，可以记为

$$\cos\theta(\boldsymbol{v} - (\boldsymbol{v}\cdot\boldsymbol{n})\boldsymbol{n}) + \sin\theta(\boldsymbol{n}\times(\boldsymbol{v} - (\boldsymbol{v}\cdot\boldsymbol{n})\boldsymbol{n})) \tag{3.55}$$

根据图 3.27 则有

$$\boldsymbol{v}' = \cos\theta\boldsymbol{v} + \sin\theta\boldsymbol{n}\times\boldsymbol{v} + (1-\cos\theta)(\boldsymbol{v}\cdot\boldsymbol{n})\boldsymbol{n}$$

实际上，根据前面的旋转矩阵表示方法可知，$\boldsymbol{R}_{\theta}^{n}$ 可以表示为

$$\boldsymbol{R}_{\theta}^{n} = \boldsymbol{I} + \sin\theta\boldsymbol{X}(\boldsymbol{n}) + (1-\cos\theta)\boldsymbol{X}(\boldsymbol{n})^2$$

$\boldsymbol{X}(\boldsymbol{n})$为 $\boldsymbol{n}$ 的操作函数，其形式为

$$\boldsymbol{X}(\boldsymbol{n}) = \begin{pmatrix} 0 & -n_z & n_y \\ n_z & 0 & -n_x \\ -n_y & n_x & 0 \end{pmatrix} \tag{3.56}$$

进一步，绕向量 $\boldsymbol{n}$ 旋转 θ 可以表示为向量 $\boldsymbol{r}$

$$\boldsymbol{r} = \|\boldsymbol{r}\|\frac{\boldsymbol{r}}{\|\boldsymbol{r}\|} = \theta\boldsymbol{n} \tag{3.57}$$

向量 $\boldsymbol{r}$ 的幅值表示旋转的量，其方向表示旋转的轴，最后其旋转矩阵可以表示为

$$R^r = R^r_{\|r\|} = I + \sin\theta \frac{X(r)}{\|r\|} + (1-\cos\theta)\frac{X(r)^2}{\|r\|^2} \tag{3.58}$$

其中，$X(r) = \begin{pmatrix} 0 & -r_z & r_y \\ r_z & 0 & -r_x \\ -r_y & r_x & 0 \end{pmatrix}$。

从上述论述可知，旋转矩阵是在计算机视觉中操作旋转最方便、最可靠的方法。但实际上存在一些问题，当不停地做连续的旋转操作时，数值误差会形成累积效果，进而使得旋转矩阵不再正交，此时需要不停地做矩阵的正交化操作来避免误差累积。此外，即使已经精确地计算出需要旋转的角度差，也不能在角度差之间进行插值计算。例如，我们需要将操作臂旋转 θ_1 来执行操作 1，并且需要将操作臂旋转 θ_2 来执行操作 2，但若要执行操作 3，则无法从这两个角度中计算出精确的旋转角来执行操作 3。

3.6.6 四元数

四元数于 1843 年由 Hamilton 发明，一个四元数表示为 $Q = q_0 + iq_1 + jq_2 + kq_3$，$Q = (q_0 \boldsymbol{q})$。其中，$q_i$ 是标量，q_0 称为四元数 Q 的实部，而 $\boldsymbol{q}$ 是一个三维向量，称为四元数 Q 的虚部。其中，$\mathrm{ii} = \mathrm{jj} = \mathrm{kk} = \mathrm{ijk} = -1$, $\mathrm{jk} = -\mathrm{kj} = \mathrm{i}$, $\mathrm{ij} = -\mathrm{ji} = \mathrm{k}$, $\mathrm{ki} = -\mathrm{ik} = \mathrm{j}$。

四元数的加法与普通向量加法一样，假设$(s\boldsymbol{w})$和$(s'\boldsymbol{w}')$表示两个四元数，则其和为四元数$(a\boldsymbol{t})$，即

$$\begin{aligned} a &= s + s' \\ \boldsymbol{t} &= \boldsymbol{w} + \boldsymbol{w}' \end{aligned} \tag{3.59}$$

四元数的乘法规则为

$$(s\boldsymbol{w}) * (s'\boldsymbol{w}') = (ss' - \boldsymbol{w}' \cdot \boldsymbol{w}'\boldsymbol{w} \times \boldsymbol{w}' + s\boldsymbol{w}' + s'\boldsymbol{w}) \tag{3.60}$$

显然，其乘法不满足交换律。但连乘时满足结合律和分配律。

四元数的复共轭和范数分别定义为

$$\begin{aligned} Q^* &= (q_0 - \boldsymbol{q}) \\ \|Q\|^2 &= Q * Q^* = \|\boldsymbol{q}\|^2 + q_0^2 \end{aligned} \tag{3.61}$$

若$\|Q\|^2 = q_0^2 + q_1^2 + q_2^2 + q_3^2 = 1$，则表示其为单位四元数。而 Q=(1 0)则为四元数中的恒一四元数。由此可知，单位四元数的复共轭与其逆相等，即 $Q^*=Q^{-1}$。

若采用四元数来表示三维向量 $\boldsymbol{p}$ 的旋转矩阵 $\boldsymbol{R_p}$，则存在两个相反的四元数 Q 与$-Q$，满足

$$\boldsymbol{R_p} = Q^* * \boldsymbol{p} * Q \tag{3.62}$$

其中，假设三维向量 $\boldsymbol{p}$ 是一个已转换为实部为 0 的四元数，同理，右边的四元数乘积的结果也将实部置 0 来匹配左边的向量旋转结果。

注意，四元数 Q 可从罗德里格斯公式得到，即

$$Q = \left(\cos\left(\frac{\theta}{2}\right)\sin\left(\frac{\theta}{2}\right)\boldsymbol{n}\right) \tag{3.63}$$

类似地，任意一组单位四元数 Q, $-Q$ 和 Q=(a(b c d))都存在唯一的旋转矩阵 $\boldsymbol{R}$ 与之对应，即

$$
\boldsymbol{R}=\begin{pmatrix} a^2+b^2-c^2-d^2 & 2(bc-ad) & 2(bd+ac) \\ 2(bc+ad) & a^2-b^2+c^2-d^2 & 2(cd-ab) \\ 2(bd-ac) & 2(cd+ab) & a^2-b^2-c^2+d^2 \end{pmatrix} \tag{3.64}
$$

假设两个旋转矩阵 $\boldsymbol{R}_1$ 和 $\boldsymbol{R}_2$，则如何计算这两个旋转矩阵中间的旋转矩阵？是否可以这样进行，即

$$
\boldsymbol{R}_i=u\boldsymbol{R}_1+(1-u)\boldsymbol{R}_2,\ u\in[0,1] \tag{3.65}
$$

实际上这样一般不会得到一个旋转矩阵，因此它肯定也不是一个位于上述两个旋转矩阵之间的旋转矩阵。而四元数则可以进行类似处理，并且其结果确实对应两个旋转插值出来的结果，即

$$
Q_i=\frac{uQ_1+(1-u)Q_2}{\|uQ_1+(1-u)Q_2\|} \tag{3.66}
$$

实际上，四元数相比于欧拉角表示旋转的优势就在于它可以进行插值。根据单位四元数的定义，其为四维球面上的一个点。对旋转进行插值对应于四维球面上的曲线，球面上的两个点分别对应两个四元数，而对于这两个四元数对应的最大圆环之间的任意点都可以由这两个点来表示。根据圆环的方向，有两种球面线性插值（Spherical Linear Interpolation，SLERP）方式，选取其中距离小的作为插值结果。四元数插值如图 3.28 所示。

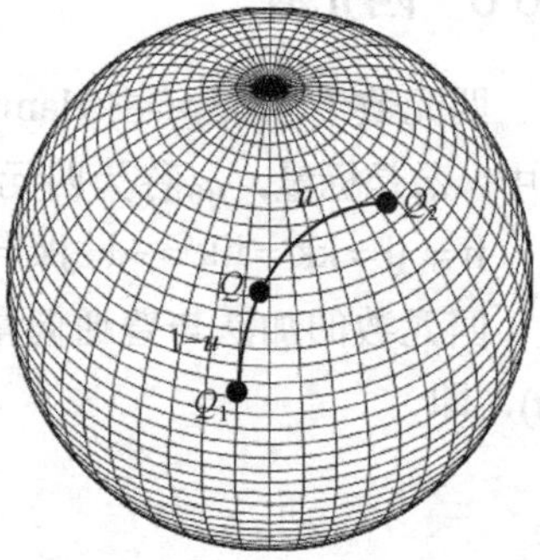

图 3.28 四元数插值

设球面上两点分别为 $Q_1=s_1+x_1i+y_1j+z_1k$，$Q_2=s_2+x_2i+y_2j+z_2k$，则在这两点间的插值为

$$
\begin{aligned} Q_i&=\mathrm{Slerp}(Q_1,Q_2,u)=\frac{\sin((1-u)\theta)}{\sin(\theta)}Q_1+\frac{\sin(u\theta)}{\sin(\theta)}Q_2 \\ \cos(\theta)&=Q_1\cdot Q_2=s_1s_2+x_1x_2+y_1y_2+z_1z_2 \end{aligned} \tag{3.67}
$$

此时插值结果可能不是单位四元数，需要对其进行归一化，即 $Q/\|Q\|$，采用这种方式可以做到连续旋转，而采用纯矩阵方式或欧拉角方式则没有这样的性质。这种方式在巡航器或者机器人操作臂的姿态计算中常用。

3.6.7 旋转矩阵与旋转角的关系

显然，在知道旋转角和旋转主轴后，可以通过上节的公式来获得旋转矩阵，但其中的计算量相对较大。实际上，一旦获得旋转角和旋转主轴，则有更简单的方法来进行旋转计算，这会在下一节介绍。现在考虑在获得旋转矩阵 $\boldsymbol{R}_\tau^{\overline{ON}}$ 后，如何根据旋转矩阵来计算具体的旋转角和旋转主轴？$\boldsymbol{R}_\tau^{\overline{ON}}$ 可以表示为

$$
\boldsymbol{R}_\tau^{\overline{ON}}=\begin{pmatrix} a^2+(1-a^2)\cos\tau & ab(1-\cos\tau)-c\sin\tau & ac(1-\cos\tau)+b\sin\tau & 0 \\ ab(1-\cos\tau)+c\sin\tau & b^2+(1-b^2)\cos\tau & bc(1-\cos\tau)-a\sin\tau & 0 \\ ac(1-\cos\tau)-b\sin\tau & bc(1-\cos\tau)+a\sin\tau & c^2+(1-c^2)\cos\tau & 0 \\ 0 & 0 & 0 & 1 \end{pmatrix} \tag{3.68}
$$

显然，该旋转矩阵左上角的3×3子矩阵有三个特征值，不妨设其分别为$\lambda_1,\lambda_2,\lambda_3$。根据特征多项式展开后的性质，可以知道矩阵特征值的和等于矩阵的迹（Trace），矩阵特征值的积等于矩阵行列式的值，从而可得

$$\begin{gathered}\lambda_1+\lambda_2+\lambda_3=a^2+(1-a^2)\cos\tau+b^2+(1-b^2)\cos\tau+c^2+(1-c^2)\cos\tau\\ \lambda_1\times\lambda_2\times\lambda_3=1\end{gathered}\tag{3.69}$$

且已知$a^2+b^2+c^2=1$，因此$\lambda_1+\lambda_2+\lambda_3=2\cos\tau$。同时注意到旋转矩阵为正交矩阵，因此其必有特征值为1（可将1代入特征多项式进行验证）。不妨设$\lambda_1=1$，则上述的公式可以化简为

$$\begin{cases}\lambda_2+\lambda_3=2\cos\tau-1\\ \lambda_2\times\lambda_3=1\end{cases}\tag{3.70}$$

求解后得$\lambda_2=\cos\tau+i\sin\tau$，$\lambda_3=\cos\tau-i\sin\tau$。从而获得旋转矩阵$\boldsymbol{R}_\tau^{\overline{ON}}$左上角$3\times3$子矩阵的三个特征值分别为$1,\cos\tau+i\sin\tau,\cos\tau-i\sin\tau$，将1代入求其特征向量$(v_1,v_2,v_3)^{\mathrm{T}}$，可得

$$\begin{pmatrix}a^2+(1-a^2)\cos\tau & ab(1-\cos\tau)-c\sin\tau & ac(1-\cos\tau)+b\sin\tau\\ ab(1-\cos\tau)+c\sin\tau & b^2+(1-b^2)\cos\tau & bc(1-\cos\tau)-a\sin\tau\\ ac(1-\cos\tau)-b\sin\tau & bc(1-\cos\tau)+a\sin\tau & c^2+(1-c^2)\cos\tau\end{pmatrix}\begin{pmatrix}v_1\\v_2\\v_3\end{pmatrix}=\begin{pmatrix}v_1\\v_2\\v_3\end{pmatrix}\tag{3.71}$$

解得$\begin{pmatrix}v_1\\v_2\\v_3\end{pmatrix}=\begin{pmatrix}a\\b\\c\end{pmatrix}$。这里可以看出，实际上对应的旋转矩阵中特征值为1的特征向量正好是旋转时主轴的方向向量。

若从几何意义上理解，则这个过程更清晰，实际上特征向量就是满足式（3.71）的向量，这表明特征向量对应的向量经过以$\overline{ON}$为旋转轴旋转τ后又回到了原来的位置，并且在旋转角τ任意变化时都成立，这时该特征向量只能是旋转轴对应的向量，否则不可能成立。

同时表明，任何以O为球心，物体上的点$P(X_1,Y_1,Z_1,1)$以$\left\|\overline{OP}\right\|$为半径的球面上的任意一点$P'(X_2,Y_2,Z_2,1)$都可以表示为

$$\begin{pmatrix}X_2\\Y_2\\Z_2\\1\end{pmatrix}=\boldsymbol{R}\begin{pmatrix}X_1\\Y_1\\Z_1\\1\end{pmatrix}\tag{3.72}$$

这里矩阵$\boldsymbol{R}$表示正交旋转矩阵，可以通过点P,P',O来进行确定。实际上，通过叉乘可以确定旋转轴$\overline{ON}=\overline{OP}\times\overline{OP'}$，然后通过$\overline{OP}$与$\overline{OP'}$确定旋转角，从而根据前面的求旋转矩阵的方法计算出矩阵$\boldsymbol{R}$。

3.6.8 矩阵与运动的对应关系

从上面的描述可以看出，在空间中的运动实际上对应某个矩阵。三维空间中的矩阵则对应三维空间中的运动。从根本上说，所有的空间都可以容纳运动，并且可以通过矩阵的形式来表示。若用向量来表示对象，则通过矩阵与向量相乘的方式也就是变换来表示该对象的运动，说

明矩阵描述了对象的运动，即

$$\begin{pmatrix} X_2 \\ Y_2 \\ Z_2 \\ 1 \end{pmatrix} = \boldsymbol{R}_{\tau}^{\overline{ON}} \begin{pmatrix} X_1 \\ Y_1 \\ Z_1 \\ 1 \end{pmatrix} \tag{3.73}$$

式（3.73）表示对象上的点$(X_1,Y_1,Z_1,1)$经过运动后得到新的点$(X_2,Y_2,Z_2,1)$。若将所有对象上的点都采用类似的方式表示，则表明对象进行了同样的运动。在计算机视觉中，对象上点的表示有很多种形式，一般表现为在不同坐标系中的坐标点不一样，并且不管在什么坐标系中进行表示，若其运动是一样的，则该对象上的点在不同坐标系中的表示方法所对应的矩阵之间均存在相似性的关系，也就是同一个对象在不同坐标系下的变换矩阵$\boldsymbol{R}_{\tau}^{\overline{ON}}$之间存在相似性，即$\boldsymbol{R}_{\tau}^{\overline{ON}} = \boldsymbol{P}\boldsymbol{R}_{\tau'}^{\overline{O'N'}}\boldsymbol{P}^{-1}$，其中矩阵$\boldsymbol{P}$为非奇异矩阵。

3.6.9 世界坐标系到图像坐标系的变换

在计算机视觉中，现实世界的物体经过成像过程后，形成最终的二维图像，这样完成了从现实世界坐标系到图像坐标系的转换，这个过程实际上可以通过数学变换来表示。根据前面介绍的坐标平移、坐标伸缩和坐标旋转过程，透视相机模型使用射影空间来表示空间中的点如何映射到像平面上。该投影变换可以定义为

$$\begin{pmatrix} w_i x_i \\ w_i y_i \\ w_i \end{pmatrix} = \begin{pmatrix} p_{11} & p_{12} & p_{13} & p_{14} \\ p_{21} & p_{22} & p_{23} & p_{24} \\ p_{31} & p_{32} & p_{33} & p_{34} \end{pmatrix} \begin{pmatrix} x_p \\ y_p \\ z_p \\ 1 \end{pmatrix} \tag{3.74}$$

简记为

$$X_i = \boldsymbol{P}X_p \tag{3.75}$$

其中，X_p和X_i分别表示现实世界中的点和像平面上的点。根据成像过程的几何意义，矩阵$\boldsymbol{P}$可以分解为三个矩阵的乘积，即

$$\boldsymbol{P} = \boldsymbol{VQM}$$

其中，矩阵$\boldsymbol{M}$将点X_p调校到相机坐标系中，也就是将世界坐标系中的点变换到相机坐标系中，其目的是使获得的坐标就好像相机放在坐标系的原点。这一步可以通过坐标旋转和坐标平移来达到，而旋转矩阵和平移矩阵已经在前面介绍了。不妨记为

$$\boldsymbol{M} = \begin{pmatrix} r_{11} & r_{12} & r_{13}t_x \\ r_{21} & r_{22} & r_{23}t_y \\ r_{31} & r_{32} & r_{33}t_z \end{pmatrix} \tag{3.76}$$

其元素的值可以在已知其旋转角和平移参数后，通过计算旋转矩阵（如旋转矩阵$\boldsymbol{R}_{\theta}^{Z}$和平移矩阵$\boldsymbol{T}$的乘积）来获得。此时可以通过图 3.29 中的投影关系来进行点的投影计算。根据相似三角形关系有

$$\frac{f}{z_p}=\frac{y_i}{y_p} \tag{3.77}$$

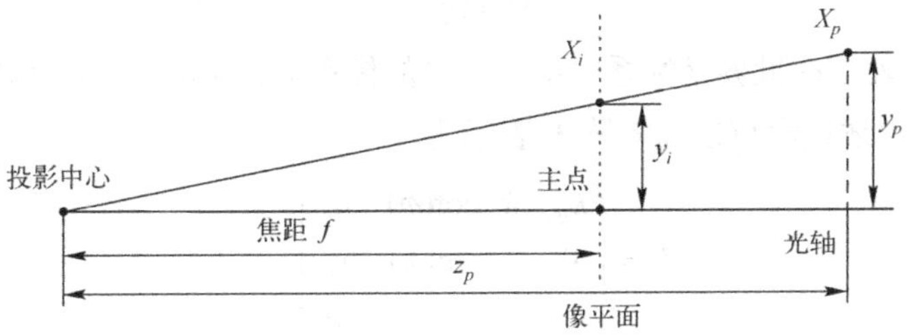

图 3.29 相机坐标系中点投影到像平面的关系

进而可得 $y_i=\frac{y_p}{z_p}f$，同理，对于横坐标也有 $x_i=\frac{x_p}{z_p}f$。令矩阵 $\boldsymbol{Q}$ 为

$$\boldsymbol{Q}=\begin{pmatrix} f & 0 & 0 \\ 0 & f & 0 \\ 0 & 0 & 1 \end{pmatrix} \tag{3.78}$$

则通过矩阵 $\boldsymbol{M}$ 和矩阵 $\boldsymbol{Q}$ 已经将点 X_p 转换为像平面上的点 X_i。但此时该点的坐标为连续坐标，在实际处理中所获取的数字图像都是离散坐标，因此需要进一步将连续坐标转换为按像素计算的离散坐标。

此时该变换用 $\boldsymbol{V}$ 表示，并且它负责处理相机坐标系中的倾斜、未对齐等问题。从图 3.30 中可以看出，在将像平面上的点(x_1, y_1)转换为以像素为单位的图像位置时，存在坐标倾斜的问题。此外，该坐标点都应该是相对主点(u_0, v_0)获得的坐标点，因而主点的位置不同，对应的像素坐标也不一样。

从图 3.30 可以得到

$$\begin{aligned} a_1 &= y_1\cot(\varphi) \\ c_1 &= y_1/\sin(\varphi) \end{aligned} \tag{3.79}$$

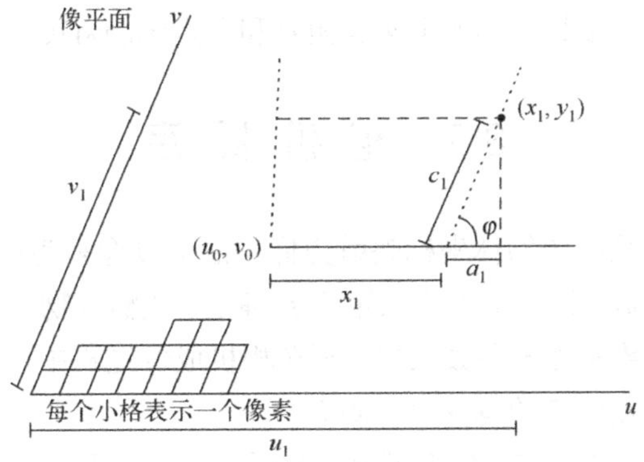

图 3.30 像平面到像素的变换

因此，倾斜后的坐标为 $x_1+y_1\cot(\varphi)y_1/\sin(\varphi)$。进一步，需要将其转换为像平面上以单位长度定义的像素数，故最终连续坐标转换为以像素为单位的坐标(u_1, v_1)，即

$$u_1 = k_u x_1 + k_u y_1 \cot(\varphi) + u_0$$
$$v_1 = \frac{k_v y_1}{\sin(\varphi)} + v_0 \tag{3.80}$$

其中，参数 k_u 与 k_v 表示在世界坐标系中单位长度的像素数，角度 φ 表示倾斜角，(u_0, v_0)表示图像中主点的位置。上述过程可以用矩阵 $\boldsymbol{V}$ 表示为

$$\boldsymbol{V} = \begin{pmatrix} k_u & k_u \cot(\varphi) & u_0 \\ 0 & k_v \sin(\varphi) & v_0 \\ 0 & 0 & 0 \end{pmatrix} \tag{3.81}$$

3.6.10 透视相机模型

显然，上述成像的过程为

$$\boldsymbol{P} = \begin{pmatrix} k_u & k_u \cot(\varphi) & u_0 \\ 0 & k_v \sin(\varphi) & v_0 \\ 0 & 0 & 0 \end{pmatrix} \begin{pmatrix} f & 0 & 0 \\ 0 & f & 0 \\ 0 & 0 & 1 \end{pmatrix} \begin{pmatrix} r_{11} & r_{12} & r_{13} t_x \\ r_{21} & r_{22} & r_{23} t_y \\ r_{31} & r_{32} & r_{33} t_z \end{pmatrix} \tag{3.82}$$

实际上，成像矩阵 $\boldsymbol{P}$ 为 3×4 的矩阵，一共有 12 个参数。根据齐次坐标的定义，在其转换为笛卡儿坐标后，最后一维消失，因此只有 11 个独立参数，这 11 个独立参数定义了成像系统的所有参数。根据前面的旋转矩阵和平移矩阵，我们知道旋转参数共有 3 个旋转角参数，同时有 3 个平移参数，这 6 个参数称为外部参数（Extrinsic Parameters），用来确定相机的方位。剩余的 5 个参数称为内部参数（Intrinsic Parameters），且它们不会随外部场景的变化而变化。

进一步对成像矩阵 $\boldsymbol{P}$ 分析，其前两个矩阵相乘，第二个矩阵只有其对角线上存在一个参数，该参数可融合到前面的矩阵中，即

$$\boldsymbol{P} = \begin{pmatrix} fk_u & fk_u \cot(\varphi) & u_0 \\ 0 & fk_v \sin(\varphi) & v_0 \\ 0 & 0 & 0 \end{pmatrix} \begin{pmatrix} r_{11} & r_{12} & r_{13} t_x \\ r_{21} & r_{22} & r_{23} t_y \\ r_{31} & r_{32} & r_{33} t_z \end{pmatrix} \tag{3.83}$$

令 fk_u 与 fk_v 分别为独立参数，再加上倾斜角 φ 和主点(u_0, v_0)共 5 个内部参数。

3.7 相机标定

相机模型将世界坐标系中的物体坐标映射为像平面上以像素为单位的点坐标。若已知相机的所有内部参数和外部参数，则相当于成像矩阵 $\boldsymbol{P}$ 确定，故输入物体的实际坐标就可以获得图像坐标。若相机的内部参数和外部参数已知，则在相机成像过程中，是否可以根据矩阵和图像上点的坐标来逆向估算该点对应的世界坐标呢？

实际上，由于 3×4 的成像矩阵 $\boldsymbol{P}$ 不可逆，此时只能得到两个线性方程，即只能确定空间坐标点必定在通过投影中心与像点延长线的射线上，因此不能唯一确定空间点的世界坐标。但若该世界坐标点同时在不同的成像系统里均有像点，则这时根据立体视觉成像原理，可以通过投影中心与像点延长线相交的方法来确定世界坐标。进而可知，为了得到空间物体的三维世界坐标，必须有两个或多个相机构成立体视觉系统模型。两个相机称为双目视觉，多个相机则称

为多目视觉。

如果相机的内部参数和外部参数都是未知的，那么如何采用相机作为设备来获取位置环境参数呢？显然，需要先估计相机的内部参数和外部参数，这个过程称为相机标定（Camera Calibration），再采用立体视觉理论来进行计算。根据上述成像原理，只需要找到世界坐标系中点或线的坐标与对应的图像坐标系中对应的点或线的坐标，然后通过最小化观察到的图像特征与根据双目视觉获得的理论位置之间的视差就可以求解得到相机的内部参数和外部参数。

相机参数由 11 个独立参数组成，因此只需要知道 6 组对应点的坐标，其横坐标和纵坐标就可以联立 12 个方程，进而可以求解出对应的 11 个参数。但找到的点越多，采用最小二乘法来求解参数的精度就越高。首先求解出相机的内部参数和外部参数，然后采用双目视觉或多目视觉就可以求解出图像坐标系中对应点的空间坐标，从而完成三维重建过程。

根据前面的成像公式

$$\begin{pmatrix} w_i x_i \\ w_i y_i \\ w_i \end{pmatrix} = \begin{pmatrix} p_{11} & p_{12} & p_{13} & p_{14} \\ p_{21} & p_{22} & p_{23} & p_{24} \\ p_{31} & p_{32} & p_{33} & p_{34} \end{pmatrix} \begin{pmatrix} x_p \\ y_p \\ z_p \\ 1 \end{pmatrix} \tag{3.84}$$

可得方程

$$\begin{aligned} p_{11}x_p + p_{12}y_p + p_{13}z_p + p_{14} - p_{31}x_p x_i - p_{32}y_p x_i - p_{33}z_p x_i - p_{34}x_i = 0 \\ p_{21}x_p + p_{22}y_p + p_{23}z_p + p_{24} - p_{31}x_p y_i - p_{32}y_p y_i - p_{33}z_p y_i - p_{34}y_i = 0 \end{aligned} \tag{3.85}$$

这两个方程中含有 $p_{11} \sim p_{34}$ 共 12 个未知数，5 个已知数 x_i, y_i, x_p, y_p, z_p，分别为三维坐标点 (x_p, y_p, z_p) 和相应的图像坐标点 (x_i, y_i)。给定这样 12 个未知数的 2 个方程，以及 n 个对应点给出 $2n$ 个方程来求解对应的未知数。$2n$ 个方程为

$$\begin{gathered} p_{11}x_{p1} + p_{12}y_{p1} + p_{13}z_{p1} + p_{14} - p_{31}x_{p1}x_{i1} - p_{32}y_{p1}x_{i1} - p_{33}z_{p1}x_{i1} - p_{34}x_{i1} = 0 \\ p_{11}x_{p2} + p_{12}y_{p2} + p_{13}z_{p2} + p_{14} - p_{31}x_{p2}x_{i2} - p_{32}y_{p2}x_{i2} - p_{33}z_{p2}x_{i2} - p_{34}x_{i2} = 0 \\ \vdots \\ p_{11}x_{pn} + p_{12}y_{pn} + p_{13}z_{pn} + p_{14} - p_{31}x_{pn}x_{in} - p_{32}y_{pn}x_{in} - p_{33}z_{pn}x_{in} - p_{34}x_{in} = 0 \\ p_{21}x_{p1} + p_{22}y_{p1} + p_{23}z_{p1} + p_{24} - p_{31}x_{p1}y_{i1} - p_{32}y_{p1}y_{i1} - p_{33}z_{p1}y_{i1} - p_{34}y_{i1} = 0 \\ p_{21}x_{p2} + p_{22}y_{p2} + p_{23}z_{p2} + p_{24} - p_{31}x_{p2}y_{i2} - p_{32}y_{p2}y_{i2} - p_{33}z_{p2}y_{i2} - p_{34}y_{i2} = 0 \\ \vdots \\ p_{21}x_{pn} + p_{22}y_{pn} + p_{23}z_{pn} + p_{24} - p_{31}x_{pn}y_{in} - p_{32}y_{pn}y_{in} - p_{33}z_{pn}y_{in} - p_{34}y_{in} = 0 \end{gathered} \tag{3.86}$$

其中，(x_{pj}, y_{pj}, z_{pj})且 $j=1,\cdots,n$ 和 (x_{ij}, y_{ij})且 $j=1,\cdots,n$ 分别表示第 j 个三维点的坐标和图像点对的坐标。进一步，式（3.86）可以写为

$$\begin{pmatrix} x_{p1} & y_{p1} & z_{p1} & 1 & 0 & 0 & 0 & 0 & -x_{i1}x_{p1} & -x_{i1}y_{p1} & -x_{i1}z_{p1} & -x_{i1} \\ x_{p2} & y_{p1} & z_{p2} & 1 & 0 & 0 & 0 & 0 & -x_{i2}x_{p2} & -x_{i2}y_{p2} & -x_{i3}z_{p2} & -x_{i2} \\ \vdots & \vdots & \vdots & \vdots & \vdots & \vdots & \vdots & \vdots & \vdots & \vdots & \vdots & \vdots \\ x_{pn} & y_{pn} & z_{pn} & 1 & 0 & 0 & 0 & 0 & -x_{in}x_{pn} & -x_{in}y_{pn} & -x_{in}z_{pn} & -x_{in} \\ 0 & 0 & 0 & 0 & x_{p1} & y_{p1} & z_{p1} & 1 & -y_{i1}x_{p1} & -y_{i1}y_{p1} & -y_{i1}y_{p1} & -y_{i1} \\ 0 & 0 & 0 & 0 & x_{p2} & y_{p2} & z_{p2} & 1 & -y_{i2}x_{p2} & -y_{i2}y_{p2} & -y_{i2}y_{p2} & -y_{i2} \\ \vdots & \vdots & \vdots & \vdots & \vdots & \vdots & \vdots & \vdots & \vdots & \vdots & \vdots & \vdots \\ 0 & 0 & 0 & 0 & x_{pn} & y_{pn} & z_{pn} & 1 & -y_{in}x_{pn} & -y_{in}y_{pn} & -y_{in}y_{pn} & -y_{in} \end{pmatrix} \begin{pmatrix} p_{11} \\ p_{12} \\ p_{13} \\ p_{14} \\ p_{21} \\ p_{22} \\ p_{23} \\ p_{24} \\ p_{31} \\ p_{32} \\ p_{33} \\ p_{34} \end{pmatrix} = \begin{pmatrix} 0 \\ 0 \\ \vdots \\ 0 \\ 0 \\ 0 \\ \vdots \\ 0 \end{pmatrix} \tag{3.87}$$

可以简记为

$$\boldsymbol{CP}=\boldsymbol{0}$$

其中，$\boldsymbol{C}$ 为 $2n\times12$ 的矩阵，$\boldsymbol{P}$ 为 12×1 的向量，$\boldsymbol{0}$ 表示 12×1 的零向量。显然，根据前面的描述，12 个未知数中只有 11 个未知数是独立的。若令任意一个未知数为 1，如令 $p_{34}=1$，则式（3.87）可写为

$$\begin{pmatrix} x_{p1} & y_{p1} & z_{p1} & 1 & 0 & 0 & 0 & 0 & -x_{i1}x_{p1} & -x_{i1}y_{p1} & -x_{i1}z_{p1} \\ x_{p2} & y_{p2} & z_{p2} & 1 & 0 & 0 & 0 & 0 & -x_{i2}x_{p2} & -x_{i2}y_{p2} & -x_{i3}z_{p2} \\ \vdots & \vdots & \vdots & \vdots & \vdots & \vdots & \vdots & \vdots & \vdots & \vdots & \vdots \\ x_{pn} & y_{pn} & z_{pn} & 1 & 0 & 0 & 0 & 0 & -x_{in}x_{pn} & -x_{in}y_{pn} & -x_{in}z_{pn} \\ 0 & 0 & 0 & 0 & x_{p1} & y_{p1} & z_{p1} & 1 & -y_{i1}x_{p1} & -y_{i1}y_{p1} & -y_{i1}y_{p1} \\ 0 & 0 & 0 & 0 & x_{p2} & y_{p2} & z_{p2} & 1 & -y_{i2}x_{p2} & -y_{i2}y_{p2} & -y_{i2}y_{p2} \\ \vdots & \vdots & \vdots & \vdots & \vdots & \vdots & \vdots & \vdots & \vdots & \vdots & \vdots \\ 0 & 0 & 0 & 0 & x_{pn} & y_{pn} & z_{pn} & 1 & -y_{in}x_{pn} & -y_{in}y_{pn} & -y_{in}y_{pn} \end{pmatrix} \begin{pmatrix} p_{11} \\ p_{12} \\ p_{13} \\ p_{14} \\ p_{21} \\ p_{22} \\ p_{23} \\ p_{24} \\ p_{31} \\ p_{32} \\ p_{33} \\ p_{34} \end{pmatrix} = \begin{pmatrix} x_{i1} \\ x_{i2} \\ \vdots \\ x_{in} \\ y_{i1} \\ y_{i2} \\ \vdots \\ y_{in} \end{pmatrix} \tag{3.88}$$

记为

$$\boldsymbol{DP}'=\boldsymbol{R}$$

显然，在标定时矩阵 $\boldsymbol{D}$ 和矩阵 $\boldsymbol{R}$ 已知。若至少知道 5 个或更多的三维世界坐标和二维图像坐标形成的点对，则使用伪逆即可求出向量 $\boldsymbol{P}'$ 的 11 个未知数。方程 $\boldsymbol{DP}'=\boldsymbol{R}$ 是标准的线性方程组，对于这种线性方程组，若未知数个数小于方程个数，则称其为超定方程组；若未知数个数等于方程个数，则称其为标准型方程组；若未知数个数大于方程个数，则称其为欠定方程组。常见超定方程组的解法通过预条件化来避免系数矩阵的奇异性，最常见的就是最小二乘法。

令

$$\boldsymbol{D}^{\mathrm{T}}\boldsymbol{DP}'=\boldsymbol{D}^{\mathrm{T}}\boldsymbol{R} \tag{3.89}$$

从而可得

$$P' = (D^{\mathrm{T}} D)^{-1} D^{\mathrm{T}} R \tag{3.90}$$

若求出向量 $\boldsymbol{P}'$，则成像矩阵已知，进而完成相机的标定过程。

3.7.1 相机畸变

上述介绍的相机模型都是以小孔成像模型为基础，采用线性方法来建模的成像过程。但在实际情况中，由于透镜的精度和组装工艺造成各种镜头的畸变和变形，因此导致原始图像失真。此时线性模型计算出的图像点坐标为(x_0, y_0)，真实图像点坐标为(x, y)，两者关系为

$$x_0 = x + \delta_x(x, y) \tag{3.91}$$

$$y_0 = y + \delta_y(x, y) \tag{3.92}$$

其中，δ_x, δ_y 分别表示非线性畸变函数。可表示为

$$\begin{aligned} \delta_x(x,y) &= k_1 x(x^2+y^2) + (p_1(3x^2+y^2) + 2p_2xy) + s_1(x^2+y^2) \\ \delta_y(x,y) &= k_2 y(x^2+y^2) + (p_2(3x^2+y^2) + 2p_1xy) + s_2(x^2+y^2) \end{aligned} \tag{3.93}$$

以式（3.93）右边第一项为径向畸变，第二项为切向畸变或离心畸变，第三项为薄棱镜畸变。$k_1, k_2, p_1, p_2, s_1, s_2$ 分别为非线性畸变参数。实际上，上述过程可以分解为三种畸变之和，在实际应用中，根据实际情况考虑采用什么样的畸变模型。

在实际计算中，一般只考虑镜头的径向畸变和切向畸变两种。径向畸变表明沿透镜半径方向分布的畸变，这主要是考虑到透镜与理想的薄透镜模型不同，从而造成光线在远离透镜中心的地方其弯曲程度不同。主要有枕形畸变和桶形畸变，如图 3.31 所示。

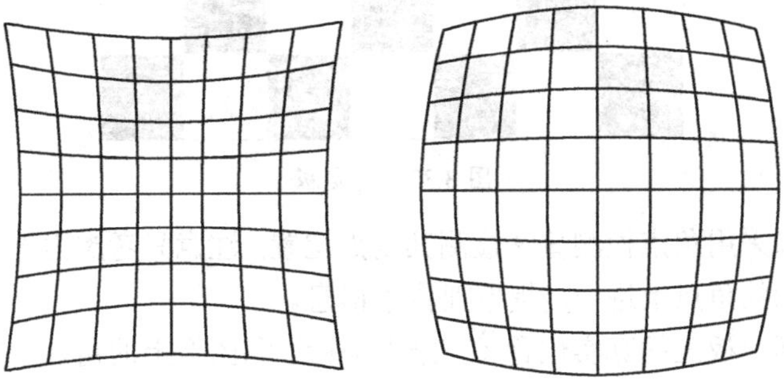

图 3.31　枕形畸变和桶形畸变

在正常情况下，假定主点位置的畸变为 0，若沿着镜头半径方向往外，则畸变越严重。其数学模型采用主点周围的泰勒级数展开式进行逼近，但一般只采用前 3 项即可，若项数越多，则计算越不稳定。根据成像方程计算出来的图像坐标系的坐标(x, y)与矫正后的坐标(x_0, y_0)两者之间的关系为

$$\begin{aligned} x_0 &= x(1 + k_1r^2 + k_2r^4 + k_3r^6) \\ y_0 &= y(1 + k_1r^2 + k_2r^4 + k_3r^6) \end{aligned} \tag{3.94}$$

切向畸变是由于透镜本身与相机传感器平面（像平面）不平行而产生的，一般由组装工艺

导致，有时也称其为离心畸变（既包含径向畸变又包含切向畸变）。可以用两个参数 p_1 和 p_2 来描述，即

$$\begin{aligned} x_0 &= x + [2p_1xy + p_2(r^2 + 2x^2)] \\ y_0 &= y + [p_1(r^2 + 2y^2) + 2p_2xy] \end{aligned} \tag{3.95}$$

薄棱镜畸变是由镜头设计缺陷与加工安装误差导致的，该畸变会同时引起径向畸变和切向畸变，一般较好的镜头可忽略该畸变。可以用两个薄棱镜畸变参数 s_1 和 s_2 来描述，即

$$\begin{aligned} x_0 &= x + s_1r^2 \\ y_0 &= y + s_2r^2 \end{aligned} \tag{3.96}$$

3.7.2 相机标定

根据前面的介绍进行相机标定，首先要找到现实世界中已知坐标的点，以及其成像所对应的点的图像坐标，然后再根据前述过程采用最小二乘法，进而得出相机参数。

首先准备标准的标定图片，常见的标定图片一般使用标定板，如图 3.32 所示。采用黑白相间的矩形构成的棋盘，注意，通过长度与宽度的不同来区分矩形的长和宽，其次使用相机在不同位置、不同角度和不同姿态下进行拍摄，一般拍摄 10～20 张图像。

图 3.32 标定板

然后对每张图像采用角点检测算法检测其角点位置，注意只考虑内部的角点。若对精度要求高，则可以在检测的角点上进一步提取亚像素信息。

这样就可以在标定板上的真实位置（三维点坐标）和图像上的角点位置（二维点坐标）找出所有的对应关系，然后按照之前的介绍进行求解即可。

在获得相机的内部参数和外部参数后，可以进一步将三维点坐标投影到图像坐标中，与真实的图像坐标进行偏差计算，若偏差小则表明相机参数标定较好。

3.8 相机位置和方向

在对相机进行标定的过程中，可以根据点对来求取相机的成像矩阵。而根据成像矩阵可以反过来确定相机的位置。例如，给定一幅由未知相机在未知场景下拍摄的图像，我们如何来确定相机的位置和方向？以及图像本身是如何被剪切或伸缩处理的？如图 3.33 所示，其中，点 L 表示相机的位置，而点 U_1 和点 U_2 表示世界坐标系中的点 X_1 和点 X_2 所形成的像点，

此时根据向量 $\overrightarrow{X_1U_1}$ 与向量 $\overrightarrow{X_2U_2}$ 的交点可以确定相机的位置。

相机方向即为像平面的方向，如图 3.34 所示，随着目标向透镜移动，其像沿 Y 轴逐渐远离成像中心。当目标移动到透镜上时，成像在无穷远处，而根据齐次坐标的意义，一个空间点成像在无穷远处的唯一可能就是齐次坐标的最后一维为 0，故在成像方程中 w_i 为 0。进而有

$$p_{41}x_p + p_{42}y_p + p_{43}z_p + p_{44} = 0 \tag{3.97}$$

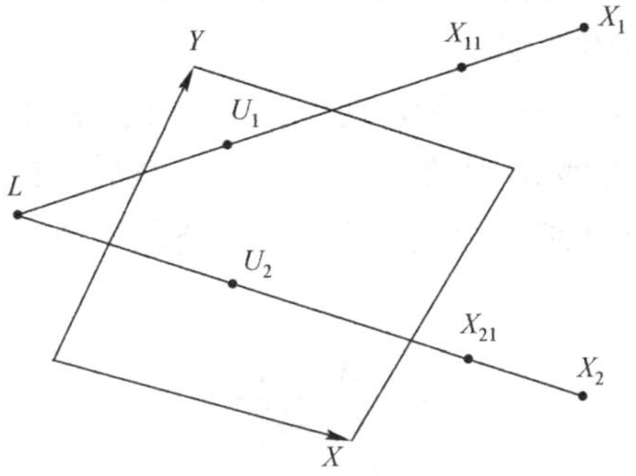

图 3.33 相机位置估计

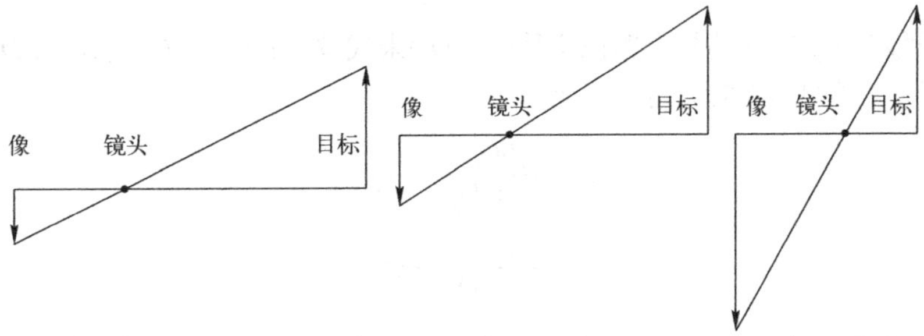

图 3.34 确定相机方向

由式 (3.97) 可知，该方程表示的平面穿过镜头并与像平面平行。设沿 X 轴顺时针旋转 θ，接着沿 Y 轴顺时针旋转 ϕ（见图 3.35），则有

$$\begin{aligned}\theta &= \arctan\left(\frac{p_{42}}{-p_{43}}\right)\\ \phi &= \arcsin\frac{-p_{31}}{\sqrt{p_{41}^2 + p_{42}^2 + p_{43}^2}}\end{aligned} \tag{3.98}$$

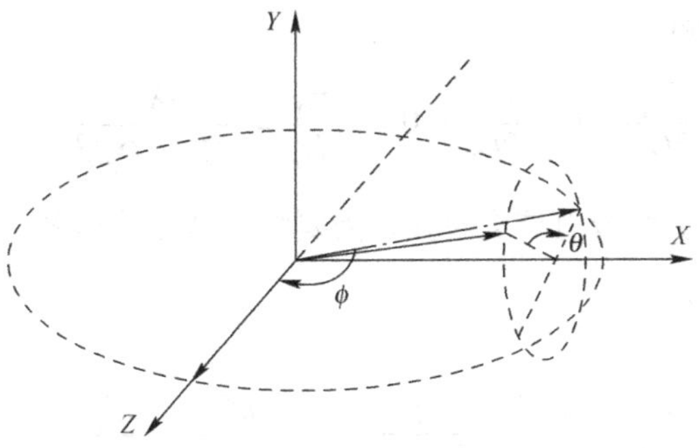

图 3.35 相机方向

3.9 姿态估计

姿态估计就是确定目标（相机）的方向和位置，进而在给定的条件下，将三维坐标投影到图像上的像素点位置。姿态估计的一个重要应用就是基于模型的目标识别。在基于二维模型到三维模型的目标识别中，给定目标的三维模型和其二维投影，目的就是确定相对于某个基准坐标系的三个旋转参数和三个平移参数。

假设(X_w, Y_w, Z_w)是三维模型的点坐标，而(x_1, y_1)是投影图像的点坐标。假设目标首先旋转(ϕ_X,ϕ_Y,ϕ_Z)，将坐标(X_w, Y_w, Z_w)映射到坐标(X_c, Y_c, Z_c)。然后，目标平移(T_X, T_Y, T_Z)，最后利用以透镜中心为原点的坐标系统来通过透视变换产生最终的图像。假设选定的焦距f为正，则经过透视变换后的图像坐标为

$$
\begin{aligned}
x_1 &= \frac{f(X_w + T_x)}{Z_w + T_Z} \\
y_1 &= \frac{f(Y_w + T_Y)}{Z_w + T_z}
\end{aligned}
\tag{3.99}
$$

若使用平移在x-y方向的投影图像位移(D_X, D_Y)来代替平移位移(T_X, T_Y)，而D_Z表示在Z方向上的三维平移。则式（3.99）可改写为

$$
\begin{aligned}
x_1 &= \frac{fX_w}{Z_w + D_Z} + D_X \\
y_1 &= \frac{fY_w}{Z_w + D_Z} + D_Y
\end{aligned}
\tag{3.100}
$$

姿态估计问题可以形式化为一个最小化模型和图像坐标之间误差的最优化问题。这个误差可以表示为 6 个未知数$D_X,D_Y,D_Z,\phi_X,\phi_Y,\phi_Z$，以及关于图像坐标的偏导数形成的变化。由于误差已知，因此根据这些方程可以迭代计算参数的细微变化，即通过增加这些变化到前一次估计状态中进而得到新的估计。若使用一阶泰勒级数展开（也可以使用二阶泰勒级数展开或更高阶的泰勒级数展开方式，其原理类似），则方程对于x_1的误差E_{x_1}可以表示为偏导数乘以误差校正值之和，即

$$
E_{x_1} = \frac{\partial x_1}{\partial D_X}\Delta D_X + \frac{\partial x_1}{\partial D_Y}\Delta D_Y + \frac{\partial x_1}{\partial D_Z}\Delta D_Z + \frac{\partial x_1}{\partial \phi_X}\Delta \phi_X + \frac{\partial x_1}{\partial \phi_Y}\Delta \phi_Y + \frac{\partial x_1}{\partial \phi_Z}\Delta \phi_Z \tag{3.101}
$$

根据式（3.100），可知

$$
\frac{\partial x_1}{\partial D_X} = 1，\quad \frac{\partial x_1}{\partial D_Y} = 0，\quad \frac{\partial x_1}{\partial D_Z} = \frac{fX_w}{(Z_w + D_Z)^2} \tag{3.102}
$$

而对于旋转角的偏导数计算则没有这么直接，需要将旋转矩阵展开，然后再分别求偏导数。这里以$\frac{\partial x_1}{\partial \phi_Y}$为例，其余的类似。即

$$
\frac{\partial x_1}{\partial \phi_Y} = f\frac{\partial X_c}{\partial \phi_Y}\frac{1}{Z_c + D_Z} - \frac{fX_c}{(Z_c + D_Z)^2}\frac{\partial Z_c}{\partial \phi_Y} \tag{3.103}
$$

注意，目标首先旋转(ϕ_X,ϕ_Y,ϕ_Z)，将坐标(X_w, Y_w, Z_w)映射到坐标(X_c, Y_c, Z_c)的关系为

$$X_c = X_w\cos\phi_Y + Z_w\sin\phi_Y$$
$$Y_c = Y_w \tag{3.104}$$
$$Z_c = -X_w\sin\phi_Y + Z_w\cos\phi_Y$$

进而有

$$\frac{\partial X_c}{\partial\phi_Y} = -X_w\sin\phi_Y + Z_w\sin\phi_Y = Z_c$$
$$\frac{\partial Y_c}{\partial\phi_Y} = 0 \tag{3.105}$$
$$\frac{\partial Z_c}{\partial\phi_Y} = -X_w\cos\phi_Y - Z_w\sin\phi_Y = -X_c$$

将式（3.105）代入$\frac{\partial x_1}{\partial\phi_Y}$进而可以获得$\frac{\partial x_1}{\partial\phi_Y}$的值为

$$\frac{\partial x_1}{\partial\phi_Y} = \frac{fZ_c}{Z_c + D_Z} + \frac{fX_c^2}{(Z_c + D_Z)^2} \tag{3.106}$$

类似地，其余的偏导数也都可以按类似的方法计算，即

$$\frac{\partial x_1}{\partial\phi_X} = \frac{fX_cY_c}{(Z_c + D_Z)^2} \tag{3.107}$$

$$\frac{\partial x_1}{\partial\phi_Z} = \frac{fY_c}{(Z_c + D_Z)^2} \tag{3.108}$$

而对于E_{y_1}的计算过程只需要将上述x_1替换为y_1即可，这里不再具体计算。

若给定m个图像点，则可以获得$2m$个具有6个未知参数的方程，假设该方程采用矩阵形式记为

$$\boldsymbol{A\Delta} = \boldsymbol{E} \tag{3.109}$$

其中，$\boldsymbol{A}$为偏导数矩阵，$\boldsymbol{\Delta}$为6个未知参数$(D_X, D_Y, D_Z, \phi_X, \phi_Y, \phi_Z)^{\mathrm{T}}$向量，$\boldsymbol{E}$为误差向量。现在的问题是计算$\boldsymbol{\Delta}$，与前面校正过程类似，采用最小二乘法拟合，即

$$\boldsymbol{\Delta} = (\boldsymbol{A}^{\mathrm{T}}\boldsymbol{A})^{-1}\boldsymbol{A}^{\mathrm{T}}\boldsymbol{E} \tag{3.110}$$

总结姿态估计过程如下：

步骤1：为6个参数设置初始值$(D_X^0, D_Y^0, D_Z^0, \phi_X^0, \phi_Y^0, \phi_Z^0)$，可以根据经验值设定，或者直接全部设置为0；

步骤2：应用成像过程到模型上，从而获得像平面上点的坐标(x_1, y_1)；

步骤3：计算误差E_{x_1}与E_{y_1}，若误差满足要求则直接退出；否则进入步骤4；

步骤4：使用$\boldsymbol{\Delta} = (\boldsymbol{A}^{\mathrm{T}}\boldsymbol{A})^{-1}\boldsymbol{A}^{\mathrm{T}}\boldsymbol{E}$计算6个未知参数的变化值，进入步骤2。

上述估计过程实际上是采用点的对应关系来进行的，一般提取较稳定的特征点，如SIFT、SURF和各种角点等。当然，也可以使用线或面的特征来替换点的特征，在实际应用中，可以根据应用场景选择更具有分辨力的点。例如，一种采用线替换点的方法就是将测量模型上线段的每个端点到图像中相应线段端点的垂直距离作为误差，然后根据这个距离来求偏导数，而不

是采用上述对应点之间 x_1 与 y_1 求偏导数。直线方程可写为

$$-\frac{m}{\sqrt{m^2+1}}x+\frac{1}{\sqrt{m^2+1}}y=d \tag{3.111}$$

其中，m 表示斜率，d 表示线和原点的垂直距离。点(x_1, y_1)的直线方程可以直接通过 $x\to x_1$，$y\to y_1$，$d\to d_1$ 得到，这样点(x_1, y_1)与这条直线的距离为$|d-d_1|$。因此很容易在上述迭代姿态估计算法中计算 d_1 的偏导数，实际上 d_1 的偏导数正好是坐标 x_1 与坐标 y_1 的线性组合。

3.10 本章小结

本章重点探讨了图像的形成过程。介绍了齐次坐标、小孔成像和坐标的平移、旋转与伸缩表示，以及在此基础上如何将世界坐标系中的点映射到像空间的详细过程，由此形成了成像矩阵。介绍了在相机参数未知的情况下，若根据世界坐标系中的特征与像空间特征的对应特性来求解相机参数，则在获取相机参数的情况下如何进行相机位置和方向的估计，以及根据图像和三维模型如何来确定模型的正确姿态等问题。

此外，在计算机视觉精密测量中，需要考虑更高精度的测量设备，此时通过引入各种相机畸变来更好地模拟真实的成像过程，进而减小测量误差。

习 题 3

1．根据世界坐标系、相机坐标系和图像坐标系来推导畸变模型的数学表达式。

2．根据图像点与世界坐标系中点的位置关系来进行相机参数标定（提示：采用最小二乘法）。

3．在巡航导弹自动导航中，可以获取地形，将该地形与储存在相机上的地形进行匹配后可以计算相机变换参数，从而获取相机参数，请问如何确定飞行器的方向和朝向？

4．四元数与绕任意轴旋转的旋转矩阵之间有什么关系？单位四元数对应的旋转矩阵有什么几何意义？

5．给定 3×3 的旋转矩阵 $\boldsymbol{R}$，计算欧拉角α, β, γ。

参考文献

[1] Husrev Taha Sencar, Nasir Memon. Digital Image Forensics: There is More to a Picture than Meets the Eye. Springer, 2013.

[2] http://blog.csdn.net/waeceo/article/details/51024396.

[3] https://en.wikipedia.org/wiki/Quaternion.

[4] Ken Shoemake. Animating Rotation with Quaternion Curves[J]. SIGGRAPH '85 Proceedings of the 12th annual conference on Computer graphics and interactive techniques, 1985: 245-254.

第 4 章

从图像序列中估计 2D 和 3D 运动

运动图像分析是计算机视觉中的一项重要任务，其中的关键技术之一就是光流计算。光流场不仅携带被观察物体的运动信息，而且携带被观察物体的 3D 结构、传感器参数和非刚性物体的局部弹性形变，以及流体运动的矢量结构特征等丰富信息。通过光流场我们可以了解物体许多重要的运动特性，在运动图像计算与分析中，光流扮演着非常重要的角色。尽管传统光流算法由于计算能力和算法复杂性等问题在实际应用中存在诸多限制，但随着计算能力的提高，光流算法已经逐渐深入到计算机视觉的各种应用中，尤其最近几年深度学习的发展，进一步促进了光流算法在视频处理中的应用，尤其是在超分辨率、超帧率、视频修复等处理中。

4.1 运动场与光流场

Gibson 于 1950 年首先提出光流场的概念。运动可以用运动场来描述，反映真实世界的 3D 运动，光流场是运动场在 2D 图像上的投影，它携带了有关物体运动和物体结构的丰富信息。研究光流场的目的是从序列图像中近似计算出不能直接得到的运动场。所谓光流场是指图像中灰度模式的表面运动，它是物点的 3D 速度矢量在成像平面上的投影，它表示了物点在图像中位置的瞬间变化。心理学与神经生理学的大量实验表明，光流场的概念对认识人和动物的视觉感知机制原理具有重要意义。

运动场由图像中每个点的运动（速度）矢量构成。当目标在相机前运动或相机在一个固定的环境中运动时，我们能够获得相应的图像变化，这些变化可用来恢复（获得）相机和目标间的相对运动及场景间多个目标的相互关系。在某个特定时刻，图像中像点对应于目标表面上的物点，如图 4.1 所示。

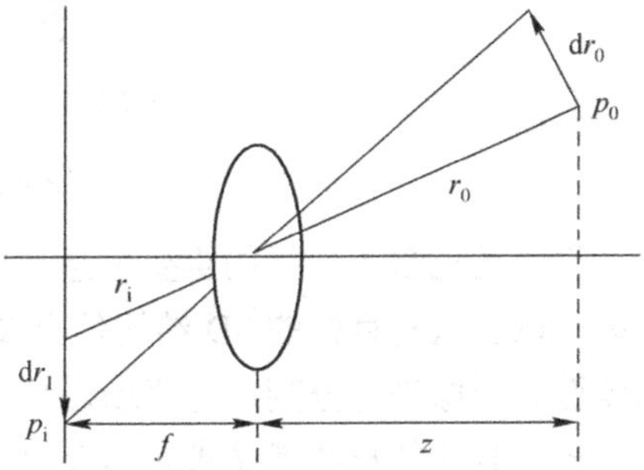

图 4.1 投影示意图

图 4.1 中，f 为镜头焦距，z 为镜头中心到目标的距离，r_0 为物点到镜头中心的距离，r_i 为像点到镜头中心的距离。物点的运动矢量与其像点光流矢量依靠投影关系联系在一起。假定 p_0 相对于摄像机的运动速度为 v_0，则这个运动会导致图像上对应的像点 p_i 产生运动，速度为 v_i，这两个速度分别为

$$v_o = \frac{\mathrm{d}v_o}{\mathrm{d}t}, \quad v_i = \frac{\mathrm{d}v_\mathrm{i}}{\mathrm{d}t} \tag{4.1}$$

其中，r_0与r_i的关系为

$$\frac{1}{f}r_\mathrm{i} = \frac{1}{r_0 \cdot z}r_0 \tag{4.2}$$

对式（4.2）求导可以得到赋给每个像素点的速度矢量，而这些矢量就构成了运动场。

视觉心理学认为，当人与被观察物体间发生相对运动时，被观察物体表面带光学特征部位的移动给人们提供了物体运动和物体结构的信息。当相机与场景目标间有相对运动时，人眼所观察到的亮度模式运动称为光流（Optical Flow），或者说物体带光学特征部位的移动投影到视网膜平面（即图像平面）上就形成了光流。

光流表达了图像的变化，它包含运动目标的信息，可以用来确定观察者相对目标的运动情况。光流有三个要素：一是运动（速度场），这是形成光流的必要条件；二是带光学特征的部分（如有灰度的像素点），它可以携带运动信息；三是成像投影（从场景到图像平面）。

在理想情况下，光流场与运动场相对应，但也有不对应的时候，即光流场并不一定反映目标的实际运动情况。如图4.2所示，光源不动且物体表面均一，同时物体产生了自转运动，却并没有产生光流场；物体并没有运动，但是光源与物体发生相对运动，却有光流场产生。3D物体的实际运动在图像上的投影称为运动场。若已知目标的运动场，则可以利用投影关系恢复目标的运动，但是恢复目标的运动场比较困难。将2D信息恢复成3D信息，会有许多信息缺失，因此只能使用光流场来近似目标的运动场。

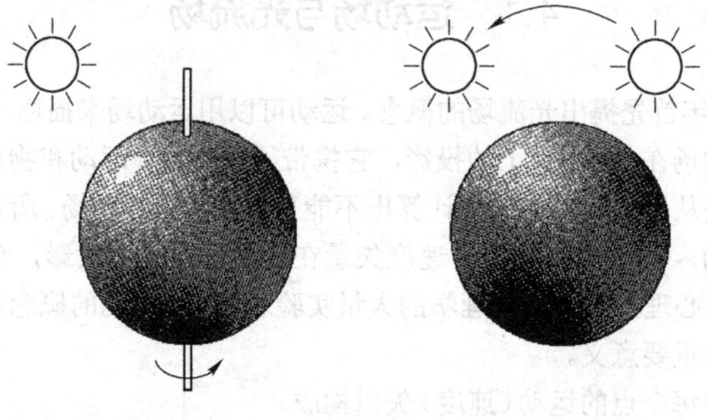

(a) 有运动但无光流　　(b) 有光流但无运动

图4.2　光流场与运动场的关系

光流场包含了目标的重要信息（即光流信息）。光流信息可以用来检测图像序列中的运动目标，以及恢复目标的3D结构信息及目标与相机之间的相对运动。同时可以利用光流场的不连续性对图像进行分割，光流场还可以用在机器人、自动导航和智能系统中。

光流算法的核心就是求解运动目标的光流，即速度。根据视觉感知原理，客观物体在空间上一般是相对连续运动的，在运动过程中，投射到传感器平面上的图像实际上也是连续变化的。为此可以假设：瞬时灰度值不变（即灰度不变性原理）。由此可以得到光流基本方程，灰度对时间的变化率等于灰度的空间梯度与光流速度的点积。

4.2 光流计算

4.2.1 光流方程

光流场可看成带有灰度的像素点在图像平面上运动而产生的瞬时速度场，Horn 和 Schunck 假设图像区域函数在时间和空间上都是连续且可导的，这是光流计算中的一个重要约束条件。对于一个图像序列，我们假设图像中一个像素点 (x,y) 在 t 时刻的亮度值为 $I(x,y,t)$，若 $u(x,y)$ 和 $v(x,y)$ 分别表示点 (x,y) 处光流在 x 和 y 方向的运动分量，则在足够小的一段时间 $\mathrm{d}t$ 内，点 (x,y) 移动到点 $(x+\mathrm{d}x,y+\mathrm{d}y)$，其中 $\mathrm{d}x=u\mathrm{d}t$，$\mathrm{d}y=v\mathrm{d}t$。根据亮度恒定的假设，即在沿某运动轨迹曲线的各帧中，相应的像素点具有相同的灰度值，即图像上对应点的亮度不变，由此我们可以得到

$$I(x+\mathrm{d}x,y+\mathrm{d}y,t+\mathrm{d}t)=I(x,y,t) \tag{4.3}$$

将式（4.3）按一阶泰勒公式展开可得

$$I(x,y,t)+\frac{\partial I}{\partial x}\mathrm{d}x+\frac{\partial I}{\partial y}\mathrm{d}y+\frac{\partial I}{\partial t}\mathrm{d}t+O\partial^2=I(x,y,t) \tag{4.4}$$

其中，$O\partial^2$ 是 $\mathrm{d}x,\mathrm{d}y,\mathrm{d}t$ 的二阶或二阶以上的高阶微量，可以忽略不计。其中，考虑到速度关系 $\mathrm{d}x=\frac{\partial x}{\partial t}\mathrm{d}t=u\mathrm{d}t$ 与 $\mathrm{d}y=\frac{\partial y}{\partial t}\mathrm{d}t=v\mathrm{d}t$，则将两边的 $I(x,y,t)$ 相抵消，并整理可得

$$I_x u+I_y v+I_t=0 \tag{4.5}$$

或

$$\nabla \boldsymbol{I}\cdot \boldsymbol{V}+I_t=0 \tag{4.6}$$

其中，I_x,I_y,I_t 表示点 (x,y) 的灰度值 $I(x,y,t)$ 分别沿 x,y,t 的偏导数，我们可通过图像序列求得。$\boldsymbol{V}=(u,v)$ 是速度场，$\nabla \boldsymbol{I}=[I_x,I_y]^{\mathrm{T}}$ 是图像像素点 (x,y) 的空间灰度梯度。式（4.5）称为光流约束方程，或称光流基本等式，它表示图像的灰度空间梯度与光流速度之间的关系。在光流约束方程中，u 和 v 都是未知数，但只有一个约束方程，不能唯一确定光流，故需要加入其他约束条件才能确定 u 和 v。

若令 u 和 v 分别为 2D 坐标的横轴和纵轴，则光流约束方程对应一条直线，所有满足该方程的 $\boldsymbol{V}$ 的值都在这条直线上，如图 4.3 所示。

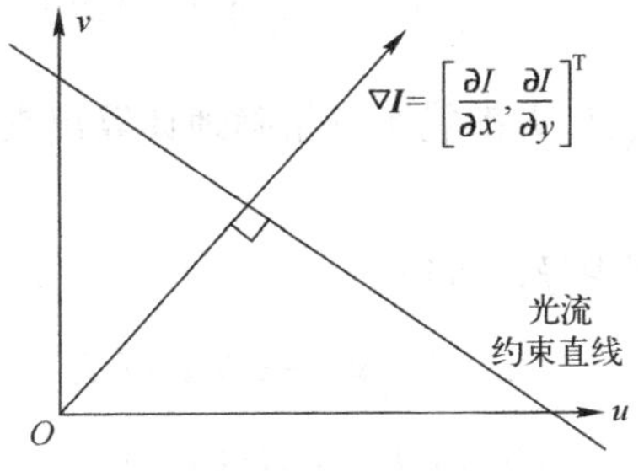

图 4.3　光流约束直线

从图 4.3 中我们可以看出，光流约束直线与图像的灰度梯度垂直，因此我们只能决定梯度

方向的分量，即等灰度轮廓的法线分量$\boldsymbol{V}_n = f\boldsymbol{n}$，其中

$$\boldsymbol{n} = \frac{\nabla \boldsymbol{I}}{\|\nabla \boldsymbol{I}\|},\ f = \frac{-\boldsymbol{I}_t}{\|\nabla \boldsymbol{I}\|} \tag{4.7}$$

$\boldsymbol{V}_n$称为法线流，它沿等灰度线轮廓的切线分量不能确定，这就是通常所说的孔径问题。

4.2.2 经典光流算法

通过光流方程我们可以看出，光流约束方程只有1个，但方程中有2个未知数，因此仅使用光流约束方程并不能确定图像光流场，还需要引入其他约束条件。当引入不同的约束条件时，就会产生不同的光流算法。目前较为常用的光流算法主要有：基于梯度的光流算法、基于匹配的光流算法、基于频域的光流算法和基于相位的光流算法。其中最常用的是基于梯度的光流算法，该算法也称微分法，主要根据图像灰度的梯度函数得到图像中每个像素点的运动矢量，基于梯度的光流算法已得到广泛应用。本节主要介绍基于梯度的光流算法中两种经典的光流算法：Horn-Schunck 算法和 Lucas-Kanada 算法。

1. Horn-Schunck 算法

Horn-Schunck 算法是在假设光流强度不变的条件下，引入全局光流平滑约束假设。假设在整个图像上光流的变化是光滑的，即物体运动矢量是平滑的或只是缓慢变化的，尤其对刚体来说，其各相邻像素点间的速度是相同的。Horn 和 Schunck 利用光流约束方程和全局平滑假设两个条件来计算 $\boldsymbol{V}$，该方法得到的是稠密光流场。由于相邻像素点运动速度相同，因此对于局部区域来说，其速度的空间变化率为零，进而得出光流矢量的梯度接近于0，Horn 引入的约束条件的基本思想是光流的变化需要尽可能平滑，使平滑约束项 E_s 极小化为

$$E_s = \iint \left[\left(\frac{\partial u}{\partial x}\right)^2 + \left(\frac{\partial u}{\partial y}\right)^2 + \left(\frac{\partial v}{\partial x}\right)^2 + \left(\frac{\partial v}{\partial y}\right)^2 \right]^2 \mathrm{d}x\mathrm{d}y \tag{4.8}$$

根据光流基本等式 $I_x u + I_y v + I_t = 0$，光流误差 E_c 进行极小化，得到

$$E_c = \iint (I_x u + I_y v + I_t)^2 \mathrm{d}x\mathrm{d}y \tag{4.9}$$

于是对光流场的求解可转化为对如下问题的解

$$\arg\min \iint \left\{ (I_x u + I_y v + I_t)^2 + \lambda \left[\left(\frac{\partial u}{\partial x}\right)^2 + \left(\frac{\partial u}{\partial y}\right)^2 + \left(\frac{\partial v}{\partial x}\right)^2 + \left(\frac{\partial v}{\partial y}\right)^2 \right]^2 \right\} \mathrm{d}x\mathrm{d}y \tag{4.10}$$

其中，λ是权重参数，若导数 I_x, I_y, I_t 都能比较精确地计算出来，则λ可取较大值；否则λ取较小值。

将式（4.10）对 u 和 v 分别求导，可得

$$I_x^2 u + I_x I_y v = -\lambda^2 \nabla u - I_x I_t \tag{4.11}$$

$$I_y^2 v + I_x I_y u = -\lambda^2 \nabla v - I_y I_t \tag{4.12}$$

设 $\bar{u}$ 和 $\bar{v}$ 分别表示 u 邻域中的均值和 v 邻域中的均值，令 $\nabla u = u - \bar{u}$，$\nabla v = v - \bar{v}$，则式（4.11）和式（4.12）分别转换为

$$(\lambda^2 + I_x^2)u + I_x I_y v = -\lambda^2 \overline{u} - I_x I_t \tag{4.13}$$

$$(\lambda^2 + I_y^2)v + I_x I_y u = -\lambda^2 \overline{v} - I_x I_y \tag{4.14}$$

将式（4.9）和式（4.10）联立可得

$$u = \overline{u} - I_x \frac{I_x \overline{u} + I_y \overline{v} + I_t}{\lambda^2 + I_x^2 + I_y^2} \tag{4.15}$$

$$v = \overline{v} - I_y \frac{I_x \overline{u} + I_y \overline{v} + I_t}{\lambda^2 + I_x^2 + I_y^2} \tag{4.16}$$

由松弛迭代法可得

$$u^{(n+1)} = \overline{u}^{(n)} - I_x \frac{I_x \overline{u}^{(n)} + I_y \overline{v}^{(n)} + I_t}{\lambda^2 + I_x^2 + I_y^2} \tag{4.17}$$

$$v^{(s+1)} = \overline{v}^{(n)} - I_y \frac{I_x \overline{u}^{(n)} + I_y \overline{v}^{(n)} + I_t}{\lambda^2 + I_x^2 + I_y^2} \tag{4.18}$$

式（4.17）和式（4.18）即为 Horn-Schunck 光流算法。光流的初始估计值u_0和v_0在实际应用中通常都取为 0，n 为迭代次数。当相邻两次迭代结果的值小于预定的阈值时，迭代过程终止。一般至少需要迭代 20 次，才能求出精度较高的光流值。

2. Lucas-Kanada 算法

Lucas-Kanada 算法即 L-K 算法最初于 1981 年提出，该算法假设在一个小的空间邻域内运动矢量保持恒定，使用加权最小二乘法估计光流。由于当该算法应用于输入图像的一组点上时比较方便，因此被广泛应用于计算稀疏光流场。Lucas-Kanada 算法的提出基于以下三个假设：

（1）亮度恒定不变。目标像素在不同帧间运动时外观上是保持不变的，对于灰度图像，假设在整个被跟踪期间，像素亮度不变。

（2）时间连续或者运动是“小运动”。图像运动相对于时间变化来说比较缓慢，在实际应用中指时间变化相对图像中运动比例要足够小，这样目标在相邻帧间的运动幅度就比较小。

（3）空间一致。同一个场景中的同一个表面上的邻近点运动情况相似，且这些点在图像上的投影也在邻近区域。

在一个小的邻域内，我们通过对下式的加权平方和最小化来估计 $\boldsymbol{V}$，则有

$$\boldsymbol{V} = \sum_{(X \in \Omega)} W^2(X)(I_x u + I_y v + I_t)^2 \tag{4.19}$$

其中，$W^2(X)$是一个窗口权重函数，该函数使得邻域中心的加权比周围的加权比大。对于 Ω 内的 n 个点 $X_1, X_2, \cdots, X_n$，设 $\boldsymbol{v} = (u, v)^{\mathrm{T}}$，$\nabla \boldsymbol{I}(X) = [I_x, I_y]^{\mathrm{T}}$，式（4.19）的解可用最小二乘法得到

$$\boldsymbol{A}^{\mathrm{T}} W^2 \boldsymbol{A} \boldsymbol{v} = \boldsymbol{A}^{\mathrm{T}} W^2 \boldsymbol{b} \tag{4.20}$$

其中

$$\boldsymbol{A} = (\nabla \boldsymbol{I}(X_1), \cdots, \nabla \boldsymbol{I}(X_n))^{\mathrm{T}} \tag{4.21}$$

$$W = \mathrm{diag}(W(X_1), \cdots, W(X_n)) \tag{4.22}$$

$$\boldsymbol{b}=-\left(\frac{\partial I(X_1)}{\partial t},\cdots,\frac{\partial I(X_n)}{\partial t}\right)^{\mathrm{T}} \tag{4.23}$$

最后求得式（4.20）的解为

$$\boldsymbol{V}=(\boldsymbol{A}^{\mathrm{T}}W^2\boldsymbol{A})^{-1}\boldsymbol{A}^{\mathrm{T}}W^2\boldsymbol{b} \tag{4.24}$$

Lucas-Kanada 算法得出 $\boldsymbol{V}$ 的估计值的可靠性由 $\boldsymbol{A}^{\mathrm{T}}W^2\boldsymbol{A}$ 的特征值来决定，而它的特征值又由图像空间梯度的大小来决定。我们设其特征值为 λ_1 和 λ_2，且 $\lambda_1 \geqslant \lambda_2$，并设定一个阈值 τ，若 $\lambda_1 \geqslant \lambda_2 \geqslant \tau$，则我们可以求解出 $\boldsymbol{V}$；若 $\lambda_2 = 0$，则矩阵 $\boldsymbol{A}^{\mathrm{T}}W^2\boldsymbol{A}$ 是奇异的，不能计算光流；若 $\lambda_1 \geqslant \tau$ 且 $\lambda_2 \leqslant \tau$，则无法得到 $\boldsymbol{V}$ 的完整信息，只能得到光流的法线分量。

Horn-Schunck 算法和 Lucas-Kanada 算法都是比较经典的光流算法，Horn-Schunck 算法属于稠密光流算法的一种，实际上稠密光流的计算并不简单。以白纸运动为例，当前帧中的白色像素在下一帧中仍为白色，只有边缘部分的像素才会产生变化。稠密光流算法对于那些运动不明确的像素，通常在比较容易跟踪的像素之间采用某种差值法来解决这个问题，我们可以想象到稠密光流算法有相当大的计算量。而 Lucas-Kanada 算法是一种稀疏光流算法，它计算的是一组指定的点，很好地解决了计算量大这个问题，因此受到广泛应用。由于本书是利用点跟踪的方法来实现目标跟踪的，因此本书采用了 Lucas-Kanada 算法，但是该算法有一定的缺陷，后来人们对该算法进行了改进，下面我们介绍该算法的改进算法。

4.2.3 光流算法的改进

光流算法在多个相同目标存在时，依然可以跟踪其选定目标并进行分析。但是光流算法本身都是在一定的假设下成立的，所以存在很多的限制条件，如图像序列目标的特性、场景中照明、光源的变化及目标运动速度的影响等多种因素影响着光流算法的有效性。具体到某种光流算法，又会加上一定的约束条件，如对于 Lucas-Kanada 算法来说，不能跟踪运动幅度较大的目标。因此后来人们提出了很多改进的光流算法。

1. 金字塔 Lucas-Kanada 算法

Lucas-Kanada 算法本身有一个固有缺陷，即该算法不能准确跟踪在相邻帧间运动幅度过大的目标，只适用于小图像灰度模式的运动估计。其原因在于光流估计方法的两个应用条件：第一，灰度守恒约束，即任何物体点的观测亮度随时间变化是恒定的；第二，速度平滑性约束，即图像平面内的邻近点移动方式相似。在实际应用中，当目标运动速度比较大时，难以满足光流约束方程。在现实生活中，运动尺度大且不连贯的运动普遍存在，因此 Lucas-Kanada 算法在实际应用中的跟踪效果不是很理想，对于大幅度的运动通常需要大的窗口来捕获，但是大的窗口又会使运动连贯的假设不成立。而图像金字塔能够解决此问题，即先在较大的空间尺度上对目标进行跟踪，然后通过对图像金字塔降级采样，直到通过图像像素的处理来修正初始运动速度的假定。

图像金字塔是一个图像集合，该集合中全部图像都源于同一个原始图像，而且每个图像都由对原始图像连续降级采样获得，直到达到设定好的终止条件才停止。图像的金字塔结构是一种多分辨率表示方法，不同金字塔分辨率层可以分析不同尺度的目标。

图像金字塔光流的基本思想是：首先在金字塔的最高层计算光流场，然后用所得结果作为下一层的起始点，重复这个操作直到图像分解到一定小的程度，即满足光流约束方程就可以直接进行光流估计。这样就大大降低了不满足运动假设的可能性，从而实现对快速运动目标的跟踪，该方法称为金字塔 Lucas-Kanada 算法（LKP）。图像金字塔如图 4.4 所示。

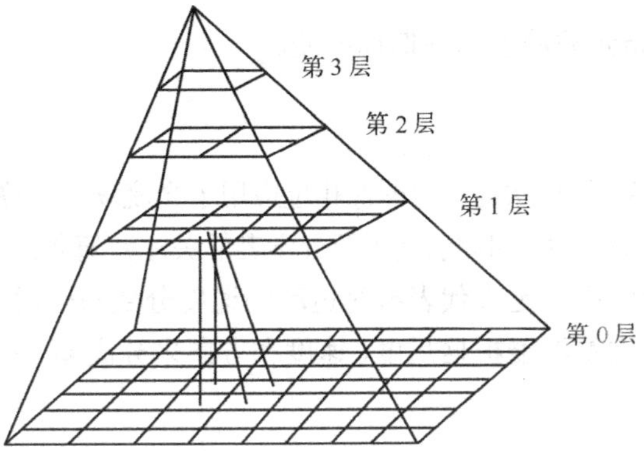

图 4.4　图像金字塔

LKP 的简化流程图如图 4.5 所示。图像金字塔基层 f=0 为原始图像，假设基层上目标像素在相邻帧间的运动距离是 D, f=1 层图像通过将原图像降级采样至原尺寸的 $1/2^N$（一般情况下取 N=1）获得，则 f=1 层中相邻帧间目标像素的运动距离为 $D/2^N$。按照这样的计算方法，金字塔中任意$(f+1)$层（$f\geqslant 1$）图像都可以通过 f 层图像按相同比例降采样得到，当 f 达到某一设定值时（设定值一般取 $3\leqslant f\leqslant 5$），最高层相邻帧间的目标运动距离可达到亚像素级，此时满足光流约束方程，然后利用 Lucas-Kanada 算法可进行光流估计。

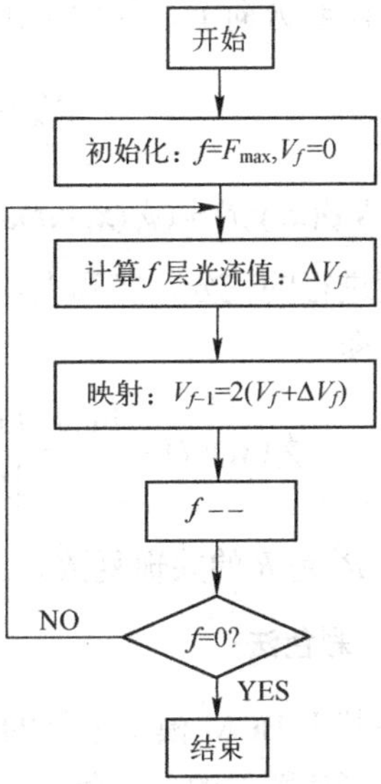

图 4.5　LKP 的简化流程图

2. 能量法

能量法也称频率法，该方法设计了一组频率调谐滤波器。若图像区域的移动速度与某个滤波器的调谐速度越相近，则该滤波器的输出值就越大。设图像 $I(x,y,t)$ 在点 (x,y) 处的运动速度为恒定值 (u,v)，则图像 $I(x,y,t)$ 可由零时刻图像表示为

$$I(x,y,t)=I(x+ut,y+vt,0) \tag{4.25}$$

对式（4.25）进行傅里叶变换，得到式（4.26），即

$$\hat{I}(\varsigma,\eta,w)=\hat{I}_0(\varsigma,\eta)\delta(w+\varsigma u+\eta v) \tag{4.26}$$

其中，w 是 3D 傅里叶变换的时间频率，ς 与 η 是 3D 傅里叶变换的空间频率，$\hat{I}_0(\varsigma,\eta)$ 是 $I(x,y,0)$ 的傅里叶变换，$\delta(w+\varsigma u+\eta v)$ 是狄拉克函数的傅里叶变换。

在 Heeger 提出的能量法中，构建了 12 个不同空域比例的滤波器以分别对应不同的空域方向和时间频率。在只有平移运动的理想情况下，这些滤波器的响应将集中在某个频率平面内。设与运动图像的时间频率（w, ς, η）相对应的 Gabor 能量滤波器的响应，在图像中只有白噪声

时，可表示为

$$R(u,v)=\left(\frac{-4\pi^2\sigma_x^2\sigma_y^2\sigma_t^2(w+\varsigma u+\eta v)}{(u\sigma_x\sigma_t)^2+(v\sigma_y\sigma_t)^2+(\sigma_x\sigma_y)^2}\right) \tag{4.27}$$

其中，σ_x,σ_y 与 σ_t 是 Gabor 滤波器的高斯标准差。

3. 相位法

Fleet 与 Jepson 于 1990 年首次提出将图像相位应用于光流场的计算中，由于相位法较传统的差分法有更好的精确度与稳定性，因此引起了部分学者的关注并随之提出了其他的相位光流算法。

在 Fleet 提出的相位法中，定义代表瞬时运动的速度分量与带通速度调谐滤波器输出的等相位轮廓相垂直，利用带通滤波器根据尺度、速度和方向来分离输入信号。图像作为输入信号，通过复带通滤波器的响应为

$$R(x,y,t)=\rho(x,y,t)\mathrm{e}^{i\phi(x,y,t)} \tag{4.28}$$

其中，$\rho(x,y,t)$ 与 $\phi(x,y,t)$ 分别是 $R(x,y,t)$ 的幅值和相位。由于图像中的 2D 速度方向在等相位轮廓的法线方向上，因此可由式（4.29）估计运动矢量，即

$$\boldsymbol{V}_n=\boldsymbol{s}\cdot\boldsymbol{n},\ \ \boldsymbol{s}=\frac{-\phi(x,y,t)}{\|\nabla\boldsymbol{\phi}(x,y,t)\|},\ \ \boldsymbol{n}=\frac{\nabla\boldsymbol{\phi}(x,y,t)}{\|\nabla\boldsymbol{\phi}(x,y,t)\|} \tag{4.29}$$

其中，$\nabla\boldsymbol{\phi}(x,y,t)=(\phi_x(x,y,t),\phi_y(x,y,t))^{\mathrm{T}}$。由式（4.22）可知，相位法实际是对图像相位而非图像亮度进行的差分。实际上，相位法与等相位相关技术一致。图像的相位梯度可由式（4.30）得到，即

$$\phi_x(x,y,t)=\frac{\mathrm{Im}(R^*(x,y,t)R_x(x,y,t))}{|R(x,y,t)|^2},\ \ \phi_y(x,y,t)=\frac{\mathrm{Im}(R^*(x,y,t)R_y(x,y,t))}{|R(x,y,t)|^2} \tag{4.30}$$

其中，R^* 是 R 的共轭复数。

4. 彩色法

在基于 BCM 模型进行的光流场估计中，为了克服孔径问题，需要引入附加的约束条件。若利用彩色图像的各颜色分量构建光流场模型，则可通过丰富的色彩信息克服孔径问题。1989 年，N.Ohta 首次提出将彩色图像上的颜色模型应用于 BCM 模型中。其后，S.H.Lai 利用颜色信息研究非形变物体的运动。Golland 通过实验分析了基于颜色恒定假设的光流场模型在不同光照条件下的鲁棒性。Barron 通过实验证实了利用颜色信息可获得更精确的光流场。Andrews 将色彩信息与 Lucas-Kanada 算法相结合求解光流场。Madjidi 将改进的彩色法应用于水下图像中。Arshad 借助可测距的移动机器人与色彩信息获得光流场矢量。Simon 结合彩色光流场与运动分割技术提高了光流场计算的准确度。随着彩色图像应用范围的不断扩大，彩色法的实现具有了现实条件与意义。

对色彩系统的分析是彩色法的基础。生物学研究发现人类视觉系统具有三种类型的亮度检测器，因此常规的相机也设置为三种类型的颜色检测器。在人眼获得相同的光谱输入 $S(\lambda)$ 时，若检测器的敏感度函数 $D_r(\lambda),D_g(\lambda),D_b(\lambda)$ 三者不同，则人类视觉系统可获得不同颜色的图像。人眼中的亮度检测器获得的三种输出为

$$R=\int_{\Omega}S(\lambda)D_r(\lambda)\mathrm{d}\lambda\ ,\quad G=\int_{\Omega}S(\lambda)D_g(\lambda)\mathrm{d}\lambda\ ,\quad B=\int_{\Omega}S(\lambda)D_b(\lambda)\mathrm{d}\lambda \tag{4.31}$$

其中，光的波长λ的取值范围是Ω，具体值为380～720nm。

设物体表面的光照波长为λ，物体表面的点为$r=(x,y,z)$，则点 r 获得的光照用表面光照能量函数$I(\lambda,r)$表示，点r上的反射光照能量函数以$\hat{I}(\lambda,r)$表示，$\hat{I}(\lambda,r)$一般不等于入射光。假设物体表面某点 r 的反射光照能量函数$\hat{I}(\lambda,r)$仅由物体材料和点 r 所在表面的几何特性决定，则$\hat{I}(\lambda,r)$为

$$\hat{I}(\lambda,r)=R(\lambda,\varphi,\theta,\gamma,r)I(\lambda,r) \tag{4.32}$$

其中，φ、θ和γ分别表示入射光角度、观测者角度及相位角度。$R(\lambda,\varphi,\theta,\gamma,r)$为表面反射函数，由其完全定义点$r$处的表面反射特性。实验表明，$R(\lambda,\varphi,\theta,\gamma,r)$可表示为光谱因子$\rho(\lambda,r)$与点$r$处的几何因子$c(\varphi,\theta,\gamma,r)$的乘积，其中光谱因子$\rho(\lambda,r)$表示物体表面的颜色特征，几何因子$c(\varphi,\theta,\gamma,r)$表示物体表面的几何特征。则式（4.32）可改写为

$$\hat{I}(\lambda,r)=\rho(\lambda,r)c(\varphi,\theta,\gamma,r)I(\lambda,r) \tag{4.33}$$

将式（4.31）与式（4.33）相结合，将亮度检测器的三种输出重新表示为

$$\begin{aligned}R&=\int_{\Omega}c(\varphi,\theta,\gamma)\rho(\lambda)I(\lambda)D_r(\lambda)\mathrm{d}\lambda\\G&=\int_{\Omega}c(\varphi,\theta,\gamma)\rho(\lambda)I(\lambda)D_g(\lambda)\mathrm{d}\lambda\\B&=\int_{\Omega}c(\varphi,\theta,\gamma)\rho(\lambda)I(\lambda)D_b(\lambda)\mathrm{d}\lambda\end{aligned} \tag{4.34}$$

在由图像进行计算时，不能保证获得相机的检测器参数，此时可由颜色分量的比值代替RGB的具体值。由此获得彩色光流场的颜色守恒方程为

$$\begin{cases}\dfrac{\partial F_1}{\partial x}u+\dfrac{\partial F_1}{\partial y}v+\dfrac{\partial F_1}{\partial t}=0\\[2ex]\dfrac{\partial F_2}{\partial x}u+\dfrac{\partial F_2}{\partial y}v+\dfrac{\partial F_2}{\partial t}=0\end{cases} \tag{4.35}$$

其中，F_1与F_2由图像采用的颜色模型决定。若系统为RGB系统，则F_1和F_2可以是规范化RGB中的任意两个分量。

式（4.35）为两个方程，理论上可以获得u和v的唯一解。然而当方程组线性相关或颜色分量间有相同变化时，仍存在孔径问题。

5. 几何代数域法

光流场概念与3D场景在2D平面上的投影有关，且光流模型涉及时空关系，因此可在几何代数域中分析、求解光流场。几何代数域法由于本身不易受噪声影响，因此受到越来越多学者的关注。

在基于结构张量的方法中，将局部光流计算的公式（4.19）改写为公式（4.36），即

$$E(u,v)=\sum_{(x,y)\in\Omega}W^2(x,y)(I_xu+I_yv+I_t)^2 \tag{4.36}$$

$$
\begin{aligned}
&= \sum_{(x,y)\in\Omega} W^2(x,y)(\nabla_3 I(x,y,t)v_3^{\mathrm{T}})^2 \\
&= v_3 \sum_{(x,y)\in\Omega} W^2(x,y)(\nabla_3 I(x,y,t)^{\mathrm{T}} \nabla_3 I(x,y,t)v_3^{\mathrm{T}})v_3^{\mathrm{T}} \\
&= v_3 T_3 v_3^{\mathrm{T}}
\end{aligned}
$$

其中，$v_3=(u,v,1)$，$\nabla_3=(\partial x,\partial y,\partial t)$，$\boldsymbol{T}_3$是公式（4.37）中的时空3D结构张量，$\langle f\rangle=\sum w\cdot f$，$w$是加权系数。$\boldsymbol{T}_3$为

$$
\boldsymbol{T}_3=\begin{bmatrix} \langle I_x^2\rangle & \langle I_x I_y\rangle & \langle I_x I_t\rangle \\ \langle I_x I_y\rangle & \langle I_y^2\rangle & \langle I_y I_t\rangle \\ \langle I_x I_t\rangle & \langle I_y I_t\rangle & \langle I_t^2\rangle \end{bmatrix} \tag{4.37}
$$

对$\boldsymbol{T}_3$进行分解可获得光流矢量。

若将数字图像视为一个平面，则图像内每点对应的矢量分量即为图像的灰度值；设$\boldsymbol{e}_x$与$\boldsymbol{e}_y$是图像平面内水平方向上和垂直方向上的单位正交矢量，则由几何积的定义可知，$\boldsymbol{e}_x$与$\boldsymbol{e}_y$的几何积为

$$
\boldsymbol{e}_x\boldsymbol{e}_y=\boldsymbol{e}_x\cdot\boldsymbol{e}_y+\boldsymbol{e}_x\Lambda\boldsymbol{e}_y \tag{4.38}
$$

若以$\nabla\boldsymbol{I}=I_x\boldsymbol{e}_x+I_y\boldsymbol{e}_y$表示图像梯度场，以$\boldsymbol{V}=u\boldsymbol{e}_x+v\boldsymbol{e}_y$表示速度场，则可以得到梯度场与速度场的几何积，即

$$
\nabla\boldsymbol{I}\boldsymbol{V}=\nabla\boldsymbol{I}\cdot\boldsymbol{V}+\nabla\boldsymbol{I}\Lambda\boldsymbol{V}=-I_t+S\boldsymbol{e}_x\boldsymbol{e}_y \tag{4.39}
$$

其中，S是向量$\nabla\boldsymbol{I}$与$\boldsymbol{V}$围成的平行四边形的面积，可表示为

$$
S=|\nabla\boldsymbol{I}||\boldsymbol{V}|\sin(\theta)=I_x v-I_y u \tag{4.40}
$$

最终获得几何代数域内如式（4.41）所示的光流场约束方程，即

$$
\begin{cases} u=\dfrac{1}{|\nabla\boldsymbol{I}|^2}(-I_x I_t-SI_y) \\ v=\dfrac{1}{|\nabla\boldsymbol{I}|^2}(SI_x-I_y I_t) \end{cases} \tag{4.41}
$$

在式（4.39）的光流约束方程中，仅有1个未知量S。实际上，将式（4.39）与光流约束方程（4.5）进行比较可发现，式（4.5）的光流约束方程是几何代数域内的光流约束方程在S=0时的特殊形式。

除对单色图像进行几何代数分析外，也可以利用彩色信息完成几何代数域上的光流场估计。

6. 与生物技术结合的方法

计算机视觉中的光流估计技术从概念的建立、模型的构建直至效果的评判都与生物视觉系统相关。将生物技术应用于光流场，可从两个方面进行：一方面结合光流信息加工的神经基础研究，尤其是心理、物理和生理学上的光流信息研究的进展，构建与生物视觉系统功能相似的光流模型；另一方面可将诸如神经网络、遗传算法和蚁群算法等智能计算方法用于光流场的求解过程中。

最早提出光流定义的 Gibson 认为，光流运动包括整个视野内所有景物的运动。光流信息可由三种基本成分组成：径向运动、旋转和平动。这三种成分分别对应于观察者前进或后退、眼动和头部水平转动所引起周围环境在视网膜上像的运动，如图 4.6 所示。

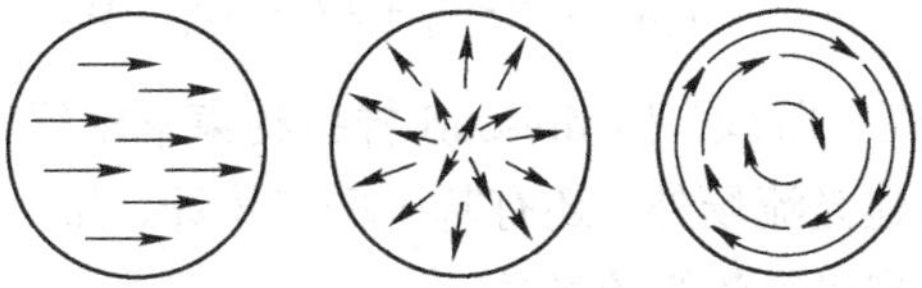

（a）平动　（b）径向运动　（c）旋转

图 4.6　光流信息的三种基本成分

在图 4.6 中，每种模式的光流都具有两个相反的方向。箭头方向代表随机点运动的方向，长度代表运动速度。在平动中，所有点的运动速度相等。在径向与旋转运动中，随机点的运动速度与该点距离刺激中心的距离成正比，所有点的平均速度与平动刺激的速度均相等。

通过对不同类型光流信息的检测，Snowden 与 Milne 发现人类视觉系统能够检测由旋转和径向运动合成的螺旋运动。Morrone 利用加入随机点噪声干扰的方法测量人眼识别光流刺激模式的信噪比阈值，发现人类视觉系统更倾向于对光流信息的基本成分——径向和旋转运动调谐，而不是对整个螺旋空间均匀采样。研究发现，当人眼鉴别复杂的光流运动时，人类视觉系统更容易检测出径向运动。此外，人类视觉系统对径向运动的扩张和收缩两个方向的处理不同，这表明人类视觉系统对收缩和扩张刺激的反应是不对称的。在现有的光流模型中，通常用同一个模型表示、检测不同形式的运动，若能结合人眼运动视觉特性构建光流模型，则能获得更好的效果。

1992 年，Fay 与 Waxman 基于并联动力学提出了一个多层神经网络，该网络通过应用光适应、边缘增强和边缘速度提取等处理，模仿视网膜中的时空处理和大脑的视觉运动通路，实现了光流的快速提取。

另一方面，由智能计算方法可求解光流场。在估计非刚性物体的光流场时，可将非刚性物体分割为共同运动的微元，利用遗传算法对各运动参数进行优化估计，从而获得稳定性较好且具有全局搜索功能的光流场。在利用直线光流场重建 3D 刚体运动与结构时，可将蚁群算法的目标函数定为 3D 刚体旋转运动参数的误差，将 3D 刚体表面直线在投影平面上的直线光流场参数作为蚁群算法模型的输入，蚁群算法的输出为刚体旋转运动的旋转角速度和角加速度。为使目标函数值最小，需调整蚁群算法模型的输入参数与搜索的循环次数，当目标函数处于最小值附近的小邻域时，蚁群算法模型的输出值即为 3D 刚体旋转运动参数的最优解，由此可获得刚体的平移速度参数和空间直线坐标，实现刚体的 3D 重建。

7. 其他方法

除基于 BCM 假设建立光流场模型外，还可针对某些特定应用结合特定条件建立光流场模型。如在分析气象卫星云图时，可将图像亮度近似为气团密度，由力学运动方程建立光流场模型。在对面部表情进行光流场计算时，可用流体力学方程近似地描述非刚体运动的面部表情变化。由流体力学可知，流体运动可表示为

$$\frac{\partial p}{\partial t}+\nabla\rho^{\mathrm{T}}\boldsymbol{V}+\rho\operatorname{div}\boldsymbol{V}=0 \tag{4.42}$$

其中，ρ 为流体密度，$\boldsymbol{V}$ 为流速，$\mathrm{div}\boldsymbol{V}=\frac{\partial u}{\partial x}+\frac{\partial v}{\partial y}+\frac{\partial w}{\partial z}$ 是速度场 $\boldsymbol{V}=(u,v,w)$ 的散度。将式（4.42）中的流体密度 ρ 以图像灰度 I 代替，则可得到扩展光流约束方程为

$$I_x u + I_y v + I_t + I u_x + I v_y = 0 \tag{4.43}$$

对式（4.43）而言，可在一阶或二阶 div-curl 样条约束下求得数值解。

除基于流体力学原理构建光流场外，还有基于概率统计、压缩域、光源扩散、光源运动和物体表面方向变化等物理模型进行的光流场估计。

在基于概率进行的光流场估计中，可用式（4.44）表示真实光流场与估计光流场之间的关系，即

$$v = \tilde{v} - n_i \tag{4.44}$$

其中，v 和 $\tilde{v}$ 分别表示真实光流场与估计光流场，n_i 是加性高斯噪声，以高斯噪声项 n_2 表示来自时域差分的误差，可获得概率描述的光流场模型为

$$I_s \cdot (\tilde{v} - n_1) + I_t = n_2,\ \ n_i \sim (0, \Lambda_i) \tag{4.45}$$

其中，$I_s = (I_x, I_y)$。

式（4.45）实际上等同于条件概率 $P(I_t \mid \tilde{v}, I_s)$。而从概率上看，光流场的求解实际为获得在 $P(v \mid I_s, I_t)$ 取最大值时的光流场矢量，因此可用贝叶斯公式将式（4.45）用于表示 $P(v \mid I_s, I_t)$，即

$$P(v \mid I_s, I_t) = \frac{P(I_t \mid v, I_s) \cdot P(v)}{P(I_t)} \tag{4.46}$$

利用最大似然估计，可由式（4.46）获得光流场矢量。此外，也可借助概率推断、随机信号滤波、Bayesian 判决和 Monte Carlo 计算等方法估计出光流场矢量。

4.3 光流技术的研究难点及策略

在实际图像的获取、投影过程中，存在着投影畸变、曝光过度和纹理重复等问题，这些问题都会使寻求图像间的对应点变得十分困难，进而影响光流场计算的精度。总体来说影响光流场计算的因素和难点包括以下 6 个方面：

（1）光照变化（Photometric Variation）：成像过程中不可避免地存在光线变化，光线的直接影响将导致前、后不同时刻成像的图像中对应点的亮度值出现较大的偏差，这种偏差的存在会对光流的估计产生较大的影响。

（2）孔径问题（Aperture Problem）：孔径问题是光流估计中解的不唯一性问题。图 4.7 说明了孔径问题，假设有一个沿某方向运动的物体，图中黑点代表物体上的一点。如图 4.7 所示，透过一个圆形孔径来观测，无法有效地确定目标点的实际运动方向。当孔径的面积不断扩大时，才有可能通过估算足够多的像素的运动，来估算目标点的正确运动方向。

（3）遮挡问题（Occlusion Issue）：遮挡问题是指一个物体表面的覆盖/显露问题，它是由物体或物体的部分退出或重现可视区域或者新物体出现在景物中而引起的。图 4.8 给出了覆盖/显露背景示意图。这里，用实线表示沿水平方向平移的物体，虚线表示覆盖/显露的背景。T 时

刻场景中的虚线区域表示在 T+1 时刻中覆盖的背景。因此，在 T+1 时刻找不到这些像素的对应位置。在 T+1 时刻中的虚线区域表明由于物体运动显露出的背景，而在 T 时刻中却没有这些像素的对应位置。所以，遮挡问题的存在会影响光流场计算的准确性。

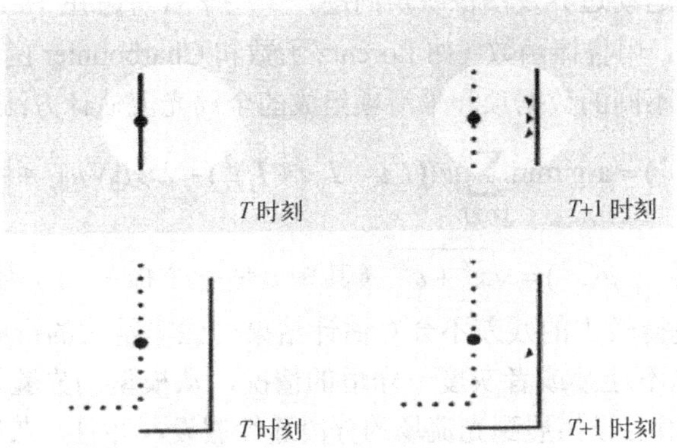

图 4.7　孔径问题

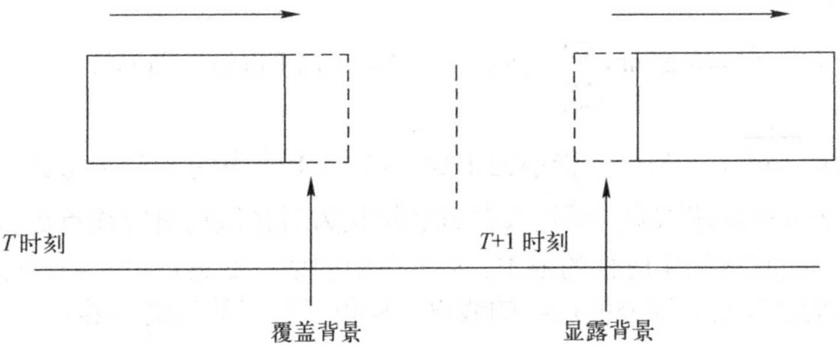

图 4.8　覆盖/显露背景示意图

（4）无纹理区域（Textured Region）：在实际的场景中，经常存在一些无纹理或纹理信息较少的区域，一致性约束往往在纹理不明显的区域是无用的，因此需要在一定的附加约束下将纹理较明显区域的信息扩展到纹理不明显的区域。

（5）运动不连续（Motion Discontinuity）：在运动场的边界处一般不满足光滑约束条件，即光流信息扩展到运动不连续的地方要停止。

（6）噪声问题（Noise Problem）：在生成视频图像序列的过程中，噪声是不可避免的。光流技术对噪声非常敏感，较小的噪声也可能引起较大的估计误差。虽然滤波处理可以在一定程度上消除噪声，但寻求一种抗噪声能力较强的光流算法仍是必要的。

4.3.1　鲁棒的光流估计

在前面介绍的 Horn-Schunck 算法中，在衡量灰度守恒残差和平滑残差时采用的是平方函数，由于平方函数对于大残差的惩罚很大，远大于相对于小残差的惩罚，因此平方函数不适用在运动边界、遮挡区域或者大噪声区域这类非常不满足灰度守恒假设和全局平滑假设的情况，这样容易对运动边界产生平滑效应或受噪声影响。

从最开始由灰度守恒假设所形成的欠定问题，到为解决欠定问题而增加其他假设所形成的方法中，我们可以看到，在光流估计中，运动遮挡、光照变化、阴影和噪声对于灰度守恒假设的不满足，以及运动边界对于光流在局部区域常量假设或者全局平滑假设的不满足，都会影响光流估计的结果。为了能更好地处理不满足假设条件的情况，本文主要关注在 Horn-Schunck 算法的基础上，发展而来的一些全局光流估计方法。

为了能更好地处理运动边界及图像噪声问题，一些学者考虑在 Horn-Schunck 算法的基础上利用鲁棒估计的方法，用鲁棒函数（如 Lorentz 函数和 Charbonnier 函数等）代替平方函数来惩罚残差，因此产生由不同的数据项和平滑项组成的全局光流估计方法，即

$$(u^*,v^*)=\arg\min\sum_{(x,y)}\psi((I_x u+I_y v+I_t)^2)+\lambda\psi(\|\nabla u\|_{l_2}^2+\|\nabla v\|_{l_2}^2) \tag{4.47}$$

其中，$\psi(\cdot)$ 是鲁棒函数，$\psi(x^2)=\sqrt{x^2+\varepsilon^2}$（其中 ε 是一个极小的正数）是一个很好的鲁棒函数。这样鲁棒函数使得较大的残差不会对估计结果产生非常大的影响，也就是在光流估计时，允许光流产生某些不连续或者灰度不守恒的情况，从模型的先验假设上来说，将 Horn-Schunck 算法的全局平滑假设拓展到光流场的分段连续假设，并且对灰度守恒残差有较好的鲁棒性。在鲁棒函数的作用下，平滑项变为 TV（Total Variation）形式，数据项变为 l_1 范数形式，形成 $\mathrm{TV}-l_1$ 模型，即

$$(u^*,v^*)=\arg\min\sum_{(x,y)}\|I_x u+I_y v+I_t\|_{l_1}+\lambda(\mathrm{TV}(u)+\mathrm{TV}(v)) \tag{4.48}$$

其中，$\mathrm{TV}(x)=\sqrt{s^2+\varepsilon^2}$，$\varepsilon$ 是一个极小的正数。式（4.48）中的 $\mathrm{TV}-l_1$ 形式可以通过 TV 的特性运用对偶的方法进行快速求解，通过某些方法转化为对光流场进行逐点求解，并且可以通过并行化等加速手段使其达到实时性的要求。从本节中的估计结果可以看到，对比 Horn-Schunck 算法，$\mathrm{TV}-l_1$ 方法通过光流场分段连续的假设，保留了较好的运动边界。

需要指出的是，在选取鲁棒函数时，针对数据项和平滑项的不同特征可以选择不同的鲁棒函数，或者选择相同的鲁棒函数而选取不同的参数，这一点我们在本章中也会进行讨论。另外，考虑到鲁棒函数及其参数的选取需要较多的先验知识，Sun 和 Roth 等人也提出了通过对光流场的统计信息进行学习，得到光流场的统计模型，从而通过学习得到较为精确的光流估计。我们在后文中也将详细讨论通过光流场的统计信息选取鲁棒函数的理论依据。

考虑到在实际情况中，光照变化、阴影及噪声都会造成灰度守恒假设不满足的情况。除上面介绍的鲁棒估计方法外，已经被证明能够有效解决这些情况对灰度守恒假设影响的一种图像预处理方法是结构—纹理分解（Structure-Texture Decomposition）。通过结构—纹理分解，将原图像分解为结构和纹理两部分，通常认为纹理信息部分（或者大部分纹理信息与一小部分结构信息的组合）能够很好地克服光照变化的影响。

另外，导致灰度守恒假设不成立的很重要的一个因素是由场景中的运动产生的遮挡问题。在实际运动中，通常是由于场景中目标的不同运动模式而产生的遮挡现象，这里主要考虑在前一幅图像中可以被观测到的像素点，而在后一幅图像中由于被其他目标遮挡而无法观测到的像素点。由于遮挡区域的存在，使遮挡区域的光流估计（并不是简单地通过鲁棒估计等方法）问题得到很好的解决，因此很多学者考虑将遮挡区域进行额外处理。一种方式是利用上一次迭代计算出光流，进行遮挡区域的检测，进而对遮挡区域处理，处理后继续进行下一次迭代，循环这个过程直至得到最终光流。考虑到遮挡产生的原因，因此遮挡问题和运动边界有很强的相关性，通常遮挡区域在运动边界附近，这个特性也被应用在遮挡区域的快速检测中。在检测遮挡

区域时，也通常考虑上一次迭代得到的光流，使得灰度守恒残差较大的区域和上一次迭代得到的光流场，在采用映射方法检测出的遮挡区域中产生交集。另外一种方式是将遮挡区域显示地表示出来，将遮挡区域的处理集合放在整体需要优化的目标函数中，进而在对目标函数的优化过程中，得到光流信息的同时也得到对遮挡区域的一个估计。

上述方法大多是在常动运动模型下进行的光流估计，但是实际场景中的运动要远比常动运动复杂，可能存在尺度变换、旋转变换等，因此有些学者也将运动模型进行扩展，进而得到更精确的光流估计。

4.3.2 压缩感知及基于稀疏模型的光流估计

1. 压缩感知

压缩感知（Compressive Sensing or Compressed Sampling，CS）是近些年发展很快的一个领域，通过发掘信号的一个非常重要的特征（稀疏性），从而提出了一个挑战传统奈奎斯特采样定律的数据采集、压缩及重构的框架。根据压缩感知理论，若信号存在稀疏性，则可以进行混叠采样，即通过远小于信号的观测值对原信号进行完全或高概率重构。

设长度为 N 的信号 $x \in R^N$，存在变换域 $\boldsymbol{\psi}$，使得信号 x 在 $\boldsymbol{\psi}$ 上的投影系数是稀疏的，即 $\boldsymbol{\psi}^{\mathrm{T}}x$ 的值大部分是零或可以近似为零。若 $\boldsymbol{\psi}^{\mathrm{T}}x$ 非零值的个数为 K（$K \ll N$），则称 $\boldsymbol{\psi}^{\mathrm{T}}x$ 的稀疏度为 K。观测矩阵 $\boldsymbol{\phi}$ 为 $M \times N$ 阶矩阵，且与 $\boldsymbol{\psi}$ 不相关，从而观测得到的信号 $y = \boldsymbol{\phi}\boldsymbol{\psi}^{\mathrm{T}}x$ 的长度是 M，且 $M < N$，从观测信号 y 中恢复原信号 x 是求解欠定问题的过程。这个过程也可以用矩阵 $\boldsymbol{A}$ 对信号 x 进行观测得到，因而可以表示为 $y = \boldsymbol{A}x$，其中 $\boldsymbol{A} = \boldsymbol{\phi}\boldsymbol{\psi}^{\mathrm{T}}$ 满足 RIP（Restricted Isometry Property，有限等距性质）条件。但是判断矩阵 $\boldsymbol{A}$ 是否具有 RIP 性质是一个过于复杂的问题，进一步研究指出当稀疏基 $\boldsymbol{\psi}$ 与观测矩阵 $\boldsymbol{\phi}$ 不相干时，$\boldsymbol{A} = \boldsymbol{\phi}\boldsymbol{\psi}^{\mathrm{T}}$ 在很大概率上满足 RIP 性质，然后可以从 M 个观测值中稳定重构出 K 个稀疏系数，进而解决这个欠定问题。根据压缩感知理论，可以建立以信号在变换域上的 l_0 范数（$\|x\|_{l_0}$ 表示 x 中非零值的个数）为目标函数，观测方程为等式约束的优化问题，从而重构原信号为

$$x = \operatorname{argmin}\left\|\boldsymbol{\psi}^{\mathrm{T}}x\right\|_{l_0} \qquad \text{s.t.} \qquad y = \boldsymbol{\phi}\boldsymbol{\psi}^{\mathrm{T}}x \tag{4.49}$$

其中，s.t.表示限制条件。式（4.49）是一个优化组合问题，需要列出 x 中所有非零值位置可能的组合才能得到最优解，它是 NP-Hard 问题。在压缩感知理论中已经证明，当 $\boldsymbol{\phi}$ 与 $\boldsymbol{\psi}$ 不相关时，在约束条件下的 l_0 最小化问题与 l_1 最小化问题具有等价性，因此通常将式（4.49）中 l_0 的范数问题转化为 l_1 范数问题来求解，即

$$x = \operatorname{argmin}\left\|\boldsymbol{\psi}^{\mathrm{T}}x\right\|_{l_1} \qquad \text{s.t.} \qquad y = \boldsymbol{\phi}\boldsymbol{\psi}^{\mathrm{T}}x \tag{4.50}$$

更进一步，若增加其他一些先验知识或对所求结果施加适当的期望特性，则可以得到其他一些适合不同问题的模型。若在高斯噪声影响下得到观测信号 y，则可以将式（4.50）中的等式约束进行松弛，得到一个范数 l_2 的约束条件，称为去噪模型，即

$$x = \operatorname{argmin}\left\|\boldsymbol{\psi}^{\mathrm{T}}x\right\|_{l_1} \qquad \text{s.t.} \qquad \left\|y - \boldsymbol{\phi}\boldsymbol{\psi}^{\mathrm{T}}x\right\|_{l_2}^2 < \varepsilon \tag{4.51}$$

其中，ε 是一个极小的正数，控制期望噪声的大小。考虑到式（4.50）和式（4.51）中的约束优化问题，可以采用拉格朗日乘子法将其转化为无约束的最小化问题。由于范数 l_1 和范数 l_2 都

是凸函数，因此一个非常有效的方法就是通过凸优化（Convex Optimization）进行求解。

2. 基于稀疏模型的光流估计

压缩感知理论的产生及发展吸引了很多学者的关注，并将压缩感知理论应用在许多方面。Shen 和 Wu 也将压缩感知理论引入到光流估计领域中，通过发掘光流场的稀疏性，将待求解的光流信息在变换域的投影系数作为稀疏信号，并通过灰度守恒假设构成约束条件，建立了光流估计的稀疏模型，并通过优化方法对光流信息进行重构。

假设图像中所有像素点的个数为 n，考虑图像中所有像素点的水平方向和竖直方向光流信息分别构成长度为 n 的列向量 $\boldsymbol{u}$ 和 $\boldsymbol{v}$（假设为列主序），则灰度守恒假设可以写成矩阵形式

$$[\boldsymbol{I}_x \quad \boldsymbol{I}_y]\begin{bmatrix}\boldsymbol{u}\\ \boldsymbol{v}\end{bmatrix}=-\boldsymbol{I}_t \tag{4.52}$$

其中，$\boldsymbol{I}_x$ 和 $\boldsymbol{I}_y$ 是 $n\times n$ 的对角矩阵，对角元素由图像灰度值在水平、竖直方向偏导数构成，$\boldsymbol{I}_t$ 是由图像灰度值在时间方向上的偏导数构成的长度为 n 的列向量（列主序）。

Shen 和 Wu 假设光流信号在小波域和梯度域是稀疏的，而 Han 等人则只利用光流梯度稀疏的先验信息并提出了光流稀疏的范数 l_0 模型。假设存在稀疏域上的一组基 W，光流信息 $\boldsymbol{u}$、$\boldsymbol{v}$ 与它在稀疏域上的投影系数的关系可以表示为 $\boldsymbol{u}=W\boldsymbol{s}_u$ 和 $\boldsymbol{v}=W\boldsymbol{s}_v$。其中 s_u 与 s_v 是投影得到的稀疏系数，则式（4.52）可以写成关于稀疏信号的等式为

$$[\boldsymbol{I}_x \quad \boldsymbol{I}_y]\begin{bmatrix}W & 0\\ 0 & W\end{bmatrix}\begin{bmatrix}s_u\\ s_v\end{bmatrix}=-\boldsymbol{I}_t \tag{4.53}$$

根据压缩感知理论，当信号稀疏时，可以通过少量观测值来提高概率重构信号的精确度。由于信号 s_u 与 s_v 具有稀疏性，因此光流估计的欠定问题可以通过压缩感知理论来解决，通过建立光流估计的稀疏模型对稀疏系数 s_u 与 s_v 进行求解，从而进一步求得光流信息 $\boldsymbol{u}$和$\boldsymbol{v}$。

设 $y=-I_t$，$\boldsymbol{A}=[\boldsymbol{I}_x \quad \boldsymbol{I}_y]$，$\boldsymbol{B}=\begin{bmatrix}W & 0\\ 0 & W\end{bmatrix}$，$\boldsymbol{s}=\begin{bmatrix}s_u\\ s_v\end{bmatrix}$，则可以建立类似于式（4.49）的光流估计的稀疏模型，即

$$\boldsymbol{s}^*=\operatorname{argmin}\|\boldsymbol{s}\|_{l_0} \qquad \text{s.t.} \qquad y=\boldsymbol{ABs} \tag{4.54}$$

进而光流可以通过式（4.55）得到

$$\begin{bmatrix}\boldsymbol{u}^*\\ \boldsymbol{v}^*\end{bmatrix}=\boldsymbol{Bs}^* \tag{4.55}$$

光流稀疏的范数 l_0 模型即式（4.54）比较本质和准确地刻画了稀疏信号的恢复问题，但是范数 l_0 的优化问题是 NP-Hard 问题，仍需要进行转化后求解。根据不同的先验假设也可以得到式（4.54）不同松弛下的模型。

Shen 和 Wu 考虑灰度守恒的泰勒展开存在误差，以及图像中的噪声导致对计算偏导数 I 造成的误差，将灰度守恒约束松弛为范数 l_2 约束，将范数 l_0 等价为范数 l_1，从而通过凸优化方法进行求解。但是由于模型中存在的噪声是稠密的，在单独使用小波域稀疏约束时不能得到很好的效果，因此 Shen 和 Wu 考虑同时应用小波域和梯度域进行稀疏约束，并通过鲁棒估计策略剔除较大的偏差。

Han 等人考虑到光流的分段连续情况，将灰度守恒约束松弛为范数 l_1 约束，并通过用加权的范数 l_1 取代范数 l_0，避免了传统范数 l_1 对大系数惩罚大于对小系数惩罚的问题，增强了光流在变换域上的系数的稀疏性，从而提高了光流估计的精确度。另外也提出通过增加运动模型参数，将传统的通过常动模型进行光流估计拓展到仿射模型进行光流估计，从而更好地表示场景的复杂运动，也增强了运动模型参数在变换域的稀疏性，得到更好的光流估计效果。

此外，Ayvaci 等人也提出在光流估计问题中，在光流梯度域稀疏性的基础上，运动遮挡区域相对于图像所有像素点都具有稀疏性。假设遮挡区域的像素点的个数为 n，用长度为 $M \times N$ 的列向量 $\boldsymbol{e}_1$ 来表示遮挡区域的灰度守恒残差，$\boldsymbol{e}_1$ 在非遮挡区域的值为零，即 $\boldsymbol{e}_1$ 中的非零值个数为 n。用长度同样为 $M \times N$ 的列向量 $\boldsymbol{e}_2$ 表示非遮挡区域的灰度守恒残差，$\boldsymbol{e}_2$ 在遮挡区域的值为零。由上面对光流估计中灰度守恒残差的分析可以得出，$\boldsymbol{e}_1$ 是一个稀疏的、非零值均较大的信号，而 $\boldsymbol{e}_2$ 则是一个稠密的、非零值均较小的信号。根据 $\boldsymbol{e}_1$ 和 $\boldsymbol{e}_2$ 的不同特性，对它们施加不同的约束从而分别建立模型：$\|\boldsymbol{e}_1\|_{l_0}$ 和 $\|\boldsymbol{e}_2\|_{l_2}$。结合式（4.52）进一步简化，得到遮挡区域灰度守恒残差的稀疏模型 $\|\boldsymbol{e}_1\|_{l_0}$ 和遮挡区域灰度守恒残差的范数 l_2 松弛 $\|\boldsymbol{I}_x\boldsymbol{u} + \boldsymbol{I}_y\boldsymbol{v} + \boldsymbol{I}_t - \boldsymbol{e}_1\|_{l_2}$。

因此可以在光流估计的稀疏模型基础上，建立光流梯度域系数稀疏与遮挡区域灰度守恒残差稀疏的目标函数，结合非遮挡区域灰度守恒残差的范数 l_2 松弛约束，构成可以对遮挡区域进行检测的光流估计模型。

4.3.3 光流分布信息的统计研究

由于物体存在不同的运动模式，从而导致运动边界和遮挡问题，以及图像中的噪声问题，使其不能很好地满足灰度守恒假设和全局平滑假设，因此会影响光流估计的精度。许多学者为了提高光流估计的精度，对不满足灰度守恒假设及全局平滑假设的情况进行统计分析，提出了许多提高光流估计精度的算法。

Black 和 Anandan 在分析灰度守恒假设和全局平滑假设在实际中不满足的情况后，认为这种情况是由运动边界等原因造成的，从信号估计角度看，这些情况不能很好地反映光流信息特性，他们认为这些是异常值（Outliers），会严重影响对光流估计的精度，因此提出通过鲁棒估计来减小光流估计时对这些异常值的敏感度。在实际运动场景中，造成灰度守恒假设和全局平滑假设不满足的情况是很复杂且不相同的，这些情况既包括由运动边界等造成的异常值情况，又包括噪声等造成的稠密而较小的误差情况，接下来针对灰度守恒假设和全局平滑假设不满足的情况来分别进行统计分析。

1. 光流灰度守恒信息的统计分析

在 Lucas 和 Kanada 及 Horn 和 Schunck 提出光流估计的局部模型和全局模型后，灰度守恒假设已经成为光流估计中的最基本的假设，为光流估计问题提供了最基本的解决思路。但是仍存在很多问题，其中一个就是在实际场景运动中存在灰度守恒假设不成立的情况，这会对光流估计产生很大影响。因此有学者提出对光流灰度守恒信息进行分析，根据分析得到的先验信息进行建模，在灰度守恒假设的基础上，得到更加符合实际运动场景的灰度守恒信息的松弛形式。

Simoncelli 等人在分析 Lucas 和 Kanada 及 Horn 和 Schunck 提出的模型后，认为这两种模型对灰度守恒的残差建立了相同的误差方程。Simoncelli 等人提出通过对灰度守恒残差的分析，建立关于残差的一个 2D 概率密度分布，从而得到更多关于残差的先验信息（如分布的均值和方差信息），进而推导出关于光流分布的均值和方差。将光流的均值与方差作为先验知识运用在 Lucas 和 Kanada 及 Horn 和 Schunck 建立的灰度守恒残差的误差方程中，从而提高光流估计的精度。

Simoncelli 等人在分析灰度守恒假设及其泰勒展开后，将灰度守恒残差分为两部分：一部分是由对图像求偏导数产生的，包括采样噪声及光照变化等；另一部分是由场景中的多种运动产生的，即运动边界或遮挡造成的，并将这两部分残差都建模为加性的高斯噪声，其高斯分布的参数通过分析、合成和实际的运动图像序列得到。另外，将光流信息的分布也建模成高斯分布，根据两部分残差与光流的关系，可以通过两部分残差的分布参数推导出光流的分布参数。

然而将灰度守恒残差建模为加性的高斯噪声，虽然使得推导及求解不至于太复杂，但是 Sun 等人也提出灰度守恒残差并不是简单的服从高斯分布。Sun 等人通过对自然的图像序列及其光流真值（Ground Truth）的分析，研究了光流的空域统计信息和灰度守恒残差的统计信息，以及运动边界与图像灰度值结构的相关性。

Sun 等人在研究灰度守恒残差的统计分布时，根据光流真值将后一幅图像进行扭曲后，与前一幅图像进行对比得到灰度守恒残差，然后用统计直方图得到灰度守恒残差的统计分布。Sun 等人认为灰度守恒残差的统计分布与高斯分布相比，它是一个更重尾、更陡峭峰值的分布，更陡峭峰值的分布说明第一幅图像中像素点的灰度值与第二幅图像中与之对应的像素点的灰度值大部分都是相近或相同的；更重尾则说明存在由遮挡、反射和透明等情况导致的灰度守恒假设不满足时偏差较大的异常值。因此通常将灰度守恒残差假设为高斯分布进而用范数 l_2 来松弛并不是一个合适的选择。这也是从统计角度解释 Black 和 Anandan 使用 Lorentz 函数来约束数据项会比传统 Horn 和 Schunck 用范数 l_2 来约束数据流得到更精确的估计结果的原因。

在发现传统的高斯模型并不能很好地刻画灰度守恒残差后，Sun 等人根据灰度守恒残差的统计分布，提出用混合高斯模型（Gaussian Scale Mixture Model）来刻画，尺度参数和方差参数由对图像序列及光流真值进行统计分析得到，并且将灰度守恒假设与高阶守恒假设（如梯度守恒）结合的形式，拓展为线性滤波响应的守恒形式来作为数据项的先验信息。

2. 光流信息的空域统计分析

在光流估计的稀疏模型中，一个常用的稀疏变换域就是光流的梯度域，而在稀疏信号重构的问题中，信号的稀疏性严重地影响了信号重构的质量。并且在 Horn-Schunck 算法中，存在运动边界不满足全局平滑假设的情况，影响光流估计的精度。在后面的章节中贝叶斯估计和最大似然估计中也说明了在 Horn-Schunck 算法中将全局平滑假设建模为范数 l_2 的模型，从概率角度上看建立在光流信息的空域统计分布是服从高斯分布的。而在实际场景运动中，运动边界等问题会使光流信息的空域统计分布偏离高斯分布。因此通过研究光流信息的空域统计分布对增强光流信号在梯度域中的稀疏性，进而对光流的平滑假设建立更适合的模型有着重要的研究意义。

Roth 和 Black 从光流真值信息（Ground Truth）中分析了光流的空域统计分布。在数据库中的光流真值信息给出了光流水平和竖直方向运动的瞬时速度，Roth 和 Black 对此进行统计并画出对数直方图（Log-Histogram），他们认为其基本上服从不同参数下的 Laplace 分布。然后通过水平和竖直方向的瞬时速度得到它们分别在水平和竖直方向的一阶偏导数，并对此进行统计，且分别画出对数直方图。由这 4 个对数直方图可以明显看出，光流空域偏导数的分布都是重尾分布，并且 Roth 和 Black 认为垂尾分布很类似于 Student-T 分布。光流信息的空域偏导数是重尾分布，说明光流信息在大部分区域是平滑的，符合全局平滑假设；同时存在空域偏导数是零或很小的情况，说明运动边界的存在使光流的空域偏导数产生较大的异常值，导致在统计时产生重尾。光流信息的空域偏导数是重尾分布，与 Black 和 Anandan 采用 Lorentz 鲁棒函数比传统 Horn 和 Schunck 采用范数 l_2 得到更好的估计结果相一致，这是因为 Lorentz 鲁棒函数相比二次函数能更好地表征重尾分布，在形状上更接近于光流空域偏导数的统计分布，从而更好地符合由经验得到的光流信息的空域统计分布。

Roth 和 Black 将对光流的空域统计分布分析得到的先验概率分布，通过机器学习的方法，利用 Fields-of-Experts 进行建模，并且同时体现了应用图像块得到的高阶空域统计信息，最终得到精度较高的光流估计结果。

之后，Sun 等人通过分析更多的图像序列集和光流真值对光流信息的空域统计分布进行了研究。同样在分析光流信息的空域偏导数所形成的对数直方图后，认为光流空域偏导数的统计分布是一个有陡峭峰值和重尾的分布。在此基础上，Sun 等人还研究了光流信息在由前一幅图像的结构张量（Structure Tensor）所给出的方向上，存在的空域偏导数的统计分布情况。由于结构张量所给出的方向与图像边界有关，因此根据统计分布情况，将与结构张量一致方向上的空域偏导数的对数直方图和与结构张量正交方向上的空域偏导数的对数直方图相比，其尾部更宽阔，也说明了光流变化较大的情况通常发生在与图像边缘不一致的方向上，即在图像边缘两侧的光流相差较大。这样，研究运动边界与图像灰度值边界的关系及光流信息在空域中的结构，在进行马尔可夫随机场（Markov Random Field）建模时，不仅应用了光流空域偏导数的先验信息，而且加入了光流带方向平滑的先验信息，进而防止了估计得到的光流信息在运动边界附近的平滑性。

4.4 3D 运动恢复

在一般情况下，光流场是对 2D 运动场的一个很好的近似，所以下面我们对光流场和 2D 运动场或 2D 速度场不进行区别。

4.4.1 透视投影成像的几何模型

透视投影成像的几何模型所要描述的是 3D 场景中的点如何与 2D 图像上的点联系起来的问题。为了阐述这个问题，我们需要对摄像机的成像原理做简单介绍。首先需要说明的是，常用的摄像机模型有三种：透视投影模型（针孔摄像机模型）、正交投影模型和拟透视投影模型。我们这里主要针对透视投影模型进行分析。

如图 4.9 所示是理想的摄像机原理图，它的摄像原理是透镜成像的基本原理。图中的 d 是物体到透镜的距离——物距，f 是透镜的焦距，F 是成像平面到透镜的距离——像距。根据光学知识，透镜成像的基本方程为

$$\frac{1}{d}+\frac{1}{F}=\frac{1}{f} \tag{4.56}$$

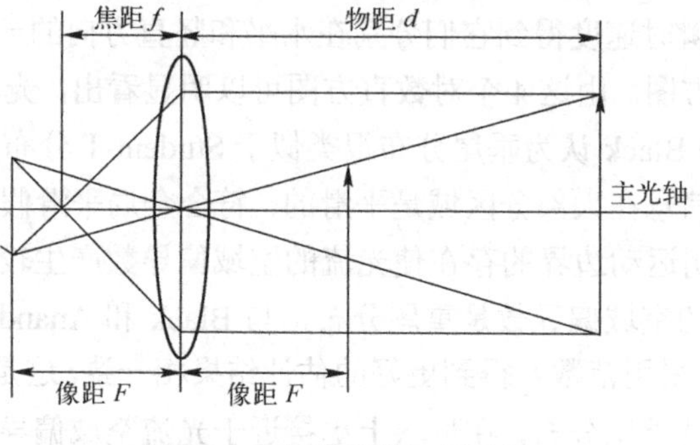

图 4.9　理想的摄像机原理图

在一般情况下，物距 d 远大于透镜焦距 f 和像距 F，在式（4.56）中可以认为 $\frac{1}{d}\approx 0$，从而得出 $F\approx f$。所以我们在下面的讨论中只提焦距 f，默认像距等于焦距。

图 4.10 是透视投影的几何模型。为了叙述方便，在空间中建立一个 3D 直角坐标系 O-XYZ，坐标原点 O 作为投影中心（摄像机的透镜中心），OZ 轴与摄像机的主光轴重合，成像平面为 $Z=f$（$Z>f$）。考虑摄像机前面的任意一点 $P(X,Y,Z)$，连接 3D 坐标原点 O 和点 P 的直线与成像平面有一个交点，记为 p，称为点 P 的像点。通过这种方式就可把 3D 场景中的任意一点投影到 2D 成像平面上，即可以建立一个从 3D 场景到 2D 成像平面的映射，显然这个映射是多对一映射，这是因为射线 OP 上的任意一点对应的像点都是相同的。我们把这个映射称为（中心）透视投影。

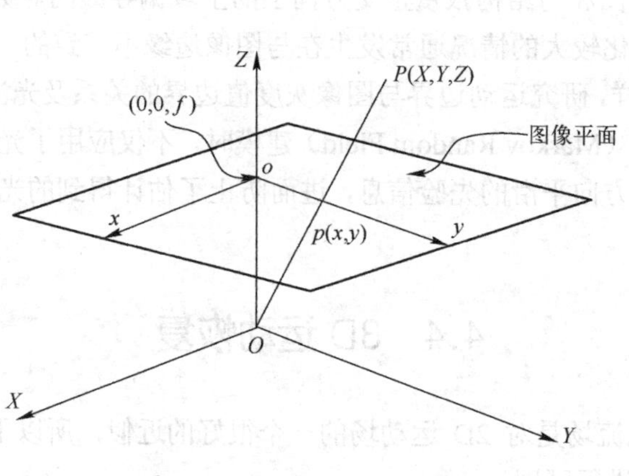

图 4.10　透视投影的几何模型

在成像平面上建立一个 2D 笛卡儿坐标系 o-xy，坐标原点 o 是成像平面与 Z 轴的交点 $(0,0,f)$，x 轴和 y 轴分别与 X 轴和 Y 轴平行，我们把这个坐标系称为图像坐标系。设 3D 空间中的点 $P(X,Y,Z)$ 的像点 p 在图像坐标系中的坐标为 (x,y)，根据透镜成像的基本原理和简单的几何知识可以推导出，点 P 的坐标 (X,Y,Z) 和像点 p 的图像坐标 (x,y) 之间满足如下关系

$$\begin{cases} x=\dfrac{fX}{Z} \\ y=\dfrac{fY}{Z} \end{cases} \tag{4.57}$$

我们把这个关系式称为透视投影方程。由于焦距 f 是常数（不考虑变焦距的情况），在理论分析中，为叙述方便且在不失一般性的情况下，可以令 $f\equiv 1$，因此这时投影方程转换为

$$\begin{cases} x = \dfrac{X}{Z} \\ y = \dfrac{Y}{Z} \end{cases} \tag{4.58}$$

在某些情况下，为了使问题简化，我们有时也用正交投影模型近似透视投影模型。正交投影模型可以看成透视投影模型的极限形式（焦距在无穷远处）。正交投影模型的投影方程为

$$\begin{cases} x = X \\ y = Y \end{cases} \tag{4.59}$$

4.4.2 3D 运动场

考虑空间运动物体 A，在任意时刻物体上的每个点 P 的坐标 (X,Y,Z) 都与瞬时速度矢量 $[\dot{\boldsymbol{X}},\dot{\boldsymbol{Y}},\dot{\boldsymbol{Z}}]$ 相对应，这些瞬时速度在空间构成矢量场，称为 3D 运动场。对于刚性物体的运动，3D 运动场可以用物体的运动参数精确给出。在 3D 空间中，刚体的运动在一般情况下是比较复杂的螺旋运动，螺旋运动可分解为简单的平移运动和旋转运动。3D 空间中物体的纯平移运动可用如下的一个 3×1 阶矩阵 $\boldsymbol{T}$ 描述，即

$$\boldsymbol{T} = \begin{bmatrix} t_1 \\ t_2 \\ t_3 \end{bmatrix} \tag{4.60}$$

其中，t_1、t_2 和 t_3 分别为平移运动沿 X 轴、Y 轴和 Z 轴的分量，我们把这样的矩阵 $\boldsymbol{T}$ 称为平移矩阵。3D 空间中物体的纯旋转运动可用如下的一个 3×3 矩阵 $\boldsymbol{R}$ 描述，$\boldsymbol{R}$ 为旋转矩阵，即

$$\boldsymbol{R} = \begin{bmatrix} r_{11} & r_{12} & r_{13} \\ r_{21} & r_{22} & r_{23} \\ r_{31} & r_{32} & r_{33} \end{bmatrix} \tag{4.61}$$

从表面上看旋转矩阵中有 9 个元素，但由于旋转矩阵是正交矩阵，存在如下 6 个独立的约束条件

$$\begin{cases} \sum\limits_{j=1}^{3} r_{ij}^2 = 1, & i = 1,2,3 \\ \sum\limits_{k=l}^{3} r_{ik} r_{jk} = 0, & i,j = 1,2,3 \text{且} i \neq j \end{cases} \tag{4.62}$$

因此旋转矩阵中真正独立的参数只有 3 个。实际上，有多种用 3 个独立参数表示旋转矩阵的方法，我们这里采用一个 3D 矢量表示旋转矩阵，3D 矢量的方向是旋转轴的方向，3D 矢量的模为旋转角。

设 $\boldsymbol{\omega} = (\omega_1, \omega_2, \omega_3)^{\mathrm{T}}$ 为一个 3D 矢量，用 $\boldsymbol{M}(\boldsymbol{\omega})$ 表示由这个 3D 矢量定义的一个反对称矩阵，即

$$\boldsymbol{M}(\boldsymbol{\omega}) = \begin{bmatrix} 0 & -\omega_3 & \omega_2 \\ \omega_3 & 0 & -\omega_1 \\ -\omega_2 & \omega_1 & 0 \end{bmatrix} \tag{4.63}$$

事实上，对任何 3D 矢量 $\boldsymbol{\lambda}$ 和 $\boldsymbol{\mu}$ 都有 $\boldsymbol{\lambda} \times \boldsymbol{\mu} = \boldsymbol{M}(\boldsymbol{\lambda})\boldsymbol{\mu}$。

对于一个 $m \times m$ 阶的矩阵 $\boldsymbol{M}$，矩阵 $\boldsymbol{M}$ 的指数定义为

$$e^{\boldsymbol{M}}=\boldsymbol{I}+\frac{1}{1!}\boldsymbol{M}+\frac{1}{2!}\boldsymbol{M}^2+\cdots+\frac{1}{n!}\boldsymbol{M}^n+\cdots \tag{4.64}$$

其中，$\boldsymbol{I}$ 为 $m\times m$ 阶的单位矩阵，$\boldsymbol{M}^n$ 表示 n 个矩阵 $\boldsymbol{M}$ 的乘积。根据公式（4.64）的指数定义，对于给定的一个 3D 矢量 $\boldsymbol{\omega}$，存在如下关系

$$e^{\boldsymbol{M}(\boldsymbol{\omega})}=\boldsymbol{I}+\frac{\sin\theta}{\theta}\boldsymbol{M}(\boldsymbol{\omega})+\frac{1-\cos\theta}{\theta^2}\boldsymbol{M}(\boldsymbol{\omega})^2 \tag{4.65}$$

其中，$\boldsymbol{M}(\boldsymbol{\omega})$ 由式（4.63）定义，θ 是矢量 $\boldsymbol{\omega}$ 的模（即 $\theta=\|\boldsymbol{\omega}\|$）。式（4.65）就是著名的 Rodrigues 公式，可参见第 3 章。由矩阵的指数定义和 $\sin\theta$、$\cos\theta$ 展开级数可以很容易验证 Rodrigues 公式。旋转矩阵 $\boldsymbol{R}$ 和 3D 矢量 $\boldsymbol{\omega}$ 之间的关系可由 Rodrigues 公式给出，即

$$\boldsymbol{P}=e^{\boldsymbol{M}(\boldsymbol{\omega})}=\boldsymbol{I}+\frac{\sin\theta}{\theta}\boldsymbol{M}(\boldsymbol{\omega})+\frac{1-\cos\theta}{\theta^2}\boldsymbol{M}(\boldsymbol{\omega})^2 \tag{4.66}$$

其中，$\theta=\|\boldsymbol{\omega}\|=\sqrt{\omega_1^2+\omega_2^2+\omega_3^2}$ 是旋转角速度。容易验证，$\boldsymbol{P}\boldsymbol{P}^{\mathrm{T}}=\boldsymbol{I}$，即 $\boldsymbol{P}$ 是正交矩阵。

设空间有一个物体 A，相对于坐标原点的平移速度 $\boldsymbol{T}=\begin{bmatrix}t_1\\t_2\\t_3\end{bmatrix}$，同时伴有旋转速度 $\boldsymbol{\omega}=(\omega_1,\omega_2,\omega_3)^{\mathrm{T}}$，则对于物体 A 上一点 P 的坐标为(X,Y,Z)，经过一个小时的时间间隔 Δt 后运动到 P'，坐标为 (X',Y',Z')，则

$$\begin{bmatrix}X'\\Y'\\Z'\end{bmatrix}=\left[\boldsymbol{I}+\frac{\sin(\theta\Delta t)}{\theta\Delta t}\boldsymbol{M}(\boldsymbol{\omega}\Delta t)+\frac{1-\cos(\theta\Delta t)}{(\theta\Delta t)^2}\boldsymbol{M}(\boldsymbol{\omega}\Delta t)^2\right]\begin{bmatrix}X\\Y\\Z\end{bmatrix}+\boldsymbol{T}\Delta t \tag{4.67}$$

位移矢量差为

$$\begin{bmatrix}\Delta X\\\Delta Y\\\Delta Z\end{bmatrix}=\begin{bmatrix}X'\\Y'\\Z'\end{bmatrix}-\begin{bmatrix}X\\Y\\Z\end{bmatrix}=\left[\frac{\sin(\theta\Delta t)}{\theta\Delta t}\boldsymbol{M}(\boldsymbol{\omega}\Delta t)+\frac{1-\cos(\theta\Delta t)}{(\theta\Delta t)^2}\boldsymbol{M}(\boldsymbol{\omega}\Delta t)^2\right]\begin{bmatrix}X\\Y\\Z\end{bmatrix}+\boldsymbol{T}\Delta t \tag{4.68}$$

记点 P 处的瞬时速度矢量为 $[\dot{\boldsymbol{X}},\dot{\boldsymbol{Y}},\dot{\boldsymbol{Z}}]$，则

$$\begin{aligned}\begin{bmatrix}\dot{\boldsymbol{X}}\\\dot{\boldsymbol{Y}}\\\dot{\boldsymbol{Z}}\end{bmatrix}&=\lim_{\Delta t\to 0}\frac{1}{\Delta t}\begin{bmatrix}\Delta X\\\Delta Y\\\Delta Z\end{bmatrix}\\&=\lim_{\Delta t\to 0}\frac{1}{\Delta t}\left[\frac{\sin(\theta\Delta t)}{\theta\Delta t}\boldsymbol{M}(\boldsymbol{\omega}\Delta t)+\frac{1-\cos(\theta\Delta t)}{(\theta\Delta t)^2}\boldsymbol{M}(\boldsymbol{\omega}\Delta t)^2\right]\begin{bmatrix}X\\Y\\Z\end{bmatrix}+\boldsymbol{T}\\&=\boldsymbol{M}(\boldsymbol{\omega})\begin{bmatrix}X\\Y\\Z\end{bmatrix}+\boldsymbol{T}\\&=\begin{bmatrix}\omega_1\\\omega_2\\\omega_3\end{bmatrix}\times\begin{bmatrix}X\\Y\\Z\end{bmatrix}+\boldsymbol{T}\end{aligned} \tag{4.69}$$

所以，给定空间物体的运动参数，在空间确定了一个 3D 运动矢量场，同时从式（4.69）可以看出，对于同一个物体的 3D 运动场瞬时速度矢量是位置的线性函数，因此该函数是连续的。

4.4.3 3D 运动场到 2D 速度场的投影转换模型

3D 空间中的一点 P 的坐标 (X,Y,Z) 和它的像点 p 在图像平面上的 2D 坐标 (x,y) 之间的关系由投影方程（4.57）确定。若点 P 是运动的，则它的像点 p 也随之运动，这时它们的坐标可以看成时间 t 的函数。在式（4.58）两边分别对时间 t 求导得 $(u=\dot{x},v=\dot{y})$

$$\begin{cases} u=\dfrac{\dot{X}}{Z}-\dfrac{X\dot{Z}}{Z^2}=\dfrac{\dot{X}}{Z}-x\dfrac{\dot{Z}}{Z} \\ v=\dfrac{\dot{Y}}{Z}-\dfrac{Y\dot{Z}}{Z^2}=\dfrac{\dot{Y}}{Z}-y\dfrac{\dot{Z}}{Z} \end{cases} \tag{4.70}$$

设点 P 的运动由平移速度 $\boldsymbol{T}=\begin{bmatrix} t_1 \\ t_2 \\ t_3 \end{bmatrix}$ 和旋转速度 $\boldsymbol{\omega}=(\omega_1,\omega_2,\omega_3)^{\mathrm{T}}$ 确定，点 P 的 3D 综合运动速度由式（4.69）给出，代入式（4.70）得

$$\begin{cases} u=-xy\omega_1+(1+x^2)\omega_2-y\omega_3+\dfrac{t_1-xt_3}{Z} \\ v=-(1+y^2)\omega_1+xy\omega_2+x\omega_3+\dfrac{t_2-yt_3}{Z} \end{cases} \tag{4.71}$$

这样我们就得到了 3D 运动所对应的 2D 速度场，但是式（4.71）中含有点 P 的坐标分量 Z，即 2D 速度场还不能由运动物体的运动参数唯一确定。

2D 速度场的确定需要借助运动物体的几何信息。通常情况下，3D 物体所对应的 2D 图像主要由物体的表面完全决定，所以我们只需考虑曲面的运动情况。由于空间普通曲面的解析表达式一般很难直接给出，有时即使能够给出，表达式也相当复杂，因此并不能够从式（4.71）中消掉坐标分量 Z。在目前的研究中，只能针对最简单的曲面形式——平面，得到 3D 运动平面片的 2D 图像速度场。

如图 4.11 所示，透视投影模型中有一个运动平面片，在某个时刻该平面片在 3D 坐标系中的方程为

$$Z=pX+qY+r \tag{4.72}$$

该时刻平面片有相对于 3D 坐标原点的平移速度 $\boldsymbol{T}=(t_1,t_2,t_3)^{\mathrm{T}}$，旋转速度 $\boldsymbol{\omega}=(\omega_1,\omega_2,\omega_3)$。根据平面片的方程（4.72）和式（4.58）可以解得

$$Z=\frac{r}{1-px-qy} \tag{4.73}$$

把式（4.73）代入式（4.71）得

$$\begin{cases} u=u_0+Ax+By+(Ex+Fy)x \\ v=v_0+Cx+Dy+(Ex+Fy)y \end{cases} \tag{4.74}$$

其中

$$\begin{cases} u_0 = \omega_2 + \dfrac{t_1}{r}, & v_0 = -\omega_1 + \dfrac{t_2}{r} \\ A = -\dfrac{1}{r}(t_1 p + t_3), & B = -\omega_3 - \dfrac{t_1 q}{r} \\ C = \omega_3 - \dfrac{t_2 p}{r}, & D = -\dfrac{1}{r}(t_2 p + t_3) \\ E = \omega_2 + \dfrac{t_3 p}{r}, & F = -\omega_1 + \dfrac{t_3 q}{r} \end{cases} \tag{4.75}$$

式（4.74）在计算机视觉研究中一般称为平面片的光流方程。平面片的光流方程是关于点(x, y)的二次函数，由 8 个参数（$u_0, v_0, A, B, C, D, E, F$）完全决定，这 8 个参数由式（4.75）给出。可以看出平面片的光流方程由平面片的解析表达式参数和运动参数完全确定。

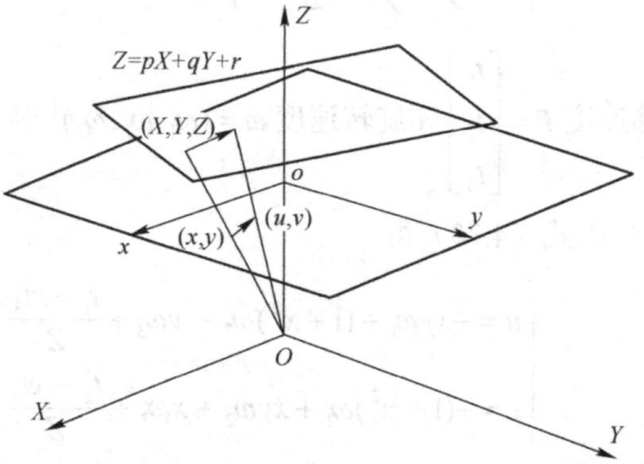

运动平面片 $Z = pX + qY + r$，相对于原点的平移速度为 (t_1, t_2, t_3)，旋转速度为 $(\omega_1, \omega_2, \omega_3)$，在图像平面上产生光流 (u, v)

图 4.11　运动平面片

4.4.4　2D 速度场的局部拟合及 3D 运动参数估计

虽然我们目前只能分析出平面片的光流方程（4.74），对于一般的普通曲面片的 2D 速度场还没有一个比较简单的解析表达式，但是我们知道，曲面片常常可以看成是由大量的小平面片拼接而成的，这种近似在理论上和工程实践中都是可行的（如在计算机辅助设计中就是采用小平面片来拼接复杂曲面片的），因此我们可以把图像上的一个足够小的运动区域看成是一个小的平面片的像，用形如方程（4.74）右边的多项式去近似拟合这个运动区域的光流场。在这个拟合中，需要估计 8 个待估参数（$u_0, v_0, A, B, C, D, E, F$）的值，理论上需要 4 个点的光流矢量（一个点确定两个方程），但在实际中考虑到不同点的光流矢量有可能相关，或者为增强拟合的稳定性，常常用多于 4 个点的光流矢量来估计待估的 8 个参数值。

近代回归分析的研究成果表明，一方面，拟合方程中的待估参数越多，拟合后的近似效果越差；另一方面，平面片的光流方程（4.74）的形式比较特殊，不具有普遍性。所以在对 2D 光流场进行局部拟合时，可以采用如式（4.76）所示的更一般的二次多项式，即

$$\begin{cases} u = a_0 + a_1 x + a_2 y + a_3 x^2 + a_4 y^2 + a_5 xy \\ v = b_0 + b_1 x + b_2 y + b_3 x^2 + b_4 y^2 + b_5 xy \end{cases} \tag{4.76}$$

在这个拟合模型中含有 12 个待估参数，即 12 个回归系数。根据这些待估参数的取值情况，

分别提出如下关于待估参数的假设检验条件 H_0 和 H_1，即

$$H_0\text{：}\ a_3 = a_4 = a_5 = b_3 = b_4 = b_5 = 0$$

$$H_1\text{：}\ a_4 = b_3 = 0, a_3 = b_5, a_5 = b_4$$

进而可以将拟合模型方程（4.76）分解为以下三个子模型。

1. 仿射变换模型

当假设检验条件 H_0 为真时，拟合模型方程（4.76）变为如下的仿射变换模型

$$\begin{cases} u = a_0 + a_1 x + a_2 y \\ v = b_0 + b_1 x + b_2 y \end{cases} \tag{4.77}$$

仿射变换模型实质上可以看成运动平面片在正交投影变换下的光流。在正交投影变换下可得

$$\begin{cases} u = \dot{X} = Z\omega_2 - y\omega_3 + t_1 \\ v = \dot{Y} = x\omega_3 - Z\omega_1 + t_2 \end{cases} \tag{4.78}$$

把平面方程（4.72）代入式（4.78）并结合正交投影方程（4.58）可得

$$\begin{cases} u = p\omega_2 x + \left(q\omega_2 - \omega_3\right) y + r\omega_2 + t_1 \\ v = \left(\omega_3 - p\omega_1\right) x - q\omega_1 y - r\omega_1 + t_2 \end{cases} \tag{4.79}$$

将

$$\begin{cases} a_0 = t_1 + r\omega_2,\ a_1 = p\omega_2,\ a_2 = q\omega_2 - \omega_3 \\ b_0 = t_2 - r\omega_1,\ b_1 = \omega_3 - p\omega_1,\ b_2 = -q\omega_1 \end{cases} \tag{4.80}$$

代入式（4.79）即得仿射变换模型（4.77）。

2. 平面片光流模型

当假设检验条件 H_0 不为真，但 H_1 为真时，变换拟合模型方程（4.76），则有

$$\begin{cases} u = a_0 + a_1 x + a_2 y + a_3 x^2 + a_5 xy \\ v = b_0 + b_1 x + b_2 y + a_3 xy + a_5 y^2 \end{cases} \tag{4.81}$$

式（4.81）与平面片的光流方程（4.74）类似。

3. 一般二次多项式模型

当假设检验条件 H_0 与 H_1 都不为真时，拟合模型方程（4.76）的形式不变，是一般的二次多项式。一般二次多项式模型可以看成普通抛物面在正交投影下的光流方程。

在通常情况下，普通抛物面的解析方程可以用下式表示

$$Z = p_0 + p_1 X + p_2 Y + p_3 X^2 + p_4 Y^2 + p_5 XY \tag{4.82}$$

结合正交投影方程（4.58）和式（4.78）得

$$\begin{cases} u = (t_1 + p_0\omega_2) + p_1\omega_2 x + (p_2\omega_2 - \omega_3) y + p_3\omega_2 x^2 + p_4\omega_2 y^2 + p_5\omega_2 xy \\ v = (t_2 - p_0\omega_1) + (\omega_3 - p_1\omega_1) x - p_2\omega_1 y - p_3\omega_1 x^2 - p_4\omega_1 y^2 - p_5\omega_1 xy \end{cases} \tag{4.83}$$

将

$$\begin{cases} a_0 = t_1 + p_0\omega_2, & b_0 = t_2 - p_0\omega_1 \\ a_1 = p_1\omega_2, & b_1 = \omega_3 - p_1\omega_1 \\ a_2 = p_2\omega_2 - \omega_3, & b_2 = -p_2\omega_1 \\ a_3 = p_3\omega_2, & b_3 = -p_3\omega_1 \\ a_4 = p_4\omega_2, & b_4 = -p_4\omega_1 \\ a_5 = p_5\omega_2, & b_5 = -p_5\omega_1 \end{cases} \tag{4.84}$$

代入式（4.83）即可得到一般二次多项式模型（4.76）。

从一般二次多项式模型（4.76）出发，在对 2D 速度场进行拟合时，首先检验条件 H_0 是否为真，若 H_0 为真，则采用仿射变换模型（4.77）拟合；若 H_0 不为真，则检验条件 H_1 是否为真。若 H_1 为真，则采用平面片光流模型（4.81）拟合；若 H_1 也不为真，则采用一般二次多项式模型（4.83）拟合。

4.5 本章小结

光流估计是计算机视觉中的经典问题，在运动估计、运动分割、目标检测与跟踪、行为识别等领域有广泛应用。通过式（4.3）和式（4.5）的基本推导，得到基本的光流方程。这种 2D 运动约束方程或者称为梯度约束方程属于欠定方程，需要增加约束条件才能求解。传统最常用算法包括 Lucas-Kanada 算法和 Horn-Schunck 算法。Lucas-Kanada 算法根据局部恒常性特点，每个像素点的局部区域在前后帧之间都变化不大，因此将光流方程用于点的局部区域，选取一定量的点，获得超定方程组，采用最小二乘法或加权最小二乘法（越靠近计算点的权重越大）求解。但这种局部假设一般要求运动满足微分光流方程的近似先决条件，若不满足，则需要进行一些变化，如采用图像金字塔减小图像的尺寸，然后再运行该算法。Horn-Schunck 算法则直接利用图像光流具有连续、平滑的特点，从而将保真项和平滑约束项通过正则化参数形成最小化能量函数，通过对泛函求极小得到欧拉—拉格朗日方程求解。Lucas-Kanada 算法可以对一组点进行求解，属于稀疏光流求解，而 Horn-Schunck 算法对每个像素点求解，属于稠密光流求解，但该算法的实时性都较差，实际应用中需要简化和硬件化，此外多光源、遮挡、噪声和透明性等多方面的原因，光流场基本方程中的灰度守恒这个假设条件很难满足，因此往往无法求解出正确的光流场，并且 Horn-Schunck 算法受噪声影响较大，因此该算法多适用于目标运动速度不快和图像噪声较小的情况。

伴随深度学习在计算机视觉领域的成功应用，光流估计领域也尝试采用深度学习算法来进行计算。其中 FlowNet 是第一个尝试使用 CNN 来进行光流预测工作的研究者，他将光流估计问题转化为一个有监督的深度学习问题。问题可以描述为 $\text{OF} = \text{DeepNet}(X_1, X_2, W)$，其中网络输入为 X_1, X_2 两帧图像，需要学习的参数为 W，输出为光流。通过建立合成数据库，获得了较好的结果，尽管该算法的性能与传统最优算法的性能有一定差距，但采用深度学习算法也可以进行光流估计。此后，FlowNet 2.0 进一步提升了基于深度学习的光流估计的性能，与传统最优算法的性能相当，其速度在 GPU 上可达每秒 100 帧以上。此后提出了一系列基于深度学习的光流估计与应用算法，并取得了很好的效果，感兴趣的读者请阅读相关文献。

参考文献

[1] Gibson, J. J. (1950). *The Perception of the Visual World*. Houghton Mifflin.

[2] B. K. Horn, B. G. Schunck. Determining Optical Flow[J]. Artificial Intelligence, 1981, 17(10): 185～203.

[3] B. Lucas, T. Kanada. An Iterative Image Registration Technique with an Application to Stereo Vision[J]. Artificial Intelligence, Vancouver, Canada, Aug, 1981: 674-679.

[4] 马颂德，张正友. 计算机视觉-计算理论与算法基础[M]. 北京：科学出版社，1998: 235-239.

[5] 关兴来，谢晓竹. 基于光流的运动目标检测跟踪快速算法[J]. 微计算机信息，2012: 28(10).

[6] Edward H. Adelson, James R. Bergen. The extraction of spatiotemporal energy in human and machine vision[A]. Proceedings of the Workshop on Motion: Representation and Analysis[C]. SC: Charleston, 1986:151-155.

[7] Thomas B, Bodo R, Juergen G. Combined Region and Motion-Based 3D Tracking of Rigid and Articulated Objects[J]. IEEE Transactions on Pattern Analysis and Machine Intelligence, 2010, 32(3): 402-415.

[8] 于仕琪，刘瑞祯. 学习 opencv[M]. 北京：清华大学出版社，2009: 356-369.

[9] 程立英，张丹，赵姝颖，等. 一种基于 TLD 改进的视觉跟踪算法[J]. 科学技术与工程，2013, 13(9): 11-13.

[10] 朱克忠. 一种运动目标检测与跟踪快速算法的研究[J]. 科技资讯, 2007, 20:254-255.

[11] 张凯. 视频运动检测算法的研究和分析[J]. 2007, 27(1): 26-28.

[12] Barman H., Haglund L., Knutsson, H. Estimation of velocity, acceleration and disparity in time sequences[A]. Proceedings of the IEEE Workshop on Visual Motion[C]. Washington: IEEE Press, 7-9 Oct. 1991: 44-51.

[13] Bigun J., Granlund G. H., Wiklund, J. Multidimensional orientation estimation with applications to texture analysis and optical flow[J]. IEEE Transactions on Pattern Analysis and Machine Intelligence, 1991, 13(8): 775-790.

[14] Haglund L. Adaptive multidimensional filtering[D]. Ph. D. dissertation, Dept. Electrical Engineering, Univ. of Linkoping, 1992.

[15] David J. Heeger. Optical flow using spatiotemporal filters[J]. INTERNATIONAL JOURNAL OF COMPUTER VISION, 1988, 1(4): 279-302.

[16] Fleet D. J., Jepson A. D. Computation of component image velocity from local phase information[J]. Intern. J. Comput, 1990, 5:77-104.

[17] Fleet D. J., Heeger D. J. Wagner H. Modeling binocular neurons in primary visual cortex[A]. Jenkin M., Harris L. (eds.), Computational and Biological Mechanisms of Visual Coding[C]. Cambridge University Press, 1996: 103-130.

[18] Fleet D. J., Jepson A. D. Stability of phase information[J]. IEEE Transactions on Pattern Analysis and Machine Intelligence, December 1993, 15(12): 1253-1268.

[19] Gautama, T., Van Hulle, M. A. A phase-based approach to the estimation of the optical flow field using spatial filtering[J]. IEEE Transactions on NeuralNetworks, 2002, 13(5): 1127-1136.

[20] 段先华，王元全，王平安，等. 利用 Gabor 滤波的相位图像进行光流估计[J]. 计算机辅助设计与图

形学学报，2005, 17(10): 2157-2167.

[21] Buxton Bf, Buxton H. Computation of optic flow from the motion of edge features in image sequences[J]. Image and Vision Computing, 1984, 2(2): 59-75.

[22] Duncan J. H., Chou T. C. Temporal edges: The detection of motion and computation of optical flow[A]. Proc. 2nd. Intern. Conf. Comput. Vis. [C]. DC, USA: IEEE Computer Society Washington, 1988: 374-382.

[23] Ellen C. Hildreth. The computation of the velocity field[C]. Proceedings of the Royal Society of London. Series B, Biological Sciences[C]. London: The Royal Society, 1984: 189-220.

[24] N. Ohta. Optical flow detection by color images[A]. Proceedings of IEEE International Conference on Image Processing[C], Pan Pacific, Singapore. DC, USA: IEEE Computer Society Washington, 1989: 801-805.

[25] Jiansu Lai, John Gauch, J. Crisman. Using color to compute optical flow[J]. Intelligent Robot and computer vision XII, 1993, 2056: 186-194.

[26] Jiansu Lai, John Gauch, J. Crisman. Computing optical flow in color image sequences[J]. Innovation and Technology in Biology and Medicine, 1994, 15(1): 76-87.

[27] P. Golland, A. M. Bruckstein. Motion from color[J]. Computer Vision and Image Understanding, 1997, 68(3): 346-362.

[28] Andrews R J, Lovell B C. Color optical flow[J]. Workshop on Digital Image Computingm 2003, 1(1): 135-139.

[29] Madjidi H, Negahdaripour S. On robustness and localization accuracy of optical flow computation from color imagery[A]. Proceedings of the 3D Data Processing, Visualization and Transmission, 2nd International Symposium on(3DPVT'04)[C]. DC, USA: IEEE Computer Society Washington, 2004: 317-324.

[30] Arshad Jamal, K. S. Venkatesh. A New Color Based Optical Flow Algorithm for Environment Mapping Using a Mobile Robot[A]. 22nd IEEE International Symposium on Intelligent Control Part of IEEE Multi-conference on Systems and Control Singapore[C]. DC, USA: IEEE Computer Society Washington, 2007: 567-572.

[31] Simon Denman, Clinton Fookes, Sridha Sridharan. Improved Simultaneous Computation of Motion Detection and Optical Flow for Object Tracking[A]. 2009 Digital Image Computing: Techniques and Applications[C], DC, USA: IEEE Computer Society Washington, 2009: 175-182.

[32] G. Buchsbaum. A spatial processor model for object color perception[J]. Journal of the Franklin Institute, 1980, 7(1): 1-26.

[33] Liu Haiying, Chellappa Rama, Rosenfeld Azriel. Accurate dense optical flow estimation using adaptive structure tensors and a parametric model[J]. IEEE Transactions on Image Processing, 2003, 12(10): 1170-1180.

[34] G. Farneback. Fast and accurate motion estimation using orientation tensors and parametric motion models[A]. Proceedings of 15th International Conference on Pattern Recognition [C]. Washington DC, USA: IEEE Computer Society Washington, 2000, 9(1): 135-139.

[35] Jorgen Karlholm. Local signal models for image sequence analysis[D]. PhD Dissertation, Dept Electrical

engineering, Linkoping, Sweden: Linkoping University:1998.

[36] 关键，李茂宽. 几何代数域内的光流场改进算法[J]. 海军航空工程学院学报，2008, 23(1)：9-12.

[37] 李茂宽，关键. 基于几何代数的彩色光流场计算[J]. 光学学报，2009，29(10)： 2837-2841.

[38] 裴继红，叶佩玲，谢维信. 基于四元同质微分的彩色光流估计[J]. 电子与信息学报，2009, 31(11)：2614-2619.

[39] Grossberg S., Mingollaa E. Neural dynamics of visual motion perception: local detection and global grouping[J]. Neural networks for vision and image processing. Massachusetts: MIT Press, 1992: 293-342.

[40] 刘国锋，诸昌钤. 光流的计算技术[J]. 西南交通大学学报，1997，32(6)：656-662.

[41] Bruggeman H, Zosh W, Warren WH. Optic flow drives human visuo-locomotor adaptation[J]. Current Biology, 2007, 17(23): 2035-2040.

[42] Zhou Y. T., Chellappa R. Computation of optical flow using a neuralnetwork[A]. IEEE International Conference on Neural Networks vol. 2[C]. Washington DC, USA: IEEE Computer Society Washington, 1988: 71-78.

[43] 杨建伟，陈震，危水根，等. 基于遗传算法的直线光流刚体运动重建[J]. 计算机工程，2009，35(8)：205-207.

[44] 马东民. 图像序列中的光流估计与运动分割[D]. 硕士学位论文. 中国，北京：中科院研究生院，2010.

[45] 张聪炫. 基于蚁群算法由直线光流场重建三维结构的研究[D]. 硕士学位论文. 中国，南昌：南昌航空工业大学，2010.

[46] Zhang Lei, Weng Yi-fang. Optical Flow Analysis Based on Cellular Neural Networks[A]. IPTC '10 Proceedings of the 2010 International Symposium on Intelligence Information Processing and Trusted Computing[C]. Washington, DC, USA: IEEE Computer Society, 2010: 454-457.

[47] 李宝旺，徐颖，李兵，等. 光流信息加工的神经基础[J]. 生理科学进展，2002, 33(4)：317-321.

[48] Robert J. Snowden, Alan B. Milne. The effects of adapting to complex motion: position invariance and tuning to spiral motions[J]. Journal of Cognitive Neuroscience, September 1996, 8(5): 435-452.

[49] M. C. MORRONE, DAVID C. BURR, LUCIA M. VAINA. Two stages of visual processing for radial and circular motion[J]. Nature, 10 August 2002, 376: 507- 509.

[50] Grossberg S., Mingollaa E. Neural dynamics of visual motion perception: local detection and global grouping[J]. Neural networks for vision and image processing. Massachusetts: MIT Press, 1992: 293-342.

[51] 李俊博，万明习. 基于遗传算法的非刚性体光流场估计方法[J]. 电子学报，2001, 29(1): 41-43.

[52] 张聪炫. 基于蚁群算法由直线光流场重建三维结构的研究[D]. 硕士学位论文. 中国，南昌：南昌航空工业大学，2010.

[53] Corpetti T., Mémin É., Pérez P. Dense estimation of fluid flows[J]. IEEETransactions on Pattern Analysis and Machine Intelligence, March 2002, 24(3): 365-380.

[54] 杨国亮，王志良，王国江，等. 基于非刚体运动光流算法的面部表情识别[J]. 计算机科学，2007, 34(3): 213-215.

[55] Jahne B., Haussecker H., Geissler P. Handbook of computer vision and applications[M]. Academic Press, 1999, 14(2): 297-422.

[56] Black, M. J., Fleet, D. J. Probabilistic detection and tracking of motion discontinuities[J]. Proceedings of the Seventh IEEE International Conference on Computer Vision (ICCV'99)[C]. Kerkyra, Greece. Los

Alamitos, CA: IEEE Computer Society, 1999: 551-558.

[57] Christian B. U. Perwass, Gerald Sommer. An iterative Bayesian techniquefor dense image point matching[A]. In Proceedings of Dynamic Perception[C]. Washington, DC, USA: IEEE Computer Society, 2002: 283-288.

[58] Kevin Köser, Christian Perwass, Gerald Sommer. Dense optic flow with a Bayesian occlusion model[A]. In Proceedings of SCVMA'2004[C]. 2004:127-139.

[59] Simoncelli E. P., Adelson E. H., Heeger D. J. Probability distributions of optical flow[A]. IEEE Computer Society Conference on Computer Vision and Pattern Recognition, 1991. Proceedings CVPR '91[C]. Washington, DC, USA: IEEE Computer Society, 1991: 310-315.

[60] Krishnamurthy R., Moulin, P., Woods J. Optical flow techniques applied to video coding[A]. International Conference on Image Processing vol. 1, 1995 [C]. Washington, DC, USA: IEEE Computer Society, 1995, 10: 570-573.

[61] Alvareza L. D., Rafael Molinaa B, Aggelos K. Katsaggelos. Motion estimation in high resolution image reconstruction from compressed video sequences[A]. 2004 International Conference on Image Processing, 2004. ICIP '04. Vol. 3 [C]. Washington, DC, USA: IEEE Computer Society, 2004: 1795-1798.

[62] Coimbra M.T., Davies, M. Approximating optical flow with the MPEG-2 compressed domain[J]. IEEE Transactions on Circuits and Systems for Video Technology, 2005, 15(1): 103-107.

[63] Rapantzikos, K. Zervakis, M. Robust optical flow estimation in MPEG sequences[A]. IEEE International Conference on Acoustics, Speech, and Signal Processing, 2005. Proceedings (ICASSP '05) [C]. 2005, 5(2): 893-896.

[64] 尤隽永，刘贵忠，李宏亮. 一种快速、鲁棒的压缩视频光流场估计算法[J]. 电子与信息学报，2007, 29(9): 2154-2157.

[65] HAUSSECKER H. W., FLEET D. J. Computing optical with phusical models of brightness variation[J]. IEEE Transactions on Pattern Analysis and Machine Intelligence, 2001, 23(6): 661-673.

[66] Negahdaripour S., Yu, C.-H. A generalized brightness chang model for computing optical flow[A]. Fourth International Conference on Computer Vision 1993[C]. Washington, DC, USA: IEEE Computer Society, 1993: 2 -11.

[67] S. H. Lai. Computation of optical flow under non-uniform brightness variations[J]. Pattern Recognition Letters, 2004, 25: 885-892.

[68] Daniilidis K., Kruger V. Optical flow computation in Log-Polar plane[A]. Proceedings of the 6 Th International conference on computer analysis of images and patterns[C]. Washington, DC, USA: IEEE Computer Society, 1995: 65-72.

[69] Yeasin M. Optical flow in Log-Mapped image plane-a new approach[J]. Trans on PAMI, 2002, 24(1): 125-131.

[70] D. Sun, S. Roth, M. Black. Secrets of optical flow estimation and their principles[J]. IEEE Conf. Computer Vision and Pattern Recognition, CVPR, 2010: 2432-2439.

[71] C. Zach, T. Pock, H. Bischof. A duality based approach for realtime tv-l 1 optical flow[J]. Pattern Recognition, 2007: 214-223.

[72] A. Wedel, T. Pock, C. Zachetal. AnimprovedalgorithmforTVL1opticalflow[J]. Statisticaland Geometrical Approaches to Visual Motion Analysis, Springer, 2009, (5064): 23-45.

[73] M. Black, P. Anandan. A framework for the robust estimation of optical flow[J]. Int'l Conf. Computer Vision, ICCV, 1993.

[74] M. J. Black, P. Anandan. The robust estimation of multiple motions: Parametric and Piecewise-Smooth flow fields[J]. Computer Vision and Image Understanding, 1996, 63(1): 75-104.

[75] A. Chambolle. Analgorithm for totalvariationminimizationandapplications[J]. Journalof Mathematical Imaging and Vision, 2004, 20(1): 89-97.

[76] D. Sun, S. Roth, J. Lewis et al. Learning optical flow. European Conf[J]. Computer Vision, ECCV, 2008: 83-97.

[77] D. Sun, E. Sudderth, M. Black. Layered image motion with explicit occlusions, temporal consistency, and depth ordering[J]. Advances in Neural Information Processing Systems, 2010, 23: 2226-2234.

[78] A. Ayvaci, M. Raptis, S. Soatto. Sparse occlusion detection with optical flow[J]. Int. J. Computer Vision, 2011.

[79] T. Nir, A. Bruckstein, R. Kimmel. Over-parameterized variational optical flow[J]. Int. J. Computer Vision, 2008: 205-216.

[80] J. Han, F. Qi, G. Shi. Enhancing gradient sparsity for parametrized motion estimation[J]. British Machine Vision Conf., BMVC, 2011.

[81] D. Donoho. Compressedsensing[J]. IEEE Trans. Inf. Theory, 2006, 52(4): 1289-1306.

[82] S. -J. Kim, K. Koh, M. Lustig, et al. An interior-point method for large-scale l1-regularized least squares[J]. IEEE Journal of Selected Topics in Signal Processing, 2007, 1(4): 606 -617.

[83] X. Shen, Y. Wu. Sparsity model for robust optical flowe stimation atmotion discontinuities[J]. IEEE Conf. Computer Vision and Pattern Recognition, CVPR, 2010: 2456-2463.

[84] J. Han, F. Qi, G. Shi. Gradient sparsity for piecewise continuous optical flow estimation[J]. IEEE Int'l Conf. Image Processing, ICIP, 2011: 2341-2344.

[85] E. Simoncelli, E. Adelson, D. Heeger. Probability distribution sofoptical flow[J]. IEEE Conf. Computer Vision and Pattern Recognition, CVPR, 1991: 310-315.

[86] S. Roth, M. J. Black. On the spatial statistics of optical flow[J]. Int. J. Computer Vision, 2007, 74: 33-50.

[87] A. Dosovitskiy et al., FlowNet: Learning Optical Flow with Convolutional Networks[J]. 2015 IEEE International Conference on Computer Vision (ICCV), Santiago, Chile, 2016: 2758-2766.

[88] E. Ilg, N. Mayer, T. Saikia, M. Keuper, A. Dosovitskiy and T. Brox, FlowNet 2.0: Evolution of Optical Flow Estimation with Deep Networks[J]. 2017 IEEE Conference on Computer Vision and Pattern Recognition (CVPR), Honolulu, Hawaii, USA, 2017: 1647-1655.

[89] R. Schuster, C. Bailer, O. Wasenmuller, D. Stricker. Combing Stereo Disparity and Optical Flow for Basic Scene Flow. Arxiv: 1801.04720v1. 15 Jan. 2018.

[90] C. Zhao, L. Sun, P. Purkait, T. Duckett, R. Stolkin. Learning Monocular Visual Odometry with Dense 3D Mapping from Dense 3D Flow. Arxiv: 1803.02286v2. 25 Jul. 2018.

[91] Z. Y. Lv, K. Kim, A. Troccoli, D. Q. Sun, J. M. Rehg, J. Kautz. Learning Rigidity in Dynamic Scenes with a Moving Camera for 3D Motion Field Estimation. Arxiv: 1804.04529. 30 Jul. 2018.

[92] Z. H. Yang, P. Wang, Y. Wang, W. Xu, R. Nevatia. Every Pixel Counts:Unsupervised Geometry Learning with Holistic 3D Motion Understanding. Arxiv:1806.10556v2. 15 Aug. 2018.

[93] A Ranjan, J. Romero, M. J. Black. Learning Human Optical Flow. Arxiv:1806.05666v2, 22, Jul. 2018.

[94] Y. L. Zou, Z. L. Luo, J. B. Huang. DF-Net: Unsupervised Joint Learning of Depth and Flow Using Cross-Task Consistency. Arxiv: 1809.01649v1. 5 Sep. 2018.

[95] Z. Cao, A. Kar, C. Haene, J. Malik. Learning Independent Object Motion from Unlabelled Stereoscopic Videos. arXiv:1901.01971v2, 8 Jan 2019.

第 5 章 差分运动分析及基于核函数的视觉跟踪

5.1 基于差分方法的光流计算

5.1.1 光流通用模型

HS 模型最早由 Horn 和 Schunck 提出，这种模型以灰度图像序列为研究对象，其前提是基于亮度常值和平滑性假设，最终计算出图像序列所对应的光流场，该模型是用变分方法进行光流计算的经典模型。其能量函数为

$$E(u)=\int_{\Omega}(u^{\mathrm{T}}\nabla_3 f)^2+a\sum_{i=1}^{2}\left|\nabla u_i\right|^2\mathrm{d}x \tag{5.1}$$

该能量泛函中的$(u^{\mathrm{T}}\nabla_3 f)^2$为数据项，意义在于约束需要处理的图像的灰度值不会随时间改变。第二项$a\sum_{i=1}^{2}\left|\nabla u_i\right|^2$为光滑项，也称规则项，这项的意义在于能约束模型经过计算后得到平滑的光流场。惩罚参数 a 取正数，它的取值越小，表示图像序列对应的光流场越复杂。

假设用$f(x_1,x_2,x_3)$来表示原始图像，在图像区域$\Omega_2\in R^2$中，某个像素点的位置可以表示为$(x_1,x_2)^{\mathrm{T}}$，$x_3\in[0,T]$表示时间，则$f(x_1,x_2,x_3)$的含义为x_3时刻对应的图上某点(x_1,x_2)处的图像灰度值。$D^k f$ 为图像序列 f 的 k 阶偏导数，并且相邻两帧之间的时间间隔是 1，即$\Delta x_3=1$。可以得到一个通用模型为

$$E(u)=\int_{\Omega}(M(D^k f,u)\ +aS(\nabla f,\nabla u))\mathrm{d}x \tag{5.2}$$

以上能量泛函中的Ω表示时间域或者空间域，$M(D^k f,u)$表示数据项，$S(\nabla f,\nabla u)$表示光滑项，并且$u(x_1,x_2,x_3)=(u_1(x_1,x_2,x_3),\ u_2(x_1,x_2,x_3),1)^{\mathrm{T}}$是最终要求得的光流场。

但是能量泛函（5.2）是有局限性的，即该函数必须是凸函数。变分方法是一种全局性方法，为了能够通过全局优化并找到唯一的最优解，就必须要有足够的信息。因此若数据项$M(D^k f,u)$的值比较小，则表明图像能提供的图像信息不足，就难以取得唯一的最优解，为了得到满意的结果，需要从光滑项中获取更多的图像信息。除此之外，为了使模型能够通过使用泰勒公式展开求解，就必须满足一个前提，这个前提就是在处理过程中假定相邻两帧之间的位移小于或者等于一个像素，否则会出现较大的误差，故不能得到理想的光流场，这一点也正是小位移光流计算与大位移光流计算的差别所在。

5.1.2 模型数据项

一般来说，先验知识的内容中包括图像获取时的环境状况，如光照变化的发生，受噪声的影响程度及旋转和平移运动等各种运动类型的信息。光流计算模型中数据项的选择是由先验知识来确定的，要想获得理想的光流场，需要具体问题具体分析。当获得目标图像时，根据不同的情况，从常见的 6 种不同的光照条件和运动类型假设中选择合适的数据项。

表 5.1 中列出了 6 种模型的先验条件假设，包括光照变化和运动类型两个方面，针对不同的情况总结了数据项的模型表达。

表 5.1　6 种模型的先验条件假设

$M(D^k f,u)$	$\rho(u)$	J^*	J	常值假设	光照变化	运动类型
M_1	$u^{\mathrm{T}}\nabla_3 f$	$\nabla_3 f$	$\nabla_2 f$	亮度常值	无	任意
M_2	$\sum_{i=1}^{2} u^{\mathrm{T}}\nabla_3 f_{x_i}$	$\sum_{i=1}^{2}\nabla_3 f_{x_i}$	$\sum_{i=1}^{2}\nabla_2 f_{x_i}$	梯度常值	有	平移、缓慢旋转等
M_3	$\sum_{i=1}^{2}\sum_{j=1}^{2} u^{\mathrm{T}}\nabla_3 f_{x_i x_j}$	$\sum_{i=1}^{2}\sum_{j=1}^{2}\nabla_3 f_{x_i x_j}$	$\sum_{i=1}^{2}\sum_{j=1}^{2}\nabla_2 f_{x_i x_j}$	Hessian 矩阵常值	有	任意
M_4	$u^{\mathrm{T}}\nabla_3 \lvert\nabla_2 f\rvert$	$\nabla_3 \lvert\nabla_2 f\rvert$	$\nabla_2 \lvert\nabla_2 f\rvert$	梯度范数常值	有	任意
M_5	$u^{\mathrm{T}}\nabla_3 \lvert\Delta_2 f\rvert$	$\nabla_3 \lvert\Delta_2 f\rvert$	$\nabla_2 \lvert\Delta_2 f\rvert$	拉普拉斯算子常值	有	任意
M_6	$u^{\mathrm{T}}\nabla_3 \det(H_2 f)$	$\nabla_3 \det(H_2 f)$	$\nabla_2 \det(H_2 f)$	Hessian 矩阵行列式常值	有	任意

接下来将分别讨论这 6 种不同情况下数据项的确定。

1. 亮度常值

若以图像的灰度值来表示亮度，则图像序列的灰度值是常值。那么对于相邻的两帧图像，即假设时刻 x_3 与时刻 x_3+1 之间的亮度不变，则可以表示为

$$f(x_1+u_1,x_2+u_2,x_3+1)-f(x_1,x_2,x_3)=0 \tag{5.3}$$

由式（5.3）可以看出，u_1 和 u_2 的约束是隐式显示的，并且是非线性的。倘若再假定图像的亮度，即灰度值随着时间和空间的变化是均匀的，而且图像序列中相邻两幅图像中的物体位移可以近似地看成小于一个像素点，并且满足小位移光流计算条件，则式（5.3）左侧就可在点 (x_1,x_2) 处采用一阶泰勒公式进行展开，则有

$$f(x_1+u_1,x_2+u_2,x_3+1)=f(x_1,x_2,x_3)+f_{x_1}u_1+f_{x_2}u_2+f_{x_3} \tag{5.4}$$

因此式（5.3）可简化为

$$f_{x_1}u_1+f_{x_2}u_2+f_{x_3}=0 \tag{5.5}$$

由于该方程有两个变量，因此无法确定它的唯一解。为了解决这个问题，Horn 和 Schunck 以上述假设为前提把计算光流场转化成求能量泛函的极小值。该能量泛函为

$$E(u)=\iint_O ((f_{x_1}u_1+f_{x_2}u_2+f_{x_3})^2+\alpha\sum_{i=1}^{2}|\nabla u_i|^2\,\mathrm{d}x_1\mathrm{d}x_2 \tag{5.6}$$

其中，α 为加权参数，α 越大最终得到的光流场就越大，这是因为式（5.6）中的数据项为

$$f_{x_1}u_1 + f_{x_2}u_2 + f_{x_3} = u^{\mathrm{T}} \cdot \nabla_3 f \tag{5.7}$$

则式（5.6）可以表示为

$$E(u) = \iint_{O} (u^{\mathrm{T}}\nabla_3 f)^2 + \alpha\sum_{i=1}^{2}\left|\nabla u_i\right|^2 \mathrm{d}x_1\mathrm{d}x_2 \tag{5.8}$$

最终需要求解的是

$$\min\left\{\iint_{\Omega} (u^{\mathrm{T}}\nabla_3 f)^2 + \alpha\sum_{i=1}^{2}\left|\nabla u_i\right|^2 \mathrm{d}x_1\mathrm{d}x_2\right\} \tag{5.9}$$

为了减小运算符号的复杂度，这里我们把 u_1 和 u_2 分别用 u 和 v 来代替，那么将式（5.9）展开得

$$\min\left\{\iint_{\Omega} ((f_{x_1}u_1 + f_{x_2}v + f_{x_3})^2 + \alpha(u_{x_1}^2 + u_{x_2}^2 + v_{x_1}^2 + v_{x_2}^2))\mathrm{d}x_1\mathrm{d}x_2\right\} \tag{5.10}$$

即

$$\min\left\{\iint_{\Omega} F(u,v,u_{x_1},u_{x_2},v_{x_1},v_{x2})\mathrm{d}x_1\mathrm{d}x_2\right\} \tag{5.11}$$

其中

$$F(u,v,u_{x_1},u_{x_2},v_{x_1},v_{x_2}) = (f_{x_1}u + f_{x_2}v + f_{x_1})^2 + a(u_{x_1}^2 + u_{x_2}^2 + v_{x_1}^2 + v_{x_2}^2) \tag{5.12}$$

以下将 $F(u,v,u_{x_1},u_{x_2},v_{x_1},v_{x2})$ 简写为 F，对 u 的偏导数简写为 F_u，对 v 的偏导数简写为 F_v，然后我们通过变分方法，可得到相对应的 Euler-Lagrange 方程为

$$\begin{cases} F_u - \dfrac{\partial F_{u_{x_1}}}{\partial x_1} - \dfrac{\partial F_{u_{x_2}}}{\partial x_2} = 0, & \text{在}\Omega\text{区域中} \\ F_v - \dfrac{\partial F_{v_{x_1}}}{\partial x_1} - \dfrac{\partial F_{v_{x_2}}}{\partial x_2} = 0, & \text{在}\Omega\text{区域中} \\ \dfrac{\partial u}{\partial n^r} = 0, & \text{在}\Omega\text{区域中} \\ \dfrac{\partial v}{\partial n^r} = 0, & \text{在}\Omega\text{区域中} \end{cases} \tag{5.13}$$

F 对 u 求偏导数为

$$F_u = 2f_{x_1}(f_{x_1}u + f_{x_2}v + f_{x_3}) \tag{5.14}$$

F 对 v 求偏导数为

$$F_v = 2f_{x_1}(f_{x_1}u + f_{x_2}v + f_{x_3}) \tag{5.15}$$

则有

$$\begin{cases} F_u - \dfrac{\partial F_{u_{x_1}}}{\partial x_1} - \dfrac{\partial F_{u_{x_2}}}{\partial x_2} = 2f_{x_1}(f_{x_1}u + f_{x_2}v + f_{x_3}) - 2\alpha\left(\dfrac{\partial u_{x_1}}{\partial x_1} + \dfrac{\partial u_{x_2}}{\partial x_2}\right) \\ F_v - \dfrac{\partial F_{v_{x_1}}}{\partial x_1} - \dfrac{\partial F_{v_{x_2}}}{\partial x_2} = 2f_{x_2}(f_{x_1}u + f_{x_2}v + f_{x_3}) - 2\alpha\left(\dfrac{\partial v_{x_1}}{\partial x_1} + \dfrac{\partial v_{x_2}}{\partial x_2}\right) \end{cases} \tag{5.16}$$

把式（5.16）代入式（5.13），可得

$$\begin{cases}\alpha\nabla^2 u = f_{x_1}(f_{x_1}u + f_{x_2}v + f_{x_3}) \\ \alpha\nabla^2 v = f_{x_2}(f_{x_1}u + f_{x_2}v + f_{x_3})\end{cases} \tag{5.17}$$

2. 梯度常值

所谓梯度常值是指物体表面的照明情况是变化的，而且物体的亮度是均匀变化的情况。在这种情况下，若继续用亮度常值的光流模型进行计算，则无法得到较为理想的效果。因此我们可以假设序列图像亮度变化的速度$(f_{x_1}, f_{x_2})^{\mathrm{T}}$是一定的，则可得到以下两个约束方程

$$\begin{cases}f_{x_1}(x_1+u_1, x_2+u_2, x_3+1) - f_{x_1}(x_1, x_2, x_3) = 0 \\ f_{x_2}(x_1+u_1, x_2+u_2, x_3+1) - f_{x2}(x_1, x_2, x_3) = 0\end{cases} \tag{5.18}$$

使用泰勒公式将上式展开，可得

$$\begin{cases}f_{x_1x_1}u_1 + f_{x_1x_2}u_2 + f_{x_1x_3} = 0 \\ f_{x_2x_1}u_1 + f_{x_2x_2}u_2 + f_{x_2x_3} = 0\end{cases} \tag{5.19}$$

式（5.19）可化简为

$$\begin{cases}u^{\mathrm{T}}\nabla_3 f_{x_1} = 0 \\ u^{\mathrm{T}}\nabla_3 f_{x_2} = 0\end{cases} \tag{5.20}$$

则数据项表达为

$$M_2(D^2 f, u) = \sum_{i=1}^{2}(u^{\mathrm{T}}\nabla_3 f_{x_i})^2 \tag{5.21}$$

对应的能量泛函为

$$E(u) = \iint_O \left(\sum_{i=1}^{2}(u^{\mathrm{T}}\nabla_3 f_{x_i})^2\right) + \alpha\sum_{i=1}^{2}\left|\nabla u_i\right|^2 \mathrm{d}x\mathrm{d}y \tag{5.22}$$

则我们最终需要求解的是

$$\min\left\{\iint_\Omega \left(\sum_{i=1}^{2}(u^{\mathrm{T}}\nabla_3 f_{x_i})^2\right) + \alpha\sum_{i=1}^{2}\left|\nabla u_i\right|^2 \mathrm{d}x_1\mathrm{d}x_2\right\} \tag{5.23}$$

接下来最小化能量泛函式（5.22），采用变分方法求得的 Euler-Lagrange 方程为

$$\begin{cases}\left(\dfrac{\partial^2 f}{\partial x_1^2}u + \dfrac{\partial^2 f}{\partial x_1\partial x_2}v + \dfrac{\partial^2 f}{\partial x_1\partial x_3}\right)\dfrac{\partial^2 f}{\partial x_1^2} + \left(\dfrac{\partial^2 f}{\partial x_2\partial x_1}u + \dfrac{\partial^2 f}{\partial x_2^2}v + \dfrac{\partial^2 f}{\partial x_2\partial x_3}\right)\dfrac{\partial^2 f}{\partial x_2\partial x_1} = \alpha\Delta u \\ \left(\dfrac{\partial^2 f}{\partial x_1^2}u + \dfrac{\partial^2 f}{\partial x_1\partial x_2}v + \dfrac{\partial^2 f}{\partial x_1\partial x_3}\right)\dfrac{\partial^2 f}{\partial x_1\partial x_2} + \left(\dfrac{\partial^2 f}{\partial x_2\partial x_1}u + \dfrac{\partial^2 f}{\partial x_2^2}v + \dfrac{\partial^2 f}{\partial x_2\partial x_3}\right)\dfrac{\partial^2 f}{\partial x_2^2} = \alpha\Delta v\end{cases} \tag{5.24}$$

3. Hessian 矩阵常值

Hessian 矩阵表示梯度对变量的导数，其为常值即假设梯度的导数为常值。在物体运动过程中，有时候物体表面的亮度变化并不均匀，而是呈现出一定的规律。

假定图像的 Hessian 矩阵 $\boldsymbol{H}_2\boldsymbol{f}$ 是不随时间变化的，即图像的 Hessian 矩阵为常值，则数据

项为

$$M_3(D^3 f,u)=\sum_{i=1}^{2}\sum_{j=1}^{2}(u^{\mathrm{T}}\nabla_3 f_{x_i x_j})^2 \tag{5.25}$$

则这种情况下对应的能量泛函为

$$E(u)=\iint_{\Omega}\left(\sum_{i=1}^{2}\sum_{j=1}^{2}(u^{\mathrm{T}}\nabla_3 f_{x_i x_j})^2+\alpha\sum_{i=1}^{2}\left|\nabla u_i\right|^2\right)\mathrm{d}x\mathrm{d}y \tag{5.26}$$

那么最终需要求解的问题转化为

$$\min\left\{\iint_{\Omega}\left(\sum_{i=1}^{2}\sum_{j=1}^{2}(u^{\mathrm{T}}\nabla_3 f_{x_i x_j})^2+\alpha\sum_{i=1}^{2}\left|\nabla u_i\right|^2\right)\mathrm{d}x\mathrm{d}y\right\} \tag{5.27}$$

假设

$$\begin{aligned}
P&=\frac{\partial^3 f}{\partial x_1^3}+\frac{\partial^3 f}{\partial x_1\partial x_2\partial x_1}+\frac{\partial^3 f}{\partial x_2\partial x_1\partial x_1}+\frac{\partial^3 f}{\partial x_2^2\partial x_1}\\
Q&=\frac{\partial^3 f}{\partial x_1^2\partial x_2}+\frac{\partial^3 f}{\partial x_1\partial x_2\partial x_2}+\frac{\partial^3 f}{\partial x_2\partial x_1\partial x_2}+\frac{\partial^3 f}{\partial x_2^3}\\
R&=\frac{\partial^3 f}{\partial x_1^2\partial x_3}+\frac{\partial^3 f}{\partial x_1\partial x_2\partial x_3}+\frac{\partial^3 f}{\partial x_2\partial x_1\partial x_3}+\frac{\partial^3 f}{\partial x_2^2\partial x_3}
\end{aligned} \tag{5.28}$$

接下来最小化能量泛函式（5.26），采用变分方法求得的 Euler-Lagrange 方程为

$$\begin{cases}\alpha\nabla^2 u=P(Pu+Qv+R)\\ \alpha\nabla^2 v=Q(Pu+Qv+R)\end{cases} \tag{5.29}$$

4. 梯度范数常值

为了解决物体在运动过程中的方向性制约问题，提出梯度范数常值假设，这种假设不再限制图像灰度值的梯度保持不变，而是使图像灰度梯度的范数大小为常值也就是所谓的梯度范数常值。

假定图像亮度的梯度范数是不随时间变化的，即图像亮度的梯度大小为常值，则有

$$M_4(D^2 f,u)=(u^{\mathrm{T}}\nabla_3\left|\nabla f\right|)^2 \tag{5.30}$$

则这种情况下对应的能量泛函为

$$E(u)=\iint_{\Omega}(u^{\mathrm{T}}\nabla_3\left|\nabla f\right|)^2+\alpha\sum_{i=1}^{2}\left|\nabla u_i\right|^2\mathrm{d}x\mathrm{d}y \tag{5.31}$$

那么最终需要求解的问题是

$$\min\left\{\iint_{\Omega}\left((u^{\mathrm{T}}\nabla_3\left|\nabla f\right|)^2+\alpha\sum_{i=1}^{2}\left|\nabla u_i\right|^2\right)\mathrm{d}x\mathrm{d}y\right\} \tag{5.32}$$

假设 $T=({f_{x1}}^2+{f_{x2}}^2+{f_{x3}}^2)^{1/2}$，采用变分方法可求得 u_1 和 u_2 的 Euler-Lagrange 方程为

$$
\begin{cases}\alpha\nabla^2 u = T_{x_1}(T_{x_1}u + T_{x_2}v + T_{x_3}) \\ \alpha\nabla^2 v = T_{x_2}(T_{x_1}u + T_{x_2}v + T_{x_3})\end{cases} \tag{5.33}
$$

5. 拉普拉斯算子常值

假定图像灰度的拉普拉斯算子不随时间变化，即图像灰度的拉普拉斯算子为常值，则有

$$
M_5(D^3 f, u) = (u^{\mathrm{T}}\nabla_3(\Delta_2 f))^2 \tag{5.34}
$$

其中

$$
\Delta_2 f = \frac{\partial^2 f}{\partial x_1^2} + \frac{\partial^2 f}{\partial x_2^2} \tag{5.35}
$$

则相对应的能量泛函可以表示为

$$
E(u) = \iint_{\Omega}\left((u^{\mathrm{T}}\nabla_3(\Delta_2 f))^2 + \alpha\sum_{i=1}^{2}\left|\nabla u_i\right|^2\right)\mathrm{d}x\mathrm{d}y \tag{5.36}
$$

最终需要求解的问题是

$$
\min\left\{\iint_{\Omega}\left((u^{\mathrm{T}}\nabla_3(\Delta_2 f))^2 + \alpha\sum_{i=1}^{2}\left|\nabla u_i\right|^2\right)\mathrm{d}x\mathrm{d}y\right\} \tag{5.37}
$$

接下来最小化能量泛函（5.36），采用变分方法求得的 Euler-Lagrange 方程为

$$
\begin{cases}\alpha\nabla^2 u = P(Pu + Qv + R) \\ \alpha\nabla^2 v = Q(Pu + Qv + R)\end{cases} \tag{5.38}
$$

其中

$$
\begin{gathered}
P = \frac{\partial^3 f}{\partial x_1^3} + \frac{\partial^3 f}{\partial x_2^2 \partial x_1} \\
Q = \frac{\partial^3 f}{\partial x_1^2 \partial x_2} + \frac{\partial^3 f}{\partial x_2^3} \\
R = \frac{\partial^3 f}{\partial x_1^2 \partial x_3} + \frac{\partial^3 f}{\partial x_2^2 \partial x_3}
\end{gathered} \tag{5.39}
$$

6. Hessian 矩阵行列式常值

Hessian 矩阵行列式常值假设是表示图像序列的 Hessian 矩阵行列式为常值，即不随时间的变化而变化，故这种假设可以克服方向性的制约。假设图像灰度的 Hessian 矩阵的行列式是不随时间变化的，即图像灰度的 Hessian 矩阵的行列式是常值，若已知图像 $f(x_1, x_2, x_3)$ 的 Hessian 矩阵为

$$
\boldsymbol{H}_2 \boldsymbol{f} = \begin{bmatrix} \dfrac{\partial^2 f}{\partial x_1^2} & \dfrac{\partial^2 f}{\partial x_1 \partial x_2} \\ \dfrac{\partial^2 f}{\partial x_2 \partial x_1} & \dfrac{\partial^2 f}{\partial x_2^2} \end{bmatrix}
$$

则数据项可以表达为

$$M_6(D^3 f,u)=(u^{\mathrm{T}}\nabla_3 \det(\boldsymbol{H}_2\boldsymbol{f}))^2 \tag{5.40}$$

其中

$$\det(\boldsymbol{H}_2\boldsymbol{f})=\frac{\partial^2 f}{\partial x_1^2}\frac{\partial^2 f}{\partial x_2^2}-\frac{\partial^2 f}{\partial x_1\partial x_2}\frac{\partial^2 f}{\partial x_2\partial x_1} \tag{5.41}$$

则相对应的能量泛函可以表示为

$$E(u)=\iint_{\Omega}((u^{\mathrm{T}}\nabla_3 \det(\boldsymbol{H}_2\boldsymbol{f}))^2+\alpha\sum_{i=1}^{2}\left|\nabla u_i\right|^2 \mathrm{d}x\mathrm{d}y \tag{5.42}$$

最终需要求解的问题是

$$\min\left\{\iint_{\Omega}\left((u^{\mathrm{T}}\nabla_3 \det(\boldsymbol{H}_2\boldsymbol{f}))^2+\alpha\sum_{i=1}^{2}\left|\nabla u_i\right|^2\right)\mathrm{d}x\mathrm{d}y\right\} \tag{5.43}$$

用变分方法可求得u_1和u_2的 Euler-Lagrange 方程为

$$\begin{cases}\alpha\nabla^2 u=P(Pu+Qv+R)\\ \alpha\nabla^2 v=Q(Pu+Qv+R)\end{cases} \tag{5.44}$$

其中

$$\begin{aligned}
P&=\frac{\partial^3 f}{\partial x_1^3}\frac{\partial^2 f}{\partial x_2^2}+\frac{\partial^2 f}{\partial x_1^2}\frac{\partial^3 f}{\partial x_2^2\partial x_1}-\frac{\partial^3 f}{\partial x_1\partial x_2\partial x_1}\frac{\partial^2 f}{\partial x_2\partial x_1}-\frac{\partial^2 f}{\partial x_1\partial x_2}\frac{\partial^3 f}{\partial x_2\partial x_1\partial x_1}\\
Q&=\frac{\partial^3 f}{\partial x_1^2\partial x_2}\frac{\partial^2 f}{\partial x_2^2}+\frac{\partial^2 f}{\partial x_1^2}\frac{\partial^3 f}{\partial x_2^2}-\frac{\partial^3 f}{\partial x_1\partial x_2\partial x_2}\frac{\partial^2 f}{\partial x_2\partial x_1}-\frac{\partial^2 f}{\partial x_1\partial x_2}\frac{\partial^3 f}{\partial x_2\partial x_1\partial x_2}\\
R&=\frac{\partial^3 f}{\partial x_1^2\partial x_3}\frac{\partial^2 f}{\partial x_2^2}+\frac{\partial^2 f}{\partial x_1^2}\frac{\partial^3 f}{\partial x_2^2\partial x_3}-\frac{\partial^3 f}{\partial x_1\partial x_2\partial x_2}\frac{\partial^2 f}{\partial x_2\partial x_1}-\frac{\partial^2 f}{\partial x_1\partial x_2}\frac{\partial^3 f}{\partial x_2\partial x_1\partial x_3}
\end{aligned} \tag{5.45}$$

5.1.3 HS 模型的计算方法

以亮度不随时间变化（即图像亮度为常值）为例，采用以下计算方法求解光流计算模型。从前期的准备工作开始，先定义差分格式如下。

x 方向的前向差分、后向差分和中心差分分别为

$$\partial_x^+ u_{i,j}=\frac{u_{i+1,j}-u_{i,j}}{h}，\quad \partial_x^- u_{i,j}=\frac{u_{i,j}-u_{i-1,j}}{h}，\quad \partial_x^e u_{i,j}=\frac{u_{i+1,j}-u_{i-1,j}}{2h}$$

y 方向的前向差分、后向差分和中心差分分别为

$$\partial_y^+ u_{i,j}=\frac{u_{i,j+1}-u_{i,j}}{h}，\quad \partial_y^- u_{i,j}=\frac{u_{i,j}-u_{i,j-1}}{h}，\quad \partial_y^e u_{i,j}=\frac{u_{i,j+1}-u_{i,j-1}}{2h}$$

x 方向的二次导数（即做两次差分）考虑到精确度的关系，我们采取前向差分和后向差分相结合的方法，即

$$\partial_{xx} u_{i,j}=\frac{u_{i+1,j}-2u_{i,j}+u_{i-1,j}}{h^2}$$

y方向的二次导数（即做两次差分）先前向差分再后向差分得到的结果是

$$\partial_{yy}u_{i,j}=\frac{u_{i,j+1}-2u_{i,j}+u_{i,j-1}}{h^2}$$

通过以上的差分计算，拉普拉斯算子可以表示为

$$\partial_{xx}u_{i,j}+\partial_{yy}u_{i,j}=\frac{u_{i+1,j}+u_{i-1,j}+u_{i,j+1}+u_{i,j-1}-4u_{i,j}}{h^2}$$

其中，h是对空间进行离散的步长，则有

$$\begin{aligned}\nabla^2 u&=\partial_{xx}u_{i,j}+\partial_{yy}u_{i,j}\\&=\frac{u_{i+1,j}+u_{i-1,j}+u_{i,j+1}+u_{i,j-1}-4u_{i,j}}{h^2}\\\nabla^2 v&=\partial_{xx}v_{i,j}+\partial_{yy}v_{i,j}\\&=\frac{v_{i+1,j}+v_{i-1,j}+v_{i,j+1}+v_{i,j-1}-4v_{i,j}}{h^2}\end{aligned}\tag{5.46}$$

由式（5.17）可知，在亮度常值假设中，经过化简和整理得到最终需要求解的方程为

$$\begin{cases}\alpha\nabla^2 u=f_{x_1}(f_{x_1}u+f_{x_2}v+f_{x_3})\\\alpha\nabla^2 v=f_{x_2}(f_{x_1}u+f_{x_2}v+f_{x_3})\end{cases}\tag{5.47}$$

那么，将式（5.46）代入式（5.47）中，可得

$$\begin{cases}\alpha\dfrac{u_{i+1,j}+u_{i-1,j}+u_{i,j+1}+u_{i,j-1}-4u_{i,j}}{h^2}=f_{x_1}(f_{x_1}u_{i,j}+f_{x_2}v_{i,j}+f_{x_3})\\\alpha\dfrac{v_{i+1,j}+v_{i-1,j}+v_{i,j+1}+v_{i,j-1}-4v_{i,j}}{h^2}=f_{x_2}(f_{x_1}u_{i,j}+f_{x_2}v_{i,j}+f_{x_3})\end{cases}\tag{5.48}$$

采用半隐式的迭代方法对上式进行化简，可以得到最终的化简结果为

$$\begin{cases}(f_{x_1}^2+4\alpha/h^2)u_{i,j}^{n+1}=\alpha(u_{i+1,j}^n+u_{i-1,j}^n+u_{i,j+1}^n+u_{i,j-1}^n)/h^2-f_{x_1}f_{x_2}v_{i,j}^n-f_{x_1}f_{x_3}\\(f_{x_2}^2+4\alpha/h^2)u_{i,j}^{n+1}=\alpha(v_{i+1,j}^n+v_{i-1,j}^n+v_{i,j+1}^n+v_{i,j-1}^n)/h^2-f_{x_2}f_{x_1}u_{i,j}^n-f_{x_2}f_{x_3}\end{cases}\tag{5.49}$$

迭代规则化过程可以描述为：

（1）设置u和v的初始值为0，并设置相关参数；

（2）通过式（5.49）运算出经过一次迭代后的u和v的值；

（3）若能量泛函收敛，则停止计算；否则把新计算得到的wu和vv的取值赋给wu和vv后继续第（2）步。

以上便是光流场分量的求解方法，若对M_2～M_6这5种类型进行求解，则可以采用类似的数值方法。

在光流计算模型中，数据项的选择是由先验知识来确定的，要想获得理想的光流场，需要具体问题具体分析。当获得目标图像时，根据不同的情况，从常见的6种不同的光照条件和运动类型假设中选择合适的数据项。在现实生活里遇到的先验条件中，前3种模型是常见的。

对于光照恒定或者光照变化很小的情况，可以近似视为光照没有发生变化的情况，应使用M模型来进行处理。对于光照发生变化的情况，数据项中的梯度常值和Hessian矩阵常值已经能

够处理大多数情况，但是由于这两种假设本身已经包含了一定的方向性信息，这对先验条件就提出了一定的要求，因此二者对于光流场的计算效果与物体的运动类型有着非常密切的关系。

5.2 视觉跟踪概述

自从 20 世纪 80 年代以来，Horn 和 Schunck 等人首次提出了一个新的概念——光流算法，从此，学者便展开了对于视频序列的研究。而其中的视觉目标跟踪由于其具有普遍的实用价值而受到广泛关注。

视觉跟踪的本质是在视频序列（或图像序列）中动态确定感兴趣的视觉目标的位置。从广义上讲，视觉跟踪就是在视频序列中递推搜索并确定感兴趣的具有某种显著视觉特征（如颜色、形状、纹理、运动等）目标的位置。从视觉跟踪机理分析，视觉跟踪过程可视为模式搜索匹配过程或目标状态动态估计过程。若视觉跟踪被视为模式搜索匹配过程，则视觉跟踪问题就成为局部的模式匹配寻优问题；若视觉跟踪被视为目标状态动态估计过程，则视觉跟踪问题就成为递推的状态估计问题。因此，视觉跟踪算法一般可分为两类：一类是基于“目标模式搜索匹配”的跟踪算法；另一类是基于“目标状态估计、滤波”的跟踪算法。前者由下至上处理目标的外观变化；后者由上至下对运动目标进行状态估计、对场景知识进行学习和对跟踪过程中的各种假设位置进行评估。其中，模板匹配就是最典型的目标模式搜索匹配算法，而 Mean Shift 跟踪算法也是以模板匹配为基本思想的跟踪算法，卡尔曼滤波（Kalman Filter）和粒子滤波（Partial Filter）就是最典型的基于“目标状态估计、滤波”的算法，这两种算法各有优缺点。其中，模式搜索的思想比较直观，实时性比较好；“目标状态估计、滤波”跟踪算法对快速运动目标容易取得良好的跟踪效果，同时也更容易综合使用各种特征进行联合跟踪。

而基于相关滤波的目标跟踪算法是近些年以来效果较为显著的一种目标跟踪算法，自其被提出以来，就以兼顾速度和精度的优势引起很多研究者的关注，成为目标跟踪领域的研究热门。2010 年，Bolme 首次提出了 MOSSE 滤波器，这是较早将相关滤波器引入到跟踪中的算法，该算法构建一个自适应相关滤波器，通过它对目标建立模型，并且该自适应滤波器通过最小化输出的平方误差和进行优化，同时算法使用傅里叶变换，将相关运算的操作转移到频域中，提高了跟踪算法的计算速度。2012 年，牛津大学的 J. Henriques 等人提出了具有循环结构的跟踪器 CSK（Circulant Structure of Tracking with Kernels）算法，利用循环矩阵理论进行稠密采样，提取跟踪目标的所有信息，并引入核函数进行核映射，快速学习跟踪目标外观的核化正则化最小二乘分类器，但 CSK 算法只使用灰度空间上的特征。2014 年，J. Henriques 等人又在 CSK 算法的基础上提出了 KCF（Kernelized Correlation Filters）目标跟踪算法，将单通道的灰度特征改进为多通道的 HOG 特征，通过核函数对多通道的 HOG 特征进行融合，大大地提高了滤波器对目标的跟踪效果。同年，Martin Danelljan 等人引入了颜色属性来提高算法在彩色图像序列中的跟踪性能，然后提出了一个用于尺度估计的跟踪器 DSST 算法，该算法构建了一个独立的尺度滤波器，同时又维护一个位移滤波器。利用尺度滤波器来寻找目标尺度，利用位移滤波器来确定目标位置。但是尺度滤波器同时带来了一些问题，当目标的尺寸较大时，由于特征提取过程使用多级尺度窗口，因此大大增加了算法的计算量，从而导致算法的运算速度降低。2015 年，Martin Danelljan 提出 SRDCF 算法，针对相关滤波算法中利用循环矩阵求解损失函数时导致的边界效应问题，通过在损失函数中引入惩罚项，来抑制离中心较远的特征对跟踪算法的影响，提高了跟踪精度，但运算速度降低了。之后，Martin Danelljan 又在 SRDCF 算法的基础上提出了 DeepSRDCF 算法，将其特征换为 CNN（Convolutional Neural Networks）特征并进行了实验，说明了 CNN 的底层特征能提高跟踪的准确度，但同样降低了运算速度。2016 年，Martin Danelljan 提出 C-COT 算法，该算法针对使用多卷积层特征带来的分辨率不同的问题，提出了连续空间域插值转换操作，在训练前通过频域隐式插值将特征图插值到连续空域，方便集成多分辨率特征图，保证跟踪的精度，但无法做到实时跟踪。2017 年，Martin Danelljan 在 C-COT 算法的基础上提出 ECO 算法，从模型参数、样本集规模和更新策略三个方面进行改进，使运算速度提升了 20 倍。

5.2.1 视觉跟踪的分类

按不同标准可将视觉跟踪问题分成多种类型，常见的分类有以下 5 种。

（1）摄像机的数目：单摄像机与多摄像机。根据所使用摄像机数目的多少，可以将视觉跟踪问题分为单摄像机（Monocular Camera）视觉跟踪和多摄像机（Multiple Cameras）视觉跟踪，目前，绝大多数研究都属于单摄像机的视觉跟踪问题。在对运动目标跟踪过程中，往往会发生运动目标被遮挡或暂时消失等情况从而丢失运动目标，这个问题是运动目标跟踪中的一个难点问题，使用单摄像机解决这个问题相当困难，而使用多摄像机能在很大程度上解决这个难题。但不同角度的视景之间的匹配问题是目前多摄像机跟踪面临的难点。

（2）摄像机是否运动：摄像机静止与摄像机运动。对于大多数的视频监视系统而言，其背景是静止的，而作为前景的运动目标是移动的，这种情况下通常使用背景差法（Background Subtraction）进行变化检测（Change Detection）能够取得相当不错的结果。摄像机的运动形式可以分为两种：一种是摄像机的支架固定，但摄像机可以偏转（Pan）、俯仰（Tilt）及缩放（Zoom）；另一种是摄像机装在某个移动的载体上，在这些情况下，由于背景和前景都是运动的，因此要准确检测并跟踪运动目标是一件困难的事情。通常，若摄像机的运动方式被限定在垂直于光轴的平面上，则可以采用图像拼接（Mosaic）的方法将背景拼在一起，然后按照摄像机静止时的跟踪方法进行处理；若摄像机是沿着光轴运动的，则光流算法是一种可以考虑的方法。

（3）场景中运动目标的数目：单运动目标与多运动目标。根据视频场景中运动目标数目的多少，视觉跟踪问题可以被分为单目标跟踪和多目标跟踪两类。多目标跟踪比单目标跟踪要困难得多，在多目标跟踪过程中，必须考虑到多个目标在场景中会互相遮挡（Occlusion）、合并（Merge）和分离（Split）等情况，这是多目标跟踪问题的难点。

（4）场景中运动目标的类型：刚体与非刚体。根据视频场景中运动目标类型的不同，可将视觉跟踪问题分为对刚体（Rigid）的跟踪和对非刚体（Non-Rigid）的跟踪。所谓刚体是指具有刚性结构、不易变形的物体，其特点是结构比较规范，能够用 3D 几何模型描述，因此，对这类运动目标的跟踪采用基于 3D 模型的跟踪方法比较常见。而非刚体是指外形能够变化的物体，如细胞、动物、人等。对这类目标采用变形模板（Deformable Template）这种一般方法进行跟踪。此外，在对人的跟踪方面，学者做了大量工作尝试建立人的模型进行跟踪。

（5）传感器的种类：可见光图像与红外图像。根据所使用的传感器种类的不同，可以将视觉跟踪问题分为由 CCD 摄像头获得的可见光图像的视觉跟踪和由红外传感器获得的红外图像的视觉跟踪。若将二者所获得的图像进行融合处理（Image Fusion），则一般可以得到比单一传感器信息更多的图像，从而极大地提高检测和跟踪运动目标的能力。这也是目前稳健视觉跟踪研究的热点之一。

5.2.2 视频目标跟踪算法的组成

典型的视频目标跟踪算法可以划分为两个部分：一是滤波和数据关联；二是目标表达和定位。当这两部分在面向跟踪中遇到的问题不同时，它们可以相互独立也可以互相配合。

滤波和数据关联是一个自顶向下的过程，用于处理跟踪目标的动态特性和学习先验知识等。实现该过程的一个常用方法来自控制理论，可简洁地描述为：利用状态空间来表示离散时间下的动态系统，然后通过当前时刻及其以前的观察值来估计当前系统的状态。具体到跟踪过程，在离散时间下的动态系统就是指包含跟踪目标的每帧图像，而系统的状态指的就是目标的几何状态。典型的算法包括卡尔曼滤波和粒子滤波等，前者适合处理带高斯噪声的线性函数的理想滤波器；后者更适合于非线性过程。

与滤波和数据关联不同，目标表达和定位是一个自底向上的过程，主要解决根据目标外观来定位目标的问题，它与图像处理与模式识别有着非常密切的关系。该过程通常假设相邻两帧间目标的外观或某些特征变化不大，然后通过求预先定义的相似度函数的最大值来定位目标。典型的算法包括将物体描述为概率密度分布的核函数跟踪（Kernel Basedtracking）、检测物体边缘的轮廓跟踪（Eontour-Based Tracking）及光流算法等。

对某个特定的跟踪系统而言，上述两部分（即滤波和数据关联及目标表达和定位）可以同时出现也可以只出现其中一个。这两部分以怎样的形式和重要程度组合在一起是由算法本身要面对的问题决定的，而是否选择恰当的部分或者这两部分是否恰当地结合在一起也会反过来影响算法的效率和鲁棒性。例如，对于复杂环境下的人脸跟踪，目标表达就更为重要；而对于航拍视频中的目标，对运动本身的滤波则起着更关键的作用。由于在通常情况下，对视频而言，目标在每帧图像中都占有一定的区域，正确描述物体在跟踪中扮演着不可或缺的角色。

5.3 核函数跟踪算法

在众多目标表达和定位算法中，核函数跟踪算法以其较低的运算量和出色的性能吸引了大家的注意。核函数方法最早是一种非参数的概率密度估计方法，并被应用到视频目标跟踪领域中。该方法的核心是将待跟踪的物体描述为一个概率密度函数（pdf），例如，将待跟踪物体中像素值在 0~255 范围内的像素数目统计成直方图，然后将直方图对应的像素数目除以物体覆盖的像素数目，即得到其一个概率密度函数表示，并以此为模板在每帧视频图像中找出概率密度函数与其最接近的图像区域作为跟踪结果。

具体来说，首先从第一帧图像中找出一块区域作为待跟踪的目标，并利用核函数为目标区域的像素点赋以权重值，权重的大小由这些点在图像平面的位置决定。随后，选择一个特征空间，该特征空间可以是灰度域、RGB 域和 YUV 域等，通过计算像素权重关于此特征空间的概率分布或者概率密度函数 q，就可以得到描述该目标的模板。

类似地，可以认为在第一帧中，设置待跟踪目标的当前位置为 0，而在接下来的其他图像帧中，候选作为跟踪结果的图像区域的位置为 y，相应的描述候选图像区域的概率密度函数为 $p(y)$。考虑到实时性和运算的简便性，我们选择使用离散的概率密度函数或者 m 个直方图来描述，则有目标模板：$q=\{q_u\}_{u=1\cdots m}$，$\sum_{u=1}^{m}q_u=1$。

候选区域：$p(y)=\{p_u(y)\}_{u=1\cdots m}$，$\sum_{u=1}^{m}p_u=1$。

跟踪目标的过程实际上就是求适当的 y，使得 $p(y)$和 q 之间的差异最小。我们需要一个函数来定义 $p(y)$与 q 之间的差异，即

$$\rho(y)=\rho(p(y),q)$$

该函数称为目标函数，它可以根据需要在不同测度的基础上构建，该函数的极值所对应的 y，即为当前帧的跟踪结果。在每帧中重复进行类似计算时，我们就得到了目标在每帧图像中的位置。

可以看出，核函数跟踪算法之所以有吸引力，主要在于它巧妙地将目标的特征信息（RGB、灰度等）与空间信息结合起来，目标本身决定了特征信息，而核函数通过权重赋予了像素点空间信息，概率密度函数将这两者结合起来，于是原本需要通过低效率的搜索比较来判断目标相似度，而现在可以使用高级的优化算法。

5.3.1 核函数跟踪算法的问题及发展

D. Comaniciu 等人较完整地阐述了如何将核函数方法运用于视频跟踪领域，他们使用并推荐使用 Epanechnikov 函数作为核函数，构造了以 Bhattacharyya 测度为基础的相似度函数来定义 $p(y)$和 q 之间的差异，采用均值漂移的算法得到该差异的最小值，最终得到目标的位置 y。D. Comaniciu 等人提出的核函数跟踪方法有着出色的性能。

核函数跟踪算法的基本假设是描述目标的概率分布直方图足够用来确定目标的当前运动状态，并且不容易受到其他无关运动的影响而导致跟踪不正确。然而，这样的假设引出了两个问题，即概率分布直方图需要满足什么要求使得运动能够被检测，以及如何跟踪不同种类的运动。

关于概率分布需要满足什么要求的问题，实际上就是“奇点”问题。所谓奇点问题是指通过观察值（即概率分布）无法唯一确定目标的位置或者说关于目标位置的解有无穷多个。George Hager 通过引入误差平方和测度（SSD）及牛顿迭代详细阐明了核函数算法的这个缺陷。他将这个缺陷的原因归结为在牛顿迭代过程中方程系数矩阵的秩不足（Rank Deficiency），并且提出了使用多核的方法来解决这个问题。Fan 为了进一步提高算法性能及更好地跟踪铰链物体，在多核之间建立约束条件，使它们互相配合且互相制约，它们不再是不相关的独立个体，这样做虽然会使得方程系数矩阵的秩比独立多核时方程系数矩阵的秩有所减小，但带来的好处远大于弊端；而 Wei Qu 则从系统的可观测性角度来解释和处理奇点问题。

5.3.2 目标及候选图像区域表达

以往的各种算法大多采用较为精确的表达方式来描述物体，如用不变的特征点、用轮廓甚至直接比较像素点等，它们的一个基本假设就是在相邻两帧中，这些对物体的描述结果保持不变。然而，由于这些描述方法原本就比较精确，且“相邻两帧的描述结果保持不变”也是一个相当严格的限定条件，因此在现实世界中，物体的实际运动变化情况很难满足这样严格的双重要求，最终导致跟踪效果不尽人意。

与上述这些算法不同，核函数跟踪算法采用更为宽松的方式来描述物体——概率密度函数。通过赋予像素点不同的权重并求得权重关于物体的颜色或者灰度的概率分布，我们可以得

到用来描述目标并作为目标模板的离散概率密度函数（概率分布直方图）。相应地，在相邻两帧中，我们假设物体的概率密度函数保持不变。显然，与针对轮廓或者像素值的要求相比，这个限定条件要宽松得多，也更能适应物体的实际变化。

在用 $\{x_i\}(i=1\cdots n)$ 表示目标外形归一化后，内部各像素点在图像平面的位置不失一般性，假设这些点以位置 c 为中心，该中心也是随后用于计算各像素点权重的核函数的中心点。我们选择某个核函数 $K(x)$，为不同位置的像素点分配不同大小的权重，如我们可以为靠近中心的像素点分配更大的权重而为边缘附近的像素点分配较小的权重。随后，我们使用函数 $b:R^2\to\{1\cdots m\}$ 来建立位置 x_i 处的像素点与对应的量化状态空间中某个量化级 u 之间的映射，该量化状态空间即为前文所述的色彩空间或者灰度空间，相应的各量化级即为概率密度直方图上的各个直方。用 $b(x_i)$ 表示 x_i 处的像素点对应的量化级的序号，我们可以得到用来作为目标模板的离散概率密度函数，即像素点权重在某特定状态空间的概率分布为

$$q_u=\frac{1}{C}\sum_{i=1}^{n}K(x_i-c)\delta(b(x_i),u) \tag{5.50}$$

其中，q_u 为某个量化级上权重和的大小，也就是概率分布直方图上的一个直方；$\{q_u\}(u=1\cdots m)$ 构成了完整的概率密度函数，它是描述目标的模板；m 为量化级的个数；δ 为 Kronecker Delta 函数；C 为归一化常数，使得 $\sum_{u=1}^{m}q_u=1$，即

$$C=\sum_{i=1}^{n}K(x_i-c) \tag{5.51}$$

一般而言，每帧图像跟踪完成后都会对模板进行更新，C 的大小也可能发生变化。但对于各向同性的核函数而言，表示物体的矩形框包含的像素点数量保持不变，或者目标大小在没有发生明显变化的情况下，C 的值保持不变。因此在不考虑物体大小变化的情况下，只需要在初始帧中计算 C 的值即可。

类似地，我们可以得到在下一帧图像中，候选图像区域的表达 $\{p_u(C)\}(u=1\cdots m)$ 为

$$p_u=\frac{1}{C^*}\sum_{i=1}^{n^3}K(x_i^*-C)\delta(b(x_i^*),u) \tag{5.52}$$

其中，标星号的字母表示可能因为模板更新或滤波算法造成参数的改变。

由此，跟踪问题转换为在每帧中找到新的 C，使得 p_u 和 q_u 尽可能接近。这就需要一个测度来定义 p_u 和 q_u 之间的差异，并通过相应的迭代算法来求得差异最小时 C 的值。

5.3.3 相似性测度

相似性测度函数定义了目标模型与候选目标的一种距离测度。两个矢量间的距离测度的具体算法有多种，一般来讲，矢量 $\boldsymbol{x}$ 与 $\boldsymbol{y}$ 的距离 $d(\boldsymbol{x},\boldsymbol{y})$应满足下面的条件：

（1）非负性：$d(\boldsymbol{x},\boldsymbol{y})>0$；

（2）自反性：$d(\boldsymbol{x},\boldsymbol{y})=0$，当且仅当 $x=y$ 时；

（3）对称性：$d(\boldsymbol{x},\boldsymbol{y})=d(\boldsymbol{y},\boldsymbol{x})$；

（4）三角不等式：$d(\boldsymbol{x},\boldsymbol{y})\leqslant d(\boldsymbol{x},\boldsymbol{z})+d(\boldsymbol{z},\boldsymbol{y})$。

需要注意的是，模式识别中定义的一些距离测度不一定满足条件（4），只是在广义下称为

距离。并且设 $\boldsymbol{x}=(x_1,x_2,x_3,\cdots,x_n)^{\mathrm{T}}$，$\boldsymbol{y}=(y_1,y_2,y_3,\cdots,y_n)^{\mathrm{T}}$

1. Bhattacharyya 系数

在统计学中，距离测度的应用有着悠久的历史。两个被广泛使用的距离测度是 Mahalanobis 距离和 Fisher 线性判定函数。1948 年，由于香农（Shannon）信息论的出现，散度（Divergence）这个测度才逐渐流行起来，它与香农对数测度紧密相连。Bhattacharyya 距离首先由 Bhattacharyya 先生引入，用于信号选取准则，虽然它不是最优测度，但是它易于计算和操作，其各方面性能的表现证明它比散度测度的性能好。Bhattacharyya 距离对目标模板与候选目标的核直方图向量采用 Bhattacharyya 系数度量为

$$d(\boldsymbol{y})=\sqrt{1-p[\rho(\boldsymbol{y}),q]}$$

其中

$$\rho(\boldsymbol{y})=\rho[p(\boldsymbol{y}),q]=\sum_{n=1}^{m}\sqrt{p_u(\boldsymbol{y})q_u}$$

Bhattacharyya 系数的几何意义是两个 m 维向量$(\sqrt{\hat{p}_1},\cdots,\sqrt{\hat{p}_m})^{\mathrm{T}}$和$(\sqrt{\hat{q}_1},\cdots,\sqrt{\hat{q}_m})^{\mathrm{T}}$的夹角的余弦。若采用 RGB 建模，当同样量化级数为 m 时，则 Bhattacharyya 系数就是向量$(\sqrt{\hat{p}_{R1}},\cdots,\sqrt{\hat{p}_{Rm}},\sqrt{\hat{p}_{G1}},\cdots,\sqrt{\hat{p}_{Gm}},\sqrt{\hat{p}_{B1}},\cdots,\sqrt{\hat{p}_{Bm}})^{\mathrm{T}}$和$(\sqrt{\hat{q}_{R1}},\cdots,\sqrt{\hat{q}_{Rm}},\sqrt{\hat{q}_{G1}},\cdots,\sqrt{\hat{q}_{Gm}},\sqrt{\hat{q}_{B1}},\cdots,\sqrt{\hat{q}_{Bm}})^{\mathrm{T}}$的夹角的余弦值。

Bhattacharyya 系数具有如下性质：

（1）具有测度性质；

（2）具有明显的几何意义；

（3）对目标的尺度变化不敏感（由量化程度决定）；

（4）对各种概率分布都有效，因此优于 Fisher 线性准则。Fisher 线性准则只有在分布可以用均值区分时才会有好的结果。

2. 基于 Bhattacharyya 系数的测度及均值漂移算法

为了在当前帧找到与目标模型最相似图像区域的位置，式（5.37）应当被最小化。匹配的初始位置就是上一帧目标的中心位置。由于相似度函数是较为光滑的，因此可以用基于梯度的方法进行寻优处理。

经典的核函数跟踪算法在用概率密度函数描述目标后，采用 Bhattacharyya 系数的测度来定义模板和候选图像区域间的差异，并通过均值漂移算法（Mean-Shift）迭代得到物体的当前位置。

5.3.4 概率密度估计

在模式识别算法中的分类算法中，都需要知道某个事件的概率密度函数值。但是在实际工作中，概率密度函数是未知的，因此我们需要根据已知的样本，利用统计推断中的估计理论做出估计，然后将估计值作为真实值来用。主要有两种概率密度估计的方法：参数概率密度估计和非参数概率密度估计。参数估计法是在概率密度函数形式已知且参数未知的情况下，根据样本值的概率估计概率密度函数的参数得到概率密度函数的方法；非参数概率密度估计的方法是在概率密度函数形式和参数均未知的情况下，根据样本的概率值估计出概率密

度函数的方法。对于参数估计主要采用最大似然估计法，该方法主要是估计样本的采样均值和采样方差。

利用参数估计可以将大量的数据压缩为简洁的参数形式，即运用几个参数就能准确地描述数据的参数，但是该方法要事先知道样本数据的概率密度函数的分布形式，还有就是运用参数估计得到的概率密度函数未必是最优的，有可能在收敛的时候收敛到局部点。本书根据参数估计的缺点和非参数估计的优点主要采用非参数概率密度估计。

1. 非参数概率密度估计

非参数概率密度估计的出发点是基于事实随机向量 $\boldsymbol{X}$ 落入区域 R 的概率为

$$P = \int_R p(\boldsymbol{X})\mathrm{d}\boldsymbol{X} \tag{5.53}$$

其中，$p(\boldsymbol{X})$ 为类概率密度函数。设从样本密度为 $p(\boldsymbol{X})$ 的总体中独立抽取的样本为 $X_1, X_2, \cdots, X_N$。若 N 个样本中有 k 个落入区域 R 中的概率最大，则

$$k = N\hat{P}$$

$$\hat{P} = k / N$$

其中，$\hat{P}$ 是希望向量 $\boldsymbol{X}$ 落入区域 R 的概率 p 的一个很好的估计。但是要估计的是概率密度函数 $p(\boldsymbol{X})$ 的估计值 $\hat{p}(\boldsymbol{X})$ 而不是其概率的估计值。因此可以设 $p(\boldsymbol{X})$ 为连续函数，且区域 R 小到接近于 0，以致 $p(\boldsymbol{X})$ 在这样小的区域中没有任何变化，可以得到

$$p = \int_R p(\boldsymbol{X})\mathrm{d}\boldsymbol{X} = p(\boldsymbol{X})V \tag{5.54}$$

其中，V 是区域 R 的体积，X 是 R 域中的点，结合式（5.54）可以得到

$$\hat{p}(\boldsymbol{X}) = \frac{k / N}{V}$$

该式就是 X 点的概率密度估计，它与样本数 N、包含 $\boldsymbol{X}$ 区域 R 的体积 V 和落入 R 的样本数有关。对于非参数概率密度估计根据以上理论可以将估计方法分为两种：窗函数法和近邻估计法。本文采用特殊的窗函数法对目标进行概率密度估计。

（1）窗函数法

设空间区域 R_N 中的 d 维超立方体，其棱长是 h_N，则超立方体的体积为

$$V_N = h_N^d$$

定义窗函数为

$$\varphi(u) = \begin{cases} 1, & \text{当} \left|u_j\right| \leqslant \dfrac{1}{2}\ (j = 1, 2, \cdots, d)\ \text{时} \\ 0, & \text{其他} \end{cases}$$

由于 $\varphi(u)$ 是以原点为中心的一个超立方体，因此落入该立方体的样本数为

$$K_N = \sum_{i-1}^{N} \varphi\left(\frac{X - X_i}{h_N}\right) \tag{5.55}$$

其概率密度估计为

$$\hat{p}_N(X) = \frac{1}{N} \sum_{i=1}^{N} \frac{1}{V_N} \varphi\left(\frac{X - X_i}{h_N}\right) \tag{5.56}$$

该式就是窗函数法的基本公式。窗函数不限于立方体，还有更一般的形式。实质上窗函数的性质是内插，每个样本对估计所起到的作用取决于它与中心位置的距离。

对于窗函数的选择，只要满足 $\varphi(u)\geqslant 0$ 和 $\int\varphi(u)\mathrm{d}u=1$ 都可以作为窗函数使用，本文选取的窗函数是核函数。但是最终估计效果的好坏与样本的情况、窗函数及窗函数的参数的选择有关。

（2）近邻估计法

窗函数法对于跟踪区域的体积的变化很敏感。例如，若体积选取过小，则大部分体积是空的，使得到的概率密度估计很不稳定；若体积选取过大，则估计结果比较平坦，丢失了一些细节上的描述，从而使估计结果反映不出总体分布的变化，因此学者提出了近邻估计法。该方法的基本思想是使体积成为样本密度的函数，而不是样本数的函数。其他内容与窗函数法的内容一致。

2. 核概率密度估计

在 20 世纪五六十年代，提出了核概率密度估计的方法，该方法至今仍然是目前最通用的非参数概率密度估计的方法。该方法结合了窗函数估计法和近邻估计法的优点，在这两种估计方法的基础上添加了用于数据平滑的核函数，很好地消除了窗函数在高维数据不敏感和近邻估计法对于噪声抑制不够强的缺点，并且得到了很好的估计效率。

核概率密度估计的基本思想是：对于给定的数据或者采样得到的数据，根据其采样值的值域等分成相等的区间，每个区间成为一个 bin（桶）。数据根据划分的区间分为若干个数据组，每组数据的总数占总数据量的比例值就是每个 bin 的概率值，同时也是概率密度估计的估计值。为了使得到的样本数与偏移点具有不同的距离可以采用核函数来平滑数据，同时也使其偏移量对偏移量的贡献也不同，这样就形成了目标的核概率密度估计。在核概率密度估计中的贡献由样本点距中心点的距离决定，离中心点的距离越近贡献越大，反之贡献越小。

在 d 维空间 R^d 中的 n 个样本点 $\{x_i\}(i=1,2,\cdots,n)$，多元的核概率密度估计 $\hat{p}_{h,k}(x)$ 在 x 处的定义为

$$\hat{p}_{h,k}(x)=\frac{1}{nh^d}\sum_{i=1}^{n}K\left(\frac{x-x_i}{h}\right) \tag{5.57}$$

其中，$K(x)$是核函数，h 是核带宽即窗函数的窗宽。

核概率密度估计与样本的选取、核函数及其核带宽的选择有关。核函数的选择与核带宽的选取直接影响核概率密度估计的精度。一般在进行核概率估计时可以选取径向对称核函数 $K(x)$，其满足的条件为

$$K(x)=ck(\|x\|^2) \tag{5.58}$$

其中，c 是归一化常量，使 $K(x)$ 满足 $\int K(x)\mathrm{d}x=1$，$K(x)$ 是核函数的核轮廓函数。同时，$K(x)$ 也满足对称性、单峰性和核有限局部支撑性。两个典型的核函数包括正态核 $K_N(x)$ 和 Epanechnikov 核 $K_E(x)$。正态核定义为

$$K_N(x)=c\exp\left(-\frac{1}{2}\|x\|^2\right) \tag{5.59}$$

其核轮廓函数为

$$K_N(x)=\exp\left(-\frac{1}{2}x\right) \tag{5.60}$$

Epanechnikov 核为

$$K_E=\begin{cases}1-x, & 0\leqslant x\leqslant 1\\ 0, & \text{其他}\end{cases}$$

5.3.5 均值漂移算法

均值漂移（Mean Shift）算法是一种有效的统计迭代算法，最初被定义为求平均向量的偏移值算法，该算法是由 Fukunaga 和 Hostetler 于 1975 年在关于概率密度梯度函数估计的文章中提出的。它是一种非参数化的模型，用于处理复杂的多模态特征空间的分析和特征聚类的识别。起初该算法由于只是在理论阶段应用，因此在实践中有一些局限性并没有得到重视。在这些局限性被忽略了 20 年后，Cheng 在 1995 年重新介绍了 Mean Shift 算法，改进了该算法的核函数和权重函数，大大地扩展了该算法的应用范围。Comanicui 在 1995—2003 年之间将 Mean Shift 算法应用到计算机视觉中。他和 Meer 在 1997 年用 Mean Shift 算法解决了许多图像处理和计算机视觉问题，特别是在图像的平滑与分割算法中取得了很好的应用效果。又在 2000 年将 Mean Shift 算法用于实时物体跟踪，得到了很好的结果，在 2003 年提出了运用 Mean Shift 的基于核函数跟踪算法。由于 Mean Shift 算法采用样本在特征空间中的概率密度的分布进行分析与处理，又由于该算法不需要任何先验知识和进行统计参数估计，因此使其在计算机视觉领域特别是视频跟踪领域得到了广泛的应用。

1. Mean Shift 算法思想

在图像处理过程中，量化图像的特征属性构成图像的特征空间，这些属性被映射到描述参数的多维空间中的一个点。当所有的图像中的像素点映射到特征空间后，特征空间中对应于图像的某些显著特征的地方会变得十分密集。这些密集区域在多维的空间中形成聚类，在图像分割背景下它们可能对应于个别独立的物体或者背景。更一般地，特征空间分析的目标是给出内在的聚类轮廓。图 5.1 形象地给出了 Mean Shift 算法的直观理解。

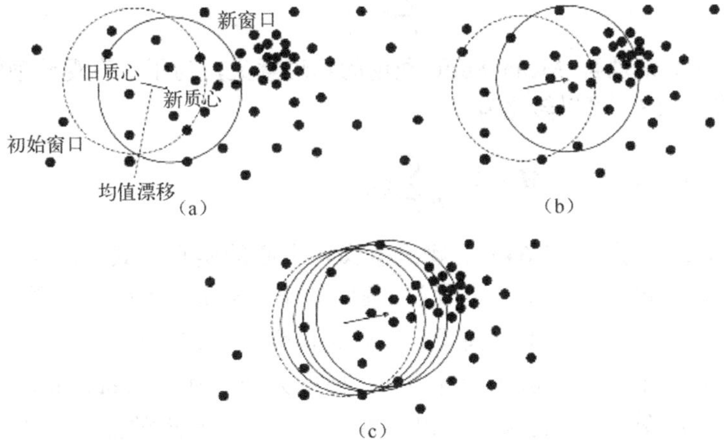

图 5.1 Mean Shift 算法的直观理解

图 5.1 给出了迭代过程中最密集的数据区域。图 5.1（a）是初始兴趣区域的随机选择，并确定其质心。新的区域向新确定的质心移动，确定区域的位置变化的向量是均值漂移；图 5.1（b）展示了下一次移位的过程，计算新的均值漂移向量并以此移动区域为准；图 5.1（c）展示的是整个移位的过程，这是因为要不断地计算均值漂移向量直到达到稳定，即局部模态。

2. Mean Shift 迭代

Mean Shift 算法的实质是寻求核概率密度估计函数的极值点，可以利用基于梯度的方法求解其极值点，即 Mean Shift 的迭代过程是由求解核概率密度估计转换为求解核概率密度梯度的过程。

由式（5.57）和式（5.58）可得

$$\hat{p}_{h,K}(x)=\frac{1}{nh^d}\sum_{i=1}^{n}c_K k\left(\left\|\frac{x-x_i}{h}\right\|^2\right) \tag{5.61}$$

假设核轮廓函数的导数满足 $-k'(x)=g(x)$，且该导数在除有限的点集外的 $x\in[0,-\infty)$ 上都满足该条件。对式（5.61）相对于 x 求其梯度，并整理可得

$$\nabla\hat{p}_{h,K}(x)=-\frac{2c_K}{h^2}\left[\frac{1}{nh^d}\sum_{i=1}^{n}g_i\right]\left[\frac{\sum_{i=1}^{n}x_i g_i}{\sum_{i=1}^{n}g_i}-x\right] \tag{5.62}$$

其中，$\sum_{i=1}^{n}g_i$ 为正，且 $g_i=g\left(\left\|\frac{x-x_i}{h}\right\|^2\right)$。注意，式（5.62）中第一个括号可以看成以 $g(x)$ 为核轮廓函数的核概率密度估计，第二个括号表达了采样均值所移动的向量，称为 Mean Shift 向量，其表达式为

$$\boldsymbol{M}_h(x)=\frac{\sum_{i=1}^{n}x_i g_i}{\sum_{i=1}^{n}g_i}-x \tag{5.63}$$

可以运用图 5.2 来理解 Mean Shift 理论的物理意义，为了更直观地理解，可以先假设 $g(x)=1$，这时式（5.63）可以转化为

$$\boldsymbol{M}_h(x)=\frac{1}{n}\sum_{i=1}^{n}(x_i-x) \tag{5.64}$$

图 5.2 很好地说明了式（5.64）的物理意义，中心的实点是式（5.64）中的点 x，也是核函数的中心位置（核窗口的中心位置），圆中的虚点是式（5.64）中的点 x_i。图 5.2 中的箭头表示样本点与中心点的偏移向量，箭头的长度是偏移向量的大小。这些偏移向量的平均偏移向量指向样本点比较密集的地方，即梯度方向，因此 Mean Shift 向量是指向样本分布最多的区域。从图 5.2 中也可以看出，离核窗口中心越近的点，对核窗口中心的估计越重要。

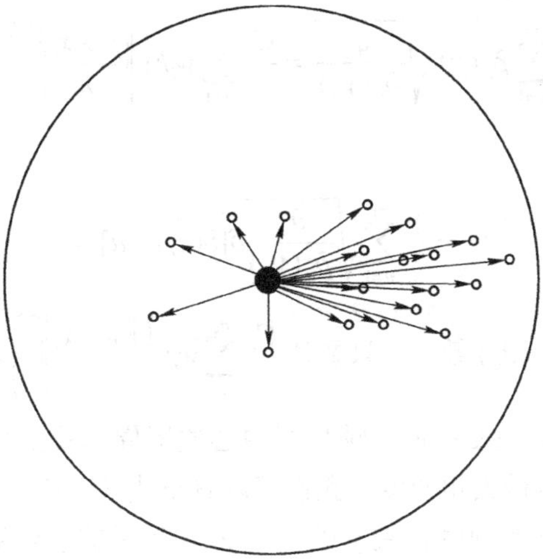

图 5.2　Mean Shift 向量示意图

将式（5.63）代入式（5.62）可得

$$\nabla \hat{p}_{h,K}(x) = -\frac{2c_K}{h^2 C_G}\ \hat{p}_{h,G} \boldsymbol{M}_h(x) \tag{5.65}$$

其中，$\hat{p}_{h,G} = \frac{c_G}{nh^d}\sum_{i=1}^{n} g\left(\left\|\frac{x-x_i}{h}\right\|^2\right)$，由式（5.65）可以表明均值移动的方向是概率密度变化最快的方向，因此 Mean Shift 算法是一种梯度上升的算法，其物理意义是在带宽的有限范围内，其数据点的加权平均与核中心点的差。

定义迭代过程为

$$x_{k+1} = \frac{\sum_{i=1}^{n} x_i g\left(\left\|\frac{x_k - x_i}{h}\right\|^2\right)}{\sum_{i=1}^{n} g\left(\left\|\frac{x_k - x_i}{h}\right\|^2\right)} \tag{5.66}$$

可以证明，当核函数是凸函数且单调递减时，$\{x_k\}(k=1,2,\cdots,n)$ 是收敛的。

3. 距离的最小化

最小化 $d(y)=\sqrt{1-p[\rho(y),q]}$ 等效于最大化 Bhattacharyya 系数 $\rho(y)$。在当前帧中搜索目标是从上一帧中的匹配位置 y_0 处开始的。因此，以 y_0 为中心的候选目标区域概率 $\{p_u(\hat{y}_0)\}(u=1,2,\cdots,m)$ 应先被计算出来。利用泰勒级数在 $\hat{p}_u(y_0)$ 处展开并略去高次项，则有

$$\rho(\hat{p}_u(y), \hat{q}_u) \approx \frac{1}{2}\sum_{u=1}^{m}\sqrt{\hat{p}_u(y_0)\hat{q}} + \frac{1}{2}\sum_{u=1}^{m}\hat{p}_u(y)\sqrt{\frac{\hat{q}_u}{\hat{p}_u(y_0)}} \tag{5.67}$$

由式（5.67）可以看出，表达式的第一项 $\frac{1}{2}\sum_{u=1}^{m}\sqrt{\hat{p}_u(y_0)\hat{q}}$ 与位置 y 无关，只有第二项与位置 y 有关，因此要使相似度 $\rho(\hat{p}_u(y), \hat{q})$ 最大，只要使第二项 $\frac{1}{2}\sum_{u=1}^{m}\hat{p}_u(y)\sqrt{\frac{\hat{q}}{\hat{p}_u(y_0)}}$ 取最大值即可。我们调用式（5.65）和式（5.66），并对第二项进行化简可以得到

$$\frac{1}{2}\sum_{u=1}^{m}\hat{p}_u(y)\sqrt{\frac{\hat{q}}{\hat{p}_u(y_0)}}=\frac{C_h}{2}\sum_{i=1}^{n_h}w_i k\left(\left\|\frac{y-x_i}{h}\right\|^2\right) \tag{5.68}$$

其中

$$w_i=\frac{1}{2}\sum_{u=1}^{m}\sqrt{\frac{\hat{q}_u}{\hat{p}_u(y_0)}}\delta[b(x_i)-u] \tag{5.69}$$

因此，要使相似度 $\rho(\hat{p}_u(y),\hat{q}_u)$ 最大，只要使 $\frac{C_h}{2}\sum_{i=1}^{n_h}w_i k\left(\left\|\frac{y-x_i}{h}\right\|^2\right)$ 取最大值即可。

定位当前帧目标位置就是要在前一帧目标中心位置周围找到与目标模板最相似的目标区域的中心位置，也就是取得最大相似度。我们可以看出式（5.69）与 Mean Shift 算法的迭代公式分母很相似，它表示了在当前帧位置 y 处利用 w_i 加权后的核函数 $k(x)$的数据估算的概率密度。这个概率密度的极值问题可以用 Mean Shift 优化算法来寻优，找到可以使相似度最大的目标位置。具体过程为：在匹配过程中，核函数中心从当前帧初始位置 y_0 处利用式（5.70）不断移动到新的位置 y_1 处，即

$$\hat{y}_1=\frac{\sum_{i=1}^{n_h}x_i w_i g\left(\left\|\frac{\hat{y}_0-X_i}{h}\right\|^2\right)}{\sum_{i=1}^{n_h}w_i g\left(\left\|\frac{\hat{y}_0-X_i}{h}\right\|^2\right)} \tag{5.70}$$

其中，$g(x)=-k(x)$，并假设 $k(x)$的一阶导数在区间 $x\in[0,\infty)$上除少数有限点外均存在。

假定目标模型可以表示为$\{\hat{q}_n\}(n=1,2,\cdots,m)$，目标在前一帧中的位置为 y_0（第一帧目标的位置和大小由检测算法确定或者人为给出）。

（1）初始化当前帧目标的位置为 y_0，并利用式（5.39）计算 y_0 处的目标描述（目标分布）为 $\{p_u(\hat{y}_0)\}(u=1,2,\cdots,m)$；

（2）求相似度函数 $\rho(\hat{p}_u(y),\hat{q}_u)$；

（3）利用式（5.69）求权重 w_i；

（4）根据式（5.70），按照均值位移矢量，计算新的候选目标位置 y_1 为

$$\hat{y}_1=\frac{\sum_{i=1}^{n_h}x_i w_i g\left(\left\|\frac{\hat{y}_0-X_i}{h}\right\|^2\right)}{\sum_{i=1}^{n_h}w_i g\left(\left\|\frac{\hat{y}_0-X_i}{h}\right\|^2\right)} \tag{5.71}$$

（5）用新的位置 y_1 更新 $\{p_u(\hat{y}_0)\}(u=1,2,\cdots,m)$，并计算 $\rho(y)=\rho[p(y),q]=\sum_{u=1}^{m}\sqrt{p_u(y)q_u}$；

（6）若 $\rho[p(y_1),q]\leqslant\rho[p(y_0),q]$，则 $y_1\leftarrow\frac{1}{2}(y_0+y_1)$，并计算 $\rho[p(y_1),q]$；

（7）若 $\|y_1-y_0\|\leqslant\varepsilon$，则找到新的目标位置，终止搜索迭代过程；否则设置 $y_0\leftarrow y_1$，并转向（1）。

在实验过程中，由于目标的中心区域比目标边缘区域具有更高的可信度，因此通常采用能

够体现目标上每个点与中心位置距离相关的权重核函数，即高斯核函数。在高斯核函数中，目标上的像素点与目标中心位置的距离越大则权重越小，距离越小则权重越大。高斯核函数表达式为

$$K_N(X)=c\cdot\exp\left(-\frac{1}{2}\|X\|^2\right) \tag{5.72}$$

通过重复上述迭代过程，我们就得到了目标在当前帧的位置，进而我们可以类似地得到目标在每帧图像中的位置，也就实现了对目标的跟踪。实验表明，基于 Bhattacharyya 系数的测度和均值漂移算法有着很好的性能和稳定性，然而收敛速度较慢是它的一个主要缺点。

5.3.6 误差平方和测度及牛顿迭代

为了提高核函数跟踪算法的收敛速度并揭示其存在的问题，Gregory Hager 提出了用误差平方和测度（SSD）代替基于 Bhattacharyya 系数的测度，并相应地用牛顿迭代代替均值漂移的算法——SSD 算法，这种方法取得了良好的效果。

误差平方和 SSD 测度的表达为

$$O(c)=\left\|\sqrt{q}-\sqrt{p(c)}\right\|^2 \tag{5.73}$$

不难发现，SSD 测度与 Bhattacharyya 系数有着直接的联系，即

$$O(c)=2-2\rho[p(c),q] \tag{5.74}$$

因此，若使 $\rho[p(c),q]$ 最大，则在式（5.74）中等效为使 $O(c)$ 最小，我们可以用 SSD 误差来代替 Bhattacharyya 系数。

为了使随后的说明更加简明、清晰，我们先把核函数的目标表达式写为更加紧凑的矩阵形式。$\{q_u\}(u=1,2,\cdots,m)$ 可写为

$$\boldsymbol{q}=\boldsymbol{U}^{\mathrm{T}}\boldsymbol{K}(c) \tag{5.75}$$

其中

$$\boldsymbol{U}=\begin{pmatrix}\delta(b(x_1),u_1) & \cdots & \delta(b(x_1),u_m)\\ \vdots & \ddots & \vdots\\ \delta(b(x_n),u_1) & \cdots & \delta(b(x_n),u_m)\end{pmatrix}\in\Re^{n\times m} \tag{5.76}$$

$$\boldsymbol{K}(c)=\frac{1}{C}(K(x_1-c),\cdots,K(x_n-c))^{\mathrm{T}}\in\Re^n \tag{5.77}$$

目标模板与候选图像区域的表达可分别写为 $\boldsymbol{q}=\boldsymbol{U}^{\mathrm{T}}\boldsymbol{K}(c)$ 与 $\boldsymbol{p}(c')=\boldsymbol{U}^{\mathrm{T}}\boldsymbol{K}(c')$。跟踪问题就归结为在新一帧图像中搜索到位置 c'，使得 $\boldsymbol{q}$ 与 $\boldsymbol{p}(c')$间的 SSD 误差 $O(c)$ 为 0 或最小。

与利用均值漂移搜索位置 c' 相比，在 SSD 测度下，牛顿迭代是一种更为高效的迭代方法，具有一步性能。牛顿迭代是一种求方程 $f(x)=b$ 的近似解的数值方法，主要利用函数 $f(x)$的一阶泰勒展开或者切线方法，使计算结果不断沿当前切线方向朝真实解逼近，最终收敛于真实解。当函数接近线性时，它有着非常快的收敛速度。将牛顿迭代运用于 SSD 测度下的核函数跟踪，其数学过程如下。

要使 $O(c)$ 最小，等效于求方程 $\sqrt{\boldsymbol{p}(c)}=\sqrt{\boldsymbol{q}}$ 在最小二乘法意义下的解，这里 $\sqrt{\boldsymbol{p}(c)}$ 相当于上文所说的函数 $f(x)$，$\sqrt{\boldsymbol{q}}$ 相当于 b。我们按照牛顿迭代的要求对 $\sqrt{\boldsymbol{p}(c)}$ 进行泰勒展开并且丢弃高阶项后得到

$$\sqrt{\boldsymbol{p}(c+\Delta c)}=\sqrt{\boldsymbol{p}(c)}+\frac{1}{2}d(\boldsymbol{p}(c))^{-\frac{1}{2}}\boldsymbol{U}^{\mathrm{T}}\boldsymbol{J}_K(c)\Delta c \tag{5.78}$$

其中，$\boldsymbol{J}_K$ 是 n 行 2 列的矩阵为

$$\boldsymbol{J}_K=\left[\frac{\partial K}{\partial c_1},\frac{\partial K}{\partial c_2}\right]=\begin{bmatrix}\nabla K(x_1-c)\\ \nabla K(x_2-c)\\ \vdots \\ \nabla K(x_n-c)\end{bmatrix} \tag{5.79}$$

其中，(c_1, c_2)为向量 $\boldsymbol{c}$，即核函数中心点是在图像平面中的坐标，而 $d(\boldsymbol{p})$表示以 $\boldsymbol{p}$ 为对角线的对角阵。对函数进行泰勒展开后，我们就可以开始牛顿迭代，迭代公式为

$$\boldsymbol{J}_K^{\mathrm{T}}\boldsymbol{U}d(\boldsymbol{p}(c))^{-1}\boldsymbol{U}^{\mathrm{T}}\boldsymbol{J}_K\Delta c=2\boldsymbol{J}_K^{\mathrm{T}}\boldsymbol{U}d(\boldsymbol{p}(c))^{\frac{1}{2}}(\sqrt{\boldsymbol{q}}-\sqrt{\boldsymbol{p}(c)}) \tag{5.80}$$

与均值漂移时的策略类似，经过有限次迭代后，当 Δc 的值小于某个阈值时，认为跟踪成功。

SSD 算法完整的一次迭代过程如下：

假设已知目标的最新模板 $\{q_u\}(u=1,2,\cdots,m)$ 和其在上一帧的位置 c_0'。

（1）得到目标在当前帧的初始搜索位置 c_0。该位置可以是 c_0，也可以是滤波后的结果。根据式（5.76）、式（5.75）计算 $\boldsymbol{U}$ 和 $\{p_u(c_0)\}(u=1,2,\cdots,m)$ 并评估 $O(c_0)$；

（2）根据式（5.79）计算 $\boldsymbol{J}_K$；

（3）根据式（5.80）得到目标位置的偏移量 Δc，并进而得到迭代新位置 c_1；

（4）计算 $\{p_u(c_1)\}(u=1,2,\cdots,m)$，并评估 $O(c_1)$；

（5）当 $O(c_1)>O(c_0)$，$c_1=0.5\times(c_1+c_0)$ 时，再次评估 $O(c_1)$，重复此步直至条件不满足；

（6）若 $\|c_1-c_0\|<\varepsilon$ 则停止；否则 $c_0=c_1$，跳转至（2）。

SSD 算法与均值漂移算法相比有着更快的收敛速度，因此被随后很多研究者采用。该算法另一个主要贡献就是使得核函数跟踪过程中奇点问题发生的原因更加易于理解。所谓奇点问题是指通过观察值（即概率分布）无法唯一确定目标的位置。如前所述，牛顿迭代的过程就是解方程（5.80）的过程，当方程的系数矩阵的秩，即 $\mathrm{rank}(d(\boldsymbol{p})^{-\frac{1}{2}}\boldsymbol{U}^{\mathrm{T}}\boldsymbol{J}_K)$ 不足时，方程（5.80）可能出现无穷多角的情况，此时便发生了奇点问题。此外，多极值点、目标缩放及旋转等问题也是核函数跟踪所要面对的问题。

5.3.7 多极值点问题

所谓多极值点是指物体模板与候选图像区域间的差异，如误差平方与 SSD 存在不止一个局部极小值点，由此导致牛顿迭代或其他收敛算法的结果不准确或者不唯一。其中，对应目标实际位置的极值点我们称为真实极值点，其他极值点称为虚假极值点。

若把跟踪算法的迭代过程看成一个动态系统，迭代的次数看成系统历经的时间，每次的迭代结果看成系统每个时刻的状态，则我们可以引入吸引子和吸引盆的概念来解释多极值点问题。所谓吸引子是指在只考虑点的情况下，当系统时间趋于无穷大时，状态空间上的某个集合内的点都将趋于某个特定点，该特定点就是吸引子；而吸引到该吸引子的点集就称为该吸引子的吸引盆。对于跟踪迭代系统而言，吸引子就是迭代算法最后的收敛值，而吸引盆就是使得迭代能够收敛的初始搜索区域构成的点集。当系统（即当前帧进行的迭代）只存在一个吸引子且

该吸引子为目标实际位置时，通过在吸引盆开始迭代时，我们能够最终对目标进行定位。而若系统当前存在多个吸引子，且对应目标实际位置的真实吸引子只有一个，则有可能出现迭代收敛到其他虚假吸引子的情况，进而导致多极值点问题的发生。

多极值点问题是一个较为常见的问题。由于核函数跟踪过程以一种较为宽松的方式描述目标，信息量相对较少，对目标的限定较少，因此当多个物体间比较相似或者物体有一部分与背景类似时，非常有可能出现图像平面内存在多个 SSD 测度极小值点的情况，导致目标丢失或者误判。当存在两个对称的极值点时，在实际跟踪中，由于目标间或者目标和背景间相似，因此还会出现极值大小不同或者吸引盆大小不同的吸引子，进而影响跟踪的准确性。

5.4 本章小结

视觉跟踪是目前计算机视觉领域研究的热点问题，同时也是难点问题。目标跟踪算法在各领域有着广泛的应用，其在实际环境中面临着许多外界因素的干扰和挑战，具体包括以下 11 类难点：部分或完全遮挡、形变、尺度变化、光照变化、运动模糊、快速移动（目标移动多于 20 个像素点）、平面内旋转、平面外旋转、超出视线范围、背景相似性干扰和低分辨率（目标框内少于 400 个像素点）。目前运算速度比较快的算法属于基于相关滤波器类的算法，结合灰度特征和 HOG 特征，利用傅里叶变换将空域卷积转换为变换域乘积的思想，使运算精度和运算速度达到了很好的均衡。而随着深度学习技术在计算机视觉领域的成功应用，利用深度网络学习到的特征并结合相关滤波器的框架来进行目标跟踪是目前研究界比较关注的问题。例如，通过 VGG-19 网络模型提取训练图像的深度特征，将其与传统的相关滤波器结合，进行目标跟踪，提高跟踪精度。或者直接使用深度网络来进行端到端的目标跟踪训练，从而达到实用的目的，这方面的发展请参考相关文献。

参考文献

[1] 侯志强，韩崇昭. 视觉跟踪技术综述[J]. A Survey of Visual Tracking，2006, (4):1-5.

[2] Zhao T, Nevatia R. Tracking multiple humans in complex situations[J]. IEEE Transactions on Pattern Analysis and Machine Intelligence, 2004, 26(9): 1208-1221.

[3] Yu T, Wu Y. Collaborative tracking of multiple targets[J]. In: Proceedings of IEEE Conferenceon Computer Vision and Pattern Recognition, CVPR'04, Washington, DC, USA: IEEE Press, 2004. 1: 834-841.

[4] McKenna S, Jabri S, Duric Z, Rosenfeld A, Wechsler H. Tracking groups of people[J]. Computer Vision and Image Understanding, 2000, 80(1): 42-56.

[5] Drummond T, Cipolla R. Real-time visual tracking of complex structures[J]. IEEE Transactions on Pattern Analysis and Machine Intelligence, 2002, 24(7): 932-946.

[6] Leymarie F, Levine M D. Tracking deformable objects in the plane using an active contour model[J]. IEEE Transactions on Pattern Analysis and Machine Intelligence, 1993, 15(6): 617-624.

[7] Jain A K, Zhong Y, Dubuisson-Jolly M. Deformable template models: A review[J]. Signal Processing, 1998, 71(2): 109-129.

[8] Delamarre Q, Faugeras O. 3D articulated models and multiview tracking with physical forces[J]. Computer

Vision and Image Understanding, 2001, 81(3): 328-357.

[9] Plankers R, Fua P. Tracking and modeling people in video sequences[J]. Computer Vision and Image Understanding, 2001, 81(3): 285-302.

[10] Z. Fan, M. Yang, Y. Wu. Multiple Collaborative Kernel Tracking, IEEE Trans[J]. On Pattern Analysis and Machine Intelligence, 2007, 29(7): 1268-1273.

[11] W. Qu, D. Schonfeld, Robust Control Based Object Tracking, IEEE Trans[J]. On Image Proeessing, 2008, 17(9): 1721-1726.

[12] A. Yilmaz, X. Li, M. Shan, Contour based object tracking with occlusion handling in video acquired using mobile cameras, IEEE Trans[J]. On Pattern Analysis and Machine Intelligenee, 2004, 26(11): 1531-1536.

[13] Y. Chen, Y. Rui, T. Huang. Jpdaf based HMM for real-time contour tracking, Proc. IEEE Comp Society[J]. Conf. on Computer Vision and Pattern Recognition, 2001, (l): 543-550.

[14] J. L. Barron, D. J. Fleet, S. S. Beauehemin. Performance of optical flow techniques[J]. International Journal of Computer Vision, 1994, 12(l): 43-77.

[15] D. DeCarlo, D. Metaxas. Optical Flow Constraints on Deformable Models with Applications to Face Tracking[J]. Imitational Journal of computer Vision, 2000, 38(2): 99-127.

[16] D. Comanieiu, V. Ramesh, P. Meer, Kernel Based Object Tracking, IEEE. Trans[J]. On Pattern Analysis and Machine Intelligence, 2003, 25(5): 564-575.

[17] R. T. Collins. Mean-Shift Blob Tracking through Seale Space, Proc. IEEE Conf[J]. on computer Vision and Pattern Recognition, 2003(2): 234-240.

[18] Fukunaga K, HostetlerL. The estimation of the Gradient of a density function, with applications in Pattern recognition, IEEE Trans[J]. On Inform. Theory, 1975, 21(l):32.

[19] D. Comanieiu, V. Ramesh, P. Meer. Kernel-Based Object Tracking, IEEE. Trans[J]. On Pattern Analysis and Machine Intelligence, 2003, 25(5): 564-575.

[20] T. Kailath. The Divergence and Bhattacharyya Measures in signal selection, IEEE Trans[J]. On Comm. Technology, 1967(15): 52-60.

[21] C. John. A computational approach to edge detection, IEEE Trans[J]. on Pattern Analysis and Machine Intelligence, 1986: 679-698.

[22] Z. Fan, M. Yang, Y. Wu. Multiple Collaborative Kernel Tracking, IEEE Trans[J]. On Pattern Analysis and Machine Intelligence, 2007, 29(7):1268-1273.

[23] W. Qu, D. Schonfeld. Robust Control Based Object Tracking, IEEE Trans[J]. On Image Processing, 2008, 17(9):1721-1726.

[24] Kailath T. The divergence and Bhattacharyya distance measures in signal selection[J]. IEEE Transactions on Communication Technology, 1967,15(1): 52～60.

[25] A. Bhattacharyya, "On a measure of divergence between two statistical populations defined by probability distributions" Bull[J]. Calcutta Math. Soc. 1943, (35) 99-109.

[26] D. Comaniciu, V. Ramesh, P. Meer. "Kernel-Based object tracking,"IEEE Trans[J]. On Pattern Analysis and Machine Intelligence, 2003, 25(5):564-575.

[27] Drummond T, Cipolla R. Real-time visual tracking of complex structures[J]. IEEE Transactions on Pattern Analysis and Machine Intelligence, 2002, 24(7): 932-946.

[28] D. Comaniciu, V. Ramesh, P. Meer. "Real-Time Tracking of Non-Rigid Objects Using Mean Shift," Proc[J]. 2000 IEEE Conf. Computer Vision and Pattern Recognition, 2000(7): 142-149.

[29] D. Comaniciu, V. Ramesh, P. Meer. "Kernel-Based object tracking,"IEEE Trans[J]. On Pattern Analysis and Machine Intelligence, 2003, 25(5): 564-575.

[30] G. D. Hager, M. Dewan, C. V. Stewart. Multiple Kernel Tracking With SSD, Proc[J]. IEEE Conf. On computer Vision and Pattern recognition, 2004(1):790-797.

[31] Zhao T, Nevatia R. Tracking multiple humans in complex situations[J]. IEEE Transactions on Pattern Analysis and Machine Intelligence, 2004, 26(9): 1208-1221.

第 6 章

蒙特卡罗运动分析

视觉跟踪是图像序列分析中的基础部分，一般来说，它是指从一个图像序列中推断出运动物体在某个时刻的状态。

6.1 跟踪问题的形式化表示

在跟踪问题中，首先用一组参数描述目标在某个时刻的状态，这组参数即是状态向量，记为 $\boldsymbol{x}_t$（t 表示时刻，下同）。所有的状态向量形成状态空间，则状态空间中到 t 时刻为止的一个轨迹反映了目标物体的运动序列为 $\boldsymbol{X}_t = \{\boldsymbol{x}_1, \cdots, \boldsymbol{x}_t\}$。

观测值是从图像序列中的每帧提取得到的特征，如基于图像灰度特征及基于图像处理后得到的特征（如边缘和特征点等）。同样的，这些特征用一个特征向量 $\boldsymbol{y}_t$ 表示，称为观测向量，所有的观测向量形成观测空间。到 t 时刻为止的观测向量记为 $\boldsymbol{Y}_t = \{\boldsymbol{y}_1, \cdots, \boldsymbol{y}_t\}$。

显然观测值可以通过输入图像序列直接得到，而状态值不能直接得到，并且跟踪问题最终需要得到的是目标物体的状态序列。运动跟踪的问题就是从观测空间的随机序列推测状态空间中的一个轨迹。理想的状况是在每个时刻 t，求得分布 $p(\boldsymbol{x}_t|\boldsymbol{Y}_t)$，一旦该分布已知，则可以采用某种损失函数（Loss Function）来估计一个最优的状态量。最常用的有最小均方误差估计（MMSE），可求得状态量的最佳估计为 $\hat{\boldsymbol{x}}_t = \int \boldsymbol{x}_t p(\boldsymbol{x}_t \mid \boldsymbol{Y}_t)\mathrm{d}\boldsymbol{x}_t$；也可以采用最大后验概率估计（MAP），求得 $\hat{\boldsymbol{x}}_t = \arg\max_{\boldsymbol{x}_t} p(\boldsymbol{x}_t \mid \boldsymbol{Y}_t)$。

6.1.1 Markov 性假设

在通常运动跟踪中，Markov 性是一个基本假设。它包含两方面的内容：一是当前状态只与前一时刻状态相关，而与前一时刻的过去无关，即 $p(\boldsymbol{x}_t \mid \boldsymbol{X}_{t-1}) = p(\boldsymbol{x}_t \mid \boldsymbol{x}_{t-1})$；二是观测值只与对应的状态值有关，而与其他值无关，即 $p(\boldsymbol{Y}_t \mid \boldsymbol{X}_t) = \prod_{i=1}^{t} p(\boldsymbol{y}_i \mid \boldsymbol{x}_i)$。Markov 性假设如图 6.1 所示。

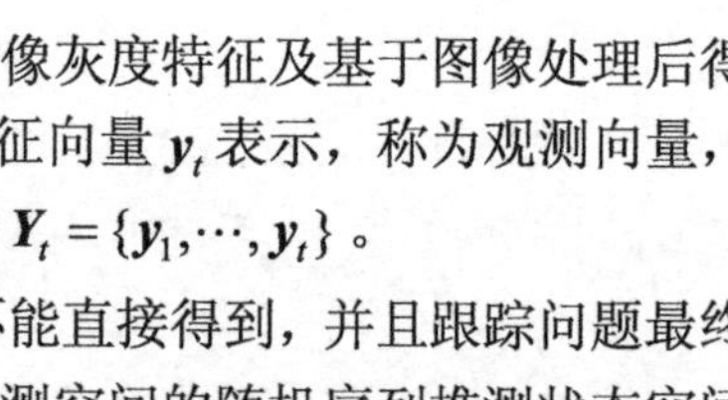

图 6.1 Markov 性假设

6.1.2 三个基本模型

Bayesian 估计框架中包含三个在推测过程中必需的基本模型：

（1）状态转移模型：$p(\boldsymbol{x}_t \mid \boldsymbol{x}_{t-1})$，描述相邻时刻之间的状态转移关系；

（2）观测模型：$p(\boldsymbol{y}_t \mid \boldsymbol{x}_t)$，描述当前时刻观测值与状态值之间的关系；

（3）初始分布模型：$p(\boldsymbol{x}_0)$，描述目标物体在时刻 0 的状态分布。

6.1.3 推测过程

在推测过程中，Bayesian 后验概率估计的目标分布可以统一表示为 $p(\boldsymbol{x}_t \mid \boldsymbol{Y}_t)$，而求解该目标分布的方法包括两步：预测和更新。

在运动跟踪过程中，预测的过程就是根据过去时刻的观测值预测当前状态值可能的分布。$p(\boldsymbol{x}_t \mid \boldsymbol{x}_{t-1})$ 预测的计算方法是

$$p(\boldsymbol{x}_t \mid \boldsymbol{Y}_t) = \int p(\boldsymbol{x}_t \mid \boldsymbol{x}_{t-1}) p(\boldsymbol{x}_{t-1} \mid \boldsymbol{Y}_{t-1})\, \mathrm{d}\boldsymbol{x}_{t-1} \tag{6.1}$$

注意，预测过程并没有用到 t 时刻（当前时刻）的观测信息。那么，在得到了当前状态的观测值后，可以根据该观测值对预测的结果进行更新，进而得到对当前状态新的估计 $p(\boldsymbol{x}_t \mid \boldsymbol{Y}_t)$，这个过程就是更新。计算公式为

$$p(\boldsymbol{x}_t \mid \boldsymbol{Y}_t) = k_t p(\boldsymbol{y}_t \mid \boldsymbol{x}_t) p(\boldsymbol{x}_t \mid \boldsymbol{Y}_{t-1}) \tag{6.2}$$

其中，k_t 是一个与状态量无关的因子。

在给定状态转移模型 $p(\boldsymbol{x}_t \mid \boldsymbol{x}_{t-1})$ 和观测模型 $p(\boldsymbol{y}_t \mid \boldsymbol{x}_t)$ 后，反复进行预测和更新的操作就可以通过在线的方式对目标物体的运动状态进行跟踪。

6.2 卡尔曼滤波与广义卡尔曼滤波

在实际应用中，经常要研究动态系统。卡尔曼等人在 20 世纪 60 年代初提出了一种递归滤波算法，即卡尔曼滤波。卡尔曼滤波不要求保留用过的观测数据，在测得新的观测数据后，可按照一系列递归公式计算出新的估计值，不必重新计算。此外，它还打破了对非动态系统的限制，可用于动态系统的滤波。

6.2.1 状态空间表示法和参数估计

系统的状态是指一个系统过去、现在和将来的状态。从抽象意义上讲，状态变量是指一组描述系统状态的最少独立变量 $\xi(t) = [\xi_1(t), \xi_2(t), \xi_3(t), \cdots, \xi_n(t)]^{\mathrm{T}}$。初始时刻与状态变量确定了系统的初始状态，后续当系统有输入 u_i 时，完全可以确定系统未来的性能变化。状态变量对应于一个 n 维空间，此空间称为状态空间。用状态空间来描述动态系统有很多好处，即可以在一个一般且一致的框架下研究任何复杂的动态系统。

我们可以将状态变量看成记忆变量，能从状态变量中重新得到所有想要得到的有关过去的信息（不是所有过去的信息）。也就是说，状态变量存储了一个动态系统关于“历史”所需的信息。

由于观测数据往往不是连续的，因此主要考虑离散动态系统。一个离散动态系统可分解成两个过程：n 维的动态系统和 p 维$(p \leqslant n)$的观测系统，如图 6.2 所示。在图 6.2 中，状态向量 $\boldsymbol{\xi}_i$ 的上方加“帽子”表示状态向量的估计值 $\hat{\boldsymbol{\xi}}_i$。在时刻 t_i，l 维输入向量 $\boldsymbol{u}_i$ 经过动态系统，再加上 m 维噪声向量 $\boldsymbol{\eta}_i$（称为动态噪声）产生 n 维状态向量 ξ_i。这里，下标 i 表示这是时刻 t_i 的值。一般动态系统的演变可由下列差分方程（还称为动态系统方程或系统方程）描述

$$\boldsymbol{\xi}_{i+1} = f_i(\boldsymbol{\xi}_i) + \boldsymbol{G}_i + \boldsymbol{u}_i + \boldsymbol{\Gamma}_i + \boldsymbol{\eta}_i, \quad i = 0,1\cdots \tag{6.3}$$

其中，向量函数 $f_i(\cdot)$ 称为系统的转移函数或状态函数；$\boldsymbol{G}_i$ 是 $n\times 1$ 矩阵，称为系统的作用矩阵；$\boldsymbol{\eta}_i$ 是 $n\times m$ 矩阵，称为动态噪声矩阵。

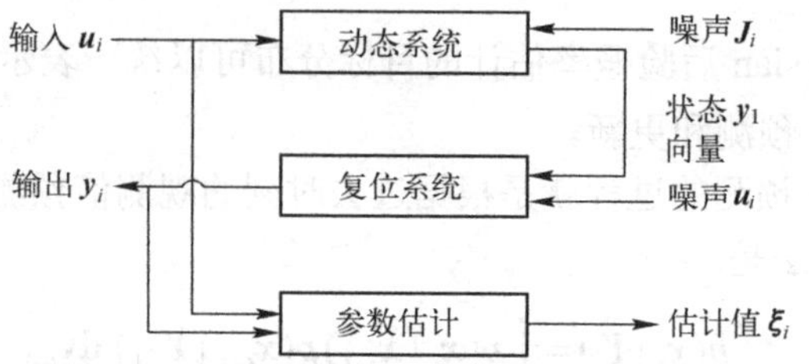

图 6.2　离散动态系统

状态向量 $\boldsymbol{\xi}_i$ 通过 p 维的观测系统，再加上 p 维噪声向量 $\boldsymbol{n}_i$（称为观测噪声），输出观测向量 $\boldsymbol{y}_i$。一般地，观测系统可由下列差分方程（称为观测方程）描述，即

$$\begin{cases} h_i(\boldsymbol{y}_i'\boldsymbol{\xi}_i) = 0, & i = 0,1\cdots \\ \boldsymbol{y}_i = \boldsymbol{y}_i' + \boldsymbol{n}_i, & i = 0,1\cdots \end{cases}$$

其中，$\boldsymbol{y}_i'$ 是无噪声的观测向量；$\boldsymbol{y}_i'$ 是实际的观测向量；向量函数 $h_i(\cdot)$ 称为观测函数。设从第 0 时刻到第 $k-1$ 时刻，对上述离散动态系统进行了 k 次观测 $x_0, x_1, \cdots, x_{k-1}$，系统的输入向量 $\boldsymbol{u}_i$（$i=0,\ \cdots, k-1$）一般是已知的。根据 k 个观测数据和输入向量，需要对第 j 时刻的状态 $\boldsymbol{\xi}_i$ 进行估计，若估计值为 $\hat{\boldsymbol{\xi}}_{j|k-1}$，则当 $j=k-1$ 时，称为滤波，并简记为 $\hat{\boldsymbol{\xi}}_{k-1}$；当 $j>k-1$ 时，$\hat{\boldsymbol{\xi}}_{j|k-1}$ 称为预测或外推。这样就实现了参数的递归估计。

6.2.2　标准卡尔曼滤波

设系统的观测函数 $h(\cdot)$ 和状态函数 $f(\cdot)$ 是线性的，即

$$\boldsymbol{\xi}_i = F_i\boldsymbol{\xi}_{i-1} + \boldsymbol{\eta}_i \tag{6.4}$$

$$\boldsymbol{y}_i = H_i\boldsymbol{\xi}_i + \boldsymbol{n}_i \tag{6.5}$$

其中，系统动态噪声 $\boldsymbol{\eta}_i$ 和观测噪声 $\boldsymbol{n}_i$ 服从高斯分布，即

$$E[\boldsymbol{n}_i] = \boldsymbol{0}, E[\boldsymbol{n}_i\boldsymbol{n}_i^{\mathrm{T}}] = \boldsymbol{Q}_i$$

$$E[\boldsymbol{\eta}_i] = \boldsymbol{0}, E[\boldsymbol{\eta}_i\boldsymbol{\eta}_i^{\mathrm{T}}] = \boldsymbol{\Lambda}_{\eta_i}$$

且它们是白噪声序列，即当 $i \neq j$ 时，有 $E[\boldsymbol{n}_i\boldsymbol{n}_i^{\mathrm{T}}] = \boldsymbol{0}$，同时为了简单起见，假设输入向量为零，即 $\boldsymbol{u}_i = \boldsymbol{0}$。

根据上述条件，通过更新值与预测值在最小二乘意义下的推导可得卡尔曼滤波方程如下：

状态向量预报方程为

$$\boldsymbol{\xi}_{i|i-1} = \boldsymbol{F}_{i-1}\boldsymbol{\xi}_{i-1} \tag{6.6}$$

状态向量协方差矩阵预报方程为

$$\boldsymbol{P}_{i|i-1} = \boldsymbol{F}_{i-1}\boldsymbol{P}_{i-1}\boldsymbol{F}_{i-1}^{\mathrm{T}} + \boldsymbol{Q}_{i-1} \tag{6.7}$$

卡尔曼加权矩阵或增益矩阵为

$$\boldsymbol{K}_i = \boldsymbol{P}_{i|i-1}\boldsymbol{H}_i^{\mathrm{T}}(\boldsymbol{H}_i\boldsymbol{P}_{i|i-1}\boldsymbol{H}_i^{\mathrm{T}} + \boldsymbol{\Lambda}_{\eta_i})^{-1} \tag{6.8}$$

状态向量更新方程为

$$\hat{\boldsymbol{\xi}}_i = \hat{\boldsymbol{\xi}}_{i|i-1} + \boldsymbol{K}_i(\boldsymbol{y}_i - \boldsymbol{H}_i\hat{\boldsymbol{\xi}}_{i|i-1_i}) \tag{6.9}$$

状态向量协方差更新方程为

$$\boldsymbol{P}_i = (\boldsymbol{I} - \boldsymbol{K}_i\boldsymbol{H}_i)\boldsymbol{P}_{i|i-1} \tag{6.10}$$

初始状态的统计特征为

$$\xi_{0|0} = \boldsymbol{E}[\xi_0],\ \boldsymbol{P}_{0|0} = \boldsymbol{\Lambda}_{\xi_0} \tag{6.11}$$

6.2.3 广义卡尔曼滤波

当观测方程 $\boldsymbol{h}_i(\boldsymbol{y}_i',\xi_i)=\boldsymbol{0}$ 不是线性时，上述标准卡尔曼滤波方程不再适用。但当状态估计值与真实值相差不是很大时，可以将观测方程线性化，这是在工程中常用的将非线性问题线性化的思想。将 $\boldsymbol{h}_i(\boldsymbol{y}_i',\xi_i)=\boldsymbol{0}$ 在当前观测值 $\boldsymbol{y}_i$ 和当前估计值 $\hat{\xi}_{i|i-1}$ 上按泰勒展开，则有

$$\begin{aligned}\boldsymbol{h}_i(\boldsymbol{y}_i',\xi_i) = \boldsymbol{h}_i(\boldsymbol{y}_i,\hat{\xi}_{i|i-1}) + \frac{\partial \boldsymbol{h}_i(\boldsymbol{y}_i,\hat{\xi}_{i|i-1})}{\partial \boldsymbol{y}_i'}(\boldsymbol{y}_i'-\boldsymbol{y}_i) + \\ \frac{\partial \boldsymbol{h}_i(\boldsymbol{y}_i,\hat{\xi}_{i|i-1})}{\partial \xi_i}(\xi_i-\hat{\xi}_{i|i-1}) + O((\boldsymbol{y}_i'-\boldsymbol{y}_i)^2) + O((\xi_i-\hat{\xi}_{i|i-1})^2)\end{aligned} \tag{6.12}$$

据此可得线性化的观测方程为

$$\boldsymbol{y}_i = \boldsymbol{M}_i\xi_i + \boldsymbol{v}_i \tag{6.13}$$

其中，$\boldsymbol{y}_i$ 是线性化方程的观测向量，$\boldsymbol{v}_i$ 是其对应的噪声，$\boldsymbol{M}_i$ 是线性化的观测矩阵。它们分别为

$$\boldsymbol{y}_i = -\boldsymbol{h}_i(\boldsymbol{y}_i,\hat{\xi}_{i|i-1}) + \frac{\partial \boldsymbol{h}_i(\boldsymbol{y}_i,\hat{\xi}_{i|i-1})}{\partial \xi_i}\hat{\xi}_{i|i-1} \tag{6.14}$$

$$\boldsymbol{v}_i = \frac{\partial \boldsymbol{h}_i(\boldsymbol{y}_i,\hat{\xi}_{i|i-1})}{\partial \boldsymbol{y}_i'}(\boldsymbol{y}_i'-\boldsymbol{y}_i) = \frac{\partial \boldsymbol{h}_i(\boldsymbol{y}_i,\hat{\xi}_{i|i-1})}{\partial \boldsymbol{y}_i'}\boldsymbol{\eta}_i \tag{6.15}$$

$$\boldsymbol{M}_i = \frac{\partial \boldsymbol{h}_i(\boldsymbol{y}_i,\hat{\xi}_{i|i-1})}{\partial \xi_i} \tag{6.16}$$

不难得到噪声 $\boldsymbol{v}_i$ 的统计特性为

$$E[\boldsymbol{v}] = 0, E[\boldsymbol{v}_i\boldsymbol{v}_i^{\mathrm{T}}] = \frac{\partial \boldsymbol{h}_i(\boldsymbol{y}_i,\hat{\xi}_{i|i-1})}{\partial \boldsymbol{y}_i'}\boldsymbol{\Lambda}\boldsymbol{\eta}_i\frac{\partial \boldsymbol{h}_i(\boldsymbol{y}_i,\hat{\xi}_{i|i-1})}{\partial \boldsymbol{y}_i'} \equiv \boldsymbol{v}_i \tag{6.17}$$

现在可以将标准卡尔曼滤波方程应用到线性化的观测方程（6.13）中。

若系统方程是非线性的，则状态向量的预测为

$$\hat{\xi}_{i|i-1} = f_{i-1}(\hat{\xi}_{i|i-1}) \tag{6.18}$$

而协方差矩阵的预测可由一阶近似得到

$$\boldsymbol{P}_{i|i-1}=\frac{\partial f_{i-1}(\hat{\xi}_{i|i-1})}{\partial \xi}\boldsymbol{P}_{i-1}\left(\frac{f_{i-1}(\hat{\xi}_{i|i-1})}{\partial \xi}\right)^{\mathrm{T}}+\boldsymbol{Q}_i \tag{6.19}$$

广义卡尔曼滤波很重要的一个特点是：方程的线性化是连续不断地相对于最新的状态估计值和当前观测值进行的，使得线性化总是相对最佳。

若初始状态估计值离真实值相差很远，则广义卡尔曼滤波可能不能给出理想的结果。一种方法是在同一个观测值上多次应用广义卡尔曼滤波来改进方程线性化的近似效果。

6.3 特征表示与提取

本节将介绍在基于粒子滤波的目标跟踪方法中经常用到的目标特征，其中颜色直方图特征是改进的目标跟踪方法频繁采用的度量相似度的重要特征。

6.3.1 颜色直方图

颜色特征是计算机视觉研究中最基本的视觉特征，通过颜色特征往往能够区分物体和场景，便于图像分割和理解。由于颜色特征不依赖图像的分辨率和摄像机视角朝向，因此它具有良好的稳定性而被广泛使用。颜色直方图是最常见的颜色特征，它是一种概率统计图，表示图像每个像素点的颜色出现的概率（比率）。颜色直方图根据量化级别，将不同颜色的像素计数并统计计算得到。通过分析颜色直方图可以获得该图像的颜色分布和主色调，颜色直方图中并不包含图像像素的空间信息，仅包括各类颜色像素出现的频数。每个彩色图像都有唯一确定的颜色直方图，若不同的图像具有相同的颜色分布，则它们的颜色直方图有可能相同，但是不同颜色直方图所对应的图像是不同的。

常规的颜色直方图是根据不同的颜色空间而建立的。常用于计算颜色直方图的颜色空间是 RGB 颜色空间和 HSV/HSI 颜色空间。RGB 颜色空间是根据人眼识别的颜色定义的空间，利用红、绿、蓝三原色的混合来表示大部分颜色。RGB 颜色空间是面向硬件的彩色模型，常用于彩色监视器等显示设备的颜色表达。如图 6.3 所示，在 HSV 颜色空间中，H 分量指 Hue（色相），S 分量指 Saturation（饱和度），V 分量指 Value（亮度）。与 RGB 颜色空间不同的是：HSV 颜色空间类似于人眼感觉颜色的方式，HSV 颜色空间中两类颜色的几何距离与人眼感受的差距接近。因此有相当多的文献中采用在 HSV 颜色空间中统计的颜色直方图来表示目标的外观颜色特征（这也是本书采用 HSV 颜色特征的重要原因）。在后文中涉及的目标跟踪应用中，目标外观特征均采用了 HSV 颜色空间，而关于 HSV 颜色空间的相似度是用 Bhattacharrya 距离来度量的。具体的 HSV 颜色空间的度量请参见相关文献中的内容。

除上述 RGB 颜色空间和 HSV 颜色空间外，还有两种计算颜色直方图的方法：主色调直方图（Dominant Color Histogram）和空间结构直方图（Spatial Structure Histogram）。另外关于颜色的特征还有颜色矩（Color Moments）、颜色集（Color Sets）、颜色聚合向量（Color Coherence Vector）和颜色相关图（Color Correlogram）。在 MPEG-7 标准中的视觉部分也定义了多种关于颜色的特征，如主色（Dominant Color）、可伸缩颜色（Scalable Color）、颜色布局（Color Layout）

和颜色结构（Color Structure）等。

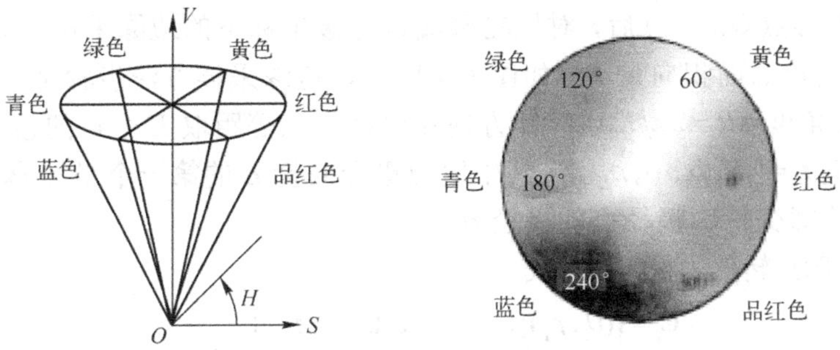

图 6.3　HSV 颜色空间

6.3.2　形状特征

形状是反映物体外观的一个重要特征，它是人眼感知世界的重要视觉特征之一。形状特征被广泛运用在计算机视觉、模式识别和图像处理等领域中。

当前，对形状特征的描述主要可以分为基于轮廓形状（Contour-Based Shape）与基于区域形状（Region-Based Shape）两类，区分方法在于形状特征是仅从轮廓中提取的还是从整个形状区域中提取的。现有的基于轮廓的方法主要有全局方法（Global）和结构化方法（Structural）两类。全局方法包括简单几何特征（如周长、半径、曲率和边缘夹角等）、基于变换域包括傅里叶描述符、小波描述符和曲率尺度空间（Curvature Scale Space，CSS）等；结构化方法包括链码和多边形分解等。此处将提出利用几何面积特征进行描述，具备缩放、旋转和翻转等形变尺度不变性的新方法。

6.3.3　尺度不变轮廓特征的表示

在提取轮廓特征前，要找到形状轮廓的质心作为极坐标的极点。此处可以考虑两类方法：根据区域算质心和根据轮廓算质心。当根据轮廓算质心时，要利用格林公式来计算质心。若根据区域算质心，则设其质心点 O 的坐标为 (m_x, m_y)。令整个图形区域面积为 N（即区域包围的像素个数），则有

$$\begin{bmatrix} m_x \\ m_y \end{bmatrix} = \frac{1}{N}\sum_{i=1}^{N}\begin{bmatrix} x_i \\ y_i \end{bmatrix}$$

其中，(x_i, y_i) 为形状区域内各点的坐标。轮廓的质心计算与轮廓采样如图 6.4 所示。

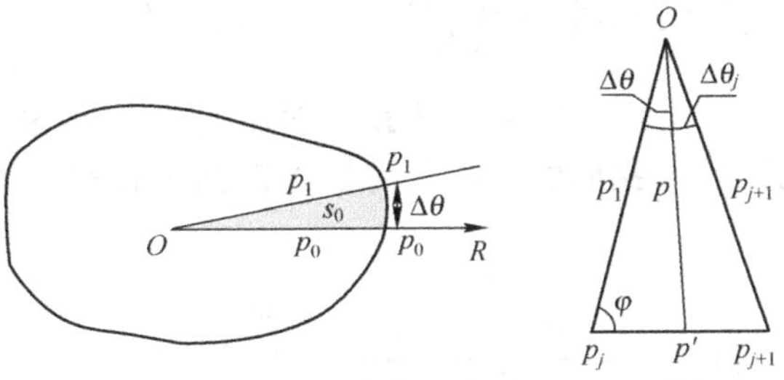

（a）　　（b）

图 6.4　轮廓的质心计算与轮廓采样

1. 轮廓极径向量的提取步骤

当确定了中心点 $O(x_0,y_0)$ 后，对原轮廓线进行极坐标下的边缘采样，得到轮廓极径向量 $\boldsymbol{L}$ 并计算得到轮廓面积向量 $\boldsymbol{S}$。如图 6.4 所示，边缘采样方法步骤是：从极角 $\hat{\theta}=0$ 开始，按照极坐标角度 $\Delta\theta=2\pi/K$ 逆时针方向在轮廓线上等距取 K 个点的极径，得到一个 K 维轮廓极径向量 $\boldsymbol{L}=[\hat{\rho}_0,\hat{\rho}_1,\cdots,\hat{\rho}_{K-1}]$，其中轮廓极径向量 $\boldsymbol{L}$ 的第一个坐标 $\hat{\rho}_0$ 为当极角 $\hat{\theta}=0$ 时极坐标轴与轮廓交轮廓极径点的极径 $\hat{\rho}$ 。

首先，将轮廓点转化为极坐标形式

$$C=\{(\theta_i,\rho_i)\},\qquad i=0,1,\cdots,M-1 \tag{6.20}$$

其中，M 为轮廓点的数目，θ_i 和 ρ_i 分别为第 i 个轮廓点的极角与极径，且有

$$\hat{\theta}_i=\frac{2\pi i}{K},\qquad i=0,1,\cdots,K-1 \tag{6.21}$$

若令 $\Delta\theta_j=\left|\theta_{j+1},-\theta_j\right|$，则存在 j，使得 $\hat{\theta}_i$ 满足

$$\begin{cases}\min(\theta_{j+1},\theta_j)\leqslant\hat{\theta}_i<\max(\theta_{j+1},\theta_{j+1}), & \Delta\theta_j=0\\ \hat{\theta}_i=\theta_j, & \Delta\theta_j\neq 0\end{cases}$$

若令 $\Delta\theta_i=\hat{\theta}_i-\min(\theta_{j+1},\theta_{j+1})$，则如图 6.4 所示，利用正弦定律，可得

$$|OP'|=\frac{\rho j\sin\varphi}{\sin(\pi-\Delta\theta_{i-\varphi})},\quad \varphi=\arcsin\left(\frac{\rho_{j+1}\sin\Delta\theta_j}{\sqrt{\rho_j^2+\rho_{j+1}^2-2\rho_j\rho_{j+1}\cos\Delta\theta_j}}\right) \tag{6.22}$$

2. 轮廓面积向量的获取

在得到轮廓极径向量 $\boldsymbol{L}$ 后，对 $\boldsymbol{L}$ 进行归一化处理，得到其归一化轮廓极径向量为

$$\boldsymbol{L}'=[\hat{\rho}'_0,\hat{\rho}'_1,\cdots,\hat{\rho}'_{K-1}]$$

其中

$$\hat{\rho}'_i=\frac{\hat{\rho}_i}{\max_{k\in\Omega\{|\hat{\rho}_k|\}}},\qquad \Omega=\{x\mid x=0,1,\cdots,K-1\} \tag{6.23}$$

依次计算归一化轮廓极径向量 $\boldsymbol{L}'$ 中相邻两个极径与轮廓线所围面积 $s(i)$，其中利用三角形 $\triangle OP_0P_1$ 近似表示轮廓与两个极径 $\hat{\rho}'$ 、$\hat{\rho}'_1$ 所围区域的面积，计算其面积得 $s(0)$。同理可得 $s(1),\cdots,s(K-1)$，最终得到轮廓面积向量 $\boldsymbol{S}=[s(1),\cdots,s(K-1)]$，其中面积 $s(j)$ 为

$$s(j)=\frac{1}{2}\hat{\rho}'_j\hat{\rho}'_{j+1}\sin\left(\frac{2\pi}{K}\right),\qquad j=0,\cdots,K-1 \tag{6.24}$$

考虑到图像缩放、归一化轮廓极径向量 $\boldsymbol{L}'$ 与轮廓面积向量 $\boldsymbol{S}$ 元素的尺度等因素，必须将向量 $\boldsymbol{S}$ 进行规格化处理。我们引入面积向量 $\boldsymbol{S}$ 的两个相邻元素比值 $y(i,j)$ 与 $y'(i,j)$，则有

$$\begin{cases}y(i,j)=\left(\dfrac{s[M(i+j+1,K)]}{s[M(i+j,K)]}\right)^{1/2}\\ y'(i,j)=y(i,j)^{-1}\end{cases} \tag{6.25}$$

其中， $M(a,b)=a(\bmod b)$ 。由此可以得到以 $y(i,j)$ 和 $y'(i,j)$ 为坐标的轮廓比值向量 $\boldsymbol{p}(j)$ 和 $\boldsymbol{p}'(j)$ 为

$$\begin{cases} p(j)=[y(0,j),y(1,j),\cdots,y(K-1,j)] \\ p'(j)=[y'(0,j),y'(1,j),\cdots,y'(K-1,j)] \end{cases} \tag{6.26}$$

3. 轮廓特征的相似度度量

定义轮廓向量集 $\boldsymbol{P}=\{p,p'\}$，则两个向量集 $\boldsymbol{P}_a$ 和 $\boldsymbol{P}_b$ 之间的距离 $D(\boldsymbol{P}_a,\boldsymbol{P}_b)$ 为

$$D(\boldsymbol{P}_a,\boldsymbol{P}_b)=\min\{d(\boldsymbol{P}_a,\boldsymbol{P}_b,a^*)\mid q=0,1,\cdots,k-1\} \tag{6.27}$$

其中，令 $a^*=\operatorname{argmin}_{a\in\Omega}d(\boldsymbol{P}_a,\boldsymbol{P}_b,a^*)$；令 $\theta_{a,b}^*=2\pi a^*/K$，在这里近似表示两个形状旋转夹角为 $\theta_{a,b}$。公式（6.27）中的 $d(\boldsymbol{P}_a,\boldsymbol{P}_a,a^*)$ 为距离度量函数，当 $d(\boldsymbol{P}_a,\boldsymbol{P}_a,a^*)$ 采用 K 维空间的欧氏距离时，距离度量函数为

$$d(\boldsymbol{P}_a,\boldsymbol{P}_b,a^*)=\sum\nolimits_{K=0}^{K-1}\left(\frac{1}{K}[ya(k,a)-yb(k,0)]^2\right)^{1/2} \tag{6.28}$$

4. 缩放因子与翻转标志

在获得距离相似度而确定两个形状关系后，可以利用轮廓极径向量 $\boldsymbol{L}$ 计算缩放因子 k，k 表示两个相同形状尺寸大小比例关系，则有

$$k_{a,b}=\frac{\overline{\boldsymbol{P}}_b}{\overline{\boldsymbol{P}}_a},\ \overline{\boldsymbol{P}}_l=\frac{1}{K}\sum\nolimits_{i=0}^{K-1}\boldsymbol{P}_l \tag{6.29}$$

若需要考虑形状翻转的情况，则利用翻转标志 f 来表示。当 $d(\boldsymbol{P}_a,\boldsymbol{P}_b,a)$ 取得最小值，且 $\boldsymbol{P}_b$ 为顺时针方向的面积向量时，f 值为 0，表示两个形状没有翻转关系；当 $\boldsymbol{P}_b$ 为逆时针方向时，f 值为 1，表示两个形状有翻转关系。计算 $d(\boldsymbol{P}_a,\boldsymbol{P}_b,a)$、$f$、$k$ 的步骤如下。

输入：轮廓比值向量 $\boldsymbol{P}_a$ 和 $\boldsymbol{P}_b$；
输出：距离 $d(\boldsymbol{P}_a,\boldsymbol{P}_b,a)$ 夹角 θ，缩放因子 k;
步骤 1：令 i=0，计算 f_c；
步骤 2：利用公式（6.26）计算 $\boldsymbol{P}_a'=\boldsymbol{P}_a(i)$；
步骤 3：令 $\theta_{\text{temp}}=2\pi i/k$； $\theta_{\text{temp}}=d(\boldsymbol{P}_a',\boldsymbol{P}_b,i)$；
步骤 4：若 $i=0$，则 $d=d_{\text{temp}}$；
若 $i>0$，则 $d=d_{\text{temp}}$ 且 $\theta=\theta_{\text{temp}}$；
步骤 5：令 $i=i+1$；
若 $i\geqslant K$，则输出 d、θ、k 且算法结束；
若 $i<K$，则转到步骤 2。

6.4 目标跟踪方法评价指标

为了评价目标跟踪方法的优劣和跟踪精度，主要的评价指标包括跟踪误差和目标覆盖率。图 6.5 给出了这两种评价指标的示意图。

如图 6.5（a）所示，在 i 时刻，跟踪窗口位置和目标的实际位置分别为 P_t 和 $\hat{P}_t$，其对应的图像坐标为 (x_t, y_t) 与 $(\hat{x}_t, \hat{y})$，则其跟踪误差 d_t 表示为

$$d_t = \left|P_t\hat{P}_t\right| = \sqrt{(x_t - \hat{x}_t)^2 + (y_t - \hat{y}_t)^2} \tag{6.30}$$

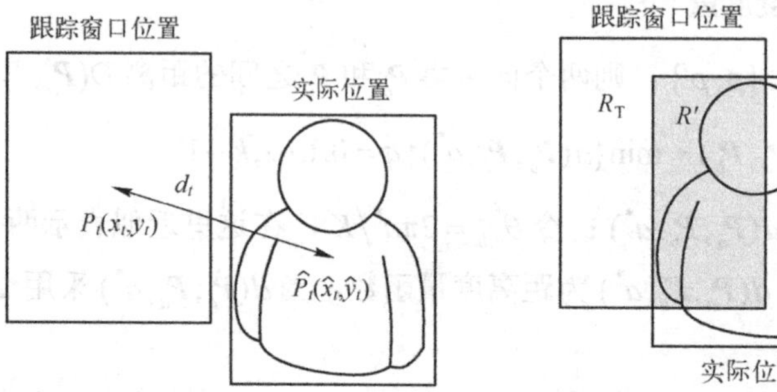

（a）跟踪误差 d_t　　（b）重叠率 r_t

图 6.5　两种目标跟踪评价指标的示意图

从上式定义可以看出，当 $d_t \to 0$ 时，跟踪精度越高。第二个评价指标为窗口重叠率，如图 6.5（b）所示，跟踪窗口与目标的实际位置所代表的矩形窗口分别为 R_T 和 R_G，则窗口重叠率 r_t 可由 R_T 和 R_G 两个矩形窗口重叠区域 $R' = R_T \cap R_G$ 面积占总公共区域面积之比表示，即

$$r_t = \frac{A(R')}{A(R_T \cup R_G)} = \frac{A(R_T \cap R_G)}{A(R_T \cup R_G)} \tag{6.31}$$

其中，$A(R')$ 表示窗口重叠区域的面积。显然当重叠率 $r_t \to 1$ 时，跟踪窗口 R_T 的位置和大小将接近目标实际窗口 R_G 的位置和大小。

6.5　序列 Monte Carlo 方法研究

大多数的动态系统（如自动目标跟踪系统）都是非线性非高斯的，对于研究者来说，立足于序列观测，应用有效的方法进行在线实时估计和预测是非常富有挑战性的工作。直至今天，人们都没有找到一致、有效的方法来处理非线性非高斯系统。

近年来，很多研究者开始关注一种基于序列 Monte Carlo（SMC）方法的滤波算法，这是一系列应用 Monte Carlo 仿真策略来解决在线估计和预测难题的方法。更确切地说，这种技术可以递推产生一系列带权值的样本（粒子）来表示状态变量或数的后验概率，以此来进行贝叶斯推理，它可以应用在任意非线性随机系统，包括目标跟踪和计算机视觉等。

这种算法首次是由 Handschin 和 Mayne 在 1969 年明确地提出来的，但直到 1993 年经过 Gordon 等人的“重新创造”后才变得流行起来。从那以后，Monte Carlo 方法的各种版本出现在研究文献中并冠之以不同的名字，如 Isard 和 Blake 提出的 Condensation（条件密度传播）算法，Kitagawa 提出的 Monte Carlo 滤波器和平滑器，Gordon 等人提出的适者生存、Bootstrap 滤波，Crisan 等人提出的交互式粒子系统，Rubin 提出的序列重要性重采样，等等，而且“粒子

滤波”通常也作为序列 Monte Carlo 方法的同义词出现。

6.5.1 Monte Carlo 方法

Monte Carlo 方法是一组通过应用（伪）随机数产生器（RNG）解决物理或数学难题的算法。有许多相关的资料详细介绍了这种方法，如图 6.6 所示。

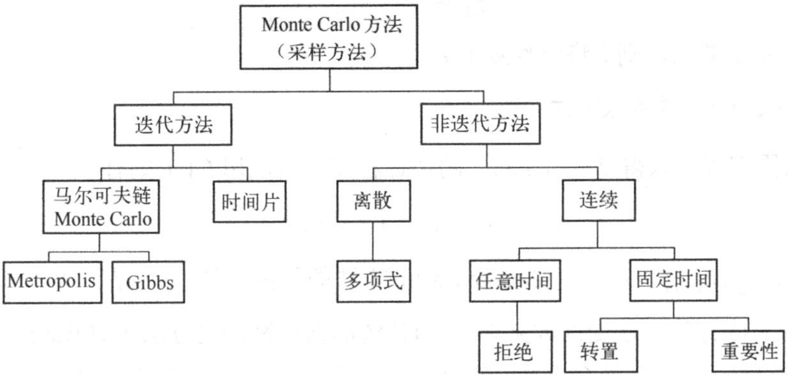

图 6.6 Monte Carlo 方法

1. Monte Carlo 积分

Monte Carlo 技术提供了很多方法来解决采样、估计和边缘化问题。

采样：从概率密度函数中提取独立同分布的样本，这里讨论的采样方法都需要 RNG。有许多研究是关于设计或测试 RNG 的，这里不再探讨，详细的处理过程可参考相关文献。

估计：估计一个特定的含未知变量 x 的函数 $h(\cdot)$ 值，若 x 是连续的，则

$$I = E_{p(x)}(h(x)) = \int h(x)p(x)\mathrm{d}x \tag{6.32}$$

若 x 是离散的，则

$$I = E_{p(x)}[h(x)] = \sum_i h(x)p(x_i) \tag{6.33}$$

其中，$h(x)$ 表示感兴趣的函数，如 $h(x)=x$，$I = E_{p(x)}[x]$ 表示概率密度函数 $p(x)$ 的期望值。假如 Monte Carlo 方法应用在贝叶斯框架下来估计后验概率，则 $p(x)$ 是指后验概率密度函数，它是式（6.32）的一个特殊例子，在这种情形下，$p(x)$ 就是后验概率密度函数 $p(x_{k-1} | z_{1:k-1})$。一旦我们能够从 $p(x)$ 采样，则式（6.32）就可以近似为

$$I \approx \hat{I} = \frac{1}{N}\sum_{i=1}^{N} h(x^i), \qquad x^i \sim p(x) \tag{6.34}$$

其中，$x^i \sim p(x)$ 表示 x^i 是从 $p(x)$ 中提取的一个样本。

当 $N \to \infty$ 时，根据大数定律，$\hat{I} \to I$。证明如下：

首先令 $x^i \sim p(x)$，定义

$$F = \sum_{i=1}^{N} \lambda_n f_n(x^i)$$

这里 F 是一个随机变量，则期望为

$$E_{p(x)}[F]=E_{p(x)}\left[\sum_{i=1}^{N}\lambda_n f_n(x^i)\right]=\sum_{i=1}^{N}\lambda_n E_{p(x)}[f_n(x^i)]=\sum_{i=1}^{N}\lambda_n E_{p(x)}[fn(x)]$$

然后假设$\forall n$，$\lambda_n=\frac{1}{N}$，$f_n(x)=h(x)$，则有

$$E_{p(x)}[F]=\sum_{i=1}^{N}\frac{1}{N}E_{p(x)}[h(x)]=E_{p(x)}[h(x)]=I$$

这就表明，若N足够大，则$\hat{I}$将会收敛于I。

2. Monte Carlo 方法的收敛性

由中心极限定理可以得到式（6.34）的估计程度，若应用 CLT 则有

$$\sqrt{N}(\hat{I}-I)\to N(0,\sigma^2) \tag{6.35}$$

其中，$\sigma^2=\mathrm{Var}_{p(x)}[h(x)]$，意味着 Monte Carlo 方法的收敛率是$O(1/\sqrt{N}$，$N\to\infty)$，由此可以认为“Monte Carlo 方法不遭受维数灾难”；而传统的基于网格的方法（如 Riemann 积分）利用估计式（6.32）时，收敛率是$O(1/N$，$N\to\infty)$，但需要N^{n_x}个点的估计值，这里n_x代表x的维数，N代表一维网格点的数目。

对于式（6.35）的结果，我们要注意以下两点：

（1）$\mathrm{Var}_{p(x)}[h(x)]$可能在积分区域$D$内比较大，导致收敛很慢；

（2）在区域D中提取独立同分布的样本可能非常耗时且占用资源。其中第一点与采样方法无关，而第二点与采样方法有关。

3. Monte Carlo 方法的性能

如式（6.35）所示，对于数目固定的样本，Monte Carlo 方法的性能或品质依赖于

$$\mathrm{Var}_{p(x)}[h(x)]=E_{p(x)}[(h(x)-E_{p(x)}[h(x)])^2]=E_{p(x)}[(h(x)-I)^2] \tag{6.36}$$

其中，I值未知。假设我们不是从$p(x)$中采样，而是从一个正比于$h(x)p(x)$的密度函数$q(x)$中采样，结果方差为零，我们获得一个x精确的估计。尽管在实际问题中不可能发生，但从$q(x)$中提取独立同分布的样本这个思路是非常好的，所谓的重要性采样方法就是通过选择合适的密度函数$q(x)$加快收敛的过程。这个原理通常称为变量削减技术。

减小 Monte Carlo 方差的方法有多种，如分层采样（Stratified Sampling）、控制变异法（Control Variates）、反相变异法（Antithetic Variates）和 Quasi-Monte Carlo 方法等，但这些方法都需要谨慎应用并且只用在特定的场合，如分层采样若能通过分段常数来轻松地近似建议密度，则能够减小 Monte Carlo 方差，该方法在粒子滤波的重采样步骤中被发现，是一种特别有效的方法。通用的提高 Monte Carlo 性能的方法是不存在的，为了获得好的效果，有效实施基本算法并结合众多样本数是最快和最直接的方法。

另一种值得提及的技术是 Rao-Blackwellization。在许多应用中，随机变量X由几部分x^i组成，由于这些部分之间的条件独立性关系，式（6.32）的局部可能存在解析解。典型的例子是$p(x^j\mid x^i)$的线性条件关系与附加高斯不确定性，在这种情形下的条件期望可以应用解析滤波（如卡尔曼滤波）来建模，我们会在后续章节进行详细论述。

6.5.2 重要性采样

在贝叶斯估计中，由于后验概率 $p(x)$ 本身也是需要估计对象的，因此在很多情形下要么不能直接从 $p(x)$ 中采样，要么会给出一个偏差大的估计值。鉴于此，我们可以应用一种称为重要性采样（IS）的方法，其基本思想是从一个较简单的函数中采样，再通过加权获得近似样本。

1. 近似样本的获取

我们从一个较简单的函数 $q(x)$ 中采样，$q(x)$ 常被称为建议分布（Proposal Density）或重要性函数，后验分布 $p(x)$ 可以称为目标函数。算法 6.1 显示了如何从 $p(x)$ 获得近似样本。有时把这种技术称为采样重要性重采样，在贝叶斯框架下执行推理是由 Rubin 在 1988 年首次描述的，他从先验分布中提取样本，并根据似然度给每个样本分配一个权值，再通过重采样从后验分布中获得独立同分布的样本。

算法 6.1　利用重要性采样产生样本。

要求：$M \gg N$
for $j=1$ to M do
采样 $\tilde{x}^j \sim q(x)$　　　　//如利用反转技术
$w_j = \dfrac{p(\tilde{x}^j)}{q(\tilde{x}^j)}$
end for
for $i=1$ to N do
采样：$\tilde{x}^j \sim (\tilde{x}^j, w_j)$　　$1<j<M$　　　　//离散分布
end for

2. 应用重要性采样的 Monte Carlo 积分

若从后验分布 $p(x)$ 中很难获得独立同分布的样本，或者需要在方差 $\mathrm{Var}_{p(x)}[h(x)]$ 很大的情形下加快收敛速度，则可以应用重要性采样方法对算法 6.1 提供一个估计。假如我们能够从重要性函数 $q(x) \approx p(x)$ 中采样并且定义重要性权值

$$\omega = \frac{p(x)}{q(x)} \tag{6.37}$$

我们可以从式（6.37）得到

$$I = E_{p(x)}[h(x)] = \int h(x)p(x)\mathrm{d}x = \int h(x)\omega(x)q(x)\mathrm{d}x \tag{6.38}$$

从分布 $q(x)$ 独立提取样本 x^i 可以得到式（6.38）的近似估计

$$\hat{I} = \frac{\sum_{i=1}^{N} h(xi)\omega i}{\sum_{i=1}^{N} \omega i} \tag{6.39}$$

其中，ωi 表示 $\omega(x_i)$。

在前面提到过，若选择一个相似于 $h(x)p(x)$ 的重要性函数而不是 $p(x)$ 采样，则会加快收敛速度（尽管收敛率仍然是 $O(1/\sqrt{N})$），但实际上很难获得这样的函数。算法 6.2 描述了这两

种情况。

算法 6.2　利用重要性采样的积分估计。

要求：$M \gg N$

for $j=1$ to N do

采样 $\tilde{x}^j \sim q(x)$　　/* $q(x) \approx q(x)$ 或 $q(x) \approx h(x)\omega(x)$ 前一个式子中对于每个感兴趣函数 $h(x)$ 都需要一个不同的建议密度*/

$w_j = \dfrac{p(\tilde{x}^i)}{q(\tilde{x}^i)}$ 或者 $w_j = \dfrac{p(\tilde{x}^i)h(x^i)}{q(x^i)}$

end for

$I \approx \dfrac{1}{\sum_{i=1}^{N} \omega i} \sum_{i=1}^{N} x_i$ 或者 $I \approx I \approx \dfrac{1}{\sum_{i=1}^{N} \omega i} \sum_{i=1}^{N} h(x_i)\omega i$

3. 重要性采样方法的性能

如前所述，Monte Carlo 方法的性能取决于 $\mathrm{Var}_{p(x)}[h(x)]$，由于从 $h(x)p(x)$ 采样对于解决实际问题几乎是不可能的，因此最重要的采样方法集中在提供 $p(x)$ 的近似结果中。当然这样做也有一个好处，就是对于估计不同的感兴趣函数 $h(x)$ 只需要选择一个重要性函数。

导致 Monte Carlo 估计存在方差的原因有两个：第一个原因是 $h(x)$ 随问题的不同而不同；第二个原因是 $p(x)$ 与 $q(x)$ 的差别与重要性函数相关，故比较不同采样方法的性能应该只关注第二个原因。

重要性采样方法的性能曾经由 Ripley、Geweke、Liu 和 Neal 用相似的方法讨论过，他们基于 δ 方法来计算估计方差的一个近似，即

$$\mathrm{Var}[\hat{I}] \approx \frac{\mathrm{Var}_{p(x)}[h(x)](1+\mathrm{Var}_{q(x)}[\omega(x)])}{N} \tag{6.40}$$

若权值与 $h(x)$ 间的方差可以忽略，则泰勒展开近似才有效。式（6.40）中与 $h(x)$ 独立的部分给出了有效样本尺度（N_{eff}）的定义，即

$$N_{\mathrm{eff}} = \frac{N}{1+\mathrm{Var}_{q(x)}[\omega(x)]} \tag{6.41}$$

若我们能够从 $p(x)$ 中提取 N 个精确样本，则估计的方差为

$$\mathrm{Var}[\hat{I}] = \frac{\mathrm{Var}_{p(x)}[h(x)]}{N} \tag{6.42}$$

所以，若样本是从真正的目标函数 $p(x)$ 中提取而不是从重要性函数中提取的，则有效样本尺度就给出了要获得同样方差所必需的样本数目。式（6.41）中分母的第二项虽然未知，但可以通过样本方差来估计，结果为

$$\frac{N}{1+\sum_{i=1}^{N}(\tilde{\omega}^i)^2} \tag{6.43}$$

其中，$\tilde{\omega}$ 表示归一化的权值（因为在大多数应用中仅已知目标分布是一个常数），当然，样本

方差也可能成为 $\mathrm{Var}_{q(x)}[\omega(x)]$ 的一个不良估计，如由于选择了不好的重要性函数，因此得到的 N_{eff} 会使估计性能变得很差。尽管存在这些可能性让 N_{eff} 显得不总是可靠，但对于重要性采样方法的性能评估，特别是在粒子滤波的动态采样策略中，N_{eff} 仍是最常用的准则。

Fearnhead 没有假设协方差为零而是算出真正的 Monte Carlo 方差（同样基于 δ 方法）为

$$N_{\mathrm{true}} = \frac{N}{E_{p(x)}[(h(x)-I)^2\omega(x)^2]} \tag{6.44}$$

由于泰勒系列展开逼近，有一个误差项 $O(1/N^{3/2})$，但式（6.44）包含一个未知量 I，因此实施起来是不可行的。另外，Fearnhead 还给出了一些关于 N_{eff} 错误的例子 $\frac{N_{\mathrm{eff}}}{N_{\mathrm{true}}}=0$。另一种估计的方法是由 Carpenter、Clifford 和 Fearnhead 提出的，这种方法并行运行几种重要性采样算法，每种算法都由一个不同的随机因素开始，利用其结果来计算 N_{eff} 的一个 Monte Carlo 估计。

4. 重要性函数的选择

由前述可知，重要性函数 $q(\cdot)$ 应该是目标函数 $p(\cdot)$ 或 $p(\cdot)h(\cdot)$ 的一个合理估计，$p(\cdot)$ 和 $q(\cdot)$ 偏离越远（如根据 Kullback-Leibler 和 Pseudo-distance 判断），权值的方差就会越大，N_{eff} 也会越小。

另外，为了避免权值因子的数值退化，$q(\cdot)$ 至少应该有同 $p(\cdot)$ 一样的厚尾（若比率 $p(\cdot)/q(\cdot)$ 在尾部过大，则 $\mathrm{Var}_{q(x)}[\omega(x)]$ 会增大，N_{eff} 会减小），这一点已经由 Geweke 证实，并且证明了最优密度是 $p(x)|h(x)-1|$ 且它比 $p(\cdot)$ 的厚尾现象更严重。

6.5.3 序列重要性采样

为了对后验分布进行递推形式的估计，需要将重要性采样写成序列形式，即序列重要性采样（SIS），它是一种基本的粒子滤波算法。在这种情况下，当有新的测量可以利用时，重要性采样中的重要性权值都需要重新计算。其目的仍然是利用 $p(x_{0:k-1}\,|\,z_{1:k-1})$ 和新的测量 z_k 推出 $p(x_{0:k}\,|\,z_{1:k})$，换句话说，我们想利用已有的 $\{x_{0:k-1}^{(i)}\}_{i=1}^N$ 和权值 $\{\tilde{\omega}_{k-1}^{(i)}\}_{i=1}^N$ 及新的测量 z_k 来获得新样本 $\{x_k^{(i)}\}_{i=1}^N$ 和相应的权值 $\{\tilde{x}_k^{(i)}\}_{i=1}^N$。

根据 Monte Carlo 方法，若能从 $p(x_{0:k}\,|\,z_{1:k})$ 提取 N 个独立同分布的随机样本（即粒子）$\{x_{0:k}^{(i)}, i=1,\cdots,N\}$，则状态的概率密度函数可以用经验分布逼近为

$$p(x_{0:k}\,|\,z_{1:k}) \approx \sum_{i=1}^N \left(\frac{1}{N}\right)\delta(x-x^{(i)})x\mathrm{d}x = \frac{1}{N}\sum_{i=1}^N x^{(i)} \tag{6.45}$$

其中，$\delta(x_{0:k}-x_{0:k}^{(i)})$ 是 Dirac δ 函数。由于这些样本都是从后验概率本身提取的，因此它们的权值都相等且总和为 1，为满足概率法则，需要乘以 $1/N$。式（6.45）的估计可以用来计算后验概率的不同元素，如期望与方差，可得

$$\hat{x} = E(x) = \int xp(x)\mathrm{d}x = \int \frac{1}{N}\sum \delta(x-x^{(i)})x\mathrm{d}x = \frac{1}{N}\sum_{i=1^{x(i)}}^N \tag{6.46}$$

$$P \approx \int \frac{1}{N}\sum \delta(x-x^{(i)})(x-\hat{x})(x-\hat{x})^{\mathrm{T}}\mathrm{d}x = \int \frac{1}{N}\sum \delta(x^{(i)}-\hat{x})(x^{(i)}-\hat{x})^{\mathrm{T}}\mathrm{d}x \tag{6.47}$$

但通常不可能在任意时刻直接从状态的后验概率进行采样，对于这样的复杂概率分布问题，一种经典的解决方法是利用重要性采样，它从重要性函数 $q(x_{0:k} \mid z_{0:k})$ 中提取 N 个独立同分布的样本，其形式为

$$p(x_{0:k} \mid z_{1:k}) = q(x_0)\prod_{i=0}^{k} q(x_i \mid x_{0:i-1}, z_{1:i})q(x_{0:k-1}, z_{1:k-1}) \tag{6.48}$$

式（6.48）意味着我们可以从 $q(x_k \mid x_{0:k-1}, z_{1:k})$ 中提取样本 $\{\tilde{x}_k^{(i)}\}_{i=1}^N$ 形成集合 $\{x_{0:k}^{(i)} = \{x_{0:k-1}^{(i)} x_k^{(i)}\}\}_{i=1}^N$。为了应用这些样本来估计后验概率，每个样本都需要加上重要性权值。为了得到权值的更新方程，我们用 $p(x_{0:k} \mid z_{1:k-1})$、$p(z_k \mid x_{k-1})$ 和 $p(x_k \mid x_{k-1})$ 来表示 $p(x_{0:k} \mid z_{1:k})$，利用贝叶斯定理和马尔可夫特性，可得

$$\begin{aligned} p(x_{0:k} \mid z_{1:k}) = p(x_{0:k} \mid z_{1:k-1}, z_k) &= \frac{p(x_{0:k}, z_k \mid z_{1:k-1})}{p(z_k \mid z_{1:k-1})} \\ &\propto p(z_k \mid x_{0:k}, z_{1:k-1}) p(x_{0:k} \mid z_{1:k-1}) \\ &= p(z_k \mid x_k) p(x_k \mid x_{0:k-1}, z_{1:k-1}) p(x_{0:k-1} \mid z_{1:k-1}) \\ &= p(z_k \mid x_k) p(x_k \mid x_{k-1}) p(x_{0:k-1} \mid z_{1:k-1}) \end{aligned} \tag{6.49}$$

根据式（6.37）得到权值的递推更新方程为

$$\begin{aligned} \omega_k^{(i)} &= \frac{p(x_{0:k}^{(i)} \mid z_{1:k})}{q(x_{0:k}^{(i)} \mid z_{1:k})} \\ &\alpha \frac{p(z_k \mid x_k^{(i)}) p(x_k^{(i)} \mid x_{k-1}^{(i)} p) p(x_{0:k-1} \mid z_{1:k-1})}{q(x_k^{(i)} \mid x_{0:k}^{(i)}, z_{1:k}) q(x_{0:k-1} \mid z_{1:k-1})} = \frac{p(z_k \mid x_k^{(i)}) p(x_k^{(i)} \mid x_{k-1}^{(i)})}{q(x_k^{(i)} \mid x_{0:k}^{(i)}, z_{1:k})} \omega_{k-1}^{(i)} \end{aligned} \tag{6.50}$$

通常假设 $q(x_k \mid x_{0:k-1}, z_{1:k}) = q(x_k \mid x_{k-1})$，这意味着当对后验概率做估计时，只需保存状态 $\{\omega_k^{(i)}\}_{i=1}^N$ 而不是保存整个历史的状态 $\{\omega_{0:k-1}^{(i)}\}_{i=1}^N$ 和 $z_{1:k-1}$，因此权值更新方程为

$$\omega_k^{(i)} \infty \frac{p(z_k \mid x_k^{(i)}) p(x_k^{(i)} \mid x_{k-1}^{(i)})}{q(x_k^{(i)} \mid x_{k-1}^{(i)}, z_k)} \omega_{k-1}^{(i)} \tag{6.51}$$

根据从 $q(x_k \mid x_{0:k-1}, z_{1:k})$ 中提取样本及其重要性权值的选择，后验分布 $p(x_{0:k} \mid z_{1:k})$ 新的估计为

$$p(x_{0:k} \mid z_{1:k}) \approx \sum_{i=1}^{N} \tilde{\omega}_k^{(i)} \delta(x_{0:k} - x_{0:k}^{(i)}) \tag{6.52}$$

其中，$\tilde{\omega}_k^{(i)} = \dfrac{\omega_k^{(i)}}{\sum_{j=1}^N \omega_k^{(j)}}$，而被估计的均值 $\hat{x}_k^+$ 和方差 p_k^+ 可以由目前的状态 x_k 和 $\tilde{\omega}_k^{(i)}$ 计算得到

$$\hat{x}_k^+ = E\{x_k\} = \sum_{i=1}^{N} \tilde{\omega}_k^{(i)} x_k^{(i)} \tag{6.53}$$

$$p_k^+ = E\{[x_k - E\{x_k\}][x_k - E\{x_k\}]^{\mathrm{T}}\} \approx \sum_{i=1}^{N} \tilde{\omega}_k^{(i)} (x_k^{(i)} - \hat{x}_k^+)(x_k^{(i)} - \hat{x}_k^+)^{\mathrm{T}} \tag{6.54}$$

算法 6.3　序列重要性采样（SIS）算法。
设 t=0，从先验分布 $p_{x0_{(x_0)}}$ 产生 N 个样本 $\{\omega_0^{(i)}\}_{i=1}^N$ for $j=1$ to N do

```
初始化重要性权值：ω̃_k^(i) = 1/N
end for
for t=0 to T do
    for i=1 to N do
      采样：ω̃_k^(i) ~ q(x_k^(i) | x_{0:k}^(i), z_{1:k}) 且设 ω̃_{0:k}^(i) = (x_{0:k-1}^(i), x_k^(i))
```

$$\omega_k^{(i)}=\frac{p(z_k\mid x_k^{(i)})p(x_k^{(i)}\mid x_{k-1}^{(i)})}{q(x_k^{(i)}\mid x_{k-1}^{(i)},z_k)}\omega_{k-1}^{(i)}$$

```
      end for
      for i=1 to N do
      归一化权值：ω̃_k^(i) = ω_k^(i) / Σ_{j=1}^N ω_k^(j)
      end for
end for
```

6.5.4 退化问题

在经过几步迭代递推后，大多数样本趋于发散，其权值也几乎为零。这意味着它们对后验概率没有多少贡献，概率分布只由少数几个样本决定，从而使估计结果变得很粗糙，这种现象称为 SIS 粒子滤波中的退化现象（Degeneracy Phenomenon）。这种现象可以由 Kong-Liu-Wong 定理解释，这个定理说明了重要性权值 ω^k 的无条件的方差，在观测值被当成随机变量时会随着时间持续而增大，因此这个算法会变得越来越不稳定而且也不可能避免这种现象发生。由于 Monte Carlo 采样方法依赖样本池的多样性，因此这种现象可能会对这种方法产生负面影响。而且，计算资源可能浪费在对估计没有贡献或贡献甚少的样本上，并且会产生虚假尖峰（Spurious Spike）或估计效果差的结果。

1. 有效样本尺度

有效样本尺度（Effective Sample Size）N_{eff} 是针对退化现象的一种有效度量方法，这种方法通过比较从后验密度提取样本的方差和从重要性函数获得的方差得到采样有效性的测量，从而可以判断样本集中在感兴趣区域（粒子云）的程度。

根据式（6.41）得到

$$N_{\mathrm{eff}}=\frac{N}{1+\mathrm{Var}_{q(s)}[\omega(x_{0:k})]} \tag{6.55}$$

但一般不可能得到 N_{eff} 的解析表达式，可以用一种估计的方法得到 $\hat{N}_{\mathrm{eff}}$ 的表达形式为

$$\hat{N}_{\mathrm{eff}}=\frac{N}{\sum_{j=1}^{N}(\tilde{\omega}_k^{(i)})^2} \tag{6.56}$$

其中，$\tilde{\omega}_k^{(i)}$ 是归一化权值，当所有的样本有相同的权值时，$\hat{N}_{\mathrm{eff}}=N$；在极端情况下，当只有一个样本有非零权值时，$\hat{N}_{\mathrm{eff}}=1$。为了减小退化现象的影响，我们这里依赖两种方法：一种是选择重要性函数；另一种是重采样。

2. 选择重要性函数

减弱退化现象的第一种方法是选择重要性函数 $q(x_{0:k}\mid z_{1:k})$，以使 N_{eff} 最大化，同时分别使 $\omega_k^{(j)}$ 最小化，Doucet 提出满足以上准则的最优选择是

$$q(x_k\mid x_{0:k-1}^{(i)},z_{1:k})_{\text{最优}}=p(x_k\mid x_{k-1}^{(i)},z_k) \tag{6.57}$$

把式（6.57）代入式（6.51），则有

$$\omega_k^{(i)}\propto\omega_{k-1}^{(i)}\frac{p(z_k\mid x_k^{(i)})p(x_k^{(i)}\mid x_{k-1}^{(i)})}{q(x_k^{(i)}\mid x_{k-1}^{(i)},z_k)}=\omega_{k-1}^{(i)}p(z_k\mid x_{k-1}^{(i)}) \tag{6.58}$$

在这种情形下，未归一化的权值 $\omega_k^{(i)}$ 不依赖于 $\tilde{\omega}_k^{(i)}$，从而可以让 $\{\omega_k^{(i)}\}_{i=1}^N$ 的仿真和 $\{z_k^{(i)}\}_{i=1}^N$ 的估计并行处理。为了应用最优重要性函数，我们不得不从 $q(x_k\mid x_{k-1}^{(i)},z_k)$ 采样来估计

$$p(z_k\mid\omega_{k-1}^{(i)})=\int p(z_k\mid x_k')p(x_k'\mid x_{k-1})\mathrm{d}x_k' \tag{6.59}$$

此估计至少要达到一个便于归一化的常数，这在一般情况下是不可能做到的，更方便的做法是选择一个隐马尔可夫模型的重要性函数的先验概率密度，即

$$q(x_k\mid x_{0:k-1}^{(i)},z_{1:k})=p(x_k\mid x_{k-1}) \tag{6.60}$$

把式（6.60）代入式（6.51）得到

$$\omega_k^{(i)}=\omega_{k-1}^{(i)}p(z_k\mid x_k^{(i)})$$

若先验分布与后验分布相当类似，则这种方法是很好的选择，而且我们可以认为 $\omega_{k-1}^{(i)}$ 比 z_k 提供了更多的信息，理解起来比较直观并且容易实施，故它成为重要性函数最普遍选择的形式。

3. 重采样

第二种阻止退化现象的方法是应用重采样，它的基本思想是淘汰重要性权值弱的样本，增加权值大的样本。退化现象的度量手段是前面介绍的 $\hat{N}_{\text{eff}}$（$0<\hat{N}_{\text{eff}}\leqslant N$），若重要性权值的方差很大，则根据式（6.56）得到的 $\hat{N}_{\text{eff}}$ 较小，当小于给定的阈值 $\hat{N}_{\text{th}}$（$0<\hat{N}_{\text{eff}}\leqslant N$）时，我们就应用重采样策略来减小重要性权值的方差。从直观上来看，在重采样步骤完毕后，每个样本都被重新分配相同的权值，所以有 $\hat{N}_{\text{eff}}=N$。描述重采样的示例如图 6.7 所示。考虑$\{2, 4, 1, 3, 2\}$是 $x_k(i)$ 的 5 个样本，相应的权值是 $\omega_k^{+}(i)=\left[\frac{1}{4},\frac{3}{4},\frac{1}{4},\frac{1}{4}\right]$，权值的和不是必须为 1（未归一化）。在图 6.7 中，值为 4 的样本有最高权值，值为 1 的样本权值为零。样本的相对重要性程度通过重采样体现出来。在本例中，淘汰值为 1 的样本，并且把值为 4 的样本扩大 3 倍，最后得到扩展后的样本集，它是权值相等的后验样本集$\{2, 4, 4, 4, 3, 2\}$。

一旦找到扩展的样本集，随机提取样本就像从带权值的样本集中采样一样。举例来说，根据扩展的样本索引号，随机提取的整数在 1～6 之间，假设是$\{3, 6, 6, 3, 6\}$，则第一个被重采样的样本是位于扩展样本集中的第 3 个样本，即值为 4 的样本。同样，5 个样本都能找到，相应重采样的结果是$\{4, 2, 2, 4, 2\}$，因为重采样是一个随机过程，所以另一次随机提取可能导致不同的结果，但是有相似的统计特性。例如，另一个随机提取结果可能是$\{2, 5, 4, 2, 3\}$，相应的重采样结果是$\{4, 3, 4, 4, 4\}$。在本例中，为便于解释，只用了 5 个样本，实际应用中提取几百

个样本是很平常的事情。

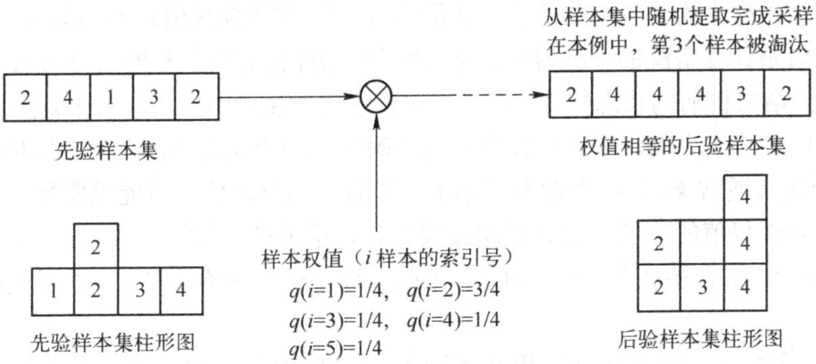

图 6.7　描述重采样的示例

序列重要性重采样（SIR）的思想是来自 Bootstrap 和 Jackknife 方法。Bootstrap 方法是美国斯坦福大学统计系教授 Efron 在 1970 年末提出的一种新的统计推断方法，它是一种只依赖给定的观测信息，而不需要其他假设或增加新观测的统计推断方法，直观上是通过样本的经验累积分布函数（CDF）来进行估计的。Jackknife 方法是由 Quenouille 在 1956 年提出的，这两种方法的详细内容也可参考 Yang 和 Robinson 的著作。在统计文献中，Rubin 首先把 SIR 技术应用到 Monte Carlo 推理中，把重采样插在两次重要性采样步骤之间。见算法 6.4。

算法 6.4　序列重要性重采样（SIR）算法。

从先验分布 $p(x_0)$ 提取 N 个样本

for　$i = 1$　to　N　do

$$\tilde{\omega}_0^i = \frac{1}{N}$$

end　for

for　$k = 0$　to　T　do

　for　$i = 1$　to　N　do

　　从 $p(x_k \mid x_{k-1}^i)$ 采样 x_k^i；分配权值：$x_k^i = \omega_{k-1}^i p(z_k \mid x_k^i)$

　end　for

　归一化权值：

　for　$i = 1$　to　N　do

$$\tilde{\omega}_k^i = \frac{\omega_k^i}{\sum_{j=1}^{N} \omega_k^j}$$

　　end　for

　计算有效样本尺度：$\hat{N}_{\text{eff}} = \dfrac{1}{\sum_{j=1}^{N} (\omega_k^{(i)})^2}$

　If　$\hat{N}_{\text{eff}} < N_{\text{th}}$　then

　　重采样

　end　if

end　for

重采样通常（不必须）发生在两次重要性采样步骤之间，在重采样步骤中，样本及其权值

$\{x_k^i, \tilde{\omega}_k^i\}$ 由相同权值（如 $\tilde{\omega}_k^i = 1/N$ ）的新样本替代，重采样可能每步都会执行或根据需要执行。重采样在重要性采样中扮演着重要角色，这是因为：① 重要性权值是不均匀分布的，增加“微不足道”的权值是计算资源的一种浪费；② 由于重采样也会引起额外的 Monte Carlo 方差增大，因此一定会增大目前的状态估计，但当重要性权值发生偏斜时，重采样提供了选择“重要”样本的机会，以备将来之需。重采样策略可能是确定性的或动态的，在确定性框架下，重采样每 k 步执行一次（通常 k=1）；在动态策略下，设置一系列阈值（可能是常数，也可能是时变的）来控制重要性权值的方差，当方差超过阈值时，重采样才执行。

由于重采样也会带来额外的方差增大，因此需要一些特殊的策略，以下是一些不同的重采样方法。

（1）最普通的重采样策略是应用在重要性重采样中的多项式重采样算法（Multinomial Resampling），也称贝叶斯定理。

步骤 1：在(0,1]区间为按均匀分布采样得到 N 个独立同分布的采样值集合 $\{U^i, 1 \leqslant i \leqslant N\}$ 。

步骤 2：令 $I^i = D\dfrac{inv}{w}(U^i)$ ，$\xi = \xi^{1i}$ ，$i = 1,2,\cdots,N$ 。其中，$D\dfrac{inv}{w}$ 是与归一化权值 $\tilde{\omega}^i (1 \leqslant i \leqslant N)$ 有关的累积分布函数的逆元，也就是说，当 $u \in \left(\sum_{j=1}^{i-1} \tilde{\omega}^i, \sum_{j=1}^{i} \tilde{\omega}^i\right)$ 时，$D\dfrac{inv}{w}(U^i) = I$ 。我们表示 $\xi: \{1,\cdots,m\} \to X$ ，函数 $\xi(i) = \xi^i$ ，ξ^i 可以表示成 $\xi \circ D\dfrac{inv}{w}(U^i)$，从而得到重采样的样本索引号。

步骤 3：给定样本集 $\{x^i, \tilde{\omega}^i\}$ ，根据权值归一化 $\tilde{\omega}^i$ 复制 x^i 产生新样本集；重新设置权值 $\tilde{\omega}^i = 1/N$ 。

（2）多项式重采样是从原来样本集中均一产生 N 个独立同分布的新样本，每个样本被复制 N_i 次（ N_i 可能为零），即每个 x_i 产生 N_i 个后代，这里 $\sum_{i=1}^{N} N_i = N$ ，$E[N_i] = N\tilde{\omega}^i$ ，$\mathrm{Var}[N_i] = N\tilde{\omega}^i(1-\tilde{\omega}^i)$ 。多项式重采样也称替补采样（Subsitiute Sampling），它指索引号是根据归一化权值 $\tilde{\omega}^i$ 挑选出来的，之后又放回到可能会被再次索引的集合中。

（3）残差重采样（Residual Resampling）算法：是由 Liu 和 Chen 建议的一种部分确定性方法。

步骤 1：对每个保持 $\tilde{N}^i = [N\tilde{\omega}^i]$ 个 $\tilde{\omega}_k^i$ 的副本，$[N\tilde{\omega}^i]$ 表示取 $N\tilde{\omega}^i$ 的整数部分，$\tilde{\omega}_k^i$ 是 ω_k^i 的归一化权值，设 $\tilde{N} = \sum_{i=1}^{n} \tilde{N}_i$，$N_r = N - \tilde{N}$ ，$\tilde{\omega}_k^i = \dfrac{N\tilde{\omega}_k^i - \tilde{N}_i}{N - \tilde{N}}$ 。

步骤 2：根据 $\tilde{\omega}_k^i$ 从 $\{\tilde{\omega}^i\}_{i=1}^N$ 中提取 N_r 个独立同分布的样本。

步骤 3：重新设置权值 $\tilde{\omega}_k^i = 1/N$ 。

残差重采样比传统重要性采样的计算负担要轻一些，并可以获得较小的采样方差。

（4）分层重采样（Stratified Resampling）算法：这种算法不是在区间 $[0,1]$ 中产生 N 个（有序）随机样本，而是把区间 $[0,1]$ 分成 N 个子区间（层），在每个区间都产生一个样本，可以证明这种方法减小了重采样的 Monte Carlo 方差。

（5）系统重采样（Systematic Resampling）算法：也称最小方差重采样。在区间产生 N 个点的集合 U，每个点距离都是 N^{-1}，计算权值的部分和 $q_i = \sum_{j=1}^{i} \tilde{\omega}_k^i$ ，后代的数目 N_i 是在集合 U 中且介于 q_{i-1} 和 q_i 之间的点的数目，这种算法的方差比残差重采样的方差还要小。

当然，值得注意的是，重采样方法并不是一种万能的方法，不必要的重采样会因权值大的样本被过度采样而增加自身的风险，这种现象称为枯竭问题（Impoverishment），可以通过大容量的样本数或者必要时才执行重采样来减弱。

6.5.5 粒子滤波的改进方法

粒子滤波有多种不同的形式，前面介绍过 SIS、SIR 及其他一些改进形式，如 APF、RPF、MPF 和 RBPF 等。这些不同的算法被提出来是为了提高粒子滤波的性能，弥补退化和枯竭等缺陷。广义上讲，这些改进方法可以分成以下 5 大类。

（1）重要性函数的选择：选择最优重要性函数的首要方法是使有效样本尺度 $\tilde{N}_{\text{eff}}$ 最大化。为了做到这一点，最优重要性函数要使归一化权值 $\tilde{\omega}_k^i$ 的方差最小，但是最优重要性函数的计算需要求多维积分的值，在实际应用中比较烦琐。

（2）局部线性化：最优重要性函数可以通过标准的非线性滤波合并出最新的测量来近似得到。这种混杂的粒子滤波比 SIR 滤波的效果要好。

（3）正则化：重采样减少了退化现象的危害，但同时也会带来粒子枯竭的实际问题。这是因为高权值的粒子被选择多次后，许多点是重复的，从而导致粒子多样性的丧失。经过改进的粒子滤波算法，在重采样过程中执行基于核的密度估计，这可能成为处理样本枯竭问题的潜在解决方法。

（4）MCMC（Markovian Chain Monte Carlo）方法：它提供了一种相对容易地从任意概率分布产生样本的方法，这种方法与正则化策略一样，也为重采样中的样本枯竭问题提供了一种潜在的解决方法。

（5）Rao-Blackwellized 模型：该模型的一些组成部分可能具有线性动态特性，对这些部分应用传统的卡尔曼滤波。卡尔曼滤波与粒子滤波的结合在不降低性能的前提下会减少粒子数目，并且节省计算资源，同时由于采用了精确估计，因此会减小 MC 估计的方差。

下面对部分改进方法做详细论述。

1. 辅助粒子滤波

辅助粒子滤波（APF）的思想是假设在下一次观测后再进行估计，目的是为了提高似然度大的粒子的影响力。具体做法是引入另一个重要性函数，为每个粒子都加上一个额外的索引号来跟踪粒子的来源，同时在下一个时刻估计似然度。其效果就是对这些似然度大的粒子再次仿真，粒子云朝期望方向移动的概率会增大。

假设粒子集 $\{\tilde{\omega}_k^i\}^N$，相应的归一化权值为 $\tilde{\omega}_k^i$，从而预测方程和更新方程为

$$p(x_{k+1} \mid z_{1:k}) = \sum_{i=1}^{N} p(x_{k+1} \mid x_k^i) p(x_k^i \mid z_{1:k}) \tag{6.61}$$

$$p(x_{k+1} \mid z_{1:k+1}) \propto p(x_{k+1} \mid z_{k+1}) \sum_{i=1}^{N} p(x_{k+1} \mid x_k^i) p(x_k^i \mid z_{1:k}) \tag{6.62}$$

假设粒子的索引号为 m，m 称为辅助变量，通过定义

$$p(x_{k+1}, m \mid z_{1:k+1}) \propto p(z_{k+1} \mid x_{k+1}) \sum_{i=1}^{N} p(x_{k+1} \mid x_k^i) p(x_k^i \mid z_{1:k}) \tag{6.63}$$

可以从联合密度 $p(x_{k+1}, m \mid z_{1:k+1})$ 提取样本，然后忽略索引，从经验分布密度产生样本。考虑索引号为 m 的粒子在时刻 k 的联合密度和在时刻 $k+1$ 的状态下应用贝叶斯定理，得到

$$p(x_{k+1},m\mid z_{1:k+1})\propto p(z_{k+1}\mid x_{k+1},m)p(x_{k+1},m\mid z_{1:k})=p(x_{k+1}\mid m,z_{1:k})$$
$$=p(z_{k+1}\mid x_{k+1})p(x_{k+1}\mid x_k^m)p(m\mid z_{1:k}) \tag{6.64}$$

通过期望均值 $\mu_{k+1}^m=E(x_{k+1}\mid x_k^m)$ 取代 x_{k+1} 来近似式（6.64）为

$$p(x_{k+1},m\mid z_{1:k+1})\propto p(z_{k+1}\mid \mu_{k+1}^m)p(x_{k+1}\mid x_k^m)p(m\mid z_{1:k}) \tag{6.65}$$

在 x_{k+1} 边缘化式（6.65）得到

$$p(m\mid z_{1:k+1})\propto p(z_{k+1}\mid \mu_{k+1}^m)p(m\mid z_{1:k}) \tag{6.66}$$

现在可以从式（6.64）的概率密度采样，根据式（6.66）选择索引号，对粒子集 $\{\tilde{\omega}^i\}_{i=1}^N$ 重采样，如算法 6.5 所示。

算法 6.5　辅助粒子滤波（APF）算法。
步骤 1：设 $k=0$，$i=1,2,\cdots,N$，从先验分布 $p(x_0)$ 提取 N 个样本 $\{x_0^i\}_{i=1}^N$，$\mu_k^m=x_k^m$，$\tilde{\omega}_0^j=1/N$，$m^j=j$，$j=1,\cdots,N$； 步骤 2：计算 $\mu_{k+1}^j=E(x_{k+1}\mid x_k^m)$； 步骤 3：从 $p(m\mid z_{1:k})\propto \tilde{\omega}_k^m p(z_{k+1}\mid \mu_{k+1}^m)$ 采样 k 次，产生新索引 m^j，预测（仿真）粒子，如 $x_k^j=f(x_k^{mj},\omega_k^j)$，$j=1,\cdots,N$； 步骤 4：计算权值 $\omega_k^j=\dfrac{p(z_{k+1}\mid x_{k+1}^k)}{p(z_{k+1}\mid \mu_{k+1}^{mj})}$，并归一化 $\tilde{\omega}_k^j=\dfrac{\omega_k^j}{\sum_{j=1}^N\omega_k^j}$； 步骤 5：对粒子集 $\{x_{k+1}^i\}_{i=1}^N$ 根据权值重采样，然后置归一化权值 $\tilde{\omega}_k^j=\dfrac{1}{N}$； 步骤 6：增加 k，返回步骤 2。

APF 算法是 SIS 算法的一个特殊情况，它的一个重大缺陷是需要更多的计算资源，而且当不能直接从 $p(x_k\mid x_{k+1})$ 采样时，就无法使用 APF 算法了。

2. 局部线性化的粒子滤波

SIS 算法中的样本退化现象是由于重要性权值的方差随时间持续增加而产生的。最优重要性函数可以通过标准的非线性滤波（如扩展卡尔曼滤波、不敏卡尔曼滤波和均差滤波等）合并最近的测量来进行逼近。对于索引号为 i 的每个粒子都应用非线性滤波（如 EKF(i)、UKF(i) 或 DDF(i)），这是为了产生和演进高斯重要性分布，即

$$q(x_k^i\mid x_{k-1}^i,z_k)=N(\hat{x}_k^i,\hat{P}_k^i)$$

其中，$\hat{x}_k^i$ 和 $\hat{P}_k^i$ 是 EKF(i)、UKF(i)或 DDF(i)应用测量 z_k 的均值和方差。这种粒子滤波可以统称为局部线性化粒子滤波（LLPF），或者单独称为 EKPF、UPF 和 DDPF。LLPF 如算法 6.6 所示。用来逼近重要性函数的局部线性化方法是把粒子向似然函数演进，它的性能要比 SIR 算法好一些，使用这样的重要性函数所增加的计算负担常常因减少了粒子数目而相互抵消。

算法 6.6　局部线性化粒子滤波（LLPF）算法。
初始化：$k=0$

步骤 1：$i=1,\cdots,N$，从先验分布 $p(x_0)$ 提取 N 个样本 $x_0^i \sim p(x_0)$；

步骤 2：对每个 $i=1,\cdots,N$，计算权值 $x_0^i = p(z_0 \mid x_0^i)$ 并归一化 $\tilde{\omega}_0^i = \dfrac{\omega_0^i}{\sum_j \omega_0^j}$。

预测与更新：$k \geqslant 1$

步骤 1：对每个{EKF/UKF/DDF}，$[\hat{x}_{k-1}^i, \hat{P}_{k-1}^i] = \text{EKF/UKF/DDF}(x_{k-1}^i, \hat{P}_{k-1}^i)$；

步骤 2：对 $i=1,\cdots,N$，从重要性函数中提取一个样本 $x_k^i = N(x_k^i, \hat{x}_k^i, \hat{P}_k^i)$；

步骤 3：对每个 $i=1,\cdots,N$，计算权值 $\omega_k^i = p(z_k \mid x_k^i)\tilde{\omega}_{k-1}^i$ 并归一化 $\tilde{\omega}_k^i = \dfrac{\omega_k^i}{\sum_j \omega_k^j}$；

步骤 4：若重采样 $N_{\text{eff}} < N_{\text{th}}$，则设置 $\tilde{\omega}_{k-1}^i = \dfrac{1}{N}$，重采样 $\{x_k^i, \tilde{\omega}_k^i\}$。

输出：一系列样本被用来逼近后验分布。

输出 1：$\hat{p}(x_k \mid z_{1:k}) = \sum_{i=1}^N \tilde{\omega}_k^i \xi(x_k - x_k^i)$；

输出 2：$\hat{x}_k = \sum_{i=1}^N \tilde{\omega}_k^i x_k^i$；

输出 3：$\hat{p}_k = \sum_{i=1}^N \tilde{\omega}_k^i (\tilde{x}_k - x_k^i)(\hat{x}_k - x_k^i)^{\mathrm{T}}$。

3. 正则化的粒子滤波

样本的退化现象在 SIS 粒子滤波中是普遍难题，重采样方法对减弱这种现象扮演着重要角色，但重采样也会引起粒子枯竭方面的实际问题，这是由于高权值的粒子被多次选择后，样本集里很多点是重复点，因此丧失了粒子的多样性。许多改进的粒子滤波算法用来处理样本枯竭的不良影响，其中 RPF 就是一种潜在的解决方法。RPF 算法实际是一种改进的 SIR 算法，其重采样过程通过一个核密度估计获得概率密度 $p(x_k \mid z_{1:k})$ 的一个连续逼近，即

$$p(x_k \mid z_{1:k}) \approx \hat{p}(x_k \mid z_{1:k}) = \sum_{i=1}^{N_y} x_k^i K_h(x_k - x_k^i) \tag{6.67}$$

$$K_h(x) = \frac{1}{h^n x} K\left(\frac{x}{h}\right) \tag{6.68}$$

其中，K_h 是重新标定后的核密度，$h>0$ 是核带宽，n_k 是状态向量 $\boldsymbol{X}$ 的维数，$\tilde{\omega}_k^i$ 是归一化的权值。多变量的高斯核为

$$K(\boldsymbol{X}) = \frac{1}{(2\pi)^{n_x/2}} \exp\left\{-\frac{1}{2}\boldsymbol{X}^{\mathrm{T}}\boldsymbol{X}\right\} \tag{6.69}$$

核密度是一个对称的概率密度函数，满足

$$\int \boldsymbol{X}K(\boldsymbol{X})\mathrm{d}\boldsymbol{X} = 0, \qquad \int \|\boldsymbol{X}\|^2 K(\boldsymbol{X})\mathrm{d}\boldsymbol{X} < \infty \tag{6.70}$$

选择多变量核 $K(\cdot)$ 和带宽 h 使真正的后验密度和相应的估计密度间的均值积分平方误差（MISE）最小，其定义为

$$\text{MISE} = E\left\{\int [\hat{p}(x_k \mid z_{1:k}) - p(x_k \mid z_{1:k})]^2 \mathrm{d}x_k\right\}$$

在所有的样本都有相同权值的特殊情况下，核的最优选择是 Epanechnikov 核，即

$$K_E(\boldsymbol{X})=\begin{cases}\dfrac{n_x+2}{C_{n_x}}(1-\boldsymbol{X}^{\mathrm{T}}\boldsymbol{X}), & \boldsymbol{X}^{\mathrm{T}}\boldsymbol{X}<1\\ 0, & \boldsymbol{X}^{\mathrm{T}}\boldsymbol{X}\geqslant 1\end{cases} \tag{6.71}$$

其中，C_{n_x} 是单位 n_x 维球的体积。在用对称核平滑前，通过转换成单位方差进行预白（Prewhiten）是很有必要的，这相当于应用式（6.72）的核估计

$$\hat{p}(\boldsymbol{X})=\frac{1}{Nh^{n_x}|S|^{-1/2}}\sum\nolimits_{i=1}^{N}\left(\frac{[x-x^i]^{\mathrm{T}}S^{-1}[x-x^i]}{h^2}\right) \tag{6.72}$$

当多变量核是多变量高斯核时，带宽的最优选择是

$$h_{\mathrm{opt}}=\left[\frac{4}{N(2n_x+1)}\right]^{1/(n_x+4)} \tag{6.73}$$

多变量 Epanechnikov 核的最优带宽是

$$h_{\mathrm{opt}}=\left[\frac{8n_x(n_x+2)(n_x+4)(2\sqrt{\pi})^{n_x}}{N(2n_x+1)C_{n_x}}\right]^{1/(n_x+4)} \tag{6.74}$$

RPF 算法与标准粒子滤波的不同之处在于当重采样时，正则化步骤是附加上的，从实际观点出发，当由于过程噪声很小而导致的粒子枯竭问题很严重时，RPF 算法的性能比 SIR 算法的性能要好一些，但 RPF 算法会增加额外的计算负担。RPF 算法如算法 6.7 所示。

算法 6.7　正则化粒子滤波（RPF）算法。

初始化：$k=0$

步骤 1：对 $i=1,\cdots,N$，从先验分布 $p(x_0)$ 提取 N 个样本 $x_0^i\sim p(x_0)$；

步骤 2：对 $i=1,\cdots,N$，计算权值 $\omega_{\mathrm{total}}=\sum\nolimits_{i=1}^{N}\omega_0^i$；并归一化 $\tilde{\omega}_0^i=\dfrac{\omega_0^i}{\omega_{\mathrm{total}}}$。

预测与更新：$k\geqslant 1$

步骤 1：计算有效样本尺度 N_{eff}；

步骤 2：若 $N_{\mathrm{eff}}<N_{\mathrm{th}}$，则计算 $\{x_k^i,\tilde{\omega}_k^i\}_{i=1}^N$ 的经验方差 S_k；计算 $\boldsymbol{D}_k$ 以使 $\boldsymbol{D}_k\boldsymbol{D}_k^{\mathrm{T}}=\boldsymbol{S}_k$；重采样对 $i=1,\cdots,N$；从 Epanechnikov 核提取 $\varepsilon^i\sim K(\cdot)$，$x_k^i=x_k^i+h_{\mathrm{opt}}\boldsymbol{D}_k\varepsilon^i$；

步骤 3：$k=k+1$。

4. MCMC 方法

MCMC 方法提供了一种相对容易地从任意概率分布产生样本的方法，这种方法与正则化策略一样，为重采样中的样本枯竭问题提供了一种潜在的解决方法。

假设随机变量的集合为 $\{x_0,x_1,\cdots,x_{k-1}\}$，$x_k$ 是系统在时刻 k 的状态。马尔可夫链的特点有

$$p(x_k\mid x_0,x_1,\cdots,x_{k-1})=p(x_k\mid x_{k-1}) \tag{6.75}$$

其中，$p(\cdot|\cdot)$ 是条件转移概率，马尔可夫链说明了任意状态的概率分布只取决于前一个状态。它的平稳分布是

$$\pi(x)=\int\pi(x)p(x\mid z)\mathrm{d}z \tag{6.76}$$

其中，$p(x\mid z)$ 是转移概率。但选择一个马尔可夫链去满足式（6.76）的不变性条件可能是很困难的，因此设置了一个时间可逆性条件，当转移概率 $p(x\mid z)$ 满足 $\pi(x)p(x\mid z)=\pi(x)p(x\mid z)$（称为精细平衡）时，我们说它是关于 $\pi(x)$ 可逆的。基于 MCMC 方法的实施算法有 Metropolis-Hastings 算法和 Gibbs 采样器等。有关 MCMC 方法更详细的原理可参考相关文献。

5. Rao-Blackwellized 粒子滤波算法

中心极限定理说明估计误差与问题的维数是相互独立的，但已证明维数对需要的样本数目有影响，测试表明相同数目的样本对于较低维数的问题会产生更好的估计精度。若维数越高，则需要越多的样本去有效地覆盖状态空间。在一些问题中，状态空间的组成有一定的结构，我们可以把问题分成两部分：一部分问题用闭式来求解析解；另一部分问题采用基于仿真的方法来解决。在这种情形下，使用相同数目的样本可以提高精度。Rao-Blackwellized 粒子滤波算法就是一种可行的方法。

考虑离散时间状态空间模型为

$$x_{k+1}^{\mathrm{pf}}=f^{\mathrm{pf}}(x_k^{\mathrm{pf}})+F_k^{\mathrm{pf}}(x_k^{\mathrm{pf}})x_k^{\mathrm{kf}}+G_k^{\mathrm{pf}}(x_k^{\mathrm{pf}})w_k^{\mathrm{pf}} \tag{6.77}$$

$$x_{k+1}^{\mathrm{kf}}=f^{\mathrm{kf}}(x_k^{\mathrm{kf}})+F_k^{\mathrm{pf}}(x_k^{\mathrm{pf}})x_k^{\mathrm{kf}}+G_k^{\mathrm{kf}}(x_k^{\mathrm{pf}})w_k^{\mathrm{kf}} \tag{6.78}$$

$$z_k=h(x_k^{\mathrm{pf}})+H_k(x_k^{\mathrm{pf}})x_k^{\mathrm{kf}}+v_k \tag{6.79}$$

其中，$x_k=[(x_k^{\mathrm{pf}})^{\mathrm{T}}(x_k^{\mathrm{kf}})^{\mathrm{T}}]^{\mathrm{T}}$，上标“pf”表示状态向量用粒子滤波来估计，“kf”表示状态向量用一些精确滤波（如卡尔曼滤波）来进行估计。假设过程噪声是高斯分布，则有

$$\boldsymbol{w}_k=\begin{bmatrix}w_k^{\mathrm{pf}}\\ w_k^{\mathrm{kf}}\end{bmatrix}\sim N(0,Q_k)\,,\quad \boldsymbol{Q}_k=\begin{bmatrix}Q_k^{\mathrm{pf}} & M_k\\ F_k^{\mathrm{kf}} & Q_k^{\mathrm{kf}}\end{bmatrix},\quad Q_k^{\mathrm{pf}}>0 \tag{6.80}$$

测量噪声是零均值和高斯分布，则有

$$v_k\sim N(0,\boldsymbol{Q}_k),\ R_k>0 \tag{6.81}$$

初始状态 x_0^{kf} 的分布是高斯分布，则有

$$x_0^{\mathrm{kf}}\sim N(0,\boldsymbol{Q}_k),\ P_0^{\mathrm{kf}}>0 \tag{6.82}$$

Rao-Blackwellized 粒子滤波的目的是为了得到递推估计，则有

$$p(x_k\mid z_{1:k})=p(x_k^{\mathrm{pf}}\mid x_k^{\mathrm{kf}},z_{1:k}) \tag{6.83}$$

毫无疑问，我们可以在整个状态空间直接应用粒子滤波，但这里可以有一种更为有效的方法，即对于后验概率 $p(x_k^{\mathrm{pf}},x_k^{\mathrm{kf}}\mid z_{1:k})$ 应用贝叶斯定理可得到

$$p(x_k^{\mathrm{pf}},x_k^{\mathrm{kf}}\mid z_{1:k})=p(x_k^{\mathrm{kf}}\mid x_k^{\mathrm{pf}},z_{1:k})p(x_k^{\mathrm{pf}},\mid z_{1:k}) \tag{6.84}$$

其中，$p(x_k^{\mathrm{kf}}\mid x_k^{\mathrm{pf}},z_{1:k})=N(\tilde{x}_{k|k}^{\mathrm{kf}},P_{k|k}^{\mathrm{kf}})$，递推均值和方差利用卡尔曼滤波估计和粒子滤波来估计 $p(x_k^{\mathrm{pf}}\mid z_{1:k})$。

对于式(6.77)这样的状态空间模型有两个状态转移方程，均来自粒子滤波的新样本 x_{k+1}^{pf} 提供信息给状态向量 x_{k+1}^{kf}，当估计 x_{k+1}^{kf} 时，卡尔曼滤波方程就把这个信息添加进去。在更新步骤

后，第二次测量更新来自新粒子样本，它与第一次更新的不同之处在于 x_{k+1}^{kf} 和 x_{k+1}^{pf} 之间的过程噪声是关联的，即

$$p(x_k^{\mathrm{kf}} \mid x_k^{\mathrm{pf}}, z_{1:k}) = N(\tilde{x}_{k|k}^{\mathrm{kf}}, P_{k|k}^{\mathrm{kf}}) \tag{6.85}$$

更新

$$\hat{x}_k^{\mathrm{kf}} = \hat{x}_{k|k-1}^{\mathrm{kf}} + K_k(z_k - h(x_k^{\mathrm{pf}}) - H_k \hat{x}_{k|k-1}^{\mathrm{kf}}) \tag{6.86}$$

$$P_k^{\mathrm{kf}} = P_{k|k-1}^{\mathrm{kf}} - K_k^{\mathrm{kf}} S_k^{\mathrm{kf}} (K_k^{\mathrm{kf}})^{\mathrm{T}} \tag{6.87}$$

$$K_k^{\mathrm{kf}} = P_{k|k-1}^{\mathrm{kf}} H_k^{\mathrm{T}} (S_k^{\mathrm{kf}})^{-1} \tag{6.88}$$

$$S_k^{\mathrm{kf}} = H_k P_{k|k-1}^{\mathrm{kf}} H_k^{\mathrm{T}} + R_k \tag{6.89}$$

预测

$$\hat{x}_{k+1|k}^{\mathrm{kf}} = (\bar{F}_k^{\mathrm{kf}} - K_k^{\mathrm{pf}})\hat{x}_{k|k}^{\mathrm{kf}} + (D_k + K_k^{\mathrm{pf}})(x_{k+1}^{\mathrm{pf}} - f^{\mathrm{pf}}(x_k^{\mathrm{pf}})) + p^{\mathrm{pf}}(x_k^{\mathrm{pf}}) \tag{6.90}$$

$$P_{k+1|k}^{\mathrm{kf}} = \bar{F}_k^{\mathrm{kf}} P_{k|k}^{\mathrm{kf}} (\bar{F}_k^{\mathrm{kf}})^{\mathrm{T}} + G_k^{\mathrm{kf}} \bar{Q}_k^{\mathrm{kf}} (G_k^{\mathrm{kf}})^{\mathrm{T}} - K_k^{\mathrm{Pf}} S_k^{\mathrm{pf}} (K_k^{\mathrm{pf}})^{\mathrm{T}} \tag{6.91}$$

$$K_k^{\mathrm{pf}} = \bar{F}_k^{\mathrm{kf}} P_{k|k}^{\mathrm{kf}} (F_k^{\mathrm{pf}})^{\mathrm{T}} (S_k^{\mathrm{pf}})^{-1} \tag{6.92}$$

其中

$$D_k = G_k^{\mathrm{kf}} M_k^{\mathrm{T}} (G_k^{\mathrm{pf}} Q_k^{\mathrm{pf}})^{-1} \tag{6.93}$$

$$\bar{F}_k^{\mathrm{kf}} = K_k^{\mathrm{kf}} - D_k F_k^{\mathrm{pf}} \tag{6.94}$$

$$\bar{Q}_k^{\mathrm{kf}} = Q_k^{\mathrm{kf}} F_k^{\mathrm{kf}} M_k (Q_k^{\mathrm{pf}})^{-1} \tag{6.95}$$

式（6.94）的第二个概率密度可以应用贝叶斯定理递推得到，即

$$p(x_k^{\mathrm{pf}} \mid z_{1:k}) = \frac{p(z_k \mid x_k^{\mathrm{pf}}, z_{1:k-1}) p(x_k^{\mathrm{pf}} \mid x_{k-1}^{\mathrm{pf}}, z_{1:k-1})}{p(z_k \mid z_{1:k-1})} p(x_{k-1}^{\mathrm{pf}} \mid z_{1:k-1}) \tag{6.96}$$

因为 x_k^{pf} 系统和其测量方程是非线性的，所以式（6.88）的估计可以应用粒子滤波得到。$p(z_{k+1} \mid x_k^{\mathrm{pf}}, z_{1:k})$ 和 $p(x_{k+1}^{\mathrm{pf}}, x_k^{\mathrm{pf}}, z_{1:k})$ 分别为

$$p(z_{k+1} \mid x_k^{\mathrm{pf}}, z_{1:k}) = N(h(\hat{x}_{k+1}^{\mathrm{pf}}) + H_{k+1}\hat{x}_k^{\mathrm{hf}}, H_{k+1} P_{k+1|k}^{\mathrm{kf}} H_{k+1}^{\mathrm{T}} + R_{k+1}) \tag{6.97}$$

$$p(x_{k+1}^{\mathrm{pf}}, x_k^{\mathrm{pf}}, z_{1:k}) = N(f^{\mathrm{pf}}(x_k^{\mathrm{pf}}) + F_k^{\mathrm{pf}} \hat{x}_{k+1|k}^{\mathrm{kf}}, F_k^{\mathrm{pf}} P_{k|k}^{\mathrm{pf}} (F_k^{\mathrm{pf}})^{\mathrm{T}} + G_k^{\mathrm{pf}} Q_k^{\mathrm{pf}} (G_k^{\mathrm{pf}})^{\mathrm{T}}) \tag{6.98}$$

对于粒子滤波算法，将 $p(x_k^{\mathrm{pf}} \mid x_{k-1}^{\mathrm{pf}}, z_{1:k-1})$ 作为重要性函数，即

$$q(x_k^{\mathrm{pf}} \mid x_{k-1}^{\mathrm{pf}}, z_{1:k-1}) = p(x_k^{\mathrm{pf}} \mid x_{k-1}^{\mathrm{pf}}, z_{1:k-1}) \tag{6.99}$$

计算重要性权值为

$$\omega(x_k^{\mathrm{pf}}) = \frac{p(z_k \mid x_k^{\mathrm{pf}}, z_{1:k-1})}{\rho(x_{k-1}^{\mathrm{pf}})} \omega(x_{k-1}^{\mathrm{pf}}) \tag{6.100}$$

对于更新过程，选择重采样权值 $\rho(x_{k-1}^{\mathrm{pf}})$ 为

$$\rho(x_{k-1}^{\mathrm{pf}}) = p(z_k \left| \{x_{k-1}^{\mathrm{pf}}, \hat{x}_{k|k-1}^{\mathrm{pf}}\}, z_{1:k-1}) \omega(x_{k-1}^{\mathrm{pf}}) \right. \tag{6.101}$$

其中，$\hat{x}_{k|k-1}^{\mathrm{pf}}$ 是基于 x_{k-1}^{pf} 的预测，可由式（6.101）给出

$$\hat{x}_{k|k-1}^{\mathrm{pf}} = f^{\mathrm{pf}}(\hat{x}_{k-1}^{\mathrm{pf}}) + F_{k-1}^{\mathrm{pf}}\hat{x}_{k-1|k-1}^{\mathrm{pf}} \tag{6.102}$$

对于每个 x_{k-1}^{pf} 都可以应用卡尔曼滤波算法估计 $\hat{x}_{k|k-1}^{\mathrm{pf}}$ 和 $\hat{P}_{k|k-1}^{\mathrm{pf}}$，Rao-Blackwellized 粒子滤波算法由算法 6.8 给出。

算法 6.8　Rao-Blackwellized 粒子滤波（RBPF）算法。
初始化：k=0 步骤 1：对 $i=1,\cdots,N$ 采样 $x_0^{\mathrm{pf}(i)} \sim p(x_0^{\mathrm{pf}})$，并设 $\{\hat{x}_0^{\mathrm{kf},(i)}, P_0^{\mathrm{kf},(i)}\} = \{0, P_0^{\mathrm{kf}}\}$； 步骤 2：对每个 $i=1,\cdots,N$ 计算权值 $\omega_0^i = p(z_0 \mid x_0^{\mathrm{pf}})$，并归一化为 $\tilde{\omega}_0^i = \dfrac{\omega_0^i}{\sum_j \omega_0^i}$； 步骤 3：对每个 $i=1,\cdots,N$ 计算 $\{\hat{x}_0^{\mathrm{kf},(i)}, P_0^{\mathrm{kf},(i)}\}$。 预测与更新：$k \geqslant 1$ 步骤 1：对每个 $i=1,\cdots,N$ 计算 $(\rho_{k-1}^i) = p(z_k \big| \{x_{k-1}^{\mathrm{pf}}, \hat{x}_{k|k-1}^{\mathrm{pf}}\}, z_{1:k-1})\tilde{\omega}_{k-1}^i$， $\hat{x}_{k|k-1}^{\mathrm{pf}} = f^{\mathrm{pf}}(\hat{x}_{k-1}^{\mathrm{pf}})F_{k-1}^{\mathrm{pf}}\hat{x}_{k-1|k-1}^{\mathrm{pf}}$，归一化 $\tilde{\omega}_{k-1}^i = \dfrac{\rho_{k-1}^i}{\sum_j \rho_{k-1}^j}$； 步骤 2：若重采样 $(N_{\mathrm{eff}} < N_{\mathrm{th}})$，则应用重采样算法 $\{\hat{\rho}_{k-1}^i\}_{i=1}^N$；否则 $\hat{\rho}_{k-1}^i = \dfrac{1}{N}$； 步骤 3：对 $i=1,\cdots,N$ 采样 $x_0^{\mathrm{pf}(i)} \sim p(x_k^{\mathrm{pf}} \mid x_{k|k-1}^{\mathrm{pf}}, z_{1:k-1})$； 步骤 4：对每个 $i=1,\cdots,N$ 计算 $\{\hat{x}_{k|k-1}^{\mathrm{kf},(i)}, p_{k|k-1}^{\mathrm{kf},(i)}\}$； 步骤 5：对每个 $i=1,\cdots,N$ 更新 $\omega_k^i = p(y_k \mid P_k^{\mathrm{pf},(i)}, z_{1:k-1})\dfrac{\tilde{\omega}_{k-1}^i}{\tilde{\rho}_{k-1}^i}$； 步骤 6：对每个 $i=1,\cdots,N$ 计算 $\{\hat{x}_{k|k}^{\mathrm{kf},(i)}, P_{k|k}^{\mathrm{kf},(i)}\}$。

如前所述，Rao-Blackwellized 粒子滤波算法的目的是为了在给定估计精度的情况下，减少粒子的数目，从而减轻计算负担，而精度可以较好地保持。一种特殊情况是当 G_k^{kf}、F_k^{kf}、G_k^{pf}、F_k^{pf}、H_k 与 x_k^{pf} 相互独立时，可以直接估计 $\hat{x}_k^{\mathrm{pf}}$、$\hat{x}_k^{\mathrm{kf}}$ 和 $\hat{P}_k^{\mathrm{pf}}$，即

$$\hat{x}_k^{\mathrm{pf}} = \sum\nolimits_{i=1}^N \tilde{\omega}_k^i \hat{x}_k^{\mathrm{pf}(i)} \tag{6.103}$$

$$\hat{x}_k^{\mathrm{kf}} \approx \sum\nolimits_{i=1}^N \tilde{\omega}_k^i \hat{x}_{(k\backslash k)}^{\mathrm{kf}(i)} \tag{6.104}$$

$$\hat{P}_k^{\mathrm{pf}} = \sum\nolimits_{i=1}^N \tilde{\omega}_k^i (\hat{x}_k^{\mathrm{pf}(i)} - \hat{x}_k^{\mathrm{pf}})(\hat{x}_k^{\mathrm{pf}(i)} - \hat{x}_k^{\mathrm{pf}})^{\mathrm{T}} \tag{6.105}$$

线性部分的方差估计为

$$\hat{P}_{k|k}^{\mathrm{kf}} = \sum\nolimits_{i=1}^N \tilde{\omega}_k^i [\hat{P}_{k|k}^{\mathrm{kf},(i)} + (\hat{x}_k^{\mathrm{pf}(i)} - \hat{x}_k^{\mathrm{kf}})(\hat{x}_k^{\mathrm{kf}(i)} - \hat{x}_k^{\mathrm{kf}})^{\mathrm{T}}] \tag{6.106}$$

6.5.6　粒子滤波的收敛性

粒子滤波算法的一个至关重要的性能就是它的收敛性，即随着粒子数目的增加，由粒子给出的经验分布在某种意义上是否趋于真正的分布，在逼近过程中误差是否有界。

若内积（$\langle\cdot,\cdot\rangle$）中的密度函数是连续的，则可以定义积分内积；当密度函数离散时，定义求和内积，即

$$\left\langle p_k,\varphi\right\rangle=\int p_k(x_k\mid z_{1:k})\varphi(x_k)\mathrm{d}x_k \tag{6.107}$$

$$\left\langle p_k^N,\varphi\right\rangle=\sum_{i=1}^N\tilde{\omega}_k^i\varphi\left(x_k^i\right) \tag{6.108}$$

引理 1：假设对于任意有界函数φ，有

$$E\left[\left(\left\langle p_{k-1|k-1}^N,\varphi\right\rangle-\left\langle p_{k-1|k-1},\varphi\right\rangle\right)^2\right]\leqslant c_{p_{k-1|k-1}}\frac{\|\varphi\|^2}{N} \tag{6.109}$$

则经过粒子滤波的重要性采样后，有

$$E\left[\left(\left\langle p_{k|k-1}^N,\varphi\right\rangle-\left\langle p_{k|k-1},\varphi\right\rangle\right)^2\right]\leqslant c_{p_{k-1|k-1}}\frac{\|\varphi\|^2}{N} \tag{6.110}$$

证明：

$$\left\langle p_{k|k-1}^N,\varphi\right\rangle-\left\langle p_{k|k-1},\varphi\right\rangle\leqslant\left|\left\langle p_{k|k-1}^N,\varphi\right\rangle-\left\langle p_{k-1|k-1}^N,K\varphi\right\rangle\right|+\left|\left\langle p_{k-1|k-1}^N,K\varphi\right\rangle-\left\langle p_{k-1|k-1},K\varphi\right\rangle\right| \tag{6.111}$$

若q_{k-1}是粒子$\{x_{k-1}^i\}_{i=1}^N$产生的σ域，则有

$$E\left[\left|\left\langle p_{k|k-1}^N,\varphi\right\rangle\right|q_{k-1}\right]=\left\langle p_{k-1|k-1}^N,K\varphi\right\rangle \tag{6.112}$$

当$\|K\varphi\|<\|\varphi\|$时，则有

$$\begin{aligned}&E\left[\left(\left\langle p_{k|k-1}^N,\varphi\right\rangle-E\left[\left\langle p_{k|k-1}^N,\varphi\right\rangle\middle|q_{k-1}\right]^2\right)\middle|q_{k-1}\right]\\&=E\left[\left(\left\langle p_{k|k-1}^N,\varphi\right\rangle-\left\langle p_{k-1|k-1}^N,K\varphi\right\rangle\middle|q_{k-1}\right)^2\middle|q_{k-1}\right]\\&=\frac{1}{N}\left(\left\langle p_{k-1|k-1}^N,K\varphi^2\right\rangle,\left\langle p_{k-1|k-1}^N,K\varphi\right\rangle^2\right)\leqslant\frac{\|\varphi\|^2}{N}\end{aligned}$$

应用 Minkowski 不等式得到

$$\begin{aligned}&E\left[\left(\left\langle p_{k|k-1}^N,\varphi\right\rangle-\left\langle p_{k|k-1},\varphi\right\rangle\right)^2\right]^{\frac{1}{2}}\\&\leqslant E\left[\left(\left\langle p_{k|k-1}^N,\varphi\right\rangle-\left\langle p_{k-1|k-1}^N,\varphi\right\rangle\right)^2\right]^{\frac{1}{2}}+E\left[\left(\left\langle p_{k|k-1}^N,K\varphi\right\rangle\right)-\left\langle p_{k|k-1},K\varphi\right\rangle^2\right]^{\frac{1}{2}}\\&\leqslant\sqrt{c_{k-1|k-1}}\frac{\|\varphi\|^2}{N}\end{aligned}$$

其中，$c_{k|k-1}=(1+\sqrt{c_{k-1|k-1}})^2$。

引理 2：假设对于任意有界函数φ，有

$$E\left[\left(\left\langle p_{k|k-1}^N,\varphi\right\rangle-\left\langle p_{k|k-1},\varphi\right\rangle\right)^2\right]c_{k|k-1}\frac{\|\varphi\|^2}{N}$$

则有

$$E\left[\left(\left\langle \tilde{p}_{k|k}^N,\varphi\right\rangle-\left\langle p_{k|k},\varphi\right\rangle\right)^2\right]\leqslant\tilde{c}_{k|k-1}\frac{\|\varphi\|^2}{N}$$

证明：

$$
\begin{aligned}
&\left\langle \tilde{p}_{k|k}^{N},\varphi \right\rangle - \left\langle p_{k|k},\varphi \right\rangle \\
&= \frac{\left\langle p_{k|k-1}^{N},g\varphi \right\rangle}{\left\langle p_{k|k-1}^{N},g \right\rangle} - \frac{\left\langle p_{k|k-1},g\varphi \right\rangle}{\left\langle p_{k|k-1},g \right\rangle} \\
&= \frac{\left\langle p_{k|k-1}^{N},g\varphi \right\rangle}{\left\langle p_{k|k-1}^{N},g \right\rangle} - \frac{\left\langle p_{k|k-1}^{N},g\varphi \right\rangle}{\left\langle p_{k|k-1},g \right\rangle} + \frac{\left\langle p_{k|k-1}^{N},g\varphi \right\rangle}{\left\langle p_{k|k-1},g \right\rangle} - \frac{\left\langle p_{k|k-1},g\varphi \right\rangle}{\left\langle p_{k|k-1},g \right\rangle}
\end{aligned}
$$

其中

$$
\begin{aligned}
&\left| \frac{\left\langle p_{k|k-1}^{N},g\varphi \right\rangle}{\left\langle p_{k|k-1}^{N},g \right\rangle} - \frac{\left\langle p_{k|k-1}^{N},g\varphi \right\rangle}{\left\langle p_{k|k-1},g \right\rangle} \right| \\
&= \frac{\left\langle p_{k|k-1}^{N},g\varphi \right\rangle \left| \left\langle p_{k|k-1},g \right\rangle - \left\langle p_{k|k-1}^{N},g\varphi \right\rangle \right.}{\left\langle p_{k|k-1}^{N},g \right\rangle \left\langle p_{k|k-1},g \right\rangle} \\
&\leqslant \frac{\|\varphi\|}{\left\langle p_{k|k-1},g \right\rangle} \left| \left\langle p_{k|k-1},g \right\rangle - \left\langle p_{k|k-1}^{N},g \right\rangle \right.
\end{aligned}
$$

应用 Minkowski 不等式得到

$$
\begin{aligned}
&E\left[\left(\left\langle \tilde{p}_{k|k}^{N},\varphi \right\rangle - \left\langle p_{k|k},\varphi \right\rangle \right) 2 \right]^{\frac{1}{2}} \\
&\leqslant E\left[\left(\frac{\left\langle p_{k|k-1}^{N},g\varphi \right\rangle}{\left\langle p_{k|k-1}^{N},g \right\rangle} - \frac{\left\langle p_{k|k-1}^{N},g\varphi \right\rangle}{\left\langle p_{k|k-1},g \right\rangle} \right)^{2} \right]^{\frac{1}{2}} + E\left[\left(\frac{\left\langle p_{k|k-1}^{N},g\varphi \right\rangle}{\left\langle p_{k|k-1}^{N},g \right\rangle} - \frac{\left\langle p_{k|k-1},g\varphi \right\rangle}{\left\langle p_{k|k-1},g \right\rangle} \right)^{2} \right]^{\frac{1}{2}} \\
&\leqslant \frac{\|\varphi\|}{\left\langle p_{k|k-1},g \right\rangle} E\left[\left(\left\langle p_{k|k-1},g \right\rangle - \left\langle p_{k|k-1}^{N},g \right\rangle \right)^{2} \right]^{\frac{1}{2}} \leqslant \frac{\sqrt{c_{k|k-1}}\,\|g\|}{\left\langle p_{k|k-1},g \right\rangle} \frac{\|\varphi\|}{\sqrt{N}}
\end{aligned}
$$

其中，假设$\|g\| < \infty$。

引理 3： 假设对于任意有界函数φ，有

$$
E\left[\left(\left\langle \tilde{p}_{k|k}^{N},\varphi \right\rangle - \left\langle p_{k|k},\varphi \right\rangle \right)^{2} \right] \leqslant \tilde{c}_{k|k} \frac{\|\varphi\|^{2}}{N}
$$

则经过粒子滤波的重采样后，存在一个常数$\tilde{c}_{k|k}$对任意有界函数φ，有

$$
E\left[\left(\left\langle p_{k|k}^{N},\varphi \right\rangle - \left\langle p_{k|k},\varphi \right\rangle \right)^{2} \right] \leqslant c_{k|k} \frac{\|\varphi\|^{2}}{N}
$$

证明：

$$
\left\langle p_{k|k}^{N},\varphi \right\rangle - \left\langle p_{k|k},\varphi \right\rangle = \left\langle p_{k|k}^{N},\varphi \right\rangle - \left\langle \tilde{p}_{k|k}^{N},\varphi \right\rangle + \left\langle \tilde{p}_{k|k}^{N},\varphi \right\rangle - \left\langle p_{k|k},\varphi \right\rangle
$$

应用 Minkowski 不等式得到

$$
E\left[\left(\left\langle p_{k|k}^{N},\varphi \right\rangle - \left\langle p_{k|k},\varphi \right\rangle \right)^{2} \right]^{\frac{1}{2}}
$$

$$=E\left[\left(\left\langle p_{k|k}^N,\varphi\right\rangle-\left\langle \tilde{p}_{k|k}^N,\varphi\right\rangle\right)^2\right]^{\frac{1}{2}}+E\left[\left(\left\langle \tilde{p}_{k|k}^N,\varphi\right\rangle-\left\langle p_{k|k},\varphi\right\rangle\right)^2\right]^{\frac{1}{2}}$$

若 f_k 是粒子 $\{\tilde{\omega}^i\}_{i=1}^N$ 产生的 σ 域，则有

$$E\left[\left\langle p_{k|k}^N,\varphi\right\rangle \middle| f_t\right]=\left\langle \tilde{p}_{k|k}^N,\varphi\right\rangle$$

得到

$$E\left[\left(\left\langle p_{k|k}^N,\varphi\right\rangle-\left\langle p_{k|k},\varphi\right\rangle\right)^2\right]^{\frac{1}{2}}\leqslant\frac{\sqrt{C}+\sqrt{\tilde{c}_{k|k}}}{\sqrt{N}}\|\varphi\|$$

综合引理 1～引理 3，得到如下定理。

定理 1：若 p_k 是时刻 k 的后验分布，则对于任何有界函数 φ，存在一个常数 $c_{k|k}$，使得

$$E\left[\left(\left\langle p_{k|k}^N,\varphi\right\rangle-\left\langle p_{k|k},\varphi\right\rangle\right)^2\right]^{\frac{1}{2}}\leqslant c_{k|k}\frac{\|\varphi\|^2}{N}$$

下面对定理列出两种扩展形式。

第一种扩展：假如重要性权值为

$$\omega_k^i\propto\omega_{k-1}^i\frac{p(z_k\mid x_k)p(x_k\mid x_{k-1})}{q(x_k\mid x_{k-1},z_k)}$$

对于所有的 $(x_{k-1}\mid z_k)$ 均是上有界的，则存在一个常数 $c'_{k|k}$，对于任何有界函数，使得

$$E\left[\left(\frac{1}{N}\left\langle p_{k|k}^N,\varphi\right\rangle-\left\langle p_{k|k},\varphi\right\rangle\right)^2\right]\leqslant c'_{k|k}\frac{\|\varphi\|^2}{N}$$

这个收敛结果可以保证收敛率独立于状态空间的维数。

第二种扩展：

定理 2（Pierre Del Moral 定理）：给定测量空间 (E,C) 上的序列概率测量 $\{u_i\}_{i\geqslant1}$ 及相互独立的随机变量集合 $\{X_i\}_{i\geqslant1}$，对于任何 $i\geqslant1$，定义测量函数 $\{h_i\}_{i\geqslant1}$ 使 $u_i\{h_i\}=0$，则有

$$m_n(X)(h)=\frac{1}{N}\sum_{i=1}^N h_i(X_i)$$

$$\sigma\frac{2}{N}(h)=\frac{1}{N}\sum_{i=1}^N(\sup(h_i)-\inf(h_i))^2$$

若 h_i 是有限振荡的（如 $\sup(h_i)-\inf(h_i)<\infty,\forall i\geqslant1$），则有

$$\sqrt{N}E[|m_N(X)(h)|^p]^{\frac{1}{p}}\leqslant d(p)^{\frac{1}{p}}\sigma_N(h)$$

对于任意 n 和 p，有 $n\geqslant p\geqslant1$，而且 $(n)_p\, n!/(n-p)\,!$，则有

$$d(2n)=(2n)_n2^{-n}$$

$$d(2n-1)=\frac{(2n-1)_n}{\sqrt{n-\frac{1}{2}}}2^{-\left(n-\frac{1}{2}\right)}$$

据此定理，我们得到第二个扩展为

$$E\left[\left(\left\langle p_{k|k}^{N},\varphi\right\rangle-\left\langle p_{k|k},\varphi\right\rangle\right)^{p}\right]^{\frac{1}{p}}\leqslant c_{k|k}\frac{\|\varphi\|^{2}}{N}$$

为了证明经验分布收敛于真正的分布，需要有测量收敛的概念，这种收敛称为弱收敛，它属于概率统计研究中的原理性知识。在这种收敛中，随机变量的值并不重要，重要的是这些值出现的概率，因此考虑的是随机变量的概率分布是否会收敛，而不是值本身是否会收敛。令 μ^N 和 μ 是 R^d 上的概率测度，对于 R^d 上的每个实值连续有界函数 f，若有 $\int f(x)\mu^N(\mathrm{d}x)$ 收敛到 $\int f(x)\mu(\mathrm{d}x)$，则序列 μ^N 会弱收敛到 μ。这里考虑的经验测量是用粒子数来近似真正的测量，N 是粒子数。令 $C_b(R^d)$ 为实值连续有界函数的集合，假如 μ^N 是测量序列，则 μ^N 弱收敛到 μ 的条件是

$$\lim_{N\to\infty}\left\langle\mu^{N},\varphi\right\rangle=\left\langle\mu,\varphi\right\rangle$$

我们可以写成

$$\lim_{N\to\infty}\pi_k^N=\pi_k \qquad \text{a.s.}$$

其中，a.s.表示几乎处处都是这样，收敛结果只有在有界函数 φ 下才能得到。Crisan 和 Doucet 及其他研究者在这种算法的均方误差的收敛性和在每个步长经验观测量与真实测量之间的弱收敛性方面都做了大量的工作。另一个问题是关于常数 c_k，它是一个时变常数，意味着在实际应用中，为了确保给定的精度，样本的数目不得不随着 k 值的增大而增大。LeGland 和 Oudjane 证明了若重要性函数对 x_{k-1} 的依赖很弱，则 c_k 可以一直是一个常数。但在实际情况中重要性函数对 x_{k-1} 的依赖很强，这会导致粒子滤波估计中出现漂移现象。以上结果可能让人们对应用序列 Monte Carlo 方法来进行估计比较悲观，但根据我们的实际经验，即使采用最一般的重要性函数和重采样技术，也是在超过 1000 个观测量的情况下，利用粒子滤波进行估计完全可以得到良好的结果。

6.6 本章小结

自然界中的绝大部分运动之所以能用数学的方法来形式化表达，其主要原因在于利用随机过程来对其进行描述，并通过数学模型对其进行形式化表达，最后通过优化算法进行问题求解。在计算机科学中，解决问题的一个重要的工具就是随机过程，尤其是图像和视频序列都可以近似看作一个随机过程，从而图像可以看作随机过程在某个时刻的一个样本。而图像内部和图像序列之间的相关性，则可以用马尔可夫随机场对其进行建模。通过这些完整的随机过程理论，在进行图像和视频分析时，也能采用随机过程的理论进行分析。而通过采样来对随机过程进行模拟、分析是计算中常用的办法，其中 Monte Carlo 方法就是其中的典型代表。本章对相关马尔可夫随机场和 Monte Carlo 方法进行了介绍，并对卡尔曼滤波进行了推导。介绍了基本的颜色直方图和颜色特征，以及尺度不变轮廓特征的表示。在传统的点匹配中，关于 ICP 方法和 CPD 方法的介绍，感兴趣的读者请阅读参考文献[70]~文献[73]。目标跟踪方法一般可分为生成类方法和判别类方法，这在第 8 章概率图模型中也有介绍，生成类方法一般假设目标生成满足

一定的联合概率分布，而判别类方法一般直接根据数据来计算后验概率。而在跟踪中，生成类方法则在原始影像帧中对目标按制定的方法建立目标模型，然后在跟踪处理帧中搜索与目标模型相似度最高的区域作为目标区域进行跟踪。生成类方法包括均值漂移和粒子滤波等。粒子滤波是一种非参数化滤波方法，基于 Monte Carlo 方法将贝叶斯滤波方法中的积分运算转化为粒子采样求样本均值问题，通过对状态空间的粒子的随机采样来近似求解后验概率，对于解决非线性滤波问题具有重要意义。2002 年 Nummiaro 等人首次将粒子滤波运用到目标跟踪领域并取得了很好的效果。现有跟踪系统多数采用深度学习技术，但卡尔曼滤波凭借其自身优异的性能，在各种移动平台中仍然是实用性最强的方法。

参考文献

[1] 于俊清，王宁. 基于子窗口区域的足球视频镜头分类[J]. 中国图像图形学报，2008，13(7): 1347-1352.

[2] 王宁. 基于内容的视频检索系统设计与实现[D]. 武汉：华中科技大学，2007.

[3] Comaniciu D, Ramesh V, Meer P. Kernel-Based Object Tracking[J]. IEEE Transactions on Pattern Analysis and Machine Intelligence, 2003, 25(5):564-577.

[4] Lin T, Ngo C W, Zhang H, et al. Integrating color and spatial features for content-based video retrieval[J]. Proceedings of International Conference on Image Processing, 2001, 592-595.

[5] Shih J L, Chen LH. Color Image Retrieval Based on Primitives of Color Moments[J]. Proceedings of International Conference on Recent Advances in Visual Information Systems, 2002: 88-94.

[6] Hertz A, Werra D. Using tabu search techniques for graph coloring[J]. Computing, 1987, 39(4):345-351.

[7] Pass G, Zabih R, Miller J. Comparing images using color coherence vectors[J]. Proceedings of ACM International Conference on Multimedia, 1996: 65-73.

[8] Huang J, Kumar S, Mitra M, et al. Image indexing using color correlograms[J]. Proceedings of IEEE Conference on Computer Vision and Pattern Recognition, 1997: 762-768.

[9] Manjunath B S, Ohm J R, Vasudevan V V, et al. Color and Texture Descriptors[J]. IEEE Transactions on Circuits and Systems for Video Technology, 2001, 11(6): 703-715.

[10] Pass G, Zabih R. Histogram refinement for content-based image retrieval[J]. Proceedings of IEEE Workshop on Applications of Computer Vision, 1996: 96-102.

[11] 王宁，周敬利，陈加忠，等. 自适应尺度的形状表示与匹配方法[J]. 华中科技大学学报（自然科学版），2010, 38(6): 71-74.

[12] Yong I, Walker J,Bowie J. An anaylsis technique for biological shape[J]. Computer Graphics and Image Processing, 1974, 25:357-370.

[13] Chellappa R, Bagdazian R. Fourier coding of image boundaries[J]. IEEE Transactions on Pattern Analysis and Machine Intelligence, 1984, 6(1): 102-105.

[14] Tieng Q M, Boles W. Recognition of 2D object contours using the wavelet transform zero-crossing representation[J]. IEEE Transactions on Pattern Analysis and Machine Intelligence, 1997, 19(8):910-916.

[15] Abbasi S' Mokhtarian F, Kitter J. Curvature scale space image in shape similarity retrieval[J]. Multimedia System, 1999, 7:467-476.

[16] Freeman H. On the encoding of arbitrary geometric configurations[J]. IRE Transactions on Electronic

Computers, 1961, 10:260-268.

[17] William I, Grosky R M. Index-based object recognition in pictorial data management[J]. Computer Vision, Graphics, and Image Processing, 1990, 52(3): 416-436.

[18] Doucet A., de Freitas N., Gordon N. Sequential Monte Carlo Methods in Practice[M]. New York: Springer-Verlag, 2001.

[19] Gordon N., Salmond D. J., Smith A. F. M. A novel approach to nonlinear/ non- Gaussian Bayesian state estimation[J]. IEEE Proceedings on Radar and Signal Processing, 1993, 140(2): 107-113.

[20] Isard M., Blake A. CONDENSATION-conditional density propagation for visual tracking[J]. International Journal Computer Vision, 1998, 29(1): 5-28.

[21] Kitagawa G. Monte Carlo filtering and smoothing method for non-Gaussian nonlinear state-space models[J]. Journal of Computational and Graphical Statistics, 1996, 5(1): 1-25.

[22] Kitagawa G. Monte Carlo filter and smoother for non-Gaussian nonlinear state-space models[J]. Journal of Computational and Graphical Statistics, 1996, 5(1): 1-25.

[23] Gordon N., Salmond D. J., Ewing C. Bayesian state estimation for tracking and guidance using the bootstrap filter[J]. Journal Guidanc Cont. Dynamics, 1995, 18(6): 1434-1443.

[24] Crisan D., Del Moral P., T. Lyons. Discrete filtering using branching and interacting particle systems[J]. Markov Processes and Related Fields, 1999, 5(3): 293-318.

[25] Rubin D. B. Bayesian Statistics, Using the SIR algorithm to simulation posterior distribution[M]. Oxford: Oxford University Press, 1988.

[26] Carpenter J. Clifford P. Fearnhead P. Improved Particle Filter for Non-linear Problems[J]. IEEE Proceedings on Radar, Sonar, and Navigation, 1999, 146(1): 2-7.

[27] Metropolis N., Ulm S. The Monte Carlo Method[J]. Journal American Statistical Association, 1949, 44: 335-341.

[28] Liu J. S. Monte Carlo Strategies in Science Computing[M]. New York: Springer-Verlag, 2001.

[29] Casella G., Robert C. P. Monte Carlo Statistical Methods[M]. New York: Springer, 2005.

[30] Hammersley J., Handscomb D. Monte Carlo Methods[M]. Monographs on Applied Probability and Statistics, Chapman and Hall, 1964.

[31] Devroye L. Non-Uniform Random Variate Generation[M]. New York: Spring-Verlag, 1985.

[32] Kitagawa G. Monte Carlo filter and smoother for non-Gaussian nonlinear state-space models[J]. Journal of Computational and Graphical Statistics, 1996, 5(1): 1-25.

[33] Brown L. M., Senior A. W., Tian Y. L., Connell J., Hampapur A., Shu C. F., Merkl H., Lu M. Performance evaluation of surveillance systems under varying conditions[M]. In Proceedings of the 6th International Workshop on Performance Evaluation of Tracking and Surveillance, Colorado, USA, 2005.

[34] Dong Guo, Xiaodong Wang. Quasi-Monte Carlo Filtering in Nonlinear Dynamic Systems[J]. IEEE Transactions on signal Proceesing, 2006, 54(6): 2087-2098.

[35] Casell G., Robert C. P. Rao-Blackwellization of sampling schemes[J]. Biometrika, 1996, 83(1): 81-84.

[36] Schon T., Gustafsson F., Nordlund P. Marginalized particle filters for mixed linear/ nonlinear state-space models[J]. IEEE Transactions on Signal Processing, 2005, 53(7): 2279-2289.

[37] Schon T., Gustafsson F., Nordlund P. J. Marginalized particle filters for mixed linear/ nonlinear state-space

models[J]. IEEE Trans. Signal Process, 2005, 53(7): 2279-2289.

[38] Bernardo J. M., Smith A. F. M. Bayesian theory[M]. Chicester: Wiley, 1994.

[39] Robert C. P., Casella G. Monte Carlo Statistical Methods[M]. New York: Springer-Verlag, 1999.

[40] Metropolis N. C., Rosenbluth A. W., Rosenbluth M. N., Teller A. H., Teller E. Equations of state calculations by fast computing machine[J]. Journal of Chemical Physics, 1953, 21: 1087-1091.

[41] Doucet A. On Sequential Simulation-based Methods for Bayesian Filtering[M]. Technical Report CUED/F-INFENG/TR. 310, Signal Processing Group, Department of Engineering, University of Cambridge, 1998.

[42] Rubin D. B. Bayesian Statistics, Using the SIR algorithm to simulation posterior distribution[M]. Oxford: Oxford University Press, 1988.

[43] Ripley B. D. Stochastic Simulation[M]. New York: John Wiley, 1987.

[44] Geweke J. Bayesian Inference in Econometric Models Using Monte Carlo Integration[J]. Econometrica, 1989, 57(6): 1317-1339.

[45] Liu J. S. Metropolized Independent Sampling with Comparisons to Rejection Sampling and Importance Sampling[J]. Statistics and Computing, 1996, 6: 113-119.

[46] Neal R. M. Annealed Importance Sampling[M]. Technical Report 9805, Department of Statistics and Department of Computer Science, University of Toronto, Toronto, Ontario, Canada, 1998.

[47] Fearnhead P. Sequential Monte Carlo methods in filter theory[D]. Merton College, University of Oxford, 1998.

[48] Carpenter J., Clifford P., Fearnhead P. An Improved Particle Filter for Non-linear Problems[J]. Radar, Sonar and Navigation, IEEE Proceedings, 1999, 146(1): 2-7.

[49] Kullback S., Leibler R. On information and sufficiency[J]. Annals of mathematical Statistics, 1951, 22(1): 79-86.

[50] Doucet A., Godsill S. J., Andrieu C. On sequential Monte Carlo sampling methods for Bayesian filtering[J]. Statistics and Computing, 2000, 10(3): 197-208.

[51] Kong A., Liu J. S., Wong W. H. Sequential imputations and Bayesian missing data problems[J]. Journal of the American Statistical Association, 1994, 89(425): 278-288.

[52] Liu J. S. Metropolized Independent Sampling with Comparisons to Rejection Sampling and Importance Sampling[J]. Statistics and Computing, 1996, 6: 113-119.

[53] Doucet A., Godsill S. J., Andrieu C. On sequential Monte Carlo sampling methods for Bayesian filtering[J]. Statistics and Computing, 2000, 10(3): 197-208.

[54] Hammersley J., Handscomb D. Monte Carlo Methods[M]. Monographs on Applied Probability and Statistics, Chapman and Hall, 1964.

[55] Efron B. The Bootstrap, Jackknife and Other Resampling Plans[M]. Philadephia: SIAM, 1982.

[56] Quenouille M. H. Notes on bias in estimate[J]. Biometrika, 1956, 61: 353-360.

[57] Yang M. C. K., Robinson David H. Understanding and Learning Statistics by Computer[M]. Singapore: World Scientific, 1986.

[58] Rubin D. B. Multiple Imputation for Nonresponse in Surveys[M]. New York: Wiley, 1987.

[59] Kitagawa G. Monte Carlo filter and smoother for non-Gaussian nonlinear state-space models[J]. Journal of Computational and Graphical Statistics, 1996, 5(1): 1-25.

[60] Carpenter J., Clifford P., Fearnhead P. Building Robust Simulation-based Filters for Evolving Data Sets[M]. Technological Report, Department of Statistics, Oxford University, 1998.

[61] Arulampalam M. S., Maskell S., Gordon N., Clapp T. A tutorial on particle filters for online nonlinear/non-Gaussian Bayesian tracking[J]. IEEE Transactions on Signal Processing, 2002, 50(2): 174-188.

[62] Khan Z., Balch T., Dellaert F. MCMC-based particle filtering for tracking a variable number of interacting targets[J]. IEEE Transactions on Pattern Analysis and Machine Intelligence, 2005, 27(11): 1805-1819.

[63] Pitt M. K., Shephard N. Filtering via simulation: Auxiliary particle filters[J]. Journal of the American Statistical Association, 1999, 94(446): 590-599.

[64] Doucet A., Godsill S. J., Andrieu C. On sequential Monte Carlo sampling methods for Bayesian filtering[J]. Statistics and Computing, 2000, 10(3): 197-208.

[65] Mussio C., Oudjane N., LeGland F. Improving Regularized Particle Filters[M]. In Sequential Monte Carlo Methods in Practice, edited by A. Doucet, N. de Freitas, and N. Gordon, New York: Springer, 2001.

[66] 方正, 佟国锋, 徐心和. 一种鲁棒高效的移动机器人定位方法[J]. 自动化学报, 2007, 33(1): 48-53.

[67] Papavasiliou A. A uniformly convergent adaptive particle filter[J]. J. Appl. Probab, 2005, 42(4): 1053-1068.

[68] LeGland F., Oudjane N. Stability and Uniform Approximation of Nonlinear Filters using the Hilbert Metric, and Application to Particle Filters[J]. The Annals of Applied Probability, 2004, 14(1): 144-187.

[69] Andrieu C. de Freitas N., Doucet A. Sequential MCMC for Bayesian model selection[J]. IEEE Higher Order Statistics Workshop, Ceasarea, Israel, 1999.

[70] P.J. Besl, N. D. McKay. A Method for Registration of 3D Shapes[J]. IEEE Trans. Pattern Analysis and Machine Intelligence, 1992, 14(2): 239-256.

[71] Z. Zhang. Iterative Point Matching for Registration of Free-Form Curves and Surfaces[J]. Int'l J. Computer Vision,1994,13(2): 119-152.

[72] J. Ho, M.H. Yang, A. Rangarajan, and B. Vemuri, “A New Affine Registration Algorithm for Matching 2D Point Sets[J]. Proc. Eighth IEEE Workshop Applications of Computer Vision, 2007:25.

[73] Myronenko A. Song X.B. Point Set Registration: Coherent Point Drift[J]. IEEE Transactions on Pattern Analysis and Machine Intelligence. 2010, 32(12): 2262-2275.

[74] Nummiaro K, Koller-Meier E, Van Gool L. An adaptive color-based particle filter[J]. Image and Vision Computing, 2003, 21(1): 99-110.

第 7 章

铰链运动分析及人体姿态估计

生成式算法又称生成匹配算法。对于人体姿态估计问题来说，这种类型的算法通常包括两个部分：观测似然函数与最优化算法。观测似然函数所做的是在设定一个姿态状态时，能够计算出该模型与观测值（图像或由图像提取出的特征）间的似然函数（Likelihood），即当前图像与所设定的姿态状态间的匹配程度。在给出观测似然函数后，人体姿态的推断问题即可通过在状态空间中寻找似然函数最优的解得到。而最优化算法则涉及如何在人体姿态庞大的状态空间中寻找最优解，目前常用的两种算法是模拟退火的粒子滤波（Annealed Particle Filter，APF）算法和非参数置信传播（Nonparametric Belief Propagation，NBP）算法。本部分将先描述人体模型及观测似然函数，随后对两种常用算法进行介绍。

7.1 人体模型及观测似然函数

7.1.1 人体模型

人体模型由 10 个主要部分组成，且包含 15 个关节点，但不同的是本章所采用的模型是三维模型，每个肢体都用一个圆台来近似，如图 7.1（a）所示。本章所采用的姿态参数是 15 个关节点的三维坐标，这样选择的优点是关节点的位置坐标比起用于描述肢体姿态的平移加旋转方式更加直观。同时对于不同的算法，均可以用统一的方式通过比较关节点估计值与真实值之间的距离来衡量误差。但缺点是在通过自由的选择关节点坐标来寻找姿态参数的过程中，得到的肢体参数是通过其两端的关节点来确定的。这意味着：第一，肢体的自旋转是无法通过两个肢体端点确定的，但由于模型中选择的基于圆台的表示是选择对称的，因此对于该模型来说没有影响；第二，肢体的长度会在搜索过程中发生改变。对于这点，我们可以通过加入一项用于约束肢体长度的代价函数来解决。

图 7.1（a）的人体模型包括 10 个肢体部分和 15 个关节点。图 7.1（b）是三维人体模型在原图像上的投影；图 7.1（c）是从图像中提取的人体外轮廓与模型投影内部格点的匹配；图 7.1（d）是边缘图像与模型外轮廓格点的匹配。

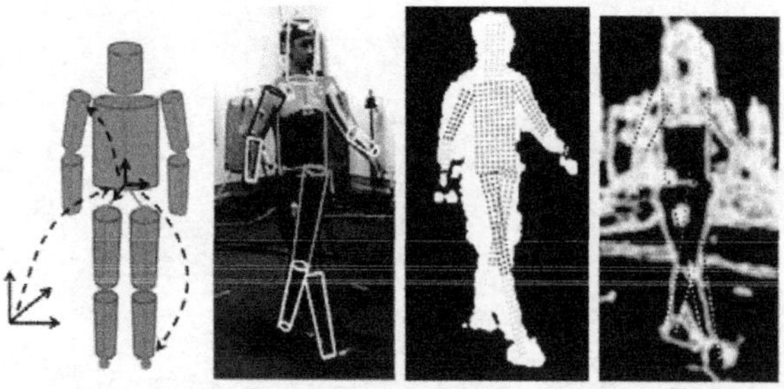

（a）　（b）　（c）　（d）

图 7.1　人体模型

尽管模拟退火的粒子滤波算法与非参数置信传播算法都采用 15 个点的空间坐标作为参数，但对于两种算法来说，细节上有一点差别。在模拟退火的粒子滤波算法中，姿态构像 $\left\{x_k=\left(P_k^1,P_k^2,\cdots,P_k^{15}\right)\right\}$ 是作为一个整体来估计的，其中 P_k^i 表示第 k 帧的第 i 个关节点的坐标。而对于非参数置信传播算法来说，每个肢体的姿态参数 $\left\{x_k^i=\left(P_k^{S(i)},P_k^{E(i)}\right)\right\}$ 都是分别估计的，这里 $S(i)$ 和 $E(i)$ 分别代表第 i 个肢体的前端和末端。这意味着肢体连接处的关节点将得到 2 个估计值，在计算误差时选择这两个值的均值作为最终的估计值。

除姿态参数外，模型还包含对应每个肢体的圆台的上、下半径的参数 $\left\{r_i^t,r_i^b\right\}$，这些参数与每个实验视频中的人员对象均相关，且这些参数均为已知参数。

7.1.2 观测似然函数

本章在对模拟退火的粒子滤波算法和非参数置信传播算法两种算法进行实验时，采用同样的观测似然函数，它们基于图像边缘信息和人体外轮廓，主要做法参考相关文献，在此处进行简要介绍。如图 7.1（b）所示，当圆台形的三维人体模型被投影至二维图像平面时，将形成梯形的人体形状。从图像中得到前景分割，若将前景部分的灰度值设为 1，背景部分的灰度值设为 0，则所得到的是如图 7.1（c）所示的图像 I^s。而图 7.1（d）为原图像的边缘距离图像 I^e。由上面这些条件，可用两个方差和函数定义观测代价函数

$$\Sigma^s\left(\chi^s\right)=\frac{1}{N}\sum_{i=1}^{N}\left(1-I^s\left(\chi_i^s\right)\right)^2 \tag{7.1}$$

$$\Sigma^e\left(\chi^e\right)=\frac{1}{N}\sum_{i=1}^{N}\left(1-I^e\left(\chi_i^e\right)\right)^2 \tag{7.2}$$

其中，$\chi^s=\left\{\mathrm{X}_i^s\right\}_{i=1}^N$ 是投影梯形内部点的集合，$\chi^e=\left\{\mathrm{X}_i^e\right\}_{i=1}^N$ 是投影梯形轮廓上点的集合。集合这两个代价函数，观测似然函数可以写为

$$P\left(y\mid x\right)\propto \mathrm{e}^{-\left(\Sigma^s\left(\chi^s\right)+\Sigma^e\left(\chi^e\right)\right)} \tag{7.3}$$

7.2 模拟退火的粒子滤波算法

7.2.1 粒子滤波算法

粒子滤波（Particle Filter）算法的思想是基于 Monte Carlo 方法，它是利用粒子集来表示概率，可以用在任何形式的状态空间模型中。其核心思想是通过从后验概率中抽取的随机状态粒子来表示其分布，它是一种顺序重要性采样法（Sequential Importance Sampling）。简单来说，粒子滤波算法是指通过寻找一组在状态空间传播的随机样本对概率密度函数近似，以样本均值代替积分运算，从而获得状态最小方差分布的过程。这里的样本就是粒子，当样本数量趋于无穷大时，可以逼近任何形式的概率密度函数。在计算机视觉中，粒子滤波常用于跟踪问题。因为对于计算机视觉问题的模型复杂性及图像噪声干扰，使得其概率分布难以用高斯模型近似，而粒子滤波作为一种非参数估计方法适合解决该类问题。

以跟踪算法问题为例，设系统的输入为图像序列 $y_{1:k}$，即将第 1～k 帧的图像作为观测。而第 k 帧图像中目标对象的位置 X_k 作为目标状态。对于跟踪问题，即根据当前观测状态 y_k 及之

前的状态 $X_{1:k-1}$，估计当前状态的后验概率 $P(X_k|X_{1:k-1},y_k)$。根据贝叶斯公式可以写出

$$P(X_k|X_{1:k-1},y_k)\propto P(y_k|X_k)P(X_k|X_{1:k-1}) \tag{7.4}$$

对于存在马尔可夫假设的情况，将 $P(X_k|X_{1:k-1})=P(X_k|X_{k-1})$ 代入式（7.4）可得

$$P(X_k|X_{1:k-1},y_k)\propto P(y_k|X_k)P(X_k|X_{k-1}) \tag{7.5}$$

式（7.5）右边的两项对应粒子滤波算法的第一个步骤，即重要性采样。如第 5 章中所陈述过的重要性采样的基本原理是对于一个概率密度函数 $P(x)$ 的随机变量 X，可以通过以 $g(x)$ 采样并赋予样本权重 $1/g(x)$ 得到一个无偏估计。在这里，$P(y_k|X_k)P(X_k|X_{k-1})$ 是希望得到的后验概率，但图像的观测似然函数 $P(y_k|X_k)$ 难以直接采样，但容易估算其取值的函数，因此采样是通过概率函数 $P(X_k|X_{k-1})$ 进行的。这个函数在跟踪问题中又称动态方程，通常包含目标的运动规律和误差等信息，即给定目标在 $k-1$ 时刻的状态（如位置或速度等），估算其在 k 时刻的状态。对于采样得到的样本，将其赋予 $P(y_k|X_k)$ 的权重。粒子滤波的第二个步骤是重采样，将得到的带有不同权重的粒子重采样为均一权重的粒子，这样得到的粒子集合即满足目标的后验概率分布。以上两个步骤如图 7.2 所示。

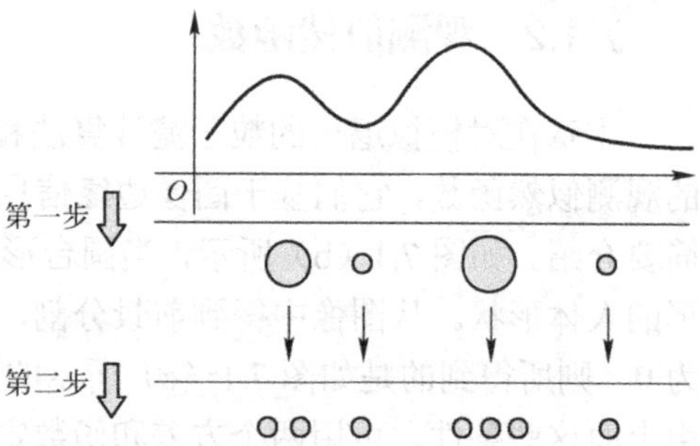

图 7.2 粒子滤波算法的两个步骤

7.2.2 模拟退火算法

模拟退火算法由物理学家 Kirkpatrick 等人于 1983 年提出。对于多模目标函数 $U(x)$，定义以下分布

$$P(x)=\text{const}\cdot \mathrm{e}^{-\lambda U(x)} \tag{7.6}$$

根据该分布得到采样 X_i，那么当 $\lambda\to\infty$时，其概率密度将集中在目标函数的全局极小值点，因此 X_i 也将聚集在目标函数全局极小值处。

模拟退火算法的主要目的是避免采样过程陷入局部极小。在进行粒子滤波时，若初始粒子生成在一个位于局部极小的错误解附近，则在后面的迭代中，粒子倾向于始终停留在该局部极小值附近。在采用模拟退火算法后，给参数 λ 设定一个较小的值（在物理学中，该值为温度的倒数，也就是给定一个较高的起始温度）。这使得原本陡峭的极小值点变得平滑，便于粒子生成在更广泛的状态空间内，同时能够探索更多可能的解。然后再不断地增大 λ 并重复采样过程，排除概率较小的局部极小值，直到结果收敛于全局最优解。在退火过程中选取的一系列参数 $\lambda=\lambda_M,\cdots,\lambda_0$ 需要同时兼顾速度性和可靠性。退火参数增大的速度越慢，结果收敛至全局最优的可能性越大，但也需要更加繁重的计算量。

式（7.3）所描述的一系列函数也可以记为 $P_{\lambda m}\cdots P_{\lambda 0}$，即

$$P_{\lambda m}(x)\propto P_{\lambda 0}(x)^{\beta_M} \tag{7.7}$$

其中，$I=\beta_0>\beta_1>\cdots>\beta_M$，$\beta_M=\lambda_m/\lambda_0$。

由于模拟退火算法在理论上是一种收敛于全局最优解的全局优化算法，并且具有易于并行计算的特性，因此被广泛用于物理、化学、生物、统计及人工智能等领域。

7.2.3 模拟退火的粒子滤波

对于图 7.2 中描述的粒子滤波算法，应用模拟退火目标函数的目的是观测似然函数 $P(y_k \mid X_k)$，因此原有的单一目标函数被转换成一系列对应温度从高到低的目标函数 $P_0(y_k \mid X_k),\cdots,P_M(y_k \mid X_k)$，如图 7.3 所示（对应 M=3 的情况）。从图 7.3 中可以看到，初始的退火目标函数 P_3 是对原目标函数进行了相当程度平滑后的形状，这使得粒子能够在更广阔的范围内采样，从而避免其陷入局部极小。而随着退火温度的降低使退火目标函数 P_0 平滑程度逐渐减小，最后恢复到原始的目标函数，这保证了最终粒子集合的分布满足目标函数。

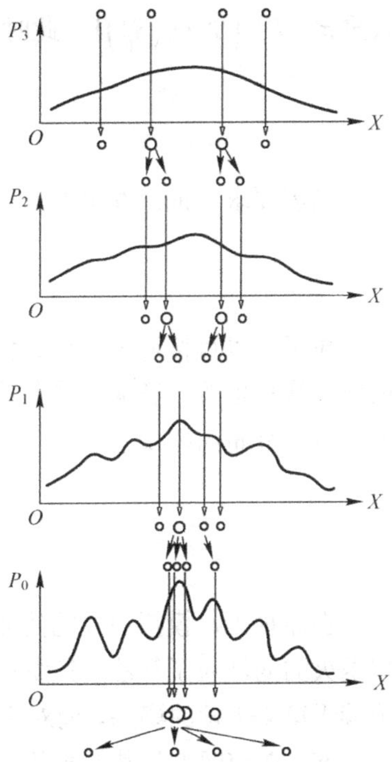

图 7.3 模拟退火的粒子滤波

7.3 非参数置信传播算法

非参数置信传播算法是一种解决图模型统计推断问题的算法，直到近几年，该算法才被引入姿态估计和跟踪问题中。非参数置信传播算法将离散情况的置信传播算法扩展至连续变量空间，其主要思想是利用粒子群非参数化表示算法中的消息和置信度。

已知置信传播在离散情况下迭代更新从节点 x_i 发送至节点 x_j 的消息的算法为

$$\sum_{x_i}\left(\phi_i(x_i)\varphi_{ij}(x_j,x_i)\prod_{k\in N(i)\backslash j} m_{ki}(x_i)\right)\to m_{ij}(x_j) \tag{7.8}$$

计算节点 x_i 置信度的方程为

$$\boldsymbol{b}_i(x_i)\infty\phi_i(x_i)\prod_{j\in N(i)} m_{ji}(x_i) \tag{7.9}$$

在离散空间中，当状态的可能取值数为 L 时，$\boldsymbol{b}_i$ 为一个 L 维的矢量。其中，每个维度值都代表该节点位于相应值的后验概率。当问题转化到连续空间时，$\boldsymbol{b}_i$ 是由概率变为该连续空间的一个概率密度函数，同理 m_{ij} 也是。此时，式（7.8）转换为

$$\int_{R^D}\phi_i\left(x_i\right)\varphi_{ij}\left(x_j,x_i\right)\prod_{k\in N(i)\backslash j} m_{ki}\left(x_i\right)\mathrm{d}x_i\to m_{ij}\left(x_j\right) \tag{7.10}$$

若函数（7.10）能够表示成高斯函数的形式，则该积分可以精确地求解。当不满足高斯函数的形式时，该求和过程便依赖粒子集合来近似。在非参数置信传播算法中，利用粒子集合的基本原理是对式（7.10）的积分进行 Monte Carlo 近似。以下函数

$$P_{ij}^{M}\left(x_i\right)=\frac{1}{Z_{ij}}\prod_{k\in N(i)\backslash j} m_{ki}\left(x_i\right) \tag{7.11}$$

称为消息 $m_{ij}\left(x_j\right)$ 的基础函数，其中，Z_{ij} 是一个常数，用于将 $P_{ij}^{M}\left(x_i\right)$ 归一化为一个概率密度函数。式（7.10）中的 Monte Carlo 积分 $\overline{m}_{ij}$ 是 m_{ij} 的一个近似，将通过以 P_{ij}^{M} 为概率采样选取 N 个样本并求和得到

$$\bar{m}_{ij}\left(x_j\right)=\frac{1}{N}\sum_{n=1}^{N}\varphi_{ij}\left(x_j,S_{ij}^n\right) \tag{7.12}$$

或者，采用更一般的方法，选取一个重要性函数 $g_{ij}\left(x_i\right)$，以其概率选取样本 $S_{ij}^n \sim g_{ij}\left(S_{ij}^n\right)$ 并赋予权重 $\pi_{ij}^n \propto P_{ij}^M\left(S_{ij}^n / g\left(S_{ij}^n\right)\right)$。此时 $\overline{m}_{ij}$ 通过加权平均得到

$$\bar{m}_{ij}\left(x_j\right)=\frac{1}{\sum_{k=1}^{N}\pi_{ij}^k}\sum_{n=1}^{N}\pi_{ij}^n\varphi_{ij}\left(x_j,S_{ij}^n\right) \tag{7.13}$$

当需要求 x_i 的边缘分布时，可以按以下估计得到的置信分布采样获得样本 S_i^n，即

$$\overline{b}_i\left(x_i\right)=\frac{1}{Z_i}\phi_i\left(x_i\right)\prod_{j\in N(i)}\bar{m}_{ji}\left(x_i\right) \tag{7.14}$$

粒子可以直接通过概率采样或重要性采样得到，然后用其计算在该分布上的期望值，如均值或高次均值等。在确定了每个节点上的粒子集合 S_i^n 后，可以通过吉布斯采样生成符合图模型上联合分布的样本。

7.4 人体运动估计

在原理上，模拟退火的滤波粒子算法与非参数置信传播算法的差异如图 7.4 所示。对于模拟退火的滤波粒子算法，其姿态作为一个整体在时间轴上为一个马尔可夫链，即第 k 帧的姿态依赖于第 k-1 帧的姿态。而对于非参数置信传播算法，每个部位姿态在时间上都依赖于上一帧的姿态，在空间上与其他相邻部位有关。而为了更加深入地探索和验证两种算法的差异，则需从实验结果中观察。

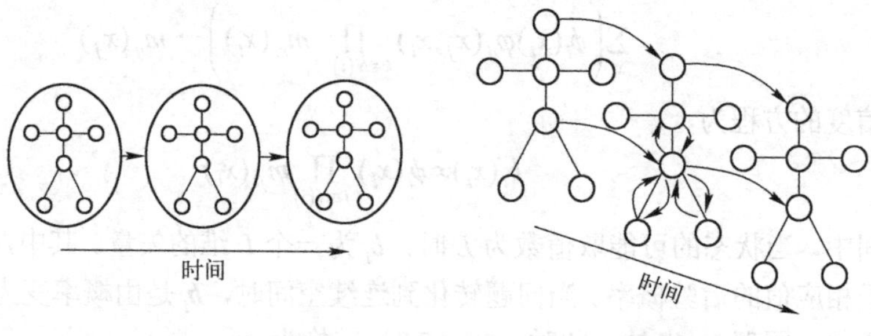

（a）模拟退火的滤波粒子算法　　（b）非参数置信传播算法

图 7.4　模拟退火的滤波粒子算法与非参数置信传播算法的差异

在过去的 20 年中，许多提出的算法都是为了更好地解决人体姿态估计及跟踪问题。在这些算法中，对于连接体的图模型表示带动了一系列的研究工作。该模型中各个肢体部分通过特定的构想排列在一起，每个部分的观察函数都通过一个图片表示，而部分间的连接函数通过类似弹簧的势能函数表示。这种模型求解同样可以采用非参数置信传播算法或动态规划方法。

Ramana 和 Forsyth 于 2007 年提出了一种自动初始化的跟踪算法，该算法适用于在长序列视频中跟踪人体。该算法的独到之处在于认为当人体的主要部位（如头部、躯干和四肢）投影到图像上时，均可以用矩形近似，如图 7.5 所示。于是利用矩形的 Haar 模板，提取出对该模板响应大于一定阈值的图像块。这些图像块在包含人体肢体的同时，也一定包含大量的背景干扰图像，

如树干、纸盒等，这些背景干扰图像均会对矩形模板产生影响。但对于长序列视频中所有这些图像块进行聚类后，再排除那些从未运动过的图像块（假定背景没有发生明显运动），即可得到人体肢体的图像特征。如前面所述，非参数置信传播算法通过利用粒子非参数的拟合概率函数来解决连续空间的图模型推断问题。随后提出针对非参数置信传播算法的改进算法，该算法通过加入模式传播和核匹配提高算法效率。在非参数置信传播算法的应用上，相关参考文献分别在三维空间跟踪人体运动和手的姿态进行了研究。虽然无法做到实时跟踪，但这些方法的结果却非常好。除非参数置信传播算法外，同样存在其他算法求解人体姿态。如 Fischler 和 Elschlager 通过图模型在训练数据中学习外观参数和空间关系参数，然后利用广义距离变换作为有效估计最大后验概率的算法。值得一提的是，以上提到的这些算法均利用了训练数据或通过手工标定给出外观函数，而本章所用的外观函数仅与边缘和外轮廓相关，因此更加具有通用性。

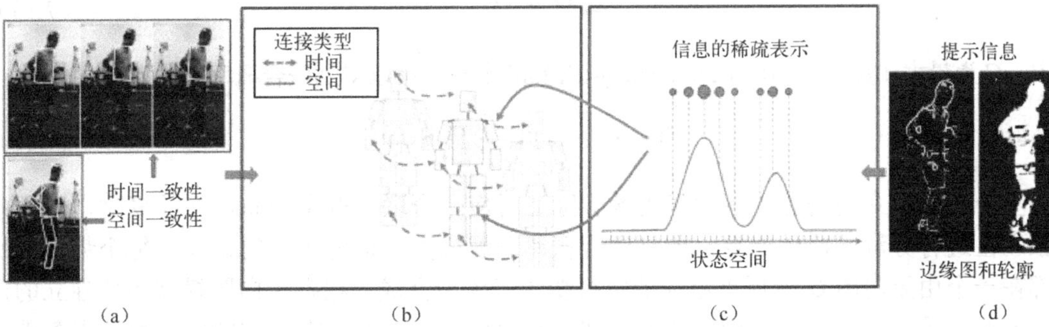

图 7.5　长序列视频中跟踪人体

7.4.1　条件随机场理论

条件随机场（Conditional Random Fields，CRF）最早由 Lafferty 等人于 2001 年提出，其模型思想的主要来源是最大熵模型，解决模型的三个基本问题用到了 HMMS 模型中提到的方法，如 Forward-Backward 方法和 Viterbi 方法，而其参数训练部分有所不同。我们可以把条件随机场看成一个无向图模型或马尔可夫随机场，它是一种用来标记和切分序列化数据的统计模型。该模型是在给定需要标记的观察序列的条件下，计算整个标记序列的联合概率，而不是在给定当前状态条件下，定义下一个状态的分布。标记序列（Label Sequence）的分布条件属性可以让条件随机场很好地拟和现实数据，而在这些数据中，标记序列的条件概率信赖于观察序列中非独立和相互作用的特征，并通过赋予特征以不同权值来表示特征的重要程度。

1. 条件随机场定义

在以下的条件随机场模型介绍中，随机变量 X 表示需要标记的观察序列集，随机变量 Y 表示相应的标记序列集，所有的 $Y_i \in Y$ 被假设在一个大小为 N 的有限字符集内。随机变量 X 和随机变量 Y 是联合分布的，但在判别式模型中，我们构造一个关于观察序列和标记序列的条件概率模型 $P(Y|X)$ 和一个隐含的边缘概率模型 $P(X)$。下面给出条件随机场定义。

条件随机场定义：令 $G=(V,E)$ 表示一个无向图，$Y=(Y_v)_{v\in V}$，Y 中元素与无向图 G 中的顶点一一对应。在条件 X 下，随机变量 L 的条件概率分布服从图的马尔可夫属性，即 $P(Y_v|X,Y_w,W \neq v)=P(Y_v|X,Y_w,W \sim v)$，其中，$W \sim v$ 表示(W,v)是无向图 G 的边。这时我们称(X,Y)是一个条件随机场。

2. 势函数

尽管在给定每个节点的条件下，分配给该节点一个条件概率是可能的，但条件随机场的无向性很难保证每个节点在给定它的邻界点条件下得到的条件概率和以图中其他节点为条件得到的条件概率一致。因此我们不能用条件概率参数化表示联合概率，而要从一组条件独立的原则中找出一系列局部函数的乘积来表示联合概率。在选择局部函数时，必须保证能够通过分解联合概率使没有边的两个节点不出现在同一个局部函数中。最简单的局部函数是定义在图结构中的最大团上的势函数（Potential Function），并且是严格正实值的函数形式。但是一组正实数函数的乘积并不能满足概率公理，则必须引入一个归一化因子 Z，这样可以确保势函数的乘积满足概率公理，且 Z 是无向图 G 中节点所表示随机变量的联合概率分布。Z 表示为

$$Z=\sum_{v_1}\prod_{c\in C}\phi_{v_c}\left(v_c\right) \tag{7.15}$$

其中，C 为最大团集合，利用 Hammersley-Clifford 定理，可以得到联合概率公式为

$$P\left(v_1,v_2,\cdots,v_n\right)=\frac{1}{Z}\prod_{c\in C}\phi_{v_c}\left(v_c\right) \tag{7.16}$$

基于条件独立的概念，条件随机场实际上对应一个联合概率分布，在计算时，根据条件独立性进行分解来简化计算，即将联合概率分解成正实值势函数的乘积，每个势函数操作都在一个由无向图 G 中顶点组成的随机变量子集中完成。根据无向图模型条件独立的定义，若两个顶点间没有边，则意味着这些顶点对应的随机变量在给定图中其他顶点条件下是条件独立的。故在因式化条件独立的随机变量联合概率时，必须确保这些随机变量不在同一个势函数中。满足这个要求的最容易的方法是要求每个势函数操作均在一个无向图 G 的最大团上，这些最大团由随机变量相应的顶点组成。这确保了没有边的顶点在不同的势函数中，在同一个最大团中的顶点都是有边相连的。在无向图中，任何一个全连通（任意两个顶点间都有边相连）的子图均称为一个团，而不能被其他团所包含的团称为最大团。下面给出一个例子来说明最大团的划分，如图 7.6 所示。

根据最大团的定义可知图 7.6 的最大团划分为 $\{X_1,X_2\}$，$\{X_1,X_3\}$，$\{X_3,X_5\}$，$\{X_2,X_5,X_6\}$，$\{X_2,X_4\}$。可知在图 7.7 链式结构的条件随机场图中，每个势函数操作都在相邻标签对 Y_i 和 Y_{i+1} 组成的团上，即最大团为 $\{Y_i,Y_{i+1}\}$。

从理论上讲，无向图 G 的结构可以是任意的，然而在构造模型时，条件随机场采用了最简单和最重要的一阶链式结构，如图 7.7 所示。条件随机场(X,Y)以观察序列 X 作为全局条件，并且不对 X 做任何假设。这种简单结构可以被用来在标记序列上定义一个联合概率分布 $P(Y\mid X)$，我们主要关心的是两个序列 $X=\left(X_1,X_2,\cdots,X_T\right)$ 和 $Y=\left(Y_1,Y_2,\cdots,Y_T\right)$。

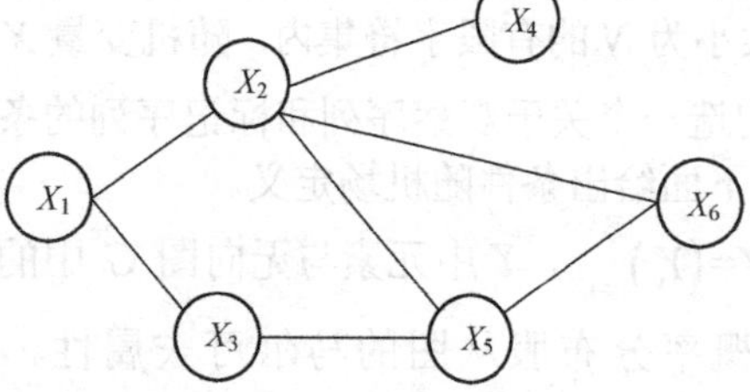

图 7.6　无向图的最大团

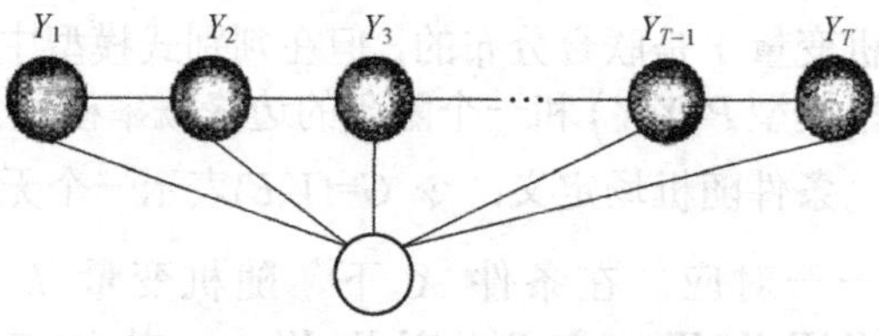

图 7.7　条件随机场的结构图

3. 条件随机场分布模型

Lafferty 对条件随机场势函数的选择很大程度上受最大熵模型的影响。最大熵模型原则上可以保证从不完整信息中构造出概率分布。根据最大熵模型，在给定观察序列的条件下，标记序列的联合分布 $P(Y|X)$ 的参数化形式与最大熵模型中的参数化形式类似。定义每个势函数的形式均为

$$\phi_{y_c}(y_c)=\exp\left(\sum_k \lambda_k f_k(c,y|c,x)\right) \tag{7.17}$$

其中，$y|c$ 表示第 c 个团中的节点对应的随机变量，f_k 是一个布尔型的特征函数，则 $P(y|x)$ 为

$$P(y|x)=\frac{1}{Z(x)}\exp\left(\sum_{c\in C}\sum_k \lambda_k f_k(c,y_c,x)\right) \tag{7.18}$$

其中，$Z(x)$ 是归一化因子，其表达式为

$$Z(x)=\sum_y \exp\left(\sum_{c\in C}\sum_k \lambda_k f_k(c,y_c,x)\right) \tag{7.19}$$

在一阶链式结构的图 $G=(V,E)$ 中，最大团仅包含相邻的两个节点，即为图 G 中的边。对于一个最大团中的无向边 $e=(v_{i-1},v_i)$，势函数一般表达形式可扩展为

$$\phi_{y_c}(y_c)=\exp\left(\sum_k \lambda_k t_k(y_{i-1},y_i,x,i)+\sum_k \mu_k s_k(y_i,x,i)\right) \tag{7.20}$$

其中，$t_k(y_{i-1},y_i,x,i)$ 是整个观察序列和相应标记序列在 $i-1$ 时刻和 i 时刻的特征，是一个转移函数。而 $s_k(y_i,x,i)$ 是在 i 时刻整个观察序列和标记的特征，它是一个状态函数。联合概率的表达形式可以写为

$$P(y|x)=\frac{1}{Z(x)}\exp\left(\sum_i\sum_k \lambda_k t_k(y_{i-1},y_i,x,i)+\sum_i\sum_k \mu_k s_k(y_i,x,i)\right) \tag{7.21}$$

其中，参数 λ_k 和 μ_k 可以从训练数据中估计，大的非负参数值意味着优先选择相应的特征事件，大的负值所对应的特征事件不太可能发生。

在定义特征函数前，先构造观察序列的实数值特征 $b(x,i)$ 集合来描述训练数据的经验分布特征，这些特征与模型同分布。例如

$$b(x,i)=\begin{cases}1, & \text{若}x_i\text{为常值}\\ 0, & \text{其他}\end{cases} \tag{7.22}$$

每个特征函数均表示为观察序列的实数值特征 $b(x,i)$ 集合中的一个元素，若当前状态（状态函数）或前一个状态与当前状态（转移函数）具有特定的值，则所有的特征函数都是实数值。如转移函数

$$t_k(y_{i-1},y_i,x,i)=\begin{cases}b(x,i), & y_{i-1}=B, y_i=M\\ 0, & \text{其他}\end{cases} \tag{7.23}$$

为了统一转移函数和状态函数的表达形式，我们可以把状态函数写为

$$s_k(y_i,x,i)=s_k(y_{i-1},y_i,x,i) \tag{7.24}$$

并用 $f_k(y_{i-1},y_i,x,i)$ 统一表示，f_k 可能是状态函数 $s_k(y_{i-1},y_i,x,i)$ 或转移函数 $t_k(y_{i-1},y_i,x,i)$，又令

$$F_k(y,x)=\sum_{i=1}^{T} f_k(y_{i-1},y_i,x,i) \tag{7.25}$$

从而在给定观察序列 x 条件下，相应的标记序列为 Y 的概率可以写为

$$P(y|x)=\frac{1}{Z(x)}\exp\left(\sum_k \lambda_k F_k(y,x)\right) \tag{7.26}$$

其中，$Z(x)$ 是归一化因子。

4. 条件随机场模型参数估计

以上的条件随机场理论介绍给出了条件随机场的概率形式，其主要思想是基于最大熵理论。下面将介绍条件随机场模型的参数估计。由最大熵模型可知，参数估计的实质是对概率的对数最大似然函数求最大值，即运用最优化理论循环迭代，直到函数收敛或达到给定的迭代次数。

假设给定训练集 $D=\{(X_1,Y_1),(X_2,Y_2),\cdots,(X_r,Y_r)\}$，$(X_i,Y_i)$ 相互独立同分布，根据最大熵模型对参数 λ 估计采用最大似然估计法。条件概率 $P(y|x,\lambda)$ 的对数似然函数形式为

$$L(\lambda)=\log\prod_{x,y} P(y|x,\lambda)^{P(x,y)}=\sum_{x,y} P(x,y)\log P(y|x,\lambda) \tag{7.27}$$

已知条件概率 $P(y|x,\lambda)$ 的形式化公式为

$$P(y|x,\lambda)=\frac{1}{Z(x)}\exp\left(\sum_k \lambda_k F_k(y,x)\right)$$

其中，归一化因子 $Z(x)$ 的表达式为

$$Z(x)=\sum_y \exp\left(\sum_{c\in C}\sum_k \lambda_k f_k(c,y_c,x)\right)$$

对于该条件随机场概率模型来说，对数最大似然函数的估计任务是从相互独立的训练数据中估计参数 $\lambda=(\lambda_1,\lambda_2,\cdots,\lambda_n)$ 的值，则对数似然函数可写为

$$L(\lambda)=\sum_{x,y} P(x,y)\sum_k \lambda_k F_k(y,x)-\sum_x P(x)\log Z(x) \tag{7.28}$$

为了表达清晰，假设链式结构的无向图有一个特殊的起始节点和终止节点，分别用 Y_0 和 Y_{n+1} 表示，则经验分布概率和由模型得到的概率的数学期望为

$$E_p[F_k]=\sum_{x,y} P(x,y)F_k(x,y)=\sum_{x,y} P(x,y)\sum_{i=1}^{n+1} f_k(y_{i-1},y_i,x,i) \tag{7.29}$$

$$EE_p[F_k]=\sum_{x,y} P(x,y)P(y|x,\lambda)F_k(x,y)=\sum_{x,y} P(x)P(y|x,\lambda)\sum_{i=1}^{n+1} f_k(y_{i-1},y_i,x,i) \tag{7.30}$$

我们根据对数似然函数对相应的参数 λ_k 求一阶偏导数，并通过梯度为零来求解参数 λ，而这样并不一定总能得到一个近似解，因此需要利用一些迭代算法来选择参数，使对数似然函数最大化。通常采用的方法是改进的迭代缩放（Improved Iterative Scaling，IIS）方法或者基于梯度的方法来计算参数。在以上的介绍中，我们给出了对数似然函数 $L(\lambda)$ 梯度的计算表达形式，

即经验分布 $P(x,y)$ 的数学期望比由模型得到的条件概率 $P(y\mid x,\lambda)$ 的数学期望差。而经验分布的数学期望为训练数据集中随机变量 (x,y) 满足特征约束的个数，模型的条件概率的数学期望的计算实质上是计算条件概率 $P(y\mid x,\lambda)$，后续我们将介绍条件概率的有效计算方法。

建立条件随机场模型的主要任务是从训练数据中估计特征的权重 λ。参数估计可以使用最大似然估计（Maximum Likelihood Estimation，MLE）和贝叶斯估计（Bayes Estimation）。下面主要对条件随机场用最大似然估计方法进行介绍。

由上面可知，条件随机场对数似然函数的梯度公式为

$$\frac{\partial L(\lambda)}{\partial \lambda_k}=E_{p(x,y)}\left[F_k\right]-E_{P(y|x,\lambda)}\left[F_k\right]$$

若直接使用对数最大似然估计，则可能会发生过度学习问题，故通常引入惩罚函数的方法来解决这个问题。若使用惩罚项 $\frac{\sum_k \lambda_k^2}{2\sigma^2}$，则对数似然函数和对数似然梯度公式转化为

$$L(\lambda)=\sum_{x,y}P(x,y)\sum_k \lambda_k F_k(y,x)-\sum_x P(x)\log Z(x)-\frac{\sum_k \lambda_k^2}{2\sigma^2} \tag{7.31}$$

$$\frac{\partial L(\lambda)}{\partial \lambda_k}=E_{p(x,y)}\left[F_k\right]-E_{P(y|x,\lambda)}\left[F_k\right]-\frac{\lambda_k}{\sigma^2} \tag{7.32}$$

由此，解决参数估计问题可以使用最优化方法，也可以使用迭代方法或 L-BFGS 算法。

5. 条件概率的矩阵计算

对于一个链式条件随机场，我们在图模型中添加一个开始状态 Y_0 和一个结束状态 Y_{n+1}。y 为按字母排序的标记列表，$y_{i-1}=y'$ 与 $y_i=y$ 是取自该列表中的标记。我们定义一组矩阵 $\{\boldsymbol{M}_i(x)|x=1,2,\cdots,n+1\}$，其中 $\boldsymbol{M}_i(x)$ 是 $y\times y$ 阶的随机变量矩阵。$\boldsymbol{M}_i(x)$ 中的每个元素 $M_i(y_{i-1},y_i|x)$ 均可定义为

$$\begin{aligned}M_i(y_{i-1},y_i|x)&=\exp\left(\sum_k \lambda_k f_k(y_{i-1},y_i,x,i)\right)\\&=\exp\left(\sum_k \lambda_k t_k(y_{i-1},y_i,x,i)+\sum_k \mu_k s_k(y_i,x,i)\right)\end{aligned} \tag{7.33}$$

其中，y_{i-1} 为 y_i 的前一个标记，$M_i(y_{i-1},y_i|x)$ 是前一个状态到当前状态的转移概率与当前状态以观察序列为条件的概率的乘积。

可得 $M_2(y_1,y_3|x)=\exp\left(\sum_k \lambda_k t_k(y_1,y_3|x)+\sum_k \lambda_k s_k(y_3|x)\right)$，且有

$$\boldsymbol{M}_1(x)=\left[M_1(y_0,y_1|x)\,M_1(y_0,y_2|x)\,M_1(y_0,y_3|x)\right]$$

$$\boldsymbol{M}_2(x)=\begin{bmatrix}M_2(y_1,y_1|x) & M_2(y_1,y_2|x) & M_2(y_1,y_3|x)\\ M_2(y_2,y_1|x) & M_2(y_2,y_2|x) & M_2(y_2,y_3|x)\\ M_2(y_3,y_1|x) & M_2(y_2,y_2|x) & M_2(y_3,y_3|x)\end{bmatrix}$$

$$\boldsymbol{M}_{n+1}(x)=\begin{bmatrix} M_{n+1}(y_1,y_n|x) \\ M_{n+1}(y_2,y_n|x) \\ M_{n+1}(y_3,y_n|x) \end{bmatrix}$$

因为$P(y|x,\lambda)$实际上是从开始节点到终止节点的一条路径的概率，所以有

$$P(y|x,\lambda)=\frac{1}{Z(x)}\prod_{i=1}^{n+1}M_i(y_{i-1},y_i|x) \tag{7.34}$$

其中，$Z(x)$为归一化因子，且为所有路径概率的和，表达式为

$$Z(x)=\prod_{i=1}^{n+1}M_i(x) \tag{7.35}$$

不论是使用迭代缩放还是 L-BFGS 算法进行参数估计与训练，为了计算最大似然函数值，都需要对训练数据中的每个观察值X对应的标记序列的条件概率相对特征函数的数学期望都进行有效的计算，故枚举计算方法是不可行的。Lafferty 提出了动态规划方法来计算$E_{P(y|x,\lambda)}[f_k]$

$$E_p[f_k]\overset{\text{def}}{=}\sum_{x,y}P(x)P(y|x,\lambda)\sum_{i=1}^{n+1}f_k(y_{i-1},y_i,x,i)$$

上式右边的项可改写为

$$\sum_{x,y}P(x)P(y|x,\lambda)\sum_{i=1}^{n+1}f_k(y_{i-1},y_i,x,i)=\sum_{x}P(x)\sum_{i=1}^{n+1}\sum_{y'y}P(y_{i-1}=y',y_i=y|x,\lambda)f_k(y_{i-1}y',y_i=y,x,i) \tag{7.36}$$

而后，可使用动态规划方法计算$P(y_{i-1},y|x,\lambda)$，该方法与隐马尔可夫模型中介绍的 Forword-Backward 算法类似。我们分别定义 Forward 向量和 Backward 向量为$\boldsymbol{\alpha}_i(x)$和$\boldsymbol{\beta}_i(x)$，则构造步骤为

$$\boldsymbol{\alpha}_0(y|x)=\begin{cases}1, & y\text{为开始节点}\\ 0, & \text{其他}\end{cases}$$

$$\boldsymbol{\beta}_{n+1}(y|x)=\begin{cases}1, & y\text{为终止节点}\\ 0, & \text{其他}\end{cases} \tag{7.37}$$

递归关系表示为

$$\boldsymbol{\alpha}_i(x)^{\mathrm{T}}=\boldsymbol{\alpha}_{i-1}(x)^{\mathrm{T}}\boldsymbol{M}_i(x)$$

$$\boldsymbol{\beta}_i(x)=\boldsymbol{M}_{i+1}(x)\boldsymbol{\beta}_{i+1}(x) \tag{7.38}$$

由以上公式可知，在给定观察序列x条件下，$y_{i-1}=y'$和$y_i=y$的概率为

$$P(y_{i-1}=y',y_i=y|x)=\frac{\boldsymbol{\alpha}_{i-1}(y'|x)M_i(y',y|x)\boldsymbol{\beta}_i(y|x)}{Z(x)} \tag{7.39}$$

由式（7.39）可以有效计算出条件概率的数学期望。

7.4.2　人体与外观模型

如图 7.1（b）所示，本章所采用的简化人体模型共包含 10 个肢体部位。每个肢体的姿态

都是图模型中节点的隐状态。为了能够同时利用时间和空间的运动一致性，图模型中所包含的节点为$\left\{X_i^t|i=1,2,\cdots,P;\ t=1,2,\cdots,T\right\}$。该式中的 P 为肢体的数量且等于 10，T 为帧数。在这个图模型中存在着两种边缘关联，分别代表时间上的关联和空间上的关联。空间上的关联所表示的是相连肢体在物理上的连接约束，而时间上的关联是指对于连续两帧来说，同一肢体的位置不会发生大的变化。

1. 空间关联与时间关联

对于每对相连的肢体而言，通过使用高斯函数来模拟一种松散的连接关系为

$$\psi_s\left(X_i^t,X_j^t\right)\infty N\left(d_{\text{joint}}\left(X_i^t,X_j^t\right);0,\sigma_{ij}\right) \tag{7.40}$$

其中，$d_{\text{joint}}\left(X_i^t,X_j^t\right)$是第 i 个部位与第 j 个部位对应相连的关节点间的距离，如上臂的肱骨前端与前臂尺骨后端间的距离。而高斯分布的参数σ_{ij}则决定了关节连接的“弹性”大小。这项空间约束并不是特别针对某个特殊的人体动作，而是一个通用的约束，因此它可以用于各种动作。

同一个部位在相邻两帧间的时间一致性用于保证肢体的平滑运动。同样利用高斯函数定义为

$$\psi_t\left(X_i^t,X_j^t\right)\infty N\left(d_{\text{pos}}\left(X_i^t,X_j^{t+1}\right);0,\sigma_{\text{pos}}\right)*N\left(d_{\text{ori}}\left(X_i^t,X_j^{t+1}\right);0,\sigma_{\text{ori}}\right) \tag{7.41}$$

其中，$d_{\text{pos}}\left(X_i^t,X_j^{t+1}\right)$和$d_{\text{ori}}\left(X_i^t,X_j^{t+1}\right)$是第 i 个肢体在相邻两帧间的位置的变化和旋转角度的变化。对于人体快速运动的视频，σ_{pos}和σ_{ori}较大，反之亦然。

2. 外观模型

在本章中，人体的各肢体近似地用不同大小的矩形表示，类似地也出现在其他文献中。每个肢体的状态变量均为$X_i^t=\left\{x_i,y_i,\theta_i\right\}$包含了肢体 i 在第 t 帧中的位置和在图像平面的二维旋转。状态的似然函数$\varphi\left(X_i^t\right)$包含两个部分，其表达式为

$$\varphi\left(X_i^t\right)=R_{\text{edge}}\left(X_i^t\right)*R_{\text{sil}}\left(X_i^t\right) \tag{7.42}$$

其中，$R_{\text{edge}}\left(X_i^t\right)$是由原图像所提取的边缘图像对 Haar 类型的矩形模板的响应。如文献中的做法是将该模板分为左、右两个边缘检测部分。而最终的似然函数值取这两个边缘检测所得到响应的最小值，这种做法是为了排除对只有单边边缘情况的误判。通过计算在第 t 帧时前景部分（即包含人体部分）的包围框（Bounding Box），可以得到参数$\left\{x_c^t,y_c^t,w^t,h^t\right\}$，分别为包围框的中心位置、高度和宽度。然后，对肢体 i 的模板的宽w_i^t和高h_i^t设置为与包围框的长和宽（即近似的人体尺寸）成固定比例。式（7.42）中的另一项$R_{\text{sil}}\left(X_i^t\right)$是图像的外轮廓对与相同大小$\left(w_i^t,h_i^t\right)$的矩形模板的响应。

通过旋转模板到一系列的角度 θ，可以得到在每个方向上图像对模板的响应。但仅有响应最大的方向被保留下来，作为下一步估计算法的输入数据，即

$$\hat{\theta}\left(x_i,y_i\right)=\arg\max_i\left\{R_{\text{edge}}\left(x_i,y_i,\theta_i\right)\right\} \tag{7.43}$$

图 7.8 是检测出来的人体姿态的不同关节位置示意图。

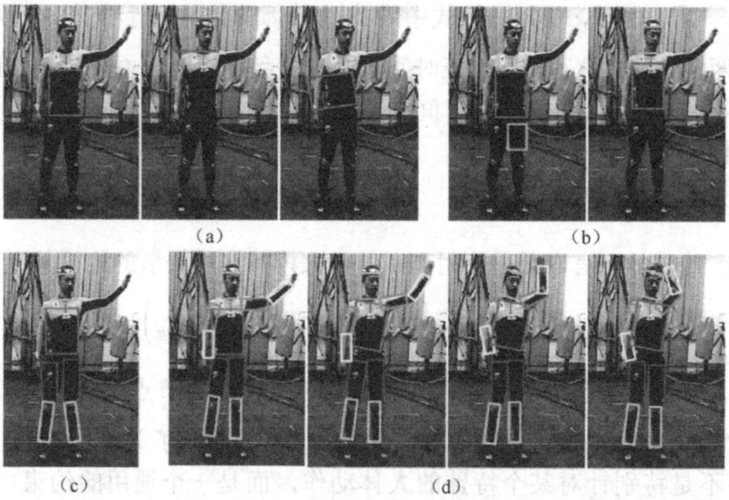

图 7.8 检测出来的人体姿态的不同关节位置示意图

7.5 本章小结

人体姿态估计作为以人体为中心的人工智能的研究重点，在很多计算机视觉任务中起着重要的作用。在人体姿态估计研究中，大体分为两个方向：一是自上而下的方法，即先对各个人体进行检测，再对每个个体进行姿态估计，也就是说自上而下的多人体姿态估计分为个体检测及单人姿态估计（单人人体关键点检测）两部分；二是自下而上的方法，即先对图片整体进行关键点检测，再将识别出的关键点根据热力图、点与点之间连接的概率和图论知识，基于 PAF（部分亲和字段）将关键点连接起来进行聚类，即将各关键点分类形成不同个体。目前自上而下方法的代表性算法有 G-RMI，CFN，RMPE，Mask R-CNN 和 CPN，而对关键点之间的关系进行建模的代表性算法有 PAF，Associative Embedding，Part Segmentation 和 Mid-Range Offsets，总体而言自上而下方法的效果优于自下而上方法，即自上而下方法的各个算法在 MSCOCO 数据集上运行出现最好效果的概率是 72.6%，而自下而上方法在 MSCOCO 数据集上运行出现最好效果的概率是 68.7%。并且目前在此方向上的研究都以深度学习为主，近期由于 Openpose 开源姿态估计平台的出现，进一步加快了对相关内容的研究，因此在检测精度和速度上均有较快的提升。在姿态估计的基础上，再进一步进行行为分析。近期的研究热点为基于图卷积网络的行为分析，即基于关节位置的估计，对关节位置采用图论的建模方式对其关系进行建模，从而对行为进行建模。

参考文献

[1] Deutscher. J, Blake. A, Reid. I. Articulated body motion capture by annealed particle filtering[C]. IEEE Computer Society Conference on Computer Vision and Pattern Recognition. Hilton Head, SC, USA.: [s.n.], 2000, 2.

[2] Kirkpatrick. S. Optimization by simulated annealing: Quantitative studies[J]. Journal of Statistical Physics, 1984, 34(5): 975-986.

[3] Cern. Y. V. Thermodynamical approach to the traveling salesman problem: An efficient simulation algorithm[J]. Journal of optimization theory and applications, 1985, 45(1): 41-51.

[4] Granville. V, Kriv. Anek. M, Rasson. J. Simulated annealing: A proof of convergence[J]. IEEE Transactions on Pattern Analysis and Machine Intelligence, 1994:652-656.

[5] Das. A, Chakrabarti. B. Quantum annealing and related optimization methods[M]. Springer Verlag, 2005.

[6] Weinberger. E. Correlated and uncorrelated fitness landscapes and how to tell the difference[J]. Biological Cybernetics, 1990, 63(5): 325-336.

[7] Sigal. L, Bhatia. S, Roth. S, et al. Tracking loose-limbed people[J]. 2004.

[8] Sigal. L, Isard. M, Sigelman. B, et al. Attractive people: Assembling looselimbed models using non-parametric belief propagation[J]. Advances in Neural Information Processing System, 2004, 16.

[9] Han. T, Ning. H, Huang. T. Efficient nonparametric belief propagation with application to articulated body tracking[C]. IEEE Computer Society Conference on Computer Vision and Pattern Recognition, New York, NY, USA.: IEEE, 2006, 1:214-221.

[10] An. S, An. D. Stochastic relaxation, Gibbs distributions, and the Bayesian restoration of images[J]. IEEE Trans. Pattern Anal. Machine Intell, 1984, 6(6): 721-741.

[11] Moeslund. T, Granum. E. A survey of computer vision-based human motion capture[J]. Computer Vision and Image Understanding, 2001, 81(3): 231-268.

[12] Moeslund. T, Hilton. A, Kruger. V. A survey of advances in vision-based human motion capture and analysis[J]. Computer Vision and Image Understanding, 2006, 104(2-3): 90-126.

[13] Ramanan. D, Forsyth. D, Zisserman. A. Tracking people by learning their appearance[J]. IEEE Transactions on Pattern Analysis and Machine Intelligence, 2007, 29(1): 65.

[14] Sigal. L, Bhatia. S, Roth. S, et al. Tracking loose-limbed people. 2004.

[15] Sudderth. E, Mandel. M, Freeman. W, et al. Distributed occlusion reasoning for tracking with nonparametric belief propagation[J]. Advances in Neural Information Processing Systems, 2004, 17:1369-1376.

[16] Felzenszwalb. P, Huttenlocher. D. Pictorial structures for object recognition[J]. International Journal of Computer Vision, 2005, 61(1): 55-79.

[17] J. Laffert NA. McCallum, F. Pereira. Conditional Random Fields: Probabilistic Models for Segmenting and Labeling Sequence Data[J]. In International Conference on Machine Learning, 2001.

[18] 陈晴．基于条件随机场的自动分词技术的研究[D]．辽宁：东北大学，2005.

[19] 周伟军．拟牛顿法及其收敛性[D]．湖南：湖南大学，2006.

第8章

多目标跟踪算法

多目标跟踪问题是计算机视觉领域中的一个热点问题，同时也是一个难点问题，无论在军事方面还是民用方面都有着十分广泛的应用，如军事方面的弹道导弹防御、空中预警、空中攻击（多目标攻击）、海洋监视（水面舰只或潜艇）和战场监视（地面坦克或空中飞机等）；民用方面包括空中交通管制（民航飞机）、视频监控等。多目标跟踪在军事中的应用受到各国广泛重视。近些年来，红外和可见光侦察、监视设备在军事上的大量应用都推动了多目标跟踪技术的快速发展。

8.1 多目标跟踪概述

目标跟踪过程可以定义为估计目标在当前时刻（滤波）和未来（外推）任意时刻状态的过程。目标的状态包括各种运动参数或描述性的参数，一般地，运动参数具有重要的意义。目标的状态估计是在两种不确定性下进行的。第一种是目标运动模型的不确定性：由于大多数目标在未来的时间段内可能做已知或未知的机动，因此目标运动模型存在着不确定性。一般情况下，目标的非机动运动及机动运动都可以通过不同的数学模型加以描述。在进行目标跟踪的过程中，采用不正确的目标运动模型会导致系统的跟踪性能严重下降。第二种是测量的不确定性：测量的不确定性是指传感器系统提供的测量可能是来自外部的数据干扰，它可能是由杂波、虚警或相邻的目标所引起的。测量作用点不能总是准确地确定，并且测量含有噪声，这两个因素造成了测量的不确定性。这种不确定性在本质上是离散的，给多目标跟踪提出了极大的挑战，相应的就产生了数据关联的问题。

1. 目标运动模型

目标运动模型的研究是多目标跟踪技术研究的一个重要方面。20年来，不少学者对此进行了深入研究。根据目标是否机动，可以将其分为两大类：一类是非机动模型，主要有匀速（CV）模型和匀加速（CA）模型；另一类是机动模型，主要有时间相关模型、当前统计模型和转弯（CT）模型。其他经典的模型还包括微分多项式模型、半马尔可夫模型和Noval 统计模型等。

2. 跟踪波门技术

跟踪波门的形成是多目标跟踪首先面临的问题，跟踪波门是以被跟踪目标的预测位置为中心，用来确定该目标的观测值可能出现的范围。波门的大小由正确接收回波的概率确定，在确定波门形状与大小时，应使真实测量值以很高的概率落入波门中，同时又要使波门中的无关测量值的数量不是很多，落入跟踪波门中的回波称为有效（候选）回波。跟踪波门是将观测值分配给已建立的目标航迹或者确定新的目标航迹的一种粗略的检测方法，其作用有两个：

（1）当观测值落入某个目标的跟踪波门内时，该观测值被考虑用于目标航迹状态的更新；

（2）若观测值没有落入任何目标的跟踪波门内，则认为该观测值可能来自新的目标或者虚警。

常用的跟踪波门有矩形波门、椭圆（球）波门、环形波门或极坐标下的扇形波门。

3. 滤波与预测

滤波与预测是跟踪系统最基本的要素，它是估计当前时刻与未来时刻目标的运动参数（如位置、速度和加速度）的必要手段。当跟踪非机动或弱机动目标时，常用α-β滤波、α-β-γ滤波和卡尔曼滤波对线性运动进行滤波和外推。若目标运动是非线性的，则需要采用扩展卡尔曼滤波器（EKF）或不敏卡尔曼滤波器（和 UKF）。当跟踪强机动目标时，一般采用交互式多模型算法和 JerK 模型算法等。

要实现对目标的精确跟踪，关键是有效地从测量数据中提取出有用的目标状态信息。一个好的目标运动模型有助于信息的提取，因此大多数的跟踪算法是基于模型的。目标运动模型描述了目标的运动状态随时间的变化过程，它用来表示目标某个时刻的状态变量与其前一时刻状态变量之间的函数关系。

1. 卡尔曼滤波基本模型

若目标做匀速直线运动，则其运动状态可用 CV 模型表示，该模型中用 $\boldsymbol{X}=[x \quad \dot{x}]^{\mathrm{T}}$ 表示目标运动的状态，其中的 x 和 $\dot{x}$ 分别是目标的位置分量和速度分量。目标状态方程为

$$\boldsymbol{X}(k+1)=\boldsymbol{\Phi X}(k)+\boldsymbol{GW}(k) \tag{8.1}$$

其中

$$\boldsymbol{\Phi}=\begin{bmatrix}1 & T\\0 & 1\end{bmatrix},\quad \boldsymbol{G}=\begin{bmatrix}T^2/2\\T\end{bmatrix}$$

$\boldsymbol{W}(k)$是均值为零、方差为 σ_w^2 的高斯白噪声，T 为采样间隔。

当目标做匀加速直线运动时，可以采用 CA 模型来表示它的运动状态。该模型中用 $\boldsymbol{X}=[x \ \dot{x} \ \ddot{x}]^{\mathrm{T}}$ 表示目标运动的状态，其中的 x、$\dot{x}$ 和 $\ddot{x}$ 分别是目标的位置、速度和加速度分量。目标状态方程为

$$\boldsymbol{X}(k+1)=\boldsymbol{\Phi X}(k)+\boldsymbol{GW}(k) \tag{8.2}$$

其中

$$\boldsymbol{\Phi}=\begin{bmatrix}1 & T & T^2/2\\0 & 1 & T\\0 & 0 & 1\end{bmatrix},\quad \boldsymbol{G}=\begin{bmatrix}T^3/6\\T^2/2\\T\end{bmatrix}$$

CA 模型和 CV 模型是目标运动模型中最基本的、也是被采用最多的模型，它们是其他模型的基础。对于匀速、匀加速直线运动或近似匀速、匀加速直线运动，以上模型均能达到良好的跟踪精度。当目标发生机动时，这两种模型可以用过程噪声表示目标的加速度，也可以通过

调整 $\boldsymbol{W}(k)$的方差近似目标的机动。对于跟踪系统，目标的机动是未知的。显然，如何更加精确地描述目标的机动需要采用更加精确的运动模型。

2. 时间相关模型

Singer 提出了时间相关模型，假设机动加速度$a(t)$服从一阶时间相关过程，对机动加速度$a(t)$的时间相关函数写成指数衰减形式为

$$R_a\left(\tau\right)=E[a(t)a(t+\tau)]=\sigma_a^2\mathrm{e}^{-\alpha|\tau|} \tag{8.3}$$

其中，σ_a^2、a是在区间$(t,t+\tau)$内决定目标机动特性的待定参数，σ_a^2是目标加速度方差，α是机动频率。通常α的经验取值范围是：大气扰动$\alpha=1$，转弯机动$\alpha=1/60$，逃避机动$\alpha=1/20$，其确切值要通过实时测量才能获取。该模型假定机动加速度的概率密度函数近似服从均匀分布，最大机动加速度$\pm a_{\max}$出现的概率为$P_{\max}$，不出现加速度的概率为P_0，则方差σ_a^2为

$$\sigma_a^2=\frac{A^2{}_{\max}(1+4P_{\max}-P_0)}{3} \tag{8.4}$$

$a(t)$用输入为白噪声的一阶时间相关模型表示为

$$a(t)=-\alpha a(t)+\omega(t) \tag{8.5}$$

其中，$\omega(t)$是均值为零、方差为$2\alpha\sigma_a^2$的高斯白噪声。相应的离散时间方程为

$$a(k+1)=\beta a(k)+\omega(k) \tag{8.6}$$

其中，$\beta=\mathrm{e}^{-\alpha T}$，$\omega(k)$是均值为零、方差为$\sigma^2(1-\beta^2)$白噪声序列。因此，其状态转移方程为

$$\boldsymbol{X}(k+1)=\boldsymbol{\Phi}\boldsymbol{X}(k)+\boldsymbol{W}(k) \tag{8.7}$$

$$\boldsymbol{\Phi}=\begin{bmatrix}1 & T & \left(-1+\alpha T+\mathrm{e}^{-\alpha T}\right)/\alpha^2\\0 & 1 & \left(1-\mathrm{e}^{-\alpha T}\right)/\alpha\\0 & 0 & \mathrm{e}^{-\alpha T}\end{bmatrix}$$

噪声 $\boldsymbol{W}(k)$的协方差矩阵满足

$$\boldsymbol{Q}(k)=E(\boldsymbol{W}(k)\boldsymbol{W}(k)^{\mathrm{T}})=2\alpha\sigma_a^2[q_{ij}]_{3\times 3} \tag{8.8}$$

其中，q_{ij}的具体取值方法请参考相关文献。

与 CA 模型和 CV 模型相比，时间相关模型使用有色白噪声描述加速度而不使用白噪声描述加速度，这样能更确切地描述目标的机动，但其跟踪性能决定于参数σ_a^2和a，且计算量较大。因此国内外学者对时间相关模型提出了改进方案。周宏仁教授认为，当目标正以某个加速度运动时，下一时刻的加速度取值只能在“当前”加速度的邻域内，由此提出了当前统计模型。当前统计模型实际上是一个具有自适应非零均值加速度的时间相关模型，与时间相关模型相比，该模型采用修正的瑞利分布表示机动加速度的特性，能更真实地反映目标机动范围和强度的变化，同时具有响应速度快、跟踪精度高的优点，适用于跟踪机动性较强的目标。

3. 转弯模型

在空中交通管制中，转弯运动是一种比较常见的运动，通常也称联动式转弯运动（CT）。其运动特点是目标的速度和角速度大小保持不变，但速度方向时刻发生变化。由于测量误差的存在，目标实际的转弯运动并不是标准的联动式转弯运动，因此需要用一个高斯噪声来补偿模型的误差。因此，目标的转弯运动模型可描述为

$$\boldsymbol{X}(k+1)=\begin{bmatrix} 1 & \frac{\sin\omega T}{\omega} & 0 & -\frac{1-\cos\omega T}{\omega} & 0 \\ 0 & \cos\omega T & 0 & -\sin\omega T & 0 \\ 0 & \frac{1-\cos\omega T}{\omega} & 1 & \frac{\sin\omega T}{\omega} & 0 \\ 0 & \sin\omega T & 0 & \cos\omega T & 0 \\ 0 & 0 & 0 & 0 & 1 \end{bmatrix}\boldsymbol{X}(k)+\begin{bmatrix} \frac{T^2}{2} & 0 & 0 \\ T & 0 & 0 \\ 0 & \frac{T^2}{2} & 0 \\ 0 & T & 0 \\ 0 & 0 & T \end{bmatrix}\boldsymbol{W}(k) \tag{8.9}$$

其中，ω 为转弯速率，目标的状态向量定义为 $\boldsymbol{X}(k)=(x_k,\dot{x}_k,y_k,\dot{y}_k,\omega)^{\mathrm{T}}$，测量噪声 $\boldsymbol{W}(k)$ 是均值为零、方差为 Q_k 的高斯白噪声。

当目标转弯速率已知时，转弯模型可以很好地模拟目标的转弯机动，从而实现对转弯机动目标的有效跟踪。在 CT 模型中，$\omega<0$ 表示目标做顺时针的转弯运动，$\omega>0$ 表示目标做逆时针的转弯运动。

8.2 数据关联算法

数据关联是多目标跟踪技术中最核心、最困难的部分，也是本章研究的重点。在杂波环境中，一个目标的跟踪波门中的测量数据可能不止一个，这些测量数据可能来自该目标，也可能来自其他目标，或者可能来自杂波。由于测量的不确定性，因此数据关联可以描述为：将有效测量与已知航迹进行比较，并确定可能的航迹与有效回波配对的过程。

8.2.1 最近邻域法

设置跟踪波门，落入跟踪波门中的测量值作为候选回波，即目标的测量值 $z_i(k)$ 是否满足

$$[z_i(k)-\hat{z}(k\,|\,k-1)]^{\mathrm{T}}\boldsymbol{S}^{-1}(k)[z_i(k)-\hat{z}(k\,|\,k-1)]\leqslant r \tag{8.10}$$

其中，$\hat{z}(k\,|\,k-1)$ 是跟踪波门的中心。若波门中只有一个测量值，则该测量值直接用于航迹的更新；若有一个以上的候选回波，则选取统计距离最小的候选回波用于航迹的更新。$z_i(k)$ 对应的统计距离为

$$d^2(z_i(k))=[z_i(k)-\hat{z}(k\,|\,k-1)]^{\mathrm{T}}\boldsymbol{S}^{-1}(k)[z_i(k)-\hat{z}(k\,|\,k-1)] \tag{8.11}$$

最近邻域算法的优点是计算量小、易于实现，且适用于低杂波环境的稀疏目标跟踪。但是在密集杂波环境下或当目标比较密集时，该算法往往容易误跟或丢失目标。

8.2.2 概率数据关联算法

与最近邻域法不同的是，概率数据关联算法认为落入跟踪波门中的所有测量值都可能来自目标，并且计算各个有效回波的概率，同时利用这些概率对各个回波进行加权，利用有效回波

的加权和来形成等效回波，这就是概率数据关联算法的主要思想。

假设目标运动的状态方程为

$$\boldsymbol{x}(k+1)=\boldsymbol{F}(k)\boldsymbol{x}(k)+\boldsymbol{G}(k)\boldsymbol{w}(k) \tag{8.12}$$

观测方程为

$$\boldsymbol{z}(k)=\boldsymbol{H}(k)\boldsymbol{x}(k)+\boldsymbol{v}(k) \tag{8.13}$$

其中，$\boldsymbol{x}(k)$ 为状态矢量，$\boldsymbol{z}(k)$ 为观测矢量。$\boldsymbol{F}(k)$ 和 $\boldsymbol{H}(k)$ 分别为状态矩阵和观测转移矩阵，$\boldsymbol{w}(k)$ 和 $\boldsymbol{v}(k)$ 分别是相互独立、均值为 0 且协方差分别为 Q 和 R 的高斯噪声，即

$$E[\boldsymbol{w}(k)(\boldsymbol{w}(j))^{\mathrm{T}}]=\boldsymbol{Q}(k)\delta_{kj} \tag{8.14}$$

$$E[\boldsymbol{v}(k)(\boldsymbol{v}(j))^{\mathrm{T}}]=\boldsymbol{R}(k)\delta_{kj} \tag{8.15}$$

其中，δ_{kj} 为冲激函数。

在 k 时刻，有效回波集合为 $Z(k)=\{z_i(k)\}_{i=1}^{m_k}$，$Z^k=\{Z(j)\}_{j=1}^{k}$ 表示在 k 时刻有效回波的集合，m_k 表示在 k 时刻有效回波的个数。在 k 时刻，任意测量 $z_i(k)$ 满足式（8.10）即被认为是有效回波。将数据关联算法与卡尔曼滤波器结合起来，PDAF 的更新滤波方程为

$$\hat{\boldsymbol{x}}(k\mid k-1)=\boldsymbol{F}(k)\,\hat{\boldsymbol{x}}(k-1\mid k-1) \tag{8.16}$$

$$\boldsymbol{P}(k\mid k-1)=\boldsymbol{F}(k)\boldsymbol{P}(k-1\mid k-1)\boldsymbol{F}(k)^{\mathrm{T}}+\boldsymbol{G}(k)\boldsymbol{Q}\boldsymbol{G}(k)^{\mathrm{T}} \tag{8.17}$$

$$\hat{\boldsymbol{z}}(k\mid k-1)=\boldsymbol{H}(k)\,\hat{\boldsymbol{x}}(k\mid k-1) \tag{8.18}$$

$$\boldsymbol{S}(k)=\boldsymbol{H}(k)\boldsymbol{P}(k\mid k-1)\boldsymbol{H}(k)^{\mathrm{T}}+\boldsymbol{R}(k) \tag{8.19}$$

$$\boldsymbol{K}(k)=\boldsymbol{P}(k\mid k-1)\boldsymbol{H}(k)^{\mathrm{T}}\boldsymbol{S}(k)^{-1} \tag{8.20}$$

$$\hat{\boldsymbol{x}}(k\mid k)=\hat{\boldsymbol{x}}(k\mid k-1)+\boldsymbol{K}(k)\boldsymbol{v}(k) \tag{8.21}$$

$$\boldsymbol{v}(k)=\sum_{i=1}^{m_k}\beta_i(k)\boldsymbol{v}_i(k) \tag{8.22}$$

$$\boldsymbol{v}_i(k)=\boldsymbol{z}_i(k)-\hat{\boldsymbol{z}}(k\mid k-1) \tag{8.23}$$

$$\boldsymbol{P}(k\mid k)=\beta_0(k)\boldsymbol{P}(k\mid k-1)+(1-\beta_0(k))\boldsymbol{P}^c(k\mid k)+\tilde{\boldsymbol{P}}(k) \tag{8.24}$$

其中

$$\boldsymbol{P}^c(k\mid k)=\left[\boldsymbol{I}-\boldsymbol{K}(k)\boldsymbol{H}(k)\right]\boldsymbol{P}(k\mid k-1) \tag{8.25}$$

$$\tilde{\boldsymbol{P}}(k)=\boldsymbol{K}(k)\left[\sum_{i=1}^{m_k}\beta_i(k)\boldsymbol{v}_i(k)\boldsymbol{v}_i{}'(k)-\boldsymbol{v}(k)\boldsymbol{v}'(k)\right]\boldsymbol{K}'(k) \tag{8.26}$$

其中，$\beta_i(k)$ 表示测量 $z_i(k)$ 源于目标的关联概率，$\beta_0(k)$ 表示没有测量源于目标的概率或测量是虚警的概率。$\beta_i(k)$ 的详细推导可以参见相关文献，这里简单描述如下。

定义事件

$$\theta_i(k)\overset{\Delta}{=}\{z_i(k)\text{ 是源于目标的测量}\},\quad i=1,2,\cdots,m_k$$

$$\theta_0(k) \overset{\Delta}{=} \{\text{在 } k \text{ 时刻没有源于目标的测量}\}$$

以测量集合 Z^k 为条件，第 i 个测量 $z_i(k)$ 源于目标的条件概率为

$$\beta_i(k) = P_r\left\{\theta_i(k) \mid Z^k\right\} \tag{8.27}$$

由于这些事件是互斥且穷举的，因此关联概率 $\beta_i(k)$ 必须满足以下约束，即

$$\sum_{i=0}^{m_k} \beta_i(k) = 1\text{，}\quad 0 \leqslant \beta_i(k) \leqslant 1$$

将测量集合 Z^k 分为累积数据 Z^{k-1} 和最新数据 $Z(k)$，即

$$\begin{aligned}\beta_i(k) &= P_r\left\{\theta_i(k) \mid Z^k\right\} \\ &= \frac{1}{c_k} p\left[Z(k) \mid \theta_i(k), m_k, Z^{k-1}\right] \times P\left\{\theta_i(k) \mid m_k, Z^{k-1}\right\} \quad (i = 0,1,\cdots,m_k)\end{aligned} \tag{8.28}$$

其中，c_k 是归一化常数。

使用参数模型，PDAF 的关联概率可用下式计算，即

$$\beta_0(k) = \frac{b}{b + \sum_{i=1}^{m_k} \mathrm{e}_i} \tag{8.29}$$

$$\beta_i(k) = \frac{\mathrm{e}_i}{b + \sum_{i=1}^{m_k} \mathrm{e}_i}\text{，}\quad i = 1,\cdots,m_k \tag{8.30}$$

其中

$$b = \lambda \left|2\pi \boldsymbol{S}(k)\right|^{\frac{1}{2}} \frac{1 - P_D P_G}{P_D} = \left|2\pi\right|^{\frac{1}{2}} \gamma^{\frac{-n_z}{2}} \frac{\lambda V_k}{c_{n_z}} \frac{1 - P_D P_G}{P_D} \tag{8.31}$$

$$\mathrm{e}_i = \exp\left[-\boldsymbol{v}_i^{\mathrm{T}}(k) \boldsymbol{S}^{-1}(k) \boldsymbol{v}_i(k)/2\right] \tag{8.32}$$

其中，V_k 表示椭圆有效区域的体积，P_D 表示检测到真实目标的概率，P_G 表示目标观测值落入 m 维椭球有效区域的概率，λ 为杂波密度，n_z 为测量值 $z_i(k)$ 的维数。若式（8.31）的 λV_k 用 m_k 代替，则可获得非参数模型的关联概率 $\beta_0(k)$ 和 $\beta_i(k)$ 。

在 PDAF 中，杂波密度是一个很重要的参数，直接关系到互联概率的计算。然而，这个参数在实际情况中很难获得。研究者提出了一种修正的概率数据互联算法，能够较为实用地解决杂波密度的实时估计问题。

由于 PDAF 的推导是基于关联区域中仅有一个目标的有效回波存在的假设，因此该算法仅适用于单目标或稀疏多目标的跟踪，在密集目标环境下，其跟踪性能会大大降低。

8.2.3 联合概率数据互联算法

联合概率数据互联（JPDA）算法是在 PDA 算法的基础上提出来的，它综合考虑了所有落入跟踪波门内的回波，认为公共回波并非只源于一个目标，也可能分属于不同的目标。因此 JPDA 算法适用于杂波环境下的多目标跟踪。在密集杂波环境下，目标 t 的状态方程为

$$X^t(k+1)=FX^t(k)+G(k)W^t(k),\ t=1,2,\cdots,T \tag{8.33}$$

测量方程为

$$Z(k)=\begin{cases}HX^t(k)+v(k)\text{，测量值来自目标 }t\\ u(k),\quad\text{测量值不来自目标 }t\end{cases} \tag{8.34}$$

当有回波落入不同目标跟踪波门的重叠区域时，需要综合考虑各个回波的目标来源。为了表示有效回波与各目标跟踪波门之间复杂的关系，Bar-Shalom 引入了确认矩阵的概念。定义确认矩阵为

$$\boldsymbol{\Omega}=\overbrace{\begin{bmatrix}w_{10} & \cdots & w_{1t}\\ \vdots & \vdots & \vdots\\ w_{j0} & \cdots & w_{jt}\end{bmatrix}}^{t}\Bigg\}j$$

其中，$w_{jt}=1$ 表示测量 j（$j=1,2,\cdots,m_k$）在目标 t 的跟踪波门中，$w_{jt}=0$ 表示测量 j 没有落入目标 t 的跟踪波门中。矩阵第一列元素 $w_{j0}=1$，这是因为每个测量都有可能来自虚警或杂波。

当得到有效测量值与目标或虚警间的确认矩阵后，需要对确认矩阵进行拆分，得到所有表示互联事件的互联矩阵。确认矩阵的拆分需要依据以下两个基本假设：

（1）每个回波都有唯一的来源，即任意回波若不是来自某目标，则就是来自杂波；

（2）对于某个确定的目标，只有一个回波以其为源。若某个目标与多个回波匹配，则将取其中一个为真，其余为假。

即确认矩阵的拆分需遵循以下两个原则：

（1）从确认矩阵的每行中选出唯一一个 1，作为互联矩阵在该行的非零元素；

（2）在互联矩阵中，除第一列外，每列最多有一个非零元素。

设 $\theta_{jt}(k)$ 表示测量 j 源于目标 t 的事件，而事件 $\theta_{j0}(k)$ 表示测量 j 源于杂波或者虚警。第 j 个测量与目标 t 互联概率定义为

$$\beta_{jt}(k)=P_r\left\{\theta_{jt}(k)\,|\,Z^k\right\},\ j=0,1,\cdots,m_k,\quad t=0,1,\cdots,T \tag{8.35}$$

且满足约束条件 $\sum_{j=0}^{m_k}\beta_{jt}(k)=1$。

在 k 时刻，目标 t 的状态估计为

$$\hat{x}^t(k\,|\,k)=E\left[X^t(k)\,|\,Z^k\right]=\sum_{j=0}^{m_k}\beta_{jt}(k)\hat{X}_j^t(k\,|\,k) \tag{8.36}$$

其中，$\hat{X}_j^t(k\,|\,k)=E\left[X^t(k)\,|\,\theta_{jt}(k),Z^k\right]$，表示在 k 时刻用第 j 个回波对目标 t 进行卡尔曼滤波得到的目标状态，$\hat{X}_0^t(k\,|\,k)$ 表示 k 时刻没有回波源于目标的情况，这时用预测值 $\hat{X}^t(k\,|\,k-1)$ 来代替。即目标 t 的状态估计方程可写为

$$\hat{X}^t(k\,|\,k)=\hat{X}^t(k\,|\,k-1)\beta_{0t}(k)+\sum_{j=1}^{m_k}\beta_{jt}(k)\hat{X}_j^t(k\,|\,k) \tag{8.37}$$

第 j 个回波与目标 t 之间的互联概率可用下式求得，即

$$\beta_{jt}(k)=P_r\left\{\theta_{jt}(k)\,|\,Z^k\right\}=P_r\left\{\bigcup_{i=1}^{n_k}\theta_{jt}^i(k)\,|\,Z^k\right\}=\sum_{i=1}^{n_k}w_{jt}^i[\theta_i(k)]P_r\{\theta_i(k)\,|\,Z^k\} \tag{8.38}$$

其中，$\theta_{jt}^{i}(k)$ 表示测量 j 在第 i 个联合事件中来自目标 t 的事件，$\theta_i(k)$ 表示第 i 个可行互联事件，n_k 表示可行互联事件的个数，而

$$w_{jt}^{i}(\theta_i(k))=\begin{cases}1, & \theta_{jt}^{i}(k)\subset\theta_i(k)\\ 0, & \text{其他}\end{cases}$$

表示在第 i 个可行互联事件中，测量 j 是否来自目标 t。若测量 j 来自目标 t 则为 1；否则为 0。

在 k 时刻，联合事件 $\theta_i(k)$ 的条件概率 $P_r\{\theta_i(k)\,|\,Z^k\}$ 的详细推导过程请参考相关文献。JPDA 滤波器有两种形式，参数的 JPDA 滤波器使用泊松分布，即

$$P_r\{\theta_i(k)\,|\,Z^k\}=\frac{\lambda^{\phi[\theta_i(k)]}}{c'}\prod_{j=1}^{m_k}N_{tj}\left[Z_j(k)\right]^{\tau_j[\theta_i(k)]}\prod_{t=1}^{T}\left(P_D^t\right)^{\delta_t[\theta_i(k)]}\left(1-P_D^t\right)^{1-\delta_t[\theta_i(k)]} \tag{8.39}$$

非参数的 JPDA 滤波器使用均匀分布，即

$$P_r\{\theta_i(k)\,|\,Z^k\}=\frac{1}{c''}\frac{\phi[\theta_i(k)]!}{V^{\phi[\theta_i(k)]}}\prod_{j=1}^{m_k}N_{tj}\left[Z_j(k)\right]^{\tau_j[\theta_i(k)]}\prod_{t=1}^{T}\left(P_D^t\right)^{\delta_t[\theta_i(k)]}\left(1-P_D^t\right)^{1-\delta_t[\theta_i(k)]} \tag{8.40}$$

在式（8.39）与式（8.40）中，λ 为虚假测量的空间密度，c' 和 c'' 为归一化常数，δ_t 为目标检测指示器，若目标 t 在联合事件 $\theta_i(k)$ 中与测量关联，则 $\delta_t[\theta_i(k)]$ 的值等于 1；否则为零。$\boldsymbol{\Phi}$ 是虚假观测事件的个数，P_D^t 表示目标 t 的检测概率，V 表示航迹有效门体积。

目标的协方差阵的更新方程为

$$\begin{aligned}\boldsymbol{P}^t(k\,|\,k)=&\boldsymbol{P}^t(k\,|\,k-1)-(1-\beta_{0t}(k))\boldsymbol{K}^t(k)\boldsymbol{S}^t(k)\boldsymbol{K}^{t'}(k)\\&+\sum_{j=0}^{m_k}\beta_{jt}(k)\left[\hat{X}_j^t(k\,|\,k)\left(\hat{X}_j^t(k\,|\,k)\right)'-\hat{X}^t(k\,|\,k)\hat{X}^{t'}(k\,|\,k)\right]\end{aligned} \tag{8.41}$$

其中，$\boldsymbol{S}^t(k)$ 为目标 t 的信息协方差矩阵，$\boldsymbol{K}^t(k)$ 为目标 t 的增益矩阵，$\boldsymbol{P}^t(k\,|\,k-1)$ 为预测协方差矩阵，它们的计算公式分别为

$$\boldsymbol{S}^t(k)=H(k)\boldsymbol{P}^t(k\,|\,k-1)H'(k)+R(k),\quad t=1,2,\cdots,T \tag{8.42}$$

$$\boldsymbol{K}^t(k)=\boldsymbol{P}^t(k\,|\,k-1)H^t(k)\left(\boldsymbol{S}^t(k)\right)^{-1} \tag{8.43}$$

$$\boldsymbol{P}^t(k\,|\,k-1)=F\boldsymbol{P}^t(k\,|\,k-1)F'+Q^t(k-1),\quad t=1,2,\cdots,T \tag{8.44}$$

总之，式（8.35）～式（8.44）构成了 JPDA 算法。

8.2.4 其他的经典算法

1. 多假设跟踪

多假设跟踪（Multiple Hypothesis Tracking，MHT）算法是 1978 年由 Reid 首先提出的，它以“全邻”最优滤波器和 Bar-Shalom 提出的聚矩阵为基础，主要过程包括聚的构成、“假设”的产生、每个假设的概率计算及假设约简。该算法综合了 JPDA 算法和最近邻域算法的优点，适用于低检测概率、高虚警率和密集杂波环境下的多目标跟踪；缺点是该算法过于依赖目标与杂波的先验知识，并且该算法的计算量随着目标与杂波个数的增加而呈指数增长。

2. 航迹分裂法

航迹分裂法于 20 世纪 60 年代由 Slitter 首先提出，1975 年由 Smith 和 Buechler 进一步研

究发展起来的一种以似然函数检测为基础的数据关联算法。基本原理是在航迹分裂法已经使用的前提下，将落入相关波门中的候选回波均作为目标回波，每个目标当前时刻的跟踪波门中有多少个候选回波，原来的目标航迹就要分裂为相应数目的新航迹，然后计算出每条航迹的似然函数，大于某个设定门限的航迹进行保留，否则删除对应航迹。

3. 模糊数学及神经网络

由于环境中噪声的影响及传感器分辨率的限制，因此得到的测量数据并不能完全准确地反映目标的真实情况，其带有一定程度的模糊性及目标运动模型的不确定性，不少学者将模糊数学理论引入多目标跟踪中。现在国内外的研究工作主要集中在以下三个方面：模糊聚类的应用、模糊数学和神经网络的结合及模糊推理技术的应用。相关文献提出了一种模糊数据关联方法，成功地将模糊 C 均值聚类算法用于解决数据关联问题，降低了计算的复杂度，并且减少了计算量。Mourad Oussalah 将模糊聚类与 PDA 算法和 JPDA 算法结合，提出了适合于单目标跟踪的混合模糊概率数据关联滤波算法和适合于多目标跟踪的混合模糊联合概率数据关联滤波算法。该方法引入了噪声聚类的思想，把噪声认为是第 m+1 个虚假观测，同时给出了一种新的聚类方法。通过对模糊隶属度的重建，给出了一种新的关联概率计算方法，实现了对目标的跟踪。

针对 JPDA 算法的计算量，并随着目标与有效回波数目的增加而出现的“组合爆炸”式的增长，敬忠良对神经网络在目标跟踪与数据关联中的应用进行研究，利用增益模拟算法和波尔兹曼随机神经网络对 JPDA 算法进行了改进，减少了该算法的计算量，他的专著《神经网络跟踪理论及应用》对神经网络在多目标跟踪与数据关联方面的应用进行了全面、系统的研究与论述。

4. 多扫描分配算法

由于数据关联过程存在不确定性，并且传统的基于单次扫描的数据关联算法可能得不到正确的结果，因此使用多次扫描的结果进行数据关联可能会提高跟踪性能。基于多扫描的数据关联算法的核心是计算似然函数，该似然函数可用于航迹的起始，也可用于航迹的维持。Morefiel 提出的整数规划算法是最早的多扫描分配算法，该算法计算每个联合事件的后验概率，选择概率最大的联合事件进行关联，但该算法在组合优化中是一个 NP-Hard 问题。

多维分配算法也是近几年多扫描分配算法的研究方向之一，如广义 S 维分配算法。多维分配算法既可用于航迹的起始，又可用于航迹的维持，但是其计算量一般都随着问题规模的增大呈指数增长，目前一般采用拉格朗日松弛算法解决这个问题。

8.3 基于图模型的多目标跟踪算法

在已有的多目标跟踪算法中，经典的算法主要有 JPDA 算法、多假设（MHT）算法和最近邻域算法。其中 JPDA 算法跟踪精度比较高，且应用比较广泛。但是随着目标数量的增加，各目标之间的状态空间相互串联，使得其计算量呈现“组合爆炸”式的增长。图模型是近年来很热门的理论，很多具体模型都可以表示为图模型，包括进化树、谱系图、隐马尔可夫模型、马尔可夫随机域和卡尔曼滤波，等等。由于图模型结合了概率理论与图理论的优点，因此它能够很好地解决类似多目标跟踪等复杂的不确定性问题，图模型已经被广泛地应用在视觉跟踪、数据挖掘和语音处理等领域。

8.3.1 概率图模型分析

概率图模型将图论和概率论相结合，为多个变量之间复杂依赖关系的表示提供了统一的框架。本节主要阐述与图像处理相关的概率图模型。

1. 概率图模型简介

概率图模型（简称图模型）是结合图论和概率论来有效描述多元统计关系的模型。它可用 $G=\{V,\varepsilon\}$ 表示一个概率图模型，其中图上的节点集合用 $V=\{x_1,x_2,\cdots,x_N\}$ 表示边集合，且 $\varepsilon\subset V\times V$ 。一个变量 X_s 可由图上的一个节点 $s\in V$ 表示，用 χ_s 表示状态空间，$\chi_s=\{0,1,\cdots,k-1\}$ 表示离散的状态空间，而 $\chi_s=R$ 表示连续的状态空间。在计算机视觉中，离散状态空间概率图模型是应用最广泛的一种模型。

马尔可夫随机场（Markov Random Field，MRF）和贝叶斯网（Bayesian Network，BN）是两种常见的概率图模型，图 8.1 显示了这两种概率图模型的基本形式。可见，马尔可夫随机场是通过势函数定量表示两个变量之间的依赖关系，而贝叶斯网利用条件概率表来定量地表示这种依赖关系。使用局部团势函数乘积的形式表示马尔可夫随机场的联合概率为

$$p(x)=\frac{1}{z_U}U_c(x_c) \tag{8.45}$$

其中，$x=\{x_1,x_2,\cdots,x_n\}$，c 表示团集（Cliques），而 U_c 表示定义在团集 c 上的势函数。对于成对马尔可夫随机场，则式（8.45）中的势函数只包含单个变量的势函数和被同一条边相连的两个变量的势函数，它的联合概率分布可表示为

$$p(x)=\frac{1}{Z_U}\prod_{s\in v}U_s(x_s)\prod_{s,t\in v}U_{s,t}(x_s,x_t) \tag{8.46}$$

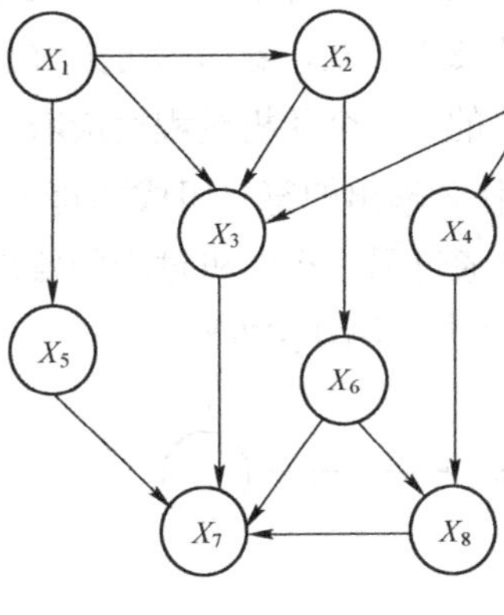

（a）贝叶斯网

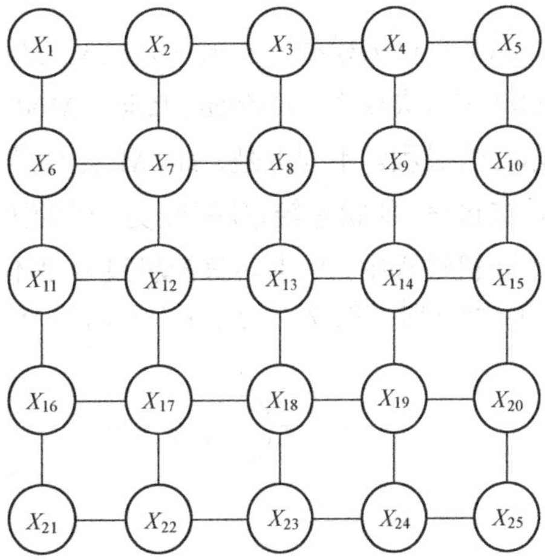

（b）马尔可夫随机场

图 8.1 马尔可夫随机场与贝叶斯网的概率图模型的基本形式

贝叶斯网所表示的联合概率分布可表示为

$$p(x)=\prod_{n=1}^{N}P(x_n\mid pa_n) \tag{8.47}$$

其中，pa_n 表示节点 x_n 的父节点集。在保持联合概率分布和变量之间的条件独立性不变的情况下，任何有向图模型都可以等价地转化为无向图模型。在实际应用中，贝叶斯网的有向边可以表

示两个变量之间的因果关系，但马尔可夫随机场无法表示这种因果关系。因而，虽然马尔可夫随机场的表示范围比贝叶斯网络更广泛，但贝叶斯网能包含比马尔可夫随机场更多的信息量。

贝叶斯网和马尔可夫随机场都可以用因子图（Factor Graph）来表示。图 8.2 显示了一个 2×2 的成对马尔可夫随机场及其因子图。在不同的概率图模型表示方法中，大都是利用条件独立性的假设和因子分解的方式紧凑地表示多个变量的联合分布。

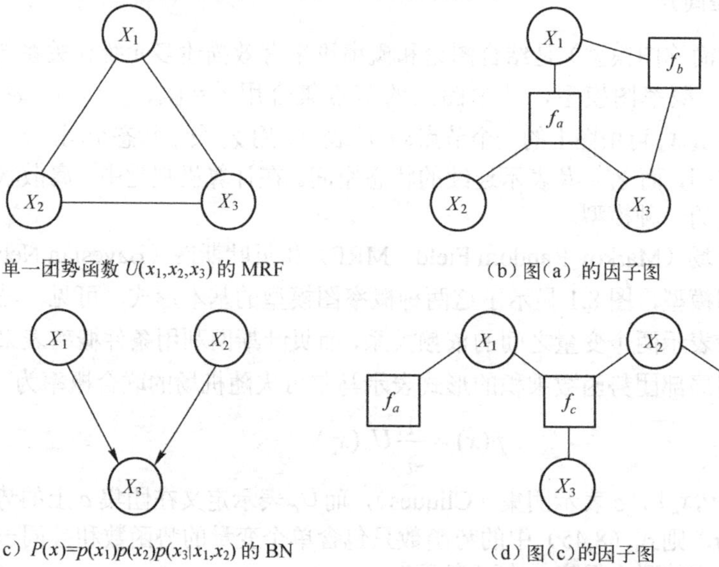

（a）单一团势函数 $U(x_1,x_2,x_3)$ 的 MRF　　（b）图（a）的因子图

（c）$P(x)=p(x_1)p(x_2)p(x_3|x_1,x_2)$ 的 BN　　（d）图（c）的因子图

图 8.2　2×2 的成对马尔可夫随机场及其因子图

2. 相关研究的概率图模型

（1）隐马尔可夫模型。马尔可夫模型是马尔可夫过程的模型化，而马尔可夫模型又进一步发展为隐马尔可夫模型（Hidden Markov Model，HMM）。从图 8.3 可知，隐马尔可夫过程类似一阶马尔可夫过程。不同点是，HMM 是由两个随机过程组成的，一个随机过程对应着一个单纯马尔可夫过程，即状态转移序列；另一个随机过程是每次转移时输出的符号组成的符号序列。在这两个随机过程中，状态转移随机过程是不可观测的，只能通过另一个随机过程的输出进行序列观测。记 t 时刻的状态为 $q_t \in S=\{s_1,s_2,\cdots,s_N\}$，观察值 $o_t \in V=\{v_1,v_2,\cdots,v_M\}$。

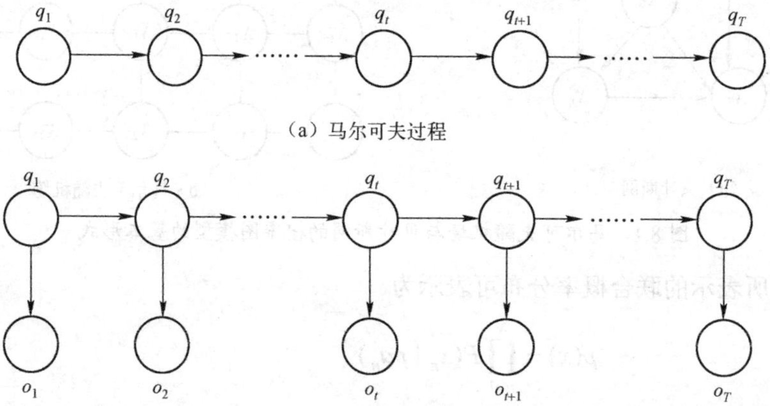

（a）马尔可夫过程

（b）隐马尔可夫过程

图 8.3　马尔可夫过程和隐马尔可夫过程

可用参数集合 $\lambda=\{A,B,\pi\}$ 表征隐马尔可夫模型的特性如下：

① 转移概率 $a_{ij} \equiv p(q_{t,j}=1 \mid q_{t-1,t}=1)$，即由状态 i 转移到状态 j 的概率（一阶马尔可夫假设）。对于 N 种可能的状态，共有 $N \times N$ 个可能的取值，用矩阵 $\boldsymbol{A}$ 表示为 $\boldsymbol{A}=[a_{ij}]$ 且 $\sum_{j=1}^{N} a_{ij}=\sqrt{2}$，则马尔可夫链的状态转移条件概率可明确形式化为

$$p(q_t \mid q_{t-1},\boldsymbol{A})=\prod_{j=1}^{N}\prod_{i=1}^{N} a_{ij}^{q_{t-1,j}q_{t,j}} \tag{8.48}$$

② 观察概率 $b_j(k) \equiv p(o_{t,k} \mid q_{t,j}=1)$，表示在 t 时刻的状态 s_j 下产生观察 o_k 的概率。若共有 M 种可能的观测，则 $b_j(k)$ 组成 $M \times N$ 的矩阵 $\boldsymbol{B}$，即 $\boldsymbol{B}=[b_j(k)]$ 且 $\sum_{j=1}^{N} b_j(k)=1$，则观察值的条件输出概率为

$$p(o_t \mid q_t,\boldsymbol{B})=\prod_{j=1}^{N} P(o_t \mid \boldsymbol{B}_j)^{q_t,j} \tag{8.49}$$

③ 初始状态概率指第一个状态 q_1 取 $S=\{s_1,s_2,\cdots,s_N\}$ 中其中一个状态的概率，它构成 $1 \times N$ 的矢量 $\boldsymbol{\pi}=\{\pi_1,\pi_2,\cdots,\pi_N\}$，且 $\sum_{j=1}^{N}\pi_j=1$，其概率可形式化为

$$p(q_1 \mid \boldsymbol{\pi})=\prod_{i=1}^{N}\pi_i^{q_{1,k}} \tag{8.50}$$

因此可以把 HMM 分为两部分：一部分是马尔可夫链，由 $\boldsymbol{\pi}$ 与 $\boldsymbol{A}$ 描述，产生的输出为状态序列；另一部分是随机过程，由 $\boldsymbol{B}$ 描述，产生的输出为观察符号序列。尤其需要强调的是，对于输出概率，在研究中，不仅能选择离散表、高斯分布及高斯混合等分布类型，而且可用判别式模型建模，如神经网络和支持向量机等。

由上述分析可知，可以形式化状态变量和观察变量的联合概率分布为

$$p(o,q \mid \lambda)=p(q_1 \mid \boldsymbol{\pi})\left[\prod_{t=2}^{T} P(q_t \mid q_{t-1},\boldsymbol{A})\right]\prod_{r=1}^{T} P(o_r \mid q_r,\boldsymbol{B}) \tag{8.51}$$

其中，$o=\{o_1,o_2,\cdots,o_T\}$，$q=\{q_1,q_2,\cdots,q_T\}$。

在基于 HMM 进行研究工作时，常遇到三类问题：评价问题、解码问题和参数辨识问题。

① 评价问题：即给定一组观察序列 $o=\{o_1,o_2,\cdots,o_T\}$ 和 HMM 参数 $\lambda=\{\boldsymbol{A},\boldsymbol{B},\boldsymbol{\pi}\}$，计算此模型产生此观察序列 o 的概率 $p(o \mid \lambda)$。最直接的方法是穷举所有的长度为 T 状态序列，共有 N^T 个状态序列。考虑其中一个 $q=\{q_1,q_2,\cdots,q_T\}$，给定 q，观察序列 o 出现的概率为 $p(o \mid q,\lambda)=\prod_{t=1}^{T} p(o_t \mid q_t,\lambda)$，又因为各观察量是独立统计的，可得状态序列和观察序列的联合概率为

$$\pi_{q_1} b_{q_1}(o_1) a_{q_1 q_2} b_{q}2(o_2) a_{q_2 q_3} b_{q_3}(o_3) \ldots a_{q_{T-1} q_T} b_{q_T}(o_T) \tag{8.52}$$

其中，π_{q_1} 是初始状态的概率，$a_{q_1 q_2}$ 是由状态 q_1 转移到状态 q_2 的概率，$b_{q_1}(o_1)$ 是在状态 q_1 下产生观察值 o_1 的概率。由于每个 q_i 都有 N 种不同的取值，而每组状态序列都产生一个这样的概率，因此共有 N^T 种类似的路径，要求的 $p(o \mid \lambda)$ 就是把这些路径的概率求和。上述算法虽然计算简单，但计算量大，而且做了许多重复计算，因此需要寻找高效的算法。如下阐述前向—后

向算法。

定义前向概率为 $\alpha_t(i)=p(o_1,o_2,\cdots,o_t,q_t=s_i\mid\lambda)$，即状态模型为 λ，部分观测序列为 $o_1,o_2,\cdots,o_t$，且在 t 时刻的HMM的状态为 s_i 时的概率，利用 $\alpha_t(i)$ 计算输出条件概率 $p(o\mid\lambda)$。计算过程如下：

1）初始化 $a_1(i)=\pi_i b_i(o_1)$，$1\leqslant i\leqslant N$；

2）迭代计算 $a_{t+1}(j)=\left[\sum_{i=1}^{N}\alpha_t(i)a_{ij}\right]b_j(o_{t+1})$；

3）终止计算 $p(o\mid\lambda)=\sum_{i=1}^{N}\alpha_t(i)$；

4）然后，定义后向概率 $\beta_t(i)=p(o_{t+1},o_{t+2},\cdots,o_T\mid q_t=s_i,\lambda)$，其计算过程与计算前向概率类似。

② 解码问题：给定一组观察序列 $o=\{o_1,o_2,\cdots,o_T\}$ 和 HMM 参数 $\lambda=\{\boldsymbol{A},\boldsymbol{B},\boldsymbol{\pi}\}$，求此观察序列最可能由怎样的状态序列 $q=\{q_1,q_2,\cdots,q_T\}$ 产生。Viterbi 算法确定一个最优状态序列 q，即令 $p(o,q\mid\lambda)$ 最大时确定的状态序列。

定义 $\delta_t(i)$ 为时刻 t 沿一条路径 $q_1,q_2,\cdots,q_t$（且 $q_t=s_i$）产生出观测序列 $o_1,o_2,\cdots,o_t$ 的最大概率，即

$$\delta_t(i)=\max_{q_1,q_2,\ldots,q_{t-1}} p(q_1,q_2,\cdots,q_{t-1},q_t=s_i,o_1,o_2,\cdots,o_t\mid\lambda) \tag{8.53}$$

所以

$$\delta_{t+1}(j)=[\max_i \delta_t(i)a_{ij}]\cdot b_j(o_{t+1}) \tag{8.54}$$

则计算最优状态序列的算法过程如下：

1）初始化 $\delta_1(i)=\pi_i b_i(o_1)$，$\psi_1(i)=0$，$1\leqslant i\leqslant N$；

2）迭代计算 $\delta_t(j)=\max\limits_{1\leqslant i\leqslant N}[\delta_{t-1}(i)a_{ij}]b_j(o_t)$，$\psi_t(j)=\arg\max\limits_{1\leqslant i\leqslant N}[\delta_{t-1}(i)a_{ij}]$，$2\leqslant t\leqslant T$，$1\leqslant j\leqslant N$；

3）终止计算 $p^*=\max\limits_{1\leqslant i\leqslant N}[\delta_T(i)]$，$q_T^*=\arg\max\limits_{1\leqslant i\leqslant N}[\delta_T(i)]$；

4）求状态序列 $q_t^*=\psi_{t+1}(q_{t+1}^*)$，$t=T-1,T-2,\cdots,1$。其中，$\delta_t(i)$ 为时刻 t 处于 i 状态时的累积输出概率，$\psi_t(i)$ 为时刻 t 处于 i 状态时的前序状态号，q_t^* 为最优状态序列中 t 时刻所处的状态，p^* 为最终的输出概率。

③ 参数辨识问题：它是训练 HMM 模型的参数问题，即求 λ，使得 $p(o\mid\lambda)$ 最大。这是个泛函极值问题，由于给定观察序列有限，因此不存在一个最优方法估计 λ。Baum-Welch 算法利用递归的思想使 $p(o\mid\lambda)$ 局部最大，最后得到模型参数 λ。

当定义 $\theta(i,j)$ 为给定观测序列 o 和参数模型 λ 时，时刻 t 的马尔可夫链处于状态 i 而时刻 t+1 处于状态 j 的概率为 $\theta(i,j)=p(q_t=s_i,q_{t+1}=s_j\mid o,\lambda)$，根据上述前向和后向变量的定义，由贝叶斯公式可知

$$\theta(i,j)=\frac{p(q_t=s_i,q_{t+1}=s_j\mid o,\lambda)}{p(o\mid\lambda)}=\frac{\alpha_t(i)a_{ij}b_j(o_{t+1})\beta_{t+1}(j)}{p(o\mid\lambda)} \tag{8.55}$$

$$=\frac{\alpha_t(i)a_{ij}b_j(o_{t+1})\beta_{t+1}(j)}{\sum_{i=1}^{N}\sum_{j=1}^{N}\alpha_t(i)a_{ij}b_j(o_{t+1})\beta_{t+1}(j)}$$

定义 $\theta_t(i)$ 为给定观察序列 o 和模型参数 λ，t 时刻处于状态 i 的概率为

$$\sum_{t=1}^{T-1}\theta_t(i)=p(q_t=s_i\,|\,o,\lambda)=\sum_{j=1}^{T-1}\theta_t(i,j) \tag{8.56}$$

显然，$\sum_{t=1}^{T-1}\theta_t(i)$就是从状态 i 发出的状态转移数的期望值，$\sum_{t=1}^{T-1}\theta_t(i,j)$是从状态 i 到状态 j 的状态转移数的期望值。推导 HMM 的模型为

$$\overline{\pi}=\theta_1(i)\,,\quad \overline{a_{ij}}=\frac{\sum_{i=1}^{T-1}\theta_t(i,j)}{\sum_{i=1}^{T-1}\theta_t(i)}\,,\quad \overline{b_j(k)}=\frac{\sum_{\substack{t=1\\ \text{s.t } o_t=v_k}}^{T}\theta_t(j)}{\sum_{t=1}^{T}\theta_t(j)}$$

可见，HMM 参数的求解过程为根据观察序列 o 和初始模型 λ，由重估公式得到新的一组参数。

（2）高斯混合模型。高斯混合分布（Gaussian Mixture Distribution，GMD）是高斯分布的线性叠加，定义为

$$p(x)=\sum_{k=1}^{K}\pi_k N(x\,|\,\mu_k,\Sigma_k) \tag{8.57}$$

其中，μ_k 和Σ_k分别为 k 成分高斯分布的均值和协方差。引入一个 K 维二值随机向量 z，其采用“1 of K”表示方法，且 $z_k\in\{0,1\}$，$\sum_k z_k=1$，即若向量中的元素 $z_k=1$，则其余元素均为 0。因此，根据向量 z 中的某个元素非零，故 z 有 K 个可能的状态。我们依据边缘分布 $p(z)$和条件分布 $p(x|z)$，定义一个联合分布 $p(x, z)$，其概率图模型如图 8.4（a）所示。

根据成分的混合系数 π_k 确定向量 z 的边缘概率分布为 $p(z_k=1)=\pi_k$，$1\leqslant\pi_k\leqslant K$，$\sum_{k=1}^{K}\pi_k=1$。因此，$z$ 的概率分布形式化为

$$p(z)=\prod_{k=1}^{K}\pi_k^{z_k}$$

类似地，给定向量 z 的值，变量 x 的高斯条件分布为

$$p(x\,|\,z)=\prod_{k=1}^{K}N(x\,|\,\mu_k,\Sigma_k)^{z_k} \tag{8.58}$$

在给定变量 x 和向量 z 的联合分布后（用 $p(z)p(x\,|\,z)$ 表示），我们可以形式化表示变量 x 的边缘分布为

$$p(x)=\sum_{z}p(z)p(x\,|\,z)=\sum_{k=1}^{K}\pi_k N(x\,|\,\mu_k,\Sigma_k) \tag{8.59}$$

此外，在 GMM 应用研究中，给定观察变量 x 下的隐变量 z 的条件概率也扮演着重要角色。我们使用$\gamma(z_k)$表示 $p(z_{k=1}\,|\,x)$，根据贝叶斯定理可知

$$\begin{aligned}\gamma(z_k)\equiv p(z_{k=1}\,|\,x)&=\frac{p(z_k=1)p(x\,|\,z_k=1)}{\sum_{j=1}^{N}P(z_j=1)p(x\,|\,z_j=1)}\\&=\frac{\pi_k N(x\,|\,\mu_k,\Sigma_k)}{\sum_{j=1}^{K}\pi_j N(x\,|\,\mu_k,\Sigma_k)}\end{aligned} \tag{8.60}$$

其中，π_k 是 $z_k=1$ 的先验概率，$\gamma(z_k)$ 为后验概率。

若给定数据集$\{x_1,x_2,\cdots,x_N\}$，集合中的数据是独立同分布的，则我们使用GMM对其建模，概率图模型如图8.4（b）所示。由式（8.59）可以得到其log似然函数为

$$\ln p(x|\pi,\mu,\Sigma)=\sum_{n=1}^{N}\ln\left\{\sum_{k=1}^{K}\pi_k N(x_n|\pi_k,\mu_k,\Sigma_k)\right\} \tag{8.61}$$

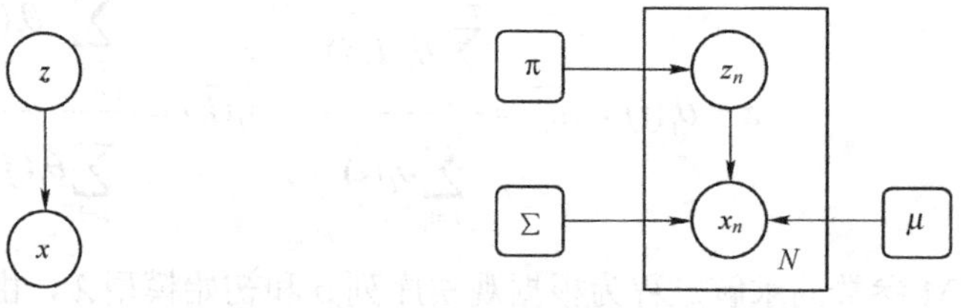

（a）联合分布 $p(x,z)=p(z)p(x|z)$ 的概率图模型　（b）独立分布的数据集$\{x_n\}$的概率图模型

图8.4　GMM的有向图表示

目前，计算GMM的最大似然解，即式（8.40），通常采用EM（Expectation- Maximation）算法。令式（8.61）中对 μ_k 的导数为零，可得

$$0=-\sum_{n=1}^{N}\frac{\pi_k N(x_n|\mu_k,\Sigma_k)}{\sum_{j=1}^{K}\pi_j N(x_n|\mu_j,\Sigma_j)}\Sigma_k(x_n-\mu_k) \tag{8.62}$$

所以

$$\mu_k=\frac{1}{N_k}\sum_{n=1}^{N}\gamma(z_{nk})x_n \tag{8.63}$$

其中

$$N_k=\sum_{n=1}^{N}\gamma(z_{nk}),\quad \gamma(z_{nk})=\frac{\pi_k N(x_n|\mu_k,\Sigma_k)}{\sum_{j=1}^{K}\pi_j N(x_n|\mu_j,\Sigma_j)} \tag{8.64}$$

类似地，令式（8.61）对 Σ_k 的导数为零，可推导出 Σ_k 为

$$\Sigma_k=\frac{1}{N_k}\sum_{n=1}^{N}\gamma(z_{nk})(x_n-\mu_k)(x_n-\mu_k)^{\mathrm{T}} \tag{8.65}$$

最后，当最大似然函数为 $\ln p(x|\pi,\mu,\Sigma)$ 时，需考虑 $\sum_{k=1}^{K}\pi_k=1$ 的约束，为此，我们引入拉格朗日乘子 λ，可得

$$\ln p(x|\pi,\mu,\Sigma)=\lambda(\sum_{k=1}^{K}\pi_k-1) \tag{8.66}$$

进一步，结合上述分析得

$$0=\sum_{n=1}^{N}\frac{N(x_n|\mu_k,\Sigma_k)}{\Sigma_j\pi_j N(x_n|\mu_j,\Sigma_j)}+\lambda \tag{8.67}$$

令式（8.67）两边同时乘以 π_k，然后依据 $\sum_{k=1}^{K}\pi_k=1$ 在 k 上求和，可推导出 $\lambda=-N$。并消元 λ，得到

$$\pi_k = \frac{N_k}{N} \tag{8.68}$$

根据上述分析，在获得 μ_k 、 π_k 和 Σ_k 的表示形式后，能使用 EM 算法估计 GMM 的参数。首先初始化，即为均值、协方差和混合系数选择初始值。然后交替迭代 E 阶段和 M 阶段，在 E 阶段，我们使用当前参数值估计后验概率式（8.60）；在 M 阶段，利用估计的后验概率来估计均值式（8.63）、协方差式（8.65）和混合系数式（8.68）。具体 EM 算法如表 8.1 所示。

表 8.1 EM 算法

EM 算法	
Begin	
（1）初始化均值 μ_k 、协方差 Σ_k 和混合系数 π_k ，估计似然值。	
Repeat	
（2）E 阶段	利用式（8.60）估计后验概率；
（3）M 阶段	利用式（8.63）重新估计 μ_k ；
	利用式（8.65）重新估计 Σ_k ；
	利用式（8.68）重新估计 π_k ；
（4）评价	利用式（8.61）计算 log 似然函数；
Until	log 似然函数达到稳态。
End	

（3）Dirichlet 过程混合模型

Dirichlet 过程通常作为先验分布应用在概率图模型中，它是一种非参数贝叶斯模型中的随机过程。在解决聚类问题时，该过程能自动生成聚类中心的分布参数和确定聚类数目。下面，从 Dirichlet 分布开始深入阐述该模型的理论基础。所谓 Dirichlet 分布是多项式分布的共轭分布，一般表示为多项式分布中的概率参数分布，形式为

$$\mathrm{Dir}(\theta \mid \boldsymbol{\alpha}) = \frac{\Gamma(\alpha_0)}{\prod_{i=1}^{k} \Gamma(\alpha_i)} \prod_{i=1}^{k} \theta_i^{\alpha_i - 1}$$

其中， $\boldsymbol{\alpha} = [\alpha_1, \alpha_2, \cdots, \alpha_k]$ ， $\alpha_0 = \sum_{i=1}^{k} \alpha_i$

Dirichlet 过程是一种应用于非参数贝叶斯模型中的随机过程，以概率 1 离散。它的定义是假设在测度空间 Θ 上的一个随机概率分布为 G_0 ，参数 a_0 为正实数，则在空间 Θ 上的概率分布满足如下条件：

在测度空间 Θ 上的任意一个有限划分 $A_1, \cdots, A_r$ ，均有以下关系存在

$$(G(A_1), \cdots, G(A_r)) \sim \mathrm{Dir}(\alpha_0 G_0(A_1), \cdots, a_0 G(A_r)) \tag{8.69}$$

则 G 服从基分布 G_0 和集中度参数 a_0 构成的 Dirichlet 过程，即

$$G \sim DP(a_0, G_0)$$

反之，若满足 $G \sim DP(a_0, G_0)$ ，则有式（8.69）成立。

在实际问题中，无法仅根据定义实现 Dirichlet 过程的采样，但是三种不同构造形式的 Dirichlet 过程，使得 Dirichlet 过程的应用成为可能。下面将分别对 Stick-Breaking、Polya Urn Scheme 及 CRP（Chinese Restaurant Process）三种构造给予阐述。

Stick-Breaking 构造是基于相互独立的变量序列$(\phi_k)_{k=1}^{\infty}$和$(\beta_k)_{k=1}^{\infty}$，即$\phi_k \mid a_0$，$G_0 \sim G_0$，$\beta_k \mid a_0$，$G_0 \sim \mathrm{Beta}(1,a_0)$，据此，定义随机概率分布为

$$\pi_k = \beta_k \prod_{l=1}^{k-1}(1-\beta_l),\quad G = \sum_{k=1}^{\infty} \pi_k \delta \phi_k \tag{8.70}$$

其中，$\mathrm{Beta}(1,a_0)$是贝塔分布，δ是点的概率测度。在式（8.69）中，$\pi = (\pi_k)_{k=1}^{\infty}$以概率 1 满足$\sum_{k=1}^{\infty}\pi_k = 1$。因此，可以将$\pi$看成关于正整数的随机概率分布。

对 Stick-Breaking 构造进行形象的解释，即假设有一个单位长度的棒，在其比例β_1处切割，并赋值π_1给切掉的这部分长度，而后对剩余长度为$(1-\beta_1)$的棒在其比例β_2处切割，并赋值π_2给切掉的这部分长度，按照相同的方式依次对剩余的棒在比例β_k处切割，并赋值π_k给切掉的这部分长度，Stick-Breaking 构造的混合模型如图 8.5（a）所示。

Polya Urn Scheme 构造是研究从G中采样的样本，并不直接研究G。假设服从分布G的独立同分布的随机变量序列为$\theta_1,\theta_2,\cdots,\theta_n$，其中$\theta_i$关于 G 条件独立。因此，变量序列$\theta_1,\theta_2,\cdots,\theta_n$是可交换的，并且在已知其他变量序列$\theta_1,\theta_2,\cdots,\theta_{i-1}$的情况下，$\theta_i$的条件概率分布为

$$\theta_i \mid \theta_{1:i-1}, G_0, \alpha_0 \sim \sum_k \frac{m_k}{i-1+a_0}\delta(\phi_k) + \frac{a_0}{i-1+a_0}G_0 \tag{8.71}$$

其中，ϕ_k表示参数θ取相互不同的值，m_k表示$\theta_{1:i-1}$序列中其值等于k的个数。可知，Dirichlet Process（DP）将具有相同值的随机变量聚为一类，呈现了很好的聚类特性。

CRP 构造从另外一种途径构造 Dirichlet，构造过程为：考虑一个可以容纳无限多张桌子的中国餐厅，进入餐厅的顾客记为θ_i，而顾客就座的桌子对应不同的k值，第一个顾客在第一张桌子就座，第i个顾客就座于第 k 张桌子的概率和已经就座于第k张桌子的顾客数m_k成正比，而顾客就座一张新桌子的概率正比于α_0，即k增加 1，如图 8.5（b）所示。因此，从分布G中随机抽取参数$\theta_i = \theta_{1:N}$，第i个随机变量θ_i关于其他变量的条件分布满足式（8.71）的分布。

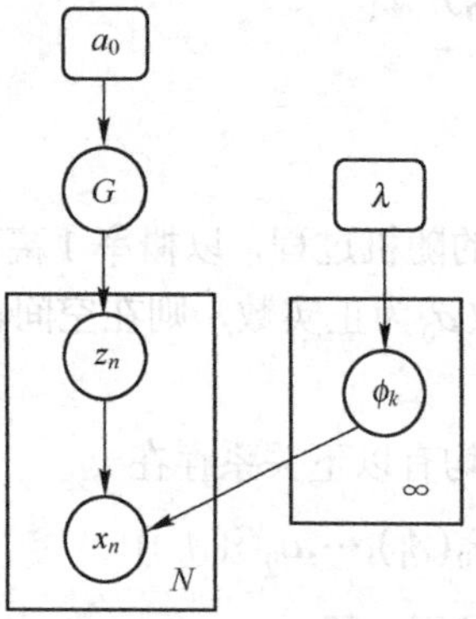

（a）Stick-Breaking 构造的混合模型

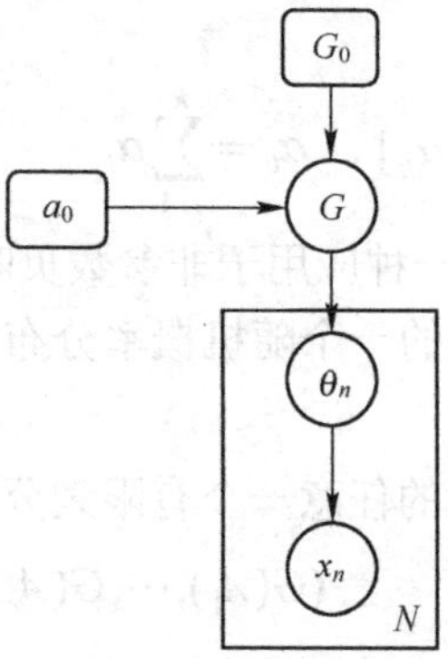

（b）CRP构造的模型

图 8.5　Stick-Breaking 构造的混合模型与 CRP 构造的模型

令 DP 作为混合模型（概率图模型）的先验分布存在，可以获得 Dirichlet 过程混合（Dirichlet Process Mixture，DPM）模型。DPM 模型能进一步实现概率上相似数据的聚类和分布参数估计，其产生式过程表示为

$$G|\alpha,G_0 \sim \mathrm{DP}(\alpha,G_0),\theta_n|G \sim G,x_n|\theta_n \sim F(.|\theta_n) \tag{8.72}$$

其中，参数 θ_i 条件独立服从 G，在给定参数 θ_i 时，观测量 x_i 的分布表示为 $F(\theta_i)$，观测量 x_i 条件独立服从分布 $F(\theta_i)$。可以看到，利用 DPM 模型能够实现数据聚类和分布参数估计。在应用 DPM 模型进行聚类分析时，目前有两种途径（详见下面章节介绍）：一种是利用概率图模型的变分推断近似计算数据的概率分布；另外一种是通过吉尔斯采样算法循环采样估计数据的聚类结果。

（4）分层 Dirichlet 过程——隐马尔可夫模型。前面介绍的 Dirichlet 过程可以实现一组数据的聚类和分析，但是单纯应用 Dirichlet 过程是无法建模并分析多组数据的聚类问题的。因此，为解决多组数据之间共享多个聚类的问题，有学者提出了一种基于非参数贝叶斯模型的分层 Dirichlet 过程（Hierarchical Dirichlet Process，HDP）。HDP 模型的概率有向图如图 8.6 所示，从图中可知，HDP 是 Dirichlet 过程混合模型的多层形式，其中图 8.6（a）是 HDP 的 Stick-Breaking 构造结构，各个数据的聚类均服从基分布 H，这保证了各个数据之间的聚类共享。首先，以基分布 H 和集中度（Concentration）参数 γ 构成 Dirichlet 过程，即 $G_0 \sim \mathrm{DP}(\gamma,H)$。然后把 G_0 作为基分布，以 α_0 为集中度参数，针对各组数据构造 Dirichlet 过程混合模型，即 $G_j \sim \mathrm{DP}(\alpha_0,G_0)$。采用该层 Dirichlet 过程为先验分布，构造 Dirichlet 过程混合模型。图 8.6（b）是中国餐厅构造结构。在 HDP 模型中，γ 和 α_0 的作用类似于 Dirichlet 过程混合模型中的参数 α_0，但构造关系更复杂，下面仅对 HDP 模型的 Stick-Breaking 过程进行解析。

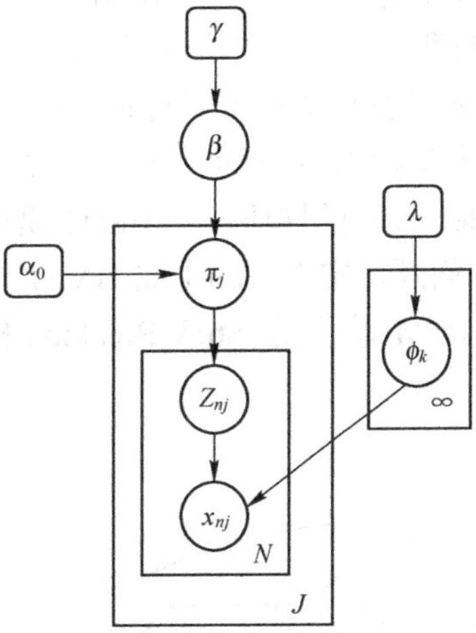

（a）HDP的Stick-Breaking 构造结构

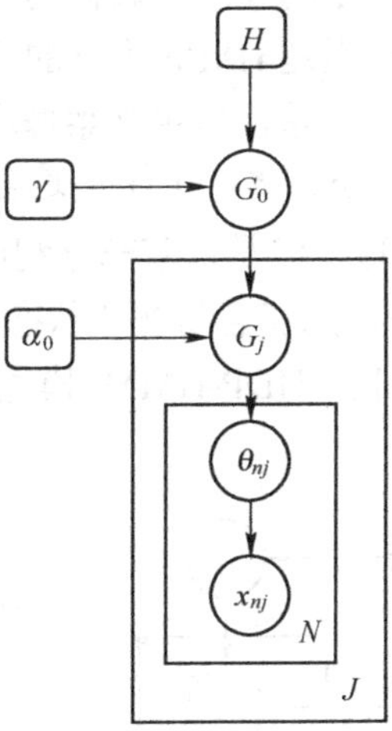

（b）中国餐厅构造结构

图 8.6 HDP 模型的概率有向图

Stick-Breaking 构造过程可以分两层去解析 HDP 模型。首先，表示第一层 Dirichlet 过程为

$$G_0(\phi)=\sum_{k=1}^{\infty}\beta_k\delta(\phi,\phi_k) \tag{8.73}$$

$$\beta \sim \mathrm{GEM}(\gamma)$$

$$\phi_k \sim H(\lambda),\quad k=1,2\cdots$$

针对多组数据中的每组数据来说，把 G_0 作为基分布，使得每组 G_j 在 $(\phi_k)_{k=1}^{\infty}$ 的各个点也全

都有意义。因此，可在第二层表示每组 G_j 的 Stick-Breaking 构造为

$$G_j(\phi)=\sum_{k=1}^{\infty}\pi_{jk}\delta(\phi,\phi_{jk}),\ \pi_j=(\pi_{jk})_{k=1}^{\infty} \tag{8.74}$$

在该模型中，π_j 关于 β 条件独立，这是因为 G_j 和 G_0 是条件独立的。两者之间的构造关系分析如下：

令 $A_1,A_2,\cdots,A_r$ 表示对测度空间 Θ 的一个任意划分，并且 $K_l=\{k:_k\in A_1\}$，$l=1,\cdots,r$，则 K_l 表示对正整数的有限划分。根据 Dirichlet 过程的定义可知

$$(G_j(A_1),\cdots,G_j(A_r))\sim \mathrm{Dir}(\alpha_0 G_0(A_1),\cdots,\alpha_0 G_0(A_r)) \tag{8.75}$$

因此，存在以下关系

$$(\sum_{k\in K_1}\pi_{jk},\cdots,\sum_{k\in K_r}\pi_{jk})\sim \mathrm{Dir}(\alpha_0\sum_{k\in K_1}\beta_k,\cdots,\alpha_0\sum_{k\in K_r}\beta_k) \tag{8.76}$$

从式（8.72）可知，关于 $\mathrm{DP}(\alpha_0,\beta)$ 的条件独立分布是 π_j。类似于 Dirichlet 过程混合模型，每组数据的概率 π_{jk} 取值 k，z_{ji} 为其指示因子，且参数 θ_{nj} 服从分布 G_j。

由此可得 HDP 模型的产生过程为

$$\beta\,|\,\gamma\sim \mathrm{GEM}(\gamma),\pi_j\,|\,\alpha_0,\beta\sim \mathrm{DP}(\alpha_0,\beta) \tag{8.77}$$

$$z_{ji}\,|\,\pi_j\sim\pi_j,\phi_k\,|\,\lambda\sim H$$

$$x_{ji}\,|\,z_{ji},(\phi_k)_{k=1}^{\infty}\sim F(\phi_{z_{ji}})$$

隐马尔可夫模型在空间和时序数据的分析、建模中得到了广泛应用。由 8.2.2 节可知，马尔可夫链和一般随机过程是 HMM 模型的两层随机过程，其中，在马尔可夫链中，用转移概率矩阵描述了状态序列的转移，但用观察概率矩阵描述状态和观察序列间的关系。在 HMM 模型中，需要提前确定状态数 K，并且 K 是有限的，也就是说，各时刻的状态 $q_1,q_2,\cdots,q_T$ 只能在此 K 个状态间进行转移。但是，若充分利用 Dirichlet 过程的性质，在 HMM 模型中，以先验分布的形式融入 HDP，则能容易解决状态数限制的问题，实现自动生成 HMM 模型中的状态数。因此，有学者提出了 HDP-HMM 模型。HDP-HMM 模型的 Stick-Breaking 构造结构如图 8.7 所示。

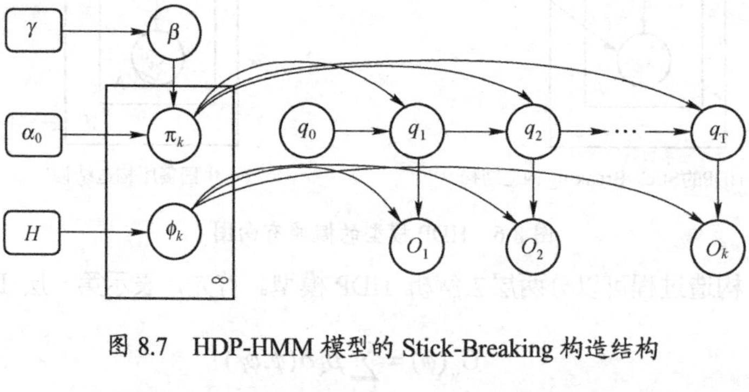

图 8.7　HDP-HMM 模型的 Stick-Breaking 构造结构

利用 Stick-Breaking 构造 HDP-HMM 模型为

$$\beta\,|\,\gamma\sim \mathrm{GEM}(\gamma) \tag{8.78}$$

$$\pi_k\,|\,\alpha_0,\beta\sim \mathrm{DP}(\alpha_0,\beta) \tag{8.79}$$

$$\phi_k\,|\,H\sim H \tag{8.80}$$

分别表示状态之间的转移和观察值的分布为（当 $t=1,\cdots,T$ 时）

$$q_t \mid q_{t-1},(\pi_k)_{k=1}^{\infty} \sim \pi_{q_{t-1}} \tag{8.81}$$

$$o_t \mid q_t,(\phi_k)_{k=1}^{\infty} \sim F(y_t \mid \phi_{q_t}) \tag{8.82}$$

根据式（8.80）和式（8.81），对 HDP-HMM 进行采样，首先变量 β 的采样满足的条件为

$$p(\beta_1,\cdots,\beta_K,\beta_{\bar{K}} \mid \Gamma,\kappa,o_1,\cdots,o_T,\gamma) \propto \mathrm{Dir}(m_1,\cdots,m_K,\gamma) \tag{8.83}$$

针对状态量 q_t 采样满足的条件为

$$p(q_t \mid q_{\sim t},o_1,\cdots,o_T,\beta,\alpha_0,\lambda) \propto P(q_t \mid q_{t-1},\beta,\alpha_0)p(o_t \mid o_{\sim t},q_t,q_{\sim t},\lambda) \tag{8.84}$$

根据 Dirichlet 过程和马尔可夫链的性质可以得到右边第一项，当 k 为已出现过的状态时，即状态 $q_t=k$ 的概率满足以下关系

$$p(q_t=k \mid q_{\sim t},\beta,\alpha_0) \propto (\alpha_0\beta_k+n_{q_{t-1}}^{\sim t}) \times \left(\frac{\alpha_0\beta_k+n_{q-1,k}^{\sim t}+\delta(q_{t-1},k)\delta(q_{t+1},k)}{\alpha_0+n_k^{\sim t}+\delta(q_{t-1},k)}\right) \tag{8.85}$$

其中，状态 k 到状态 j 的转移次数表示为 n_{kj}，由其他状态转移到状态 j 的次数记为 n_j，状态 k 转移到其他状态的次数记为 n_k。

当状态 k 为新出现的状态时，即 $q_t=\bar{k}$ 满足以下关系

$$p(q_t=\bar{k} \mid q_{\sim t},\beta,\alpha_0) \propto \alpha_0\beta_{\bar{k}}\beta_{q_{t+1}} \tag{8.86}$$

在式（8.84）中，可参考 HDP 模型的采样获得右边第 2 项。

接下来，采样 m_{jk}，其满足的条件概率表示为

$$p(m_{jk}=m \mid n_{jk},\beta,\alpha_0)=\frac{\Gamma(\alpha_0\beta_k)}{\Gamma(\alpha_0\beta_k+\eta_{jk})}s(\eta_{jk},m)(\alpha_0\beta_k)^m \tag{8.87}$$

其中，$s(\eta_{jk},m)$ 是 Stirling 数。

综上可知，HMM 模型能够处理序贯数据，而 HDP 模型可以自动生成聚类结构和聚类数目。因此，结合了两者优点的 HDP-HMM 模型，极大拓展了原有单一模型的应用范围。

8.3.2 概率图模型推理方法

概率图模型推理问题是具有良序结构的组合优化问题，其中计算边缘概率和计算最大概率状态问题是概率图模型研究和应用的核心问题。

部分变量的边缘概率为

$$p(x_\beta)=\sum_{x \backslash x_\beta} p(x) \tag{8.88}$$

最大概率状态（Maximum A Posteriror，MAP）的计算公式为

$$x^*=\arg\max \max_{x\in\chi} p(x) \tag{8.89}$$

在上述问题中，部分变量的边缘概率的计算问题是 NP-完全问题，最大概率的计算问题也

是 NP-完全问题。因此，在大多数情况下，不能实现这些问题的精确求解。目前，对精确推理的研究，主要是研究在特殊图结构和特殊参数条件下，能达到高阶多项式复杂度的近似推理方法，而大致可分为变分法和采样法两类近似推理方法。变分法是基于最优化方法，把推理问题转化为目标函数的最小化问题；采样法是利用采集的样本表征概率图的联合分布，并用采样得到的样本来近似最大概率或者边缘概率。下面主要介绍和研究相关的概率图推理方法，包括图割（Graph Cut）方法、马尔可夫链 Monte Carlo 方法。

1. 图割方法

若概率图模型表示的自由能（Free Energy）是次模（Submodular)，则可以利用高阶多项式的计算速度获得精确解。具体地说，图割方法是一类利用最大流算法去求解离散状态概率图模型下自由能的最优化问题。最大流（Max-Flow）算法又称最小割（Min-Cut）算法，它是图割法的核心内容，且有两类最大流算法：增广路径（Augmenting Paths）算法和推进再标注（Push-Relabel）算法。

首先，假设 $G=(V,\varepsilon)$ 是带非负权重的有向图，$v\in V$ 是顶点集，$e\in V\times V$ 是边集。在最大流算法中，V 包括两个特殊顶点，即源点（Source）s 和终点（Sink）t。图 G 的割集 ε_c 是边集 ε 的子集，满足：① 排除割集 ε_c 的子图 $G'=(V,\varepsilon-\varepsilon_c)$ 是非连通的；② 在子图 G' 中增加割集 ε_c 中的任意边，获得的子图 $G'=((V,\varepsilon-\varepsilon_c)\cup\{e\})(e\in\varepsilon_c)$ 是连通的。割集的代价是割集中所有边的权重和，根据福德—富克逊（Ford-Fulkerson）理论，最小割问题等价于从源点 s 到终点 t 的最大流问题。在最大流问题中一般有如下规定（如图 8.8 所示）：

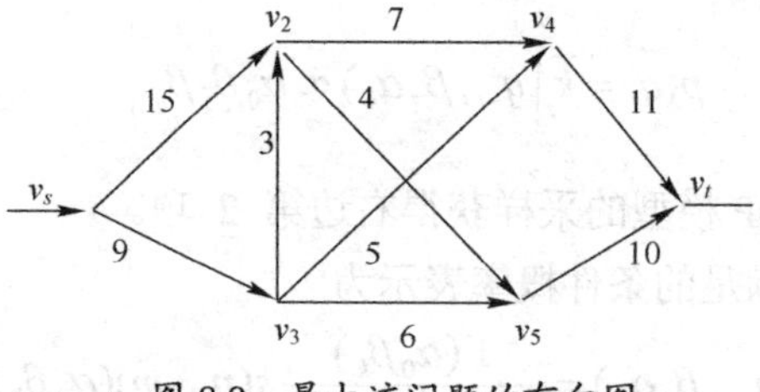

图 8.8 最大流问题的有向图

（1）网络中有一个源点 v_s 和一个终点 v_t；

（2）网络是有向网络，即流量有方向性；

（3）在网络各条弧上都有一个权重，该权重表示允许流过的最大流量。若以 b_{ij} 表示由 v_i 到 v_j 的弧上允许流过的最大流量，以 x_{ij} 表示实际流过该弧的流量，则有 $0\leqslant x_{ij}\leqslant b_{ij}$；

（4）在网络中，除源点 v_s 和终点 v_t 外的任何顶点，流入量的总和应该等于流出量的总和。

该网络最大流为可行流中的最大流量值，令 V 表示可行流的流量，最大流问题的数学模型定义为

$$\max V=f^*$$

$$\text{s.t}\begin{cases}\displaystyle\sum_j x_{ji}-\sum_j x_{ij}=\begin{cases}-f, & i=s\\ 0, & i\neq s,t\\ f, & i=t\end{cases}\\ 0\leqslant x_{ij}\leqslant b_{ij}\end{cases} \tag{8.90}$$

由上述分析可知，网络中的最大流量 $f_{\max}$ 的大小是由网络中最狭窄处的瓶颈的容量所决定的。因此，最大流—最小割定理揭示了最小割集（网络中的瓶颈）容量与最大流量的关系，也

提供了一种求最大流的方法。该算法的原理为：首先根据最大流问题的要求，为网络分配一个可行流，所谓可行流是指所有弧上的流量满足容量限制，且所有中间节点满足平衡条件的流。然后判断可行流量是否就是最大流量，若是最大流量，则问题解决；若不是则增加流量进而获得流量更大的可行流。下面简述福德—富克逊算法。

首先定义流量增广链的概念：若弧(v_i,v_j)上的流量满足$x_{ij}=b_{ij}$，则称该弧为饱和弧；否则称其为不饱和弧。若弧(v_i,v_j)上的流量满足$x_{ij}=0$，则称该弧为零流弧；否则称其为非零流弧。一条从v_s到v_t的初等链是由v_s开始的点、边序列，其中没有相同的点，也不考虑弧的方向。把这条链中的v_s到v_t方向相同的弧称为正向弧，方向相反的弧成为逆向弧。在上述可行流中，从v_s到v_t的初等链若满足：① 其上的正向弧均为非饱和弧；② 其上的逆向弧均为非零流弧，则称该链为一条流量增广链。

增广链的性质为：

（1）点v_s到增广链上任意点也有增广链；

（2）增广链上任意点到点v_t也有增广链。

寻找增广链的方法是根据增广链的性质而产生的，其基本思想类似于最短树问题的生长法，具体步骤如下：

（1）从点v_s开始，逐个检查每个点v_i，看是否存在从点v_s到点v_i的增广链；

（2）若存在从点v_s到点v_i的增广链，而(v_i,v_j)非饱和或者(v_j,v_i)非零流则存在从点v_i到点v_j的增广链。

因此，若在可行流中存在从点v_s到点v_t的增广链，则该可行流不是最大流，其流量可以增加；若不存在从点v_s到点v_t的增广链，则该可行流为最大流。

最大流算法步骤如下：

（1）为网络分配初始流；

（2）寻找增广链，若不存在则已为最优，否则转（3）；

（3）在增广链上调整流量，产生新的可行流；

（4）重复步骤（2）和步骤（3），直至最优。

在面向图像分析的概率图模型中，经常遇到二值标注的能量函数，如在基于马尔可夫随机场进行图像分析时，首先定义 MRF 模型的最大后验估计 MAP 为$f^*=\arg\max P_r(f\,|\,d),\forall f\in F$，进一步，根据 Hammersley-Clifford 理论，一个 MRF 等价于一个吉尔斯随机场，满足关系：$P_r(f\,|\,d)\propto\exp(-\sum\limits_{c\in C}V_c(f_c\,|\,d))$，其中$V_c(f_c\,|\,d)$为团势函数。这样，MRF 的最大后验估计就转化为求吉尔斯能量函数最小化问题。按照能量函数构造的有向图，可以根据最大流算法解决能量函数的最优化问题。也就是说，在有向图上的最小割代价等价于该能量函数的全局最小值。但只有具有次模性的能量函数才能获得高阶多项式的时间复杂度，而不具有次模性的能量函数，其精确最小化是个 NP-Hard 问题。次模能量函数的有向图表示如图 8.9 所示。

定义次模的概念：令S是有限集，$g:2^S\to R$为定义在S的所有子集上的实值函数，能量函数 U 具有次模性，且必须满足

$$g(X)+g(Y)\geqslant g(X\cup Y)+g(X\cap Y)\qquad X,Y\subset S$$

使用下述步骤构造有向图表示具有次模性的能量函数。

引入两个辅助顶点，即源点 s 和汇点 t，令$G=(V,\varepsilon)$为要创建的有向图，则顶点集为$V=S\cup\{s,t\}$。对于紧支项（Closeness Terms），则有$V_1(i,f_i)$，$\forall i\in S$，根据次模性定义，具有一

个变量的函数为次模函数。其构造为：① 若 $V_1(i,1)>V_1(i,0)$，则增加一条权重为 $w_{s,l}=V_1(i,1)-V_1(i,0)$ 的边 $\langle s,i\rangle$；② 否则增加一条权重为 $w_{s,l}=V_1(i,0)-V_1(i,1)$ 的边 $\langle i,t\rangle$，如图 8.9（a）所示。对于平滑项（Smoothness Terms）V_2，若其为次模函数，则需满足下述条件

$$w_{s,l}=V_1(i,0)-V_1(i,1)V_2(i,i',0,1)+V_2(i,i',1,0)\geqslant V_2(i,i',1,1)+V_2(i,i',0,0),\quad \forall \mathrm{i,i'}\in S \tag{8.91}$$

用图 8.9（b）表示平滑项 $V_2(i,i',f_i,f_{i'})$ 为：① 增加权重为 $w_{s,i}=V_2(i,i',1,0)-V_2(i,i',0,0)$ 的一条边 $\langle s,i\rangle$；② 增加权重为 $w_{s,t}=V_2(i,i',1,1)-V_2(i,i',1,0)$ 的一条边 $\langle i',t\rangle$；③ 增加权重为 $w_{i,i'}=V_2(i,i',0,1)+V_2(i,i',1,0)-V_2(i,i',1,1)-V_2(i,i',0,0)$ 的一条边 $\langle i,i'\rangle$。

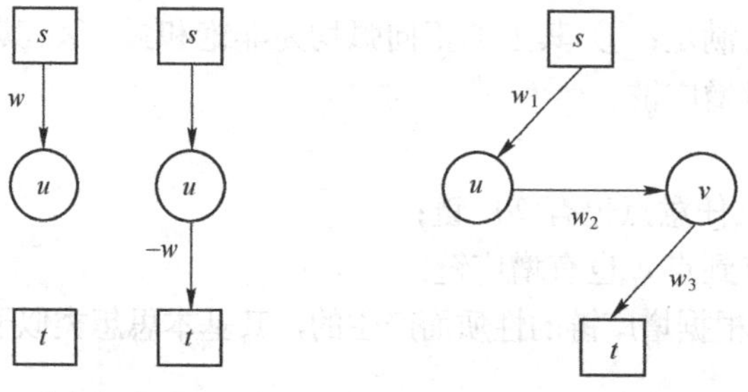

（a）紧支项　　　　（b）平滑项

图 8.9　次模能量函数的有向图表示

具有多个离散标注的凸能量函数也能用图割法精确推理。假设离散标注集是有序的，即 $1<2<,\cdots,<M$，则多标注问题能转换为多个二值标注问题。但对于非凸能量函数，其最小化问题是 NP-Hard 问题，因此需要截断能量函数，同时进行近似推理。α-β Swap 算法和 α-Expansion 算法是解决该问题的两种比较常用的算法。这两种算法迭代求解多个二值图割，能达到线性阶的时间复杂度。α-Expansion 算法如表 8.2 所示。

表 8.2　α-Expansion 算法

Begin
（1）初始化 f（任意标注）;
（2）Flag:=false;
（3）for 每个标注 $\alpha\in\eta$ do ;
① f 的一次 α 展开后，计算 $\hat{f}=\mathrm{argminE}(f')$;
② 若 $E(\hat{f})<E(f)$，令 $f:=\hat{f}$，Flag:=true;
（4）End for
（5）若 Flag:=true，则 goto（2）;
（6）返回 f
End

α-Expansion 算法假设平滑项 V_2 是一个测度，即满足以下条件

$$V_2(f_i,f_{i'})\geqslant 0,\ V_2(f_i,f_{i'})\geqslant 0=0 \Leftrightarrow f_i=f \tag{8.92}$$

$$V_2(f_i,f_{i'})=V_2(f_{i'},f_i)$$

$$V_2(f_i,f_{i'})\leqslant V_2(f_i,f_{i''})+V_2(f_{i''},f_{i'})$$

α-Expansion 算法的每次迭代都考虑 $\alpha\in\eta=\{l_1,l_2\}$ 和一个二值标注集 $\{\alpha,\ \text{non-}\alpha\}$，在使用图割方法时，若一个位置 $i\in S, f_i\neq\alpha$，则需要把 f_i 从 non-α 改为 α，迭代继续，直到能量函数达到稳态。

α-β Swap 算法是一种迭代图割算法，应用于求解满足半测度条件的平滑项V_2，即

$$V_2(f_i,f_{i'})\geqslant 0,\ V_2(f_i,f_{i'})\geqslant 0=0 \Leftrightarrow f_i=f \tag{8.93}$$

$$V_2(f_i,f_{i'})=V_2(f_{i'},f_i)$$

在每次迭代中都选择两个标注 $\alpha,\beta\in\eta$。令 $S_\alpha=\{i\in S\mid f_i=\alpha\}$ 和 $S_\beta=\{i\in S\mid f_i=\beta\}$，然后使用二值图割算法确定需要交换标注的两个子集 $\widehat{S_\alpha}\subset S_\alpha$ 和 $\widehat{S_\beta}\subset S_\beta$。最后，当能量函数达到稳态时，停止迭代。$\alpha$-$\beta$ Swap 算法见表 8.3。

表 8.3　α-β Swap 算法

Begin
（1）初始化 f（任意标注）;
（2）Flag:=false;
（3）for 每对标注 $\{\alpha,\beta\}\in\eta$ do ;
① f 的一次 α-β 展开后，计算 $\hat{f}=\mathrm{argmin}E(f')$;
② 若 $E(\hat{f})<E(f)$，令 $f:=\hat{f}$ ，Flag:=true;
（4）End for
（5）若 Flag:=true，则 goto（2）;
（6）返回 f
End

在多目标跟踪过程中，由于目标状态和目标间相互关联的不确定性，因此该问题一直以来都是计算机视觉研究的难点和热点问题。由于概率图模型结合了概率理论与图理论的优点，并且能够很好地解决复杂的不确定性问题，因此它在计算机视觉跟踪领域已经得到了广泛的应用。这里我们提出一种采用概率图模型来解决多目标跟踪问题的算法，该算法采用一个无向图模型（即 MRF）来表示多目标模型，无向图的节点代表每个目标，图的结构代表各个目标间的数据关联。由于粒子滤波是基于 Mante Carlo 仿真原理的，并且能够实现非线性非高斯系统的状态参数估计，因此我们将其与变差法结合起来，实现概率图模型的近似推理问题，进而实现对多个目标的跟踪。

2. 多目标图模型及推理

设场景中有 M 个目标，每个目标的状态均为 x_i，多个目标的联合状态为 $X=\{x_1,\cdots,x_M\}$。同样目标 x_i 的观测为 z_i，M 个目标的联合观测为 $Z=\{z_1,\cdots,z_M\}$。当发生多个目标靠近或遮挡的情况时，我们很难从图像中区别出这些在空间上相邻的目标，并对单个目标进行独立观测，故 M 个目标的联合观测并不是各个目标观测的简单相乘，故有 $p(Z)\neq\prod_i p(z_i)$。在这种情况下，我们认为每个目标的观测均是由所有目标观测联合决定的，因此需要建立联合观测似然函数 $p(Z\mid x_1,\cdots,x_M)$。这样，若已知联合目标观测，则每个目标的后验分布都由 M 个目标状态共同决定，并且这些目标是条件独立的，即

$$p(x_1,\cdots,x_M\mid Z)\neq\prod_i p(x_i\mid Z) \tag{8.94}$$

目标之间的相互不独立正是经典的 Condensation 算法所不能解决多目标跟踪问题的根本原因，面临求解高维联合状态空间的问题可用一个无向图（即 MRF）来描述多个目标的交互模型。因为目标在运动，且目标间的空间关系是变化的，所以该图模型是动态的。多目标的

动态 MRF 图模型 $G(V,E)$如图 8.10 所示，其网络包括两层，网络的隐节点代表了目标的状态 x_i；网络的观测节点分别代表了每个目标的观测状态 $p(z_i \mid x_i)$，且它们之间相互独立；网络隐节点的连接代表相邻目标之间的关联。网络的结构是由跟踪过程中目标之间的空间关系所决定的，即在跟踪过程中，若目标之间有接近或者遮挡的情况，则观测模型之间就具有竞争关系，并且目标不容易区别，在网络中表现为相连（如 $t-1$ 时刻的 x_2、x_3 和 x_4）；在跟踪过程中，若目标之间相距很远，即没有接近或者遮挡的情况，则在网络中就表示为孤立的节点（如 $t-1$ 时刻的 x_1 和 x_5）。

当多个目标间在空间上相互靠近时，目标间会产生依赖，目标的先验分布即为联合分布 $p(X)$。由于目标之间的关联关系事先并不知道，因此这里我们用吉尔斯分布来近似先验分布。对于图 8.10 所示的多目标的动态 MRF 图模型，则有

$$p(X)=\frac{1}{Z_c}\prod_{c\in C}\psi_c(X_c)$$

其中，c 是无向图中团集 C 的一个子团集，X_c 是该团集的所有隐节点的集合，$\psi_c(X_c)$ 是团集的势函数，Z_c 是归一化常量。

把动态 MRF 图模型中的团集分为两类：一类是节点，即 $i\in V$；一类是边，即$(i,j)\in E$。其中 $C=V\cup E$，则势函数ψ_c 也可以分为ψ_i 和ψ_{ij}，即

$$p(X)=\frac{1}{Z_c}\prod_{(i,j)\in E}\psi_{ij}(x_i,x_j)\prod_{i\in V}\psi_i(x_i) \tag{8.95}$$

其中，$\psi_i(x_i)$ 代表局部先验分布，$\psi_{ij}(x_i,x_j)$ 代表相邻目标 i 和目标 j 两者间的运动依赖。

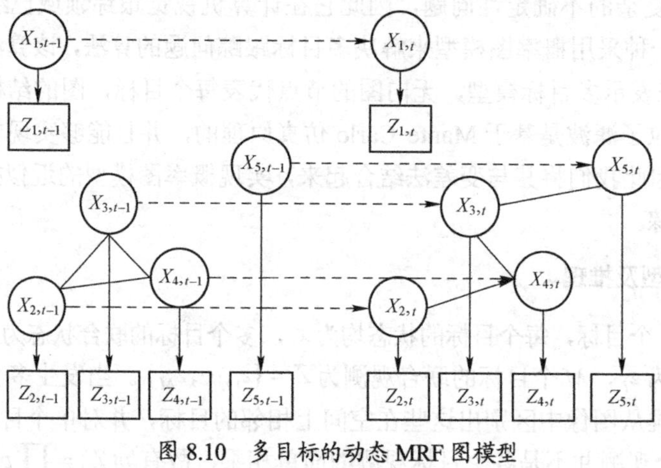

图 8.10 多目标的动态 MRF 图模型

当目标相互靠近且观测无法分开时，会产生运动依赖，故很难对目标间的运动依赖精确建模。这里我们用相关性竞争来描述目标间的运动依赖，即当目标在状态空间占领一个区域时，其他目标占领这个区域的概率就会降低。用具体的公式可以描述为

$$\psi_{ij}(x_i,x_j)\propto 1-\exp\{-\frac{1}{d(x_i,x_j)}\} \tag{8.96}$$

多目标跟踪问题的核心就是根据当前观测 Z 计算出 M 个目标的后验概率 $P(X|Z)$，在图模型中就表现为自底向上推理计算后验概率。相关参考文献中采用了变差近似方法来实现图模型的推理，该方法相比于其他的推理方法能够处理带环的图模型，而且能够有效应对图模型

结构的变换。变差法实现图模型近似推理的核心思想就是采用一个带可变参数的分布 $Q(X)$（这个可变参数是希望通过推理得到的密度，这里为目标群的后验概率密度 $P(X|Z)$）。通过寻找最优分布 $Q^*(X)$ 使得该可变参数与分布之间的 Kullbck-Leibler（KL）分歧最小，即

$$Q^*(X) = \arg_Q \min \mathrm{KL}(Q(X) \| p(X|Z)) \tag{8.97}$$

其中，$Q(X) = \prod_{i=1}^{M} Q_i(x_i)$，$Q_i(x_i)$ 是每个隐节点 x_i 的独立分布。

由于 Q_i 是概率密度函数，因此式（8.97）是一个带约束的拉格朗日方程，即

$$L(Q_i) = \mathrm{KL}(Q_i) + \lambda(\int_{x_i} Q_i - 1) \tag{8.98}$$

假设目标的先验分布为吉尔斯分布，在时刻 t 将式（8.96）代入式（8.98）可以得到一个固定点迭代方程为

$$Q_{i,t}(x_{i,t}) \leftarrow \frac{1}{Z_i^{'}} P_i(z_{i,t} | x_{i,t}) \times \int P(x_{i,t} | x_{i,t-1}) Q_{i,t-1}(x_{i,t-1}) \times \mathrm{Message}_{i,t}(x_{i,t}) \tag{8.99}$$

其中

$$\mathrm{Message}_{i,t}(x_{i,t}) = \exp\{ \sum_{k \in N(i)} \int_{x_k} Q_{i,t}(x_{i,t}) \log d(x_{i,t}, x_{j,t}) \} \tag{8.100}$$

其中，i 代表第 i 个目标，t 代表 t 时刻，$N(i)$是与目标 i 相邻的目标（实际中表现为与目标 i 有遮挡关系的目标），$d(x_{i,t}, x_{j,t})$ 为状态 $x_{i,t}$ 和 $x_{j,t}$ 之间的欧氏距离。

由于固定点方程的收敛性，通过不停地迭代、更新 $Q_{i,t}(x_{i,t})$ 来减小 KL 分歧并可以最终达到平衡，此时的可变参数为最优解，在多目标跟踪中即为目标群后验概率密度 $P(X|Z)$，便实现了多目标的跟踪。

根据式（8.99）可以看出，基于以上方法的多目标跟踪算法计算复杂度与目标的个数和迭代的次数成正比，且远远小于 JPDA 等基于联合状态空间的算法复杂度。

3. 马尔可夫链蒙特卡罗采样方法

在概率图模型推理中，经常需要从随机变量的联合分布 $p(f) = P(f_1, \cdots, f_m)$ 中采集样本，但标准的分析算法难以处理概率图模型中变量之间复杂的依赖关系。在概率图模型应用研究中，基于马尔可夫链蒙特卡罗（Markov Chain Monte Carlo，MCMC）采样方法是比较常用的近似推理方法之一。

在 MCMC 采样方法中，产生一个遍历性（Ergodic）时序状态，即马尔可夫链 $\{f^0, f^1, \cdots\}$，在离散状态空间中的一个状态对应一个标注配置或参数向量。在每个 $t \geqslant 0$ 时刻，根据马尔可夫链的转移概率 $p(f^{t+1} | f^1)$ 确定下一个状态 f^{t+1}。并且，转移概率应该使马尔可夫链收敛到目标分布 $p(f)$。经过一段时间的燃烧阶段后，沿马尔可夫链路径的样本可以作为联合分布 $p(f)$的样本。也就是说，使用 MCMC 采样方法比直接从联合分布 $p(f)$中采集样本更容易。同时，为了使一个马尔可夫链收敛到目标分布 $p(f)$，选择马尔可夫链转移概率的充分条件是满足下述的细致平衡（Detailed Balance）条件，即

$$P(f^{(t)}) p(f^{(t+1)} | f^{(t)}) = P(f^{(t+1)}) p(f^{(t)} | f^{(t+1)}) \quad \forall f^{(t)},\ f^{(t+1)} \in F \tag{8.101}$$

对于给定的联合分布 $p(f)$，若选择不同的转移概率 $p(f^{t+1} | f^t)$，则可以得到不同的采样方

法，如下面要介绍的 Metropolis-Hastings 算法和吉尔斯采样方法。

MCMC 采样方法从联合分布 $p(f)$的一个采样过程如表 8.4 所示。假设 $f^{(t)}$（$t \geqslant 0$）是从联合分布 $p(f)$已经获得的一个状态，一般来讲，初始化为一个任意状态 $f^{(0)}$ 后，开始执行 MCMC 采样过程为一定的初始化阶段（$0 \leqslant t \leqslant t_0$）后，使 $f^{(t)}$（$t \geqslant t_0$）作为从 $p(f)$中采集的样本。

表 8.4　MCMC 采样方法的采样过程

Begin
（1）令 t=0；随机生成 $f^{(0)}$；
（2）Repeat
① 按照 $p(f^{t+1} \| f^t)$ 产生下一个状态 $f^{(t+1)}$；
② T=t+1;
（3）until （t 达到最大值）
（4）返回 $\{f^{(t)} \| t > t_0\}$
End

在 Metropolis 算法中，一个新样本状态 f' 的接受率为

$$p = \alpha(f' \mid f) = \min\{1, \frac{p(f')}{p(f)}\} \tag{8.102}$$

表 8.5 是利用 Metropolis-Hastings 算法从一个参数 T 已知的吉尔斯分布 $p(f) = Z^{-1}\mathrm{e}^{-U(f)/T}$ 中的采样过程。在每次迭代中，借助在 f 上的一次扰动，从 $N(f)$（f 的邻近范围）中随机选取下一个样本状态。例如，从一个均匀分布中 [0,1) 生成若干个随机数，然后改变随机数对应下标的 f_i' 的状态值。当 $\Delta U < 0$ 时，确定接受 f'；当 $\Delta U > 0$ 时，以一定的概率 $p(f)$接受 f'。

表 8.5　吉尔斯分布的 Metropolis-Hastings 算法的采样过程

Begin
（1）初始化 f；
（2）Repeat
① 产生 $f \in N(f)$；
② $\Delta U \leftarrow U(f') - U(f)$；
③ $p = \alpha(f' \| f) = \min\left\{1, \mathrm{e}^{-\Delta U/T}\right\}$；
④ if Random[0,1)$<p$ then $f \leftarrow f'$；
（3）Until（直至达到均衡）
End

Metropolis-Hastings 算法是 Metropolis 算法的扩展，Metropolis-Hastings 算法的接受率表示为

$$\alpha(f' \mid f) = \min\{1, \frac{p(f')q(f \mid f')}{p(f)q(f' \mid f)}\} \tag{8.103}$$

其中，$q(f' \mid f)$是给定 f 情况下 f' 的条件分布。若 $q(f' \mid f) = q(f \mid f')$，则 Metropolis-Hastings 算法就等同于 Metropolis 算法，由式（8.103）可知。定义马尔可夫链的转移概率为

$$p(f' \mid f) = \begin{cases} q(f' \mid f)\alpha(f' \mid f), & f' \neq f \\ 1 - \sum_{f''} q(f'' \mid f)\alpha(f'' \mid f), & f' = f \end{cases} \tag{8.104}$$

其中，$f' \neq f$ 表示提出的 f' 被接受，f'=f 表示提出的 f' 被拒绝。

吉尔斯采样基于条件概率产生下一个样本状态 f_i。下一个样本状态 f_i 从候选样本状态 f_i' 的条件概率分布 $p(f_i'|f_{s-\{i\}})$ 中随机抽取。在给定 $f=\{f_1,\cdots,f_m\}$ 后，连续的以下述条件概率抽取样本产生新的配置 $f'=\{f_1',\cdots,f_m'\}$ 的过程如下：

$f_1' \to p(f_1|f_2,\cdots,f_m)$；

$f_2' \to p(f_2|f_1',f_3,\cdots,f_m)$；

$f_3' \to p(f_3|f_1',f_2',f_4,\cdots,f_m)$；

$\vdots \quad \vdots \qquad \vdots$

$f_m' \to p(f_m|f_1',\cdots,f_{m-1}',f_m)$。

从 f 到 f' 的转移概率定义为

$$p(f'|f)=\prod_{i=1}^{m}p(f_i'|f_j',j<l<k)$$

吉尔斯采样方法类似于 Metropolis 算法，不同点是产生下一个配置的方式。若假设 f 是 MRF，即 $p(f_i'|f_{s-\{i\}})=p(f_i'|f_{N_i})$，则其产生方式为

$$p(f_i'|f_{N_i})=\frac{\mathrm{e}^{-[V_1(f_i)+\sum_{i'\in N_i}V_2(f_i,f_{i'})]/T}}{\sum_{f_i\in\eta}\mathrm{e}^{-[V_1(f_i)+\sum_{i'\in N_i}V_2(f_i,f_{i'})]/T}} \tag{8.105}$$

类似于 Metropolis 算法，吉尔斯采样方法也产生一个马尔可夫链 $\{f^{(0)},f^{(1)},\cdots\}$，使其收敛于目标分布 $p(f)$。比较而言，Metropolis 算法更容易通过编程实现，且采样效率更高，但吉尔斯采样能获得目标分布的全局估计。

4. RJ-MCMC 算法

简而言之，RJ-MCMC 算法实际上是面向系统状态变量维数问题的 Metropolis-Hastings 抽样方法，首先由 Green 在 1995 年提出。在 K-1 时刻，系统的状态变量维数是 n；而在 K 时刻，系统的状态变量维数不确定，可能是小于 n 或大于 n。因此对于这种情况，传统的 Metropolis-Hastings 抽样方法就不能应对了，而 RJ-MCMC 算法正是为了应对这种情况而提出的。在 RJ-MCMC 算法中，将 Metropolis-Hastings 抽样方法设计成能够构造出一个状态维数可变的马尔可夫链。

若一次状态迁移改变了状态变量维数则称其为一次跳跃，每次跳跃必须都有一次可逆的动作与之对应。下面我们简要介绍 RJ-MCMC 算法。

设一个系统的状态可以表示为 $(k_t,X_{k,t})$，其中 k_t 表示在 t 时刻的系统状态变量的维数，$X_{k,t}$ 表示 t 时刻系统状态。我们先定义两种动作：一种是一次转移改变了变量的维数；另一种是未改变其维数。

当改变状态变量维数时，若 $(k_t,X_{k,t})$ 转移到 $(k_t',X_{k,t}')$，则其建议分布为 $q_j(k_t',X_{k,t}'|k_t,X_{k,t})$，这就是系统完成了一次跳跃，但是跳跃必须有一个可逆与其对应，其逆过程即为当 $(k_t,X_{k,t})$ 转移到 $(k_t',X_{k,t}')$ 时，其建议分布为 $q_r(k_t',X_{k,t}'|k_t,X_{k,t})$。

当未改变其维数时，采样过程变成了一次基本 Metropolis-Hastings 抽样，假设系统由 $(k_t,X_{k,t})$ 转移到 $(k_t,X_{k,t}')$，可见并未改变其状态维数，则建议分布为 $q_m(k_t,X_{k,t}'|k_t,X_{k,t})$

若系统在 t 时刻的状态为 $(k_t,X_{k,t})$，我们以 P_j 表示选择跳跃动作的概率，以 P_r 表示选择可逆动作的概率，以 P_m 表示选择基本 Metropolis-Hastings 抽样的概率（即未改变其维数时的情况）。

我们以概率 P_j 选择建议分布为 $q_j(k_t',X_{k,t}'\mid k_t,X_{k,t})$ 产生一个状态转移 $(k_t',X_{k,t}')$，然后计算其选择性函数为 $a(k_t',X_{k,t}';k_t,X_{k,t})=\min(1,\dfrac{P(k_t',X_{k,t}'\mid Z^t)}{P(k_t,X_{k,t}\mid Z^t)}\dfrac{P_r}{P_j}\dfrac{q_r(k_t,X_{k,t}\mid k_t',X_{k,t}')}{q_j(k'_t,X'_{k,t}\mid k_t,X_{k,t})}\left|\dfrac{\partial(k_t',X_{k,t}')}{\partial(k_t,X_{k,t})}\right|)$ 来决定是否转移。于是 $(k_{t+1},X_{k,t+1})=\begin{cases}(k_t',X_{k,t}'),u\leqslant a(x,y)\\(k_t,X_{k,t}),u>a(x,y)\end{cases}$，其中 u 为服从(0, 1)均匀分布的随机数。

我们以概率 P_r 选择建议分布为 $q_r(k_t',\ X_{k,t}'\mid k_t,\ X_{k,t})$ 产生一个状态转移 $(k_t',X_{k,t}')$，然后计算其选择性函数为 $a(k_t',X_{k,t}';k_t,X_{k,t})=\min(1,\dfrac{P(k_t',X_{k,t}'\mid Z^t)}{P(k_t,X_{k,t}\mid Z^t)}\dfrac{P_j}{P_r}\dfrac{q_j(k_t,X_{k,t}\mid k_t',X_{k,t}')}{q_r(k_t',X_{k,t}'\mid k_t,X_{k,t})}\left|\dfrac{\partial(k_t',X_{k,t}')}{\partial(k_t,X_{k,t})}\right|)$ 来决定否转移。于是 $(k_{t+1},X_{k,t+1})=\begin{cases}(k_t',X_{k,t}'),u\leqslant a(x,y)\\(k_t,X_{k,t}),u>a(x,y)\end{cases}$，其中，$u$ 为服从(0, 1)均匀分布的随机数。

我们以概率 P_m 选择建议分布为 $q_m(k_t,X_{k,t}'\mid k_t,X_{k,t})$ 产生一个状态转移 $(k_t,X_{k,t}')$，然后计算其选择性函数为 $a(k_t,X_{k,t}';k_t,X_{k,t})=\min(1,\dfrac{P(k_t,X_{k,t}'\mid Z^t)}{P(k_t,X_{k,t}\mid Z^t)}\dfrac{q(k_t,X_{k,t}\mid k_t,X_{k,t}')}{q(k_t,X_{k,t}'\mid k_t,X_{k,t})})$ 来决定是否转移。于是 $(k_{t+1},X_{k,t+1})=\begin{cases}(k_t,X_{k,t}'),u\leqslant a(x,y)\\(k_t,X_{k,t}),u>a(x,y)\end{cases}$，其中 u 为服从(0,1)均匀分布的随机数。

RJ-MCMC 算法就是把 Metropolis-Hastings 抽样算法改造成应用在产生一串状态变量维数可变的马尔可夫链中，系统每构造一个跳跃（Jump）动作就需要对应一个可逆（Reverse）动作，这样才能使其转移该函数满足细致平衡条件，即 $p(x\mid y)\pi(y)=p(y\mid x)\pi(x)$，其中 $p(x\mid y)$ 是由状态一跃迁至状态二的概率，$\pi(x)$ 与 $\pi(y)$ 为马尔可夫链的平稳分布。

5. 基于 RJ-MCMC 粒子滤波的多目标跟踪

在多目标跟踪中，由于目标会随机地进入或走出场景，因此系统解的维数空间是可变的，普通 MCMC 算法则不能应用在此种情况下。由于 RJ-MCMC 算法能够产生一串状态变量维数可变的马尔可夫链，因此使得它能够应用在多目标跟踪中。为了使马尔可夫链能在几个不同解的维数空间中转移，并按照上述 RJ-MCMC 算法的描述，我们必须首先设计几种可逆的跳跃动作。

设马尔可夫链开始于任意状态 $\{k_t,X_{k_t}\}$，k_t 代表 t 时刻的目标数目，$X_{k_t}=\{x_1,x_2,\cdots,x_{k_t}\}$ 代表 k_t 个目标的状态，x_j 表示第 j 个目标的状态包括位置坐标和运动方向。假设在第 i 次迭代中我们得到的粒子由 $S_t^i=\{k_t^i,X_{k_t^i}\}$ 表示，现在要从一系列跳跃动作中按照概率随机选择一个建议分布，根据此建议分布产生一个候选状态 S_t' 进行第 i+1 次迭代。

Add 动作：若一个被探测到的目标还没有加入 S_t^i 中，则建议加入。我们从 N_{A} 个已被检测到但未加入 S_t^i 的目标集合中以概率 $\dfrac{1}{N_{\text{A}}}$ 随机地选择一个目标 A 加入到 S_t^i 中，然后令 $S_t'=\{k_t^i+1,X_{k_t^i+1}\}$。若所有被检测到的目标都包含在 S_t^i 中，则我们把选择 Add 动作的概率 P_{A} 设为 0。Add 动作的建议分布为

$$Q_{\text{A}}(S_t';S_t^i)=\begin{cases}\dfrac{1}{N_{\text{A}}}, & S_t'=\{k_t^i+1,X_{k_t^i+1}\}\\0, & \text{其他}\end{cases} \tag{8.106}$$

Delete 动作：Add 动作必须有一个 Delete 动作与其对应，即一个跳跃动作需对应一个可逆动作。我们从 N_{D} 个已被检测到而且已加入 S_t^i 的目标集合中以概率 $\frac{1}{N_{\mathrm{D}}}$ 随机地选择一个目标 D，把它从 S_t^i 中去掉，然后令 $S_t' = \{k_t^i - 1, X_{k_t^i - 1}\}$。若已检测到的目标都还没有加入 S_t^i 中，则我们把选择 Delcte 动作的概率 P_{D} 设为 0。

Delete 动作的建议分布为

$$Q_{\mathrm{D}}(S_t'; S_t^i) = \begin{cases} \frac{1}{N_{\mathrm{D}}}, & S_t' = \{k_t^i - 1, X_{k_t^i - 1}\} \\ 0, & 其他 \end{cases} \tag{8.107}$$

Leave 动作：若一个给定的目标不再出现在当前帧的场景中，则建议把它从 $\{k_t^i, X_{k_t^i}\}$ 中去掉。我们从 N_{L} 个在前一帧出现而未在本帧中出现的目标集合中以概率 $\frac{1}{N_{\mathrm{L}}}$ 随机选择一个目标 L，把它从 $\{k_t^i, X_{k_t^i}\}$ 中去掉，然后令 $S_t' = \{k_t^i - 1, X_{k_t^i - 1}\}$。若 $N_{\mathrm{L}}=0$，则我们把选择 Leave 动作的概率 P_{L} 设为 0。Leave 动作的建议分布为

$$Q_{\mathrm{L}}(S_t'; S_t^i) = \begin{cases} \frac{1}{N_{\mathrm{L}}}, & S_t' = \{k_t^i - 1, X_{k_t^i - 1}\} \\ 0, & 其他 \end{cases} \tag{8.108}$$

Stay 动作：一个 Leave 动作必须对应一个可逆动作 Stay，我们从 N_{S} 个未在本帧中出现而且已从 $\{k_t^i, X_{k_t^i}\}$ 中删除的目标集合中以概率 $\frac{1}{N_{\mathrm{S}}}$ 随机地选择一个目标 S，建议重新加入该集合中。根据运动模型 $P(x_t \mid x_{t-1})$，这个目标在本帧中将会被重新分配一个状态 x_{S}，然后加入到 S_t^i 中，则 $S_t' = \{k_t^i + 1, X_{k_t^i + 1}\}$。若 $N_{\mathrm{S}}=0$，则我们把选择 Stay 动作的概率 P_{S} 设为 0。Stay 动作的建议分布为

$$Q_{\mathrm{S}}(S_t'; S_t^i) = \begin{cases} \frac{1}{N_{\mathrm{S}}}, & S_t' = \{k_t^i + 1, X_{k_t^i + 1}\} \\ 0, & 其他 \end{cases} \tag{8.109}$$

Update 动作：我们从出现在 S_t^i 的 N_{U} 个在前一帧出现且在本帧中也出现的目标集合中以概率 $\frac{1}{N_{\mathrm{U}}}$ 随机的选择一个目标 U，根据其建议分布 $Q(x_{\mathrm{U}}' \mid x_{\mathrm{U}}^i)$ 为它分配一个新状态 x_{U}'，我们把选择 Update 动作的概率 P_{U} 设为 0。注意，此动作就是基本的 MCMC 算法采样步骤。Update 动作的建议分布为

$$Q_{\mathrm{U}}(S_t'; S_t^i) = \frac{1}{N_U} Q(x_{\mathrm{U}}' \mid x_{\mathrm{U}}^i) \tag{8.110}$$

以上我们为 RJ-MCMC 算法设计了 5 个动作，下面讲述 RJ-MCMC 算法的采样步骤即其粒子点的产生过程。

假设我们已经得到 N 个无权重粒子 $\{k_{t-1}^i, X_{k_t^i - 1}\}_{i=1}^N$ 用来表示 t-1 帧的后验概率 $P(S_{t-1} \mid Z^{t-1})$，在 t 帧的观测数据到来时，我们要用 RJ-MCMC 算法产生 N 个无权重粒子。

（1）初始化采样器：把 t-1 帧的 n 个目标的粒子集合 $\{k_{t-1}^i, X_{k_t^i - 1}\}_{i=1}^N$ 经过运动模型运算，得到 n 个目标在 t 帧的预测位置 $\left\{x_{\mathrm{pre}}^i\right\}_{i=1}^n$，我们把 $\left\{x_{\mathrm{pre}}^i\right\}_{i=1}^n$ 作为马尔可夫链的初始值。

（2）RJ-MCMC 算法采样步骤：重复$(B+M)$次，其中 B 是老化期，M是细化间隔。

我们从 5 个动作中根据概率P_{A}、P_{D}、P_{L}、P_{S}和P_{U}随机选择一个动作，然后根据动作的建议分布产生一个候选状态S_t'。

Add 动作：从目标集合中选择一个目标 A，根据其建议分布$Q_{\mathrm{A}}(S_t';S_t^i)$得到一个候选状态$S_t'$，计算其接受率为

$$a_{\mathrm{A}}=P(Z_t\mid x_{\mathrm{A}})\frac{P(S_t'\mid Z^{t-1})}{P(S_t^i\mid Z^{t-1})}\frac{P_{\mathrm{D}}}{P_{\mathrm{A}}}\frac{N_{\mathrm{A}}}{N_{\mathrm{D}}} \tag{8.111}$$

Delete 动作：从N_{D}目标集合中选择一个目标 D，根据其建议分布$Q_{\mathrm{D}}(S_t';S_t^i)$得到一个候选状态$S_t'$，计算其接受率为

$$a_{\mathrm{D}}=\frac{1}{P(Z_t\mid x_{\mathrm{D}})}\frac{P(S_t'\mid Z^{t-1})}{P(S_t^i\mid Z^{t-1})}\frac{P_{\mathrm{A}}}{P_{\mathrm{D}}}\frac{N_{\mathrm{D}}}{N_{\mathrm{A}}} \tag{8.112}$$

Leave 动作：从N_{L}目标集合中选择一个目标 L，根据其建议分布$Q_{\mathrm{L}}(S_t';S_t^i)$得到一个候选状态$S_t'$，计算其接受率为

$$a_{\mathrm{L}}=\frac{1}{P(Z_t\mid x_{\mathrm{L}})}\frac{P(S_t'\mid Z^{t-1})}{P(S_t^i\mid Z^{t-1})}\frac{P_{\mathrm{S}}}{P_{\mathrm{L}}}\frac{N_{\mathrm{L}}}{N_{\mathrm{S}}} \tag{8.113}$$

Stay 动作：从N_{S}目标集合中选择一个目标 S，根据其建议分布$Q_{\mathrm{S}}(S_t';S_t^i)$得到一个候选状态$S_t'$，计算其接受率为

$$a_{\mathrm{S}}=P(Z_t\mid x_{\mathrm{S}})\frac{P(S_t'\mid Z^{t-1})}{P(S_t^i\mid Z^{t-1})}\frac{P_{\mathrm{L}}}{P_{\mathrm{S}}}\frac{N_{\mathrm{S}}}{N_{\mathrm{L}}} \tag{8.114}$$

Update 动作：从N_{U}目标集合中选择一个目标 U，根据其建议分布$Q_{\mathrm{U}}(S_t';S_t^i)$得到一个候选状态$S_t'$，计算其接受率为

$$a_{\mathrm{U}}=\frac{P(Z_t\mid x_{\mathrm{U}}')}{P(Z_t\mid x_{\mathrm{U}}^i)}\frac{P(x_t'\mid Z^{t-1})}{P(x_t^i\mid Z^{t-1})}\frac{Q(x_{\mathrm{U}}^i\mid x_{\mathrm{U}}')}{Q(x_{\mathrm{U}}'\mid x_{\mathrm{U}}^i)} \tag{8.115}$$

其中，$P(Z\mid x)$是上面所提到的观测模型，$P(Z\mid x)P(S_t\mid Z^{t-1})$是预测先验概率。

若$a\geqslant u$，则接受这个建议并使$S_t^{i+1}\leftarrow S_t'$；否则排除它并使$S_t^{i+1}\leftarrow S_t'$，u是[0,1]上的平均分布。

（3）作为 t 帧的后验概率$P(S_t\mid Z^t)$的近似，返回新的采样点集$\{S_t^i\}_{i=1}^N$，并计算它们的均值，这样就得到了 t 帧各个目标的状态。

从直观的角度上讲，Add、Delete、Leave 和 Stay 这 4 个动作是用来决定哪些目标是新的目标且需要加入目标跟踪集中并确定其初始状态，而哪些目标是已走出场景并需要把它们从目标集中删除的。真正的目标跟踪步骤是 Update 动作，它的作用是把每个未走出场景的目标集逐个进行 MCMC 粒子滤波来获得目标状态更新。

8.4 本章小结

目标跟踪算法属于目前计算机视觉中的研究热点，各种不同的数据集层出不穷。公开的数

据集如 OTB50，OTB100，VOT 系列数据和 UAV 数据，再加上近期深度学习在视觉领域的成功应用，使得算法在数据集上的性能快速提升。但由于需要大量的标注数据，因此造成人工智能真正侧重在“人工”上，而“智能”则体现得较少。深度学习在目标检测和跟踪中的性能使自动驾驶成为可能，但由于深度学习中的样本覆盖问题仍导致事故不断发生。现实世界的多样性不太可能穷举出所有的样本集合，因此半监督、无监督算法乃至强化学习在目标跟踪中发挥更大的作用。此外，概率推理模型属于具有很强逻辑关系和数学基础的工具，在黑盒的深度学习网络中，有效地利用概率推理模型来增强网络的可解释性是将来必然要面对的情形，因此本章对基本概率图模型进行了相关介绍，希望读者能理解概率图模型，并且在隐马尔可夫随机场、Dirichlet 过程混合模型和分层 Dirichlet 过程的发展中能将概率图模型在深度学习的可解释性等方面做出自己的成绩。

参考文献

[1] 何友，修建娟，张晶炜，等. 雷达数据处理及应用（第二版）[M]. 北京：电子工业出版社，2009: 87-90.

[2] 程咏梅，潘泉，张洪才，等. 基于推广卡尔曼滤波的多站被动式融合跟踪[J]. 系统仿真学报，2003，15(4): 548-550.

[3] 周荻，胡振坤，胡恒章. 自适应推广卡尔曼滤波应用与导弹的被动制导问题[J]. 宇航学报，1997，18(4): 31-36.

[4] S.J.Julier, J.K.Uhlmann. A New Method for the Nonlinear Transformation of Means and Covariances in Filters and Estimators [J]. IEEE Trans. On AC, 45(3), 2000: 477-482.

[5] 宋骊平. 被动多传感器目标跟踪方法研究[D]. 西安：西安电子科技大学，博士论文，2008.

[6] 欧阳成. 基于随机集理论的被动多传感器多目标跟踪[D]. 西安：西安电子科技大学，博士论文，2012.

[7] T.Kirubarajan, Y.Bar-Shalom. Probabilistic Data Association Techniques for Target Tracking in Clutter [J]. Proceedings of the IEEE. March 2004, 92(3): 536-557.

[8] 熊伟，张晶炜，何友. 修正的概率数据互联算法[J]. 海军工程学院学报，2004, 19(3): 309-311.

[9] Y.Bar-Shalom, T.E.Fortmann. Tracking and Data Association[M]. Academic Press, 1988.

[10] Blackman S.S. Multiple Hypotheses Tracking for Multiple Target Tracking [J]. IEEE AES MAG, 2004, 19 (1): 5-18.

[11] 李良群. 信息融合系统中的目标跟踪及数据关联技术研究[D]. 西安：西安电子科技大学，博士论文，2007.

[12] Mourad Oussalah, Joris De Schutter. Hybrid fuzzy probabilistic data association filter and joint probabilistic data association filter [J]. Information Sciences, 2002, 142: 195-226.

[13] 郤滢滢，陈小惠. 基于模糊聚类的数据关联融合算法[J]. 华东船舶工业学院学报（自然科学版），2003, 17(6): 58-62.

[14] 程婷，何子述. 一种新的基于模糊聚类的多目标跟踪算法[J]. 系统工程与电子技术. 2006，28(9): 1332-1352.

[15] Ashraf M. Aziz, Tummala M. Fuzzy logic data correlation approach in multisensor- multitarget tracking systems [J]. Signal Processing，1999, 76(2): 195-209.

[16] 韩红，韩崇昭，朱洪艳. 基于模糊聚类的异类多传感器数据关联算法[J]. 西安交通大学学报，2004，

38(4): 388-391.

[17] Rasmussen C., Hager G. Probabilistic data association methods for tracking complex visual objects[J]. IEEE Trans. PAMI, 2001.23(6): 560-576.

[18] Blackman S S. Multiple hypothesis tracking for multiple target tracking[J]. IEEE Aerospace and Electronic Systems Magazine, 2004, 19 (1): 5-18.

[19] Bar-Shalom Y, Fortmann T. Tracking and Data Association[M]. Academic Press, 1988.

[20] Ting Yu, Ying Wu. Collaborative Tracking of Multiple Targets[C]// Proceedings of IEEE Conference on Computer Vision and Pattern Recognition. Washington, DC: IEEE Press.

[21] Ting Yu, Ying Wu. Decentralized Multiple Target Tracking using Netted Collaborative Autonomous Trackers[C]// Proceedings of IEEE Conference on Computer Vision and Pattern Recognition. San Diego, CA: IEEE Press, 2008. 1: 939-946.

[22] Koller D, Friedman N. Probabilistic Graphical Models Principles and Technique [M]. Cambridge, MA: MIT Press, 2009.

[23] LANKTON M S. localized statistical model in computer vision[D]. USA. Georgia Institute of Technology, 2009.

[24] 高琳，唐鹏，盛鹏. 基于概率图模型目标建模的视觉跟踪算法[J]. 光电子·激光，2010，21(1): 124-129.

[25] KSCHISCHANG F R, FREY B J, LOELIGER H A. Factor graphs and the sum-product algorithm [J]. IEEE Transactions on Information Theory, 2001, 47(2): 498-519.

[26] BISHOP C M. Pattern recognition and machine learning [M]. Springer, 2006.

[27] Koller D, Friedman N. Probabilistic Graphical Models Principles and Technique [M]. Cambridge, MA: MIT Press, 2009.

[28] BISHOP C M. Pattern recognition and machine learning [M]. Springer, 2006.

[29] Koller D, Friedman N. Probabilistic Graphical Models Principles and Technique [M]. Cambridge, MA: MIT Press, 2009.

[30] 张林，刘辉. Dirichlet 过程混合模型的聚类算法[J]. 中国矿业大学学报，2012，41(1): 159-163.

[31] 周建英，王飞跃，曾大军. 分层 Dirichlet 过程及其应用综述[J]. 自动化学报，2011，37(4): 389-407.

[32] Ferguson T S. A Bayesian analysis of some nonparametric problems[J]. The Annals of statistics, 1973, 1(2): 209-230.

[33] Pitman J. Combinatorial stochastic processes[R]. Lecture Notes in Mathematics 1878. Berlin: Springer-Verlag, 2006.

[34] The Y W, Jordan M I, Beal M J, Blei D M. Hierarchical Dirichlet processes[J]. Journal of the American Statistical Association, 2006, 101(476): 1566-1581.

[35] Beal M J, Ghahramani Z, Rasmussen C E. The infinite hidden Markov model[C]. In: Proceedings of the Advances in Neural Information Processing Systems, Vancouver, Canada: MIT Press, 2001: 577-584.

[36] Jordan M I, Ghahramani Z, Jaakkola T, Saul L K. An introduction to variational methods for graphical models[J]. Machine Learning, 1999, 37(2): 183-233.

[37] Gilks W R, Richardson S, Spiegelhalter D J. Markov chain Monte Carlo in practice[M]. London: Chapman and Hall, 1996.

[38] Boykov Y, Funka-Lea G. Graph cuts and efficient N-D image segmentation[J]. International Journal of

Computer Vision, 2006, 70(2):109-131.

[39] Li Stan Z. Markov random field modeling in image analysis [M]. Third edition. Springer, 2009.

[40] Kolmogorov V, Zabih R. What energy functions can be minimized via graph cuts[J]. IEEE Transactions on Pattern Analysis and Machine Intelligence, 2004, 26(2): 147-159.

[41] Boykov Y, Funka-lea G. Graph cuts and efficient N-D image segmentation[J]. International Journal of Computer Vision, 2006, 70(2): 109-131.

[42] Zeisl B, Leistner C, Saffari A, Bischof H. On-line semi-supervised multiple-instance boosting[C]. In: Proceedings of the IEEE Conference on Computer Vision and Pattern Recognition. San Francisco, USA: IEEE, 2010. 1879-1886.

[43] Koller D, Friedman N. Probabilistic Graphical Models Principles and Technique[M]. Cambridge, MA: MIT Press, 2009.

[44] Gilks W R, Richardson S, Spiegelhalter D J. Markov chain Monte Carlo in practice[M]. London: Chapman and Hall, 1996.

[45] 刘国英，王爱民，陈荣元，秦前清. 基于小波域 TS-MRF 模型的监督图像分割方法[J]. 红外与毫米波学报，2011, 30(1): 91-96.

[46] 耿晓伟, 赵杰煜. 基于多线索动态融合的交互式图像分割[J]. 中国图像图形学报，2010, 15(1): 75-84.

[47] Principe J C, Putthividhya D, Rangarajan A. Data-driven tree-structured bayesian network for image segmentation[C]. In: Proceedings of the IEEE International Conference on Acoustics, Speech and Signal Processing, Kyoto, JAPAN: IEEE, 2012. 2213-2216.

反侵权盗版声明